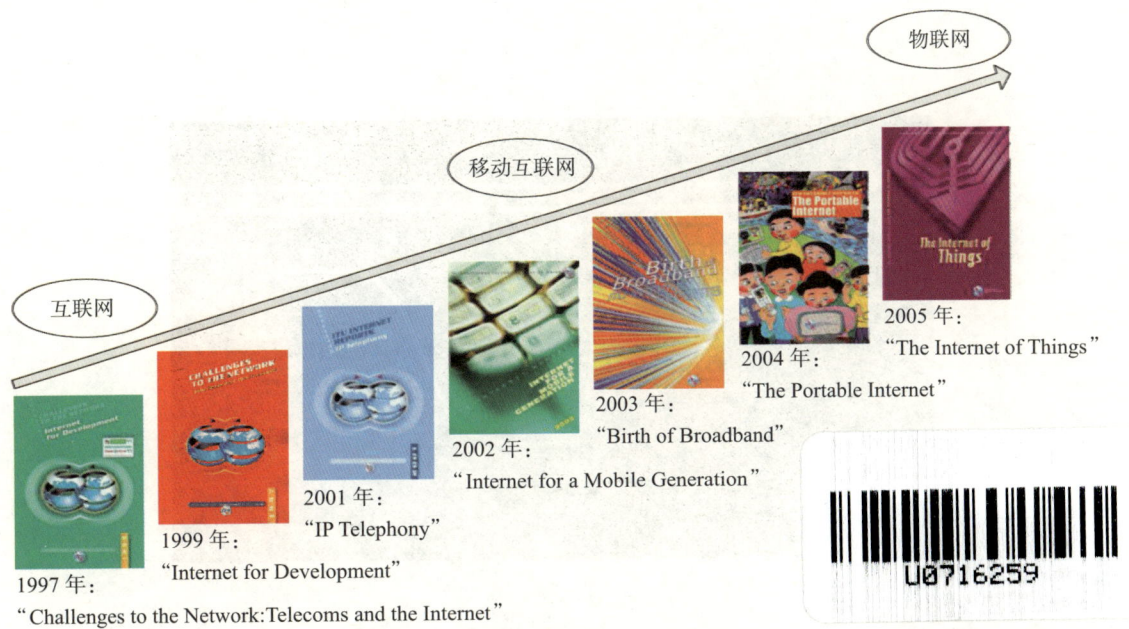

图 1-1　ITU 提出物联网概念的过程

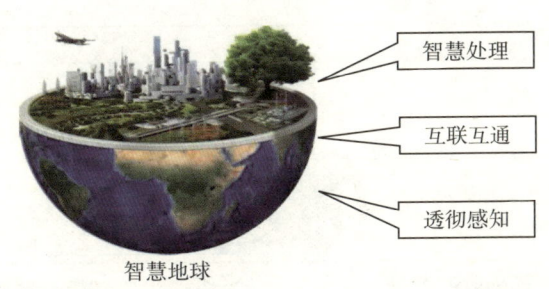

图 1-2　智慧地球研究计划要达到的目标

图 1-3　"3D 试衣镜"应用实例

图 1-4　自动泊车示意图

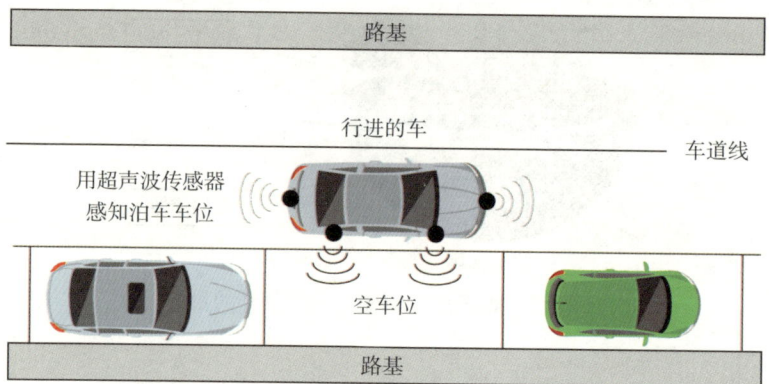

图 1-6　车位识别过程

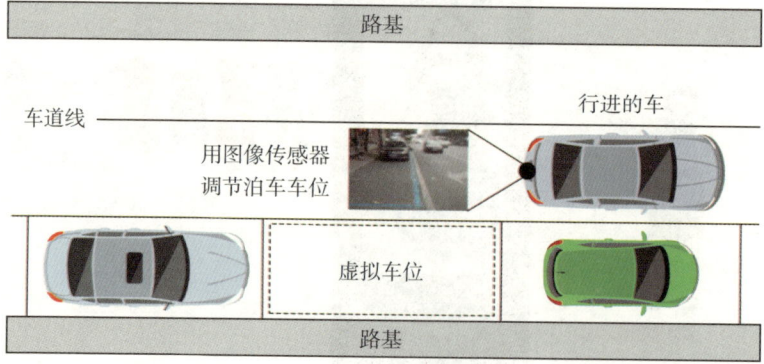

图 1-7　车位调节过程

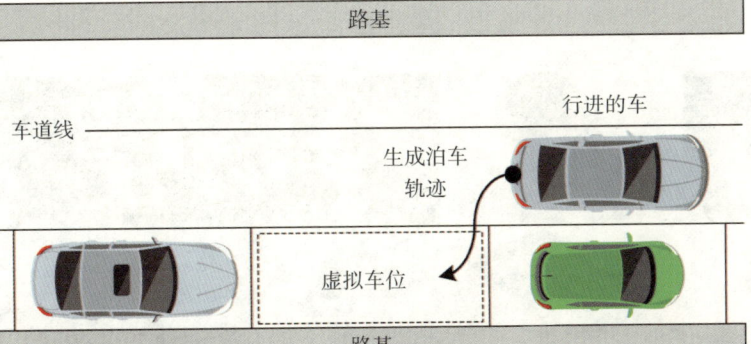

图 1-8 轨迹生成过程

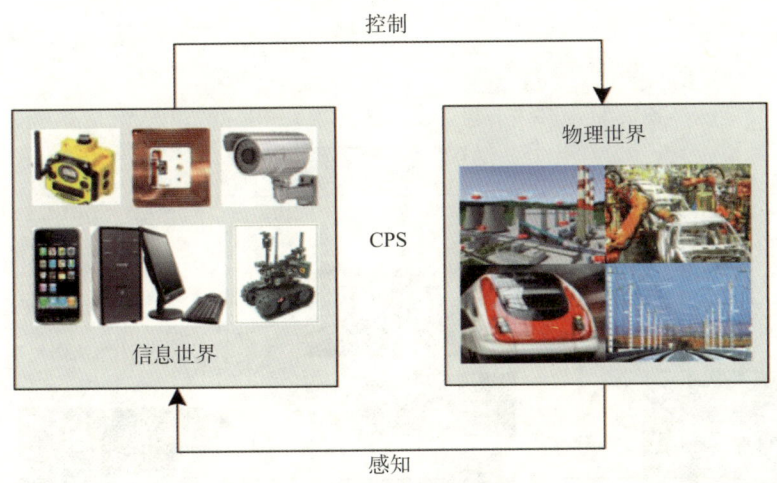

图 1-9 CPS 中的物理世界与信息世界的交互

a）互联网提供全球性公共信息服务　　　　b）物联网提供行业性、专业性、区域性服务

图 1-10 提供服务类型的不同之处

a）互联网数据主要以人工方式生成　　　　　　b）物联网数据主要以自动方式生成

图 1-11　数据生成方式的不同之处

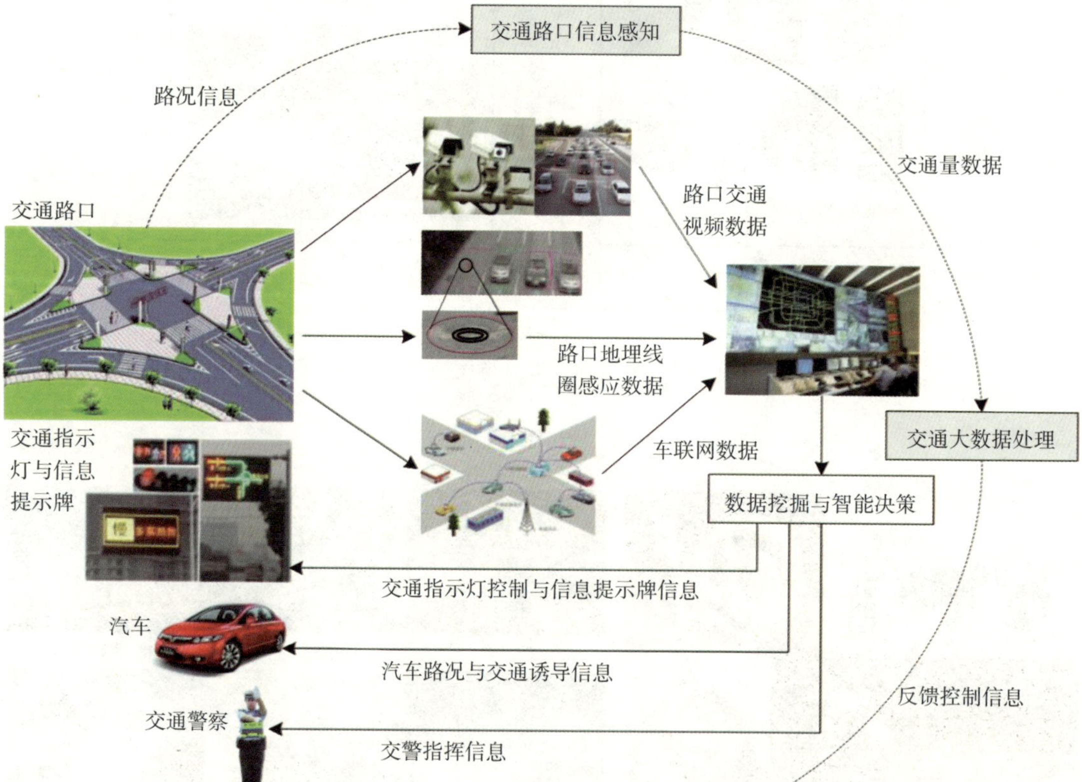

图 1-12　物联网系统的可反馈与可控制

什么是智能物联网中的"物"？

→ 实体/设备

可以大到智能电网中的高压铁塔、智能交通系统中的无人驾驶汽车与道路基础设施，或者是飞机、坦克与军舰

可以小到智能手表、智能手环、智能眼镜、RFID 标签，甚至是纳米传感器

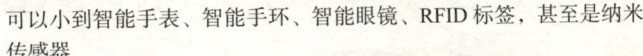
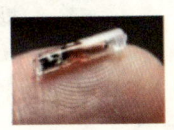

可以复杂到智能工厂生产线上的工业机器人，也可能简单到智能钥匙、智能插座、智能灯泡

可以是有生命的人，或者是带耳钉的牛，也可以是无生命的植物、山体岩石、公路或桥梁

可以是智能传感器、纳米传感器、无线传感器节点、RFID 标签、GPS 终端，或者是到处可见的视频摄像头

可以是服务机器人、工业机器人、水下机器人、无人机、无人驾驶汽车、家用电器、智能医疗设备，或者是可穿戴计算设备

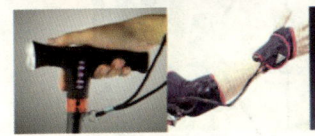

如果患者通过穿着的智能背心或安装的智能手臂，老人通过智能拐杖接入智能医疗系统中，那他们不就成为物联网中的"物"了吗？

图 1-13 智能物联网"物"的特征

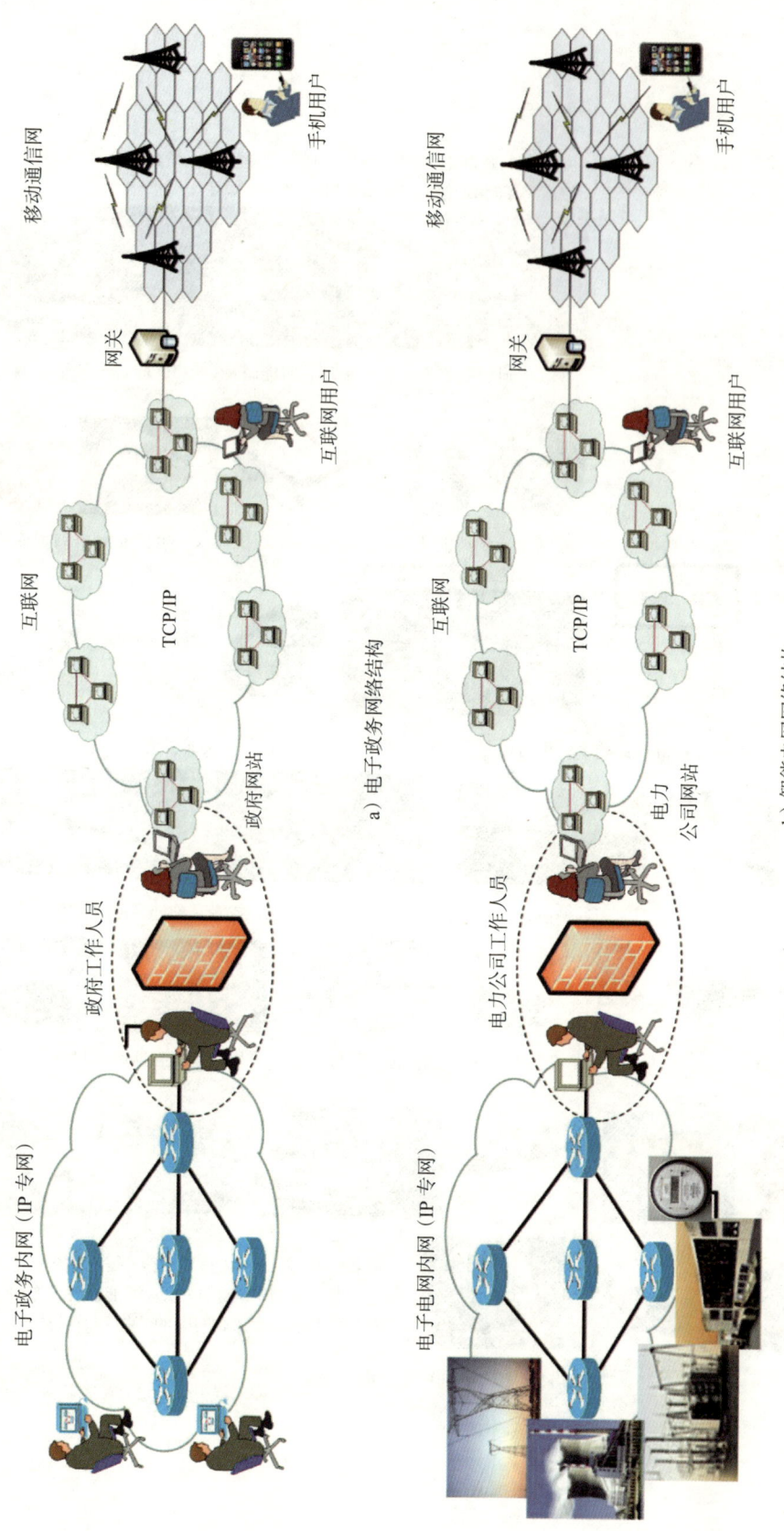

图 1-14 电子政务与智能电网的网络结构

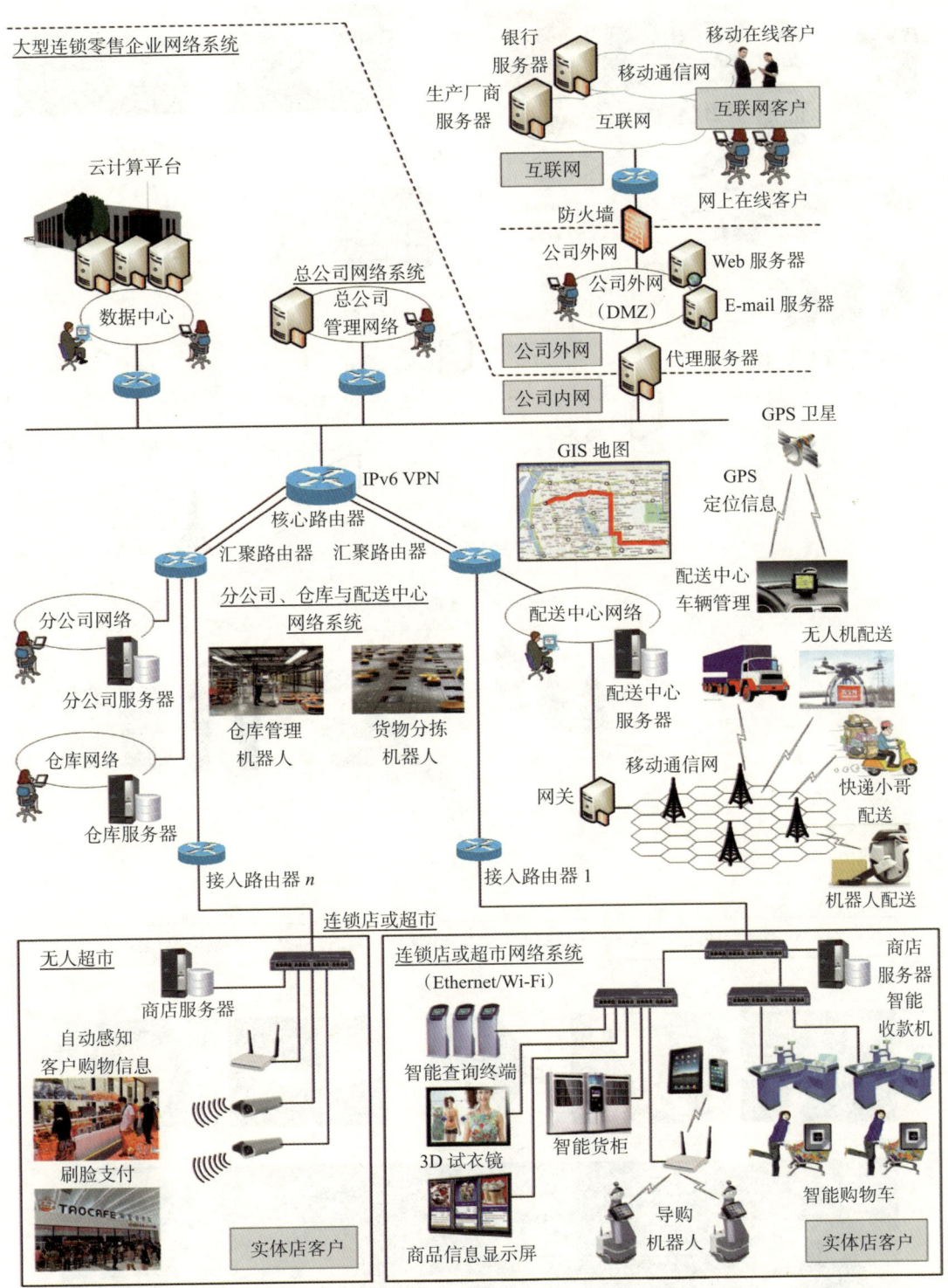

图 1-15 大型连锁零售企业的网络系统结构示意图

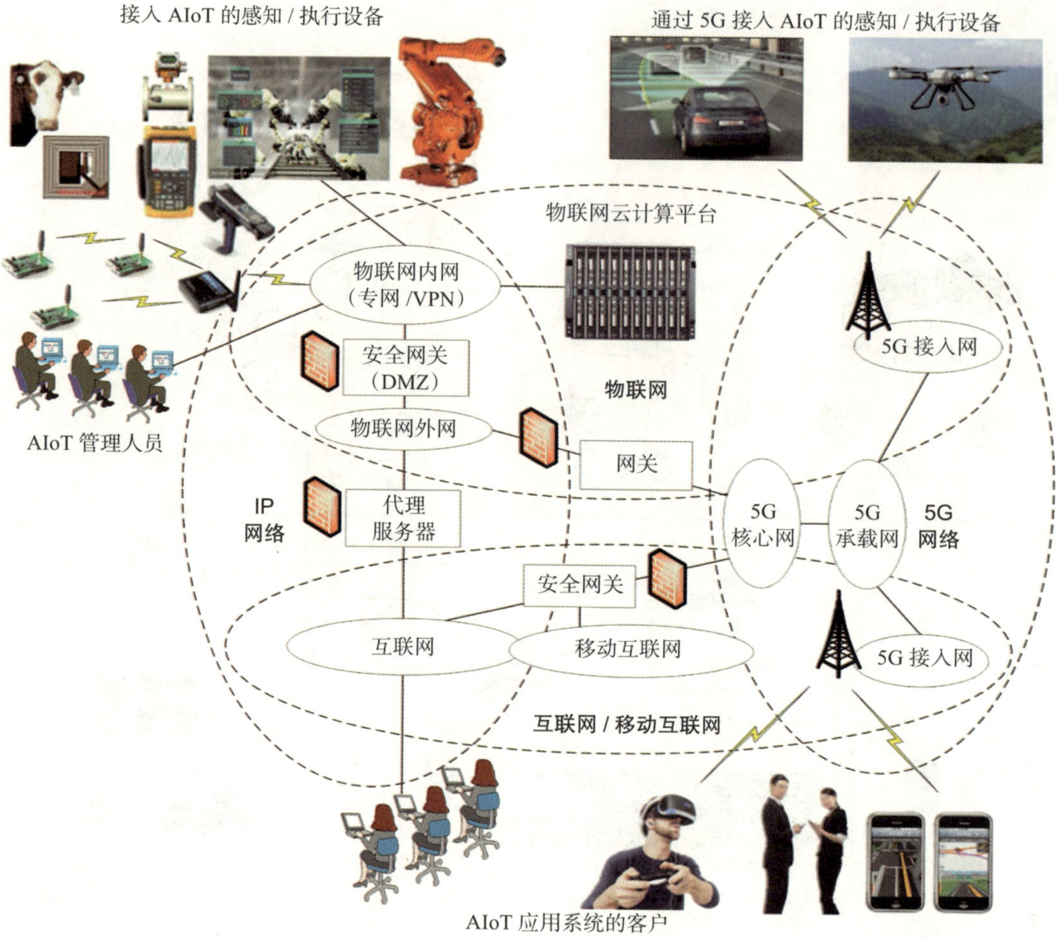

图 1-16 智能物联网"网"的特征

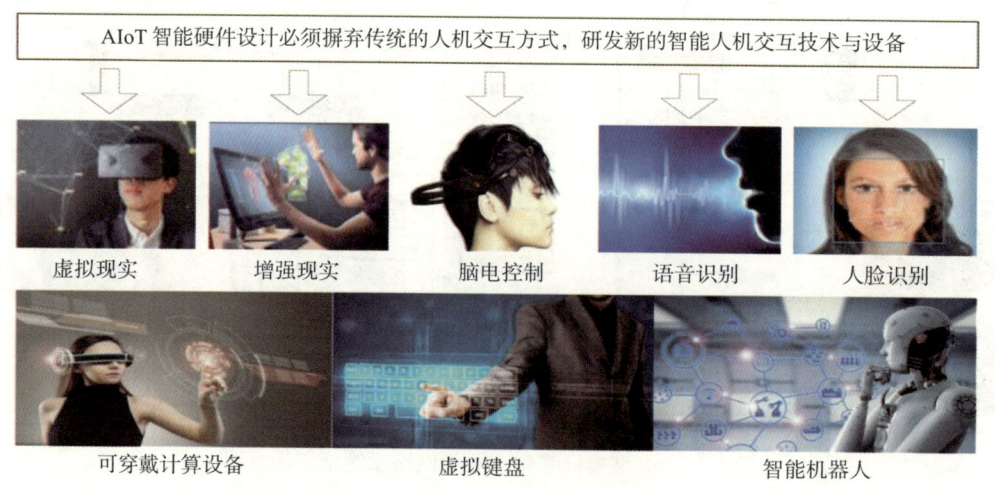

图 1-17 AIoT 智能人机交互的研究

物联网工程专业系列教材

"十二五"普通高等教育本科国家级规划教材
"十二五"国家重点图书出版规划

物联网工程导论

第3版

吴功宜 吴英 编著

INTRODUCTION TO INTERNET OF THINGS

THIRD EDITION

机械工业出版社
CHINA MACHINE PRESS

本书在介绍物联网发展的社会背景与技术背景的基础上,深入讨论了物联网与智能物联网的基本概念,系统讨论了物联网关键技术,包括 RFID 与 EPC、传感器与无线传感网、智能硬件与嵌入式系统、物联网通信与网络、定位技术与位置服务、物联网智能数据处理、物联网安全问题,以及重点领域的物联网应用。每章都设置了贴近技术发展与读者生活的思考题来激发读者的兴趣与学习的主动性,为帮助读者进一步深入学习与研究物联网技术奠定了基础。

本书可作为物联网工程专业的导论课教材,也可作为计算机、电子工程及相关专业的教材或参考书。

图书在版编目（CIP）数据

物联网工程导论 / 吴功宜, 吴英编著 . -- 3 版 . --
北京：机械工业出版社, 2024.7（2025.6 重印）. --（物联网工程专业系列教材）. -- ISBN 978-7-111-76440-3

I. TP393.4; TP18

中国国家版本馆 CIP 数据核字第 2024MR3771 号

机械工业出版社（北京市百万庄大街 22 号　邮政编码 100037）
策划编辑：朱　劼　　　　　　　　　　　责任编辑：朱　劼
责任校对：张勤思　张慧敏　景　飞　　　责任印制：张　博
北京机工印刷厂有限公司印刷
2025 年 6 月第 3 版第 2 次印刷
185mm×260mm・17.5 印张・4 插页・421 千字
标准书号：ISBN 978-7-111-76440-3
定价：59.00 元

电话服务　　　　　　　　　　网络服务
客服电话：010-88361066　　　机　工　官　网：www.cmpbook.com
　　　　　010-88379833　　　机　工　官　博：weibo.com/cmp1952
　　　　　010-68326294　　　金　书　网：www.golden-book.com
封底无防伪标均为盗版　　机工教育服务网：www.cmpedu.com

前　言

为了配合国家战略性新兴产业发展的需要，促进创新型、应用型、复合型与技能型的新工科人才的培养，教育部批准多所学校设立物联网工程专业。在参加教育部高等学校计算机类专业教学指导委员会有关物联网工程专业教学计划讨论时，作者应邀为物联网工程专业写一本导论，定名为《物联网工程导论》（以下简称为"导论"）。

导论的第 1 版出版于 2011 年，导论的第 2 版出版于 2017 年，导论的第 3 版出版于 2024 年。如果说导论的第 1 版的写作目标定在"求生存"基点上，第 2 版写作目标定在"求发展"基点上，那么第 3 版写作目标应调整到"创新发展"的基点上。

我国正处在新一代信息技术创新发展与新工业革命的历史交汇期。物联网与新一代信息技术，如人工智能、云计算、大数据、5G、边缘计算、区块链的交叉融合，将广泛应用到社会的各个层面。机器智能与深度学习、虚拟现实与增强现实、可穿戴计算与智能机器人技术都在物联网应用中展现出了迷人的魅力，推动了物联网（IoT）向智能物联网（AIoT）的快速发展。新技术、新应用、新业态层出不穷，围绕着核心技术、平台与标准的竞争日趋激烈。导论的内容必须与时俱进。导论的第 3 版将以智能物联网技术与应用为主线，由浅入深、循序渐进地剖析智能物联网概念、技术与应用发展，力求构建脉络清晰的智能物联网知识体系。导论的第 3 版共分为 9 章。

第 1 章介绍了物联网向智能物联网发展的过程，从"物、网、智"三个不同的角度分析智能物联网的特点；讨论智能物联网体系结构与层次结构模型的研究方法，分析智能物联网"端 – 边 – 网 – 云 – 用"（或"端 – 边 – 管 – 云 – 用"）的层次结构模型及其各层的主要功能。

第 2 章在介绍物品自动识别技术发展过程的基础上，从分析物联网原型系统与对象名字解析服务的角度，系统地讨论了射频标签 RFID 的工作原理，EPC 标准，EPC 信息网络系统结构、原理与实现，以及 RFID 技术的应用。

第 3 章在介绍感知与传感器、智能传感器发展的基础上，系统地讨论了无线传感器网的基本概念、结构与原理，以及无线传感器与执行器网、无线多媒体传感器网、水下与地下无线传感器网、无线纳米传感器网的研究与发展。

第 4 章在介绍嵌入式系统基本概念的基础上，系统地讨论了智能设备、可穿戴计算设备、智能机器人及其在智能物联网中的应用。

第 5 章在分析智能物联网对通信与网络技术要求的基础上，系统地讨论了计算机网络和移动通信网的基本概念、特点、性能指标、应用场景与接入技术。

第 6 章在分析位置信息、位置服务基本概念的基础上，系统地介绍了 GPS 与我国北斗卫星导航系统，以及位置服务在智能物联网中的应用。

第 7 章在介绍智能数据处理基本概念的基础上，系统地讨论了云计算与大数据技术，分析了智能物联网大数据的特点。

第 8 章在介绍网络空间安全的概念、安全体系结构的基础上，系统地讨论了智能物联网安全研究的基本内容，以及隐私保护问题。

第 9 章系统地解析了智能工业、智能交通、智能农业、智能电网、智能医疗、智能环保、智能安防、智能家居与智能物流 9 大领域的智能物联网应用案例。

导论的第 3 版以智能物联网为主线，知识点设计遵循"结构清晰、环环相扣"的思路，力求将多学科的知识点梳理成相对完整、有机的知识体系。书中采用大量插图与表格，文字通俗易懂，力求形成"条理清晰、图文并茂、易读易懂"的风格。

为了帮助教师备课，为导论的第 3 版配套了教师用书《智能物联网导论》《深入理解物联网》，计划完成导论的第 3 版的 MOOC 课程建设。这样，《物联网工程导论（第 3 版）》《深入理解物联网》《智能物联网导论》《物联网技术与应用》与 MOOC 课程将形成一个线上、线下结合的导论教学体系。

南开大学有一个重要的教育理念是"知中国，服务中国"。作为在南开大学工作了多年的教师，深知这个教育理念的重要性。因此在每一章的写作中都研究了如何结合我国政府在智能物联网各个应用领域的政策导向与发展规划。创新是一个民族进步的灵魂。大学在创新思想的产生方面应该走在前面，才能培养出大批学术与技术精英。这些年来，作者及教学科研团队一直在潜心研读，为写出一本能够贴近智能物联网技术发展的导论教材而努力，为物联网专业建设贡献绵薄之力。

书中第 1、2、6、8 章由吴功宜执笔完成，第 3、4、5、7、9 章由吴英执笔完成，全书由吴功宜统稿。作者在准备及写作过程中认真阅读了很多书籍、文献，请教过很多业内专家，也征求过兄弟院校教师对导论第 2 版的意见与建议，本书内容实际上凝聚了很多智者的心血，作者只能将个人理解的部分内容按照自己的思路整理出来。作者在参考文献中列出了一些主要参考书籍，但是不可避免会出现遗漏。

在完成导论的第 3 版时，作者感谢教育部高等学校计算机类专业教学指导委员会和物联网工程专业教学研究专家组的各位专家，在与诸位教授交流、讨论的过程中，作者学到很多知识，受到很多启发。

感谢南开大学计算机学院和网络空间安全学院的各位老师，他们在智能物联网的技术和应用研究方面给作者很多启发与帮助。

感谢华为公司等产业界的朋友们，在与他们的交流中作者得到了很多的启发与帮助。

感谢机械工业出版社多年的支持与帮助，在本书的写作过程中编辑们提出了很多宝贵意见与建议。

本书可作为物联网工程专业、计算机与信息技术相关专业的教材或参考书，也可作为大学物联网公选课的教材，还可供物联网技术研究与产品研发人员、技术管理人员阅读。

面对日新月异的智能物联网技术及应用，作者无法预料，更不可能跟上技术的飞速发展。本书的内容涉及多个学科，作者对很多学科与领域的知识仅了解一些"皮毛"。书中对某方面技术的理解和描述可能存在偏差，恳请读者不吝赐教。

吴功宜

wgy@nankai.edu.cn

吴英

wuying@nankai.edu.cn

2024 年 6 月 2 日

于南开大学

目 录

前言

第1章 智能物联网概论 /1
1.1 物联网的形成 /1
1.1.1 物联网形成的社会背景 /1
1.1.2 物联网形成的技术背景 /5
1.1.3 物联网的技术特征 /9
1.1.4 物联网与互联网的区别 /10
1.2 智能物联网的发展 /12
1.2.1 智能物联网发展的社会背景 /12
1.2.2 智能物联网发展的技术背景 /13
1.3 智能物联网的技术特征 /17
1.3.1 智能物联网"物"的特征 /17
1.3.2 智能物联网"网"的特征 /19
1.3.3 智能物联网"智"的特征 /23
1.4 智能物联网体系结构及层次结构 /25
1.4.1 智能物联网体系结构研究 /25
1.4.2 智能物联网层次结构模型 /26
本章小结 /29
习题 /30

第2章 物品识别与RFID技术 /32
2.1 物品识别技术 /32

2.1.1 物品识别技术的发展过程 /32
2.1.2 条码技术 /33
2.1.3 磁卡与IC卡技术 /35
2.2 RFID技术 /36
2.2.1 RFID的基本概念 /36
2.2.2 RFID的工作原理 /36
2.2.3 RFID标签类型 /38
2.2.4 RFID读写器 /40
2.3 EPC编码体系 /43
2.3.1 EPC标准 /43
2.3.2 EPC信息网络系统 /45
2.4 RFID技术的应用 /47
本章小结 /48
习题 /48

第3章 传感器与无线传感器网技术 /50
3.1 传感器的基本概念 /50
3.1.1 感知能力与传感器的发展过程 /50
3.1.2 传感器的类型 /52
3.1.3 物理传感器 /52
3.1.4 化学传感器 /57
3.1.5 生物传感器 /58
3.1.6 纳米传感器 /59
3.2 传感器技术的发展 /60

3.2.1 无线传感器 /60
3.2.2 智能传感器 /61
3.2.3 微型传感器 /61
3.2.4 传感器技术的发展趋势 /63
3.3 无线传感器网的基本概念 /63
3.3.1 从无线分组网到无线自组网 /63
3.3.2 从无线自组网到无线传感器网 /66
3.3.3 无线传感器网的基本结构 /68
3.3.4 传感器的节点结构与设计原则 /69
3.3.5 无线传感器网的特点 /71
3.4 无线传感器网技术的发展过程 /72
3.4.1 无线传感器与执行器网 /72
3.4.2 无线多媒体传感器网 /75
3.4.3 水下无线传感器网 /76
3.4.4 地下无线传感器网 /80
3.4.5 无线纳米传感器网 /83
本章小结 /85
习题 /85

第4章 智能设备与嵌入式技术 /87

4.1 嵌入式系统概述 /87
4.1.1 嵌入式技术的发展过程 /87
4.1.2 嵌入式系统的特点 /88
4.2 智能设备 /92
4.2.1 智能设备的基本概念 /92
4.2.2 人机交互的基本概念 /94
4.2.3 人机交互技术的发展过程 /95
4.2.4 柔性显示与柔性电池技术 /102
4.2.5 我国发展智能设备的政策环境 /104
4.3 可穿戴计算设备在智能物联网中的应用 /105
4.3.1 可穿戴计算的基本概念 /105
4.3.2 可穿戴计算设备的类型 /106
4.4 智能机器人在智能物联网中的应用 /112
4.4.1 机器人的基本概念 /112
4.4.2 智能机器人的类型 /114
4.4.3 我国发展智能机器人的政策环境 /123
本章小结 /123
习题 /124

第5章 智能物联网通信与网络技术 /126

5.1 计算机网络基本概念 /126
5.1.1 从信息技术的角度看计算机网络的发展历程 /126
5.1.2 计算机网络的形成与发展 /127
5.1.3 计算机网络的分类与特点 /133
5.1.4 TCP/IP 的基本概念 /136
5.1.5 下一代网络体系结构与SDN技术 /140
5.2 移动通信网的基本概念 /140
5.2.1 无线信道与空中接口 /140
5.2.2 大区制与小区制 /142
5.2.3 蜂窝移动通信网的基本结构 /143
5.2.4 移动通信技术与标准的发展过程 /144
5.2.5 5G技术与智能物联网 /144
5.2.6 6G发展愿景 /148
5.3 智能物联网接入技术 /149
5.3.1 智能物联网接入的基本概念 /149
5.3.2 有线接入技术 /150
5.3.3 无线接入技术 /153
5.3.4 软件无线电与认知无线电技术 /159
本章小结 /161

习题 /161

第6章 位置信息、位置服务与定位技术 /163

6.1 位置信息与位置服务 /163
6.1.1 位置信息的重要性 /163
6.1.2 位置服务的基本概念 /165
6.1.3 位置服务的发展 /165

6.2 全球定位系统 /166
6.2.1 GPS 的基本概念 /166
6.2.2 GPS 系统结构 /167
6.2.3 GPS 的工作原理 /168
6.2.4 北斗卫星导航系统 /169

6.3 定位技术的发展 /171
6.3.1 移动通信网定位技术 /171
6.3.2 基于 Wi-Fi 的定位技术 /171
6.3.3 基于 RFID 的定位技术 /173
6.3.4 无线传感器网定位技术 /173

6.4 位置服务 /174
6.4.1 位置服务的必要性 /174
6.4.2 位置服务应用示例 /174

本章小结 /177

习题 /177

第7章 智能数据处理与大数据技术 /179

7.1 数据处理的相关概念 /179
7.1.1 数据、信息与知识 /179
7.1.2 智能物联网数据的特点 /180

7.2 数据处理的相关技术 /181
7.2.1 数据存储与数据库技术 /181
7.2.2 数据融合技术 /183
7.2.3 数据分析与数据挖掘技术 /184

7.3 云计算技术与应用 /187
7.3.1 云计算技术的发展背景 /187
7.3.2 云计算的基本概念 /188
7.3.3 云计算服务模式 /189
7.3.4 云计算部署模式 /190
7.3.5 云计算的应用 /191

7.4 大数据技术与应用 /192
7.4.1 大数据的发展背景 /192
7.4.2 大数据的基本概念 /193
7.4.3 大数据技术发展 /194
7.4.4 大数据研究的共性问题 /196
7.4.5 智能物联网大数据研究的个性问题 /197

本章小结 /199

习题 /199

第8章 智能物联网安全技术 /201

8.1 网络空间安全的基本概念 /201
8.1.1 网络空间安全概念的提出 /201
8.1.2 我国《国家网络空间安全战略》涵盖的主要内容 /202
8.1.3 网络空间安全理论体系 /204

8.2 OSI 安全体系结构的基本概念 /206
8.2.1 OSI 安全体系结构的基本内容 /206
8.2.2 网络安全模型与网络安全访问模型 /208
8.2.3 用户对网络安全的需求 /209

8.3 智能物联网安全研究的基本内容 /209
8.3.1 智能物联网环境的安全问题 /209
8.3.2 智能物联网安全问题的新动向 /212
8.3.3 智能物联网设备安全 /214

8.3.4 智能物联网接入安全 /216
8.3.5 智能物联网核心交换网安全 /217
8.4 智能物联网的隐私保护问题 /219
8.4.1 智能物联网环境中的隐私泄露 /219
8.4.2 隐私保护技术的研究 /220
本章小结 /222
习题 /222

第9章 智能物联网的应用领域 /224

9.1 智能工业 /224
9.1.1 智能工业的相关概念 /224
9.1.2 "工业4.0"的主要内容 /226
9.1.3 智能工业应用示例 /227
9.1.4 《中国制造2025》的主要内容 /228
9.2 智能交通 /229
9.2.1 智能交通的相关概念 /229
9.2.2 车联网技术的发展 /231
9.2.3 智能网联汽车技术的发展 /233
9.3 智能农业 /236
9.3.1 智能农业的相关概念 /236
9.3.2 智能农业应用示例 /237

9.4 智能电网 /239
9.4.1 智能电网的相关概念 /239
9.4.2 智能电网应用示例 /241
9.5 智能医疗 /244
9.5.1 智能医疗的相关概念 /244
9.5.2 智能医疗应用示例 /245
9.6 智能环保 /249
9.6.1 智能环保的相关概念 /249
9.6.2 智能环保应用示例 /250
9.7 智能安防 /251
9.7.1 智能安防的相关概念 /251
9.7.2 智能安防应用示例 /253
9.8 智能家居 /255
9.8.1 智能家居的相关概念 /255
9.8.2 智能家居应用示例 /257
9.9 智能物流 /258
9.9.1 智能物流的相关概念 /258
9.9.2 智能物流应用示例 /260
本章小结 /263
习题 /264

习题参考答案 /265

参考文献 /268

第 1 章 智能物联网概论

任何一项重大科学技术发展的背后,必然有促进其发展的社会背景与技术背景。本章在分析物联网(Internet of Things,IoT)发展背景的基础上,系统地讨论了物联网的定义与技术特征、物联网向智能物联网的转变,以及智能物联网体系结构及层次结构,帮助读者对物联网建立起一个比较全面的认识,激发读者进一步学习智能物联网技术的兴趣。

本章学习目标
- 了解物联网发展的社会背景与技术背景。
- 掌握物联网的定义与技术特征。
- 理解物联网向智能物联网的转变。
- 理解智能物联网体系结构及层次结构及层次结构。

1.1 物联网的形成

1.1.1 物联网形成的社会背景

在讨论物联网产生的社会背景时,人们通常会提到四件事:比尔·盖茨与《未来之路》、MIT 的 RFID/EPC 研究、ITU 的研究报告"The Internet of Things",以及 IBM 的智慧地球研究计划。

1.《未来之路》与物联网

1995 年,比尔·盖茨出版了《未来之路》一书。他在前言中写道:"我写这本书的目的是向世人介绍未来的互联网时代将发生哪些变化。"他希望通过这本书描述对未来互联网时代的憧憬,同时希望这本书起到"促进理解、思考"的作用。

《未来之路》第一章的名字是"一场革命开始了"。比尔·盖茨设想了一个场景:如果你在开车时想光顾一家餐馆,并想查看它的菜单、酒水单及特色菜,那么计算机可以帮你实现。你可能需要向餐馆预订座位或通过地图了解当前的交通情况。在你发出指令之后,车上的计算机就会打印相关信息,或者通过语音方式朗读信息(获得的信息是实时更新的)。当我们读到这段文字时,将联想到当前讨论的移动互联网的"基于位置服务"与物联网的"智能交通"应用场景。

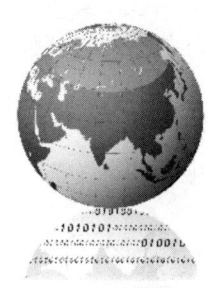

《未来之路》第十章"不出户，知天下"提出了"人–机–物"融合的设想。比尔·盖茨用两句话来描述他在西雅图湖畔的住宅，"我的房子是用木材、玻璃、水泥、石头建成的"，同时"我的房子也是用芯片和软件建成的"。在读到这段文字时，我们自然地联想到当前讨论的智能家居应用场景。

书中提到了一种智能硬件设备——电子别针。电子别针具有感知、计算、通信与控制能力。当你进入这个住宅时，第一件事就是别上一个电子别针，它将你与房子中的各种电子设备及服务"连接"起来。借助于电子别针中的传感器，嵌入房子的智能管理系统就会知道：你是谁？你在哪里？你要去哪里？

"房子"将根据电子别针获取与分析访客的需求信息，并尽量满足，甚至预见访客的需求。当访客沿着大厅行走时，前面的灯光将逐渐变亮，而后面的灯光则逐渐消失。音乐将随着访客一起移动，而其他人却听不到声音。如果有一个需要访客接的电话，那么只有离访客最近的电话会响起铃声。手持遥控器能够扩展电子别针的控制能力。访客可以通过遥控器发出指令，并从数千张图片、语音、视频中选择所需要的信息。

比尔·盖茨在描述自己住宅的未来发展前景时说："微处理器与存储器的安装，以及控制它们运行的软件，这些将在最近几年随着信息高速公路进入数百万个家庭。我采用的技术在当前仍是实验性的，但我正在做的事在未来将被广泛接受。"

现在读这些话，我们发现这与物联网中讨论的"物理世界与信息世界的融合""人–机–物融合""智能家居"的设计思路是如此吻合，我们对物联网、智慧地球与智能家居的设想，无疑受到了比尔·盖茨前瞻性预见的启发。

在回顾微软公司的成功时，比尔·盖茨感慨地说，这种成功没有一个简单的答案，运气是一个因素，但是最重要的因素还是我们最初的远见。借用比尔·盖茨的这句话，我们想说：当物联网时代来临时，对于每个怀揣梦想的人，"运气"已经给了大家，重要的是谁能像比尔·盖茨当年抓住计算机操作系统滞后的机遇一样，在物联网领域捷足先登。

回忆比尔·盖茨在《未来之路》中的很多描述，我们对其预见性和前瞻性表示钦佩。这也是为什么人们在探讨物联网概念的产生过程时，经常提起《未来之路》一书的原因。

2. RFID/EPC 与物联网

条码在 20 世纪 20 年代诞生。至今，条码已无处不在，几乎所有商品都被打上条码。我们正在阅读的这本书上也一定印有条码。商场的收银员用读写器扫描条码之后，就能够知道商品的名称与价格。这对我们每个人来说都是非常熟悉的事。

进入 21 世纪之后商品流通与运输行业高度发展，条码在越来越多的情况下已不能满足人们的要求。由于无线射频识别（Radio Frequency Identification，RFID）能够提供更细致、更精确的产品信息，并且能够实现物流过程的高度自动化，因此这项技术受到人们的重视。当 RFID 与互联网技术结合起来时，可以构成全球物品信息实时共享的物联网。一场影响深远的技术革命也就随之而来。

在 RFID 与互联网技术结合方面，最有代表性的研究是由美国麻省理工学院（MIT）的 Auto-ID 实验室完成的。1999 年 10 月，Auto-ID 实验室提出了依托产品电子代码（Electronic Product Code，EPC）的基本概念。EPC 研究的核心思想是：

- 为每个产品而不是每类产品分配一个唯一的电子标识符，即 EPC。
- EPC 可以存储在 RFID 标签的芯片中。

- 通过无线传输技术，RFID 读写器可通过非接触方式自动采集 EPC。
- 连接在互联网中的服务器可以完成 EPC 对应产品相关信息的检索。

RFID 标签的低成本、可重复使用以及能够快速、方便识别的特点，标志着它可以广泛应用于智能工业、智能农业、智能物流、智能医疗等领域，成为支撑物联网发展的关键技术之一。

3. ITU 互联网报告与物联网

在讨论物联网概念形成的过程中，我们一定会提到 ITU 关于互联网发展对电信产业影响的一系列研究报告。

电信行业最有影响的国际组织是国际电信联盟（ITU）。在 20 世纪 90 年代，当互联网应用进入快速发展阶段时，ITU 研究人员前瞻性地认识到：互联网的广泛应用必将影响电信业今后的发展方向。ITU 研究人员将互联网应用对电信业发展的影响作为一个重要的课题开展了研究，从 1997 到 2005 年陆续发表了七份"ITU Internet Reports"研究报告（如图 1-1 所示）。从这七份研究报告的内容中，我们可以看出 ITU 提出的物联网概念、技术演变过程与产业发展基础。

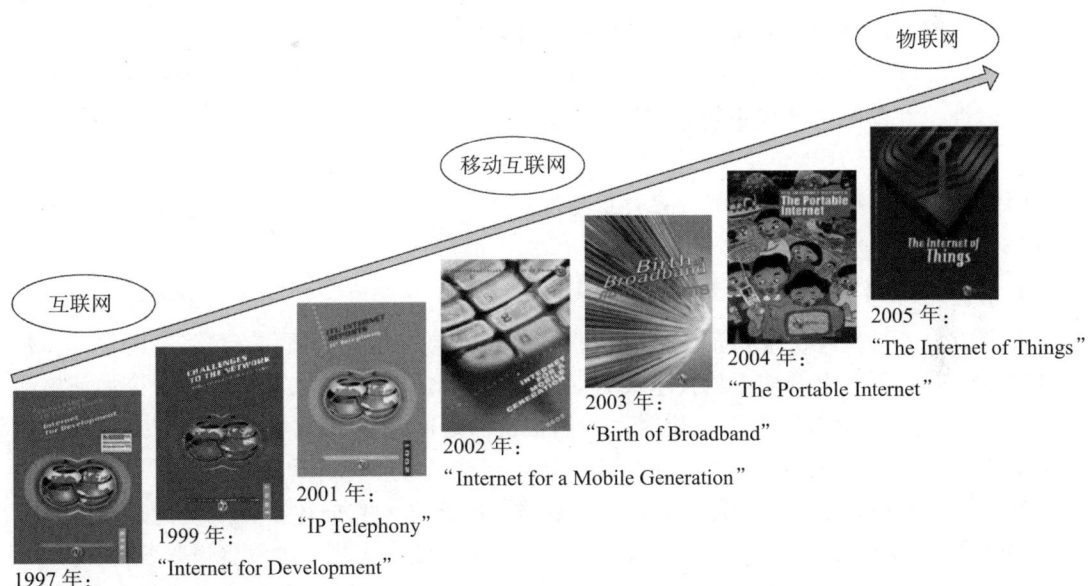

图 1-1 ITU 提出物联网概念的过程

1997 年 9 月，ITU 发布了第 1 个研究报告"Challenges to the Network: Telecoms and the Internet"。这份报告是为 1997 年 ITU 电信展与论坛会议准备的。报告论述了互联网的发展对电信业的挑战，同时指出互联网为电信业带来了重大的发展机遇。

1999 年发布的第 2 个研究报告的题目是"Internet for Development"。该报告描述了互联网应用对未来社会发展的影响，展望了互联网对促进人与人之间交流的作用，并讨论了如何利用互联网来帮助发展中国家发展通信事业。

2002 年 9 月，ITU 发布了第 4 个研究报告"Internet for a Mobile Generation"。该报告讨论了移动互联网发展的背景、技术与市场需求。该报告指出：单就一门技术而言，移动通信和互联网在过去 10 年中是推动电信业发展的主要力量，而两者结合形成的移动互联网（mobile Internet）将成为推动信息产业发展的重要动力。移动互联网的发展将带领我们进入一个移动信息社会。

2005 年 11 月，ITU 在突尼斯举行的"信息社会世界峰会"发布了第 7 个研究报告"The Internet of Things"。术语"物联网"也随之广为流传。该报告描述了世界上的万事万物，小到钥匙、手表、手机，大到汽车、楼房，只要嵌入微型的 RFID 芯片或传感器，就能够通过互联网实现物与物之间的信息交互，进而形成一个无所不在的物联网。世界上的所有人与物在任何时间、地点都可以方便地实现人与人、人与物、物与物之间的信息交互。该报告预见：RFID、传感器、嵌入式、智能与纳米技术将被广泛应用。

在研究"The Internet of Things"报告之后，我们可以清晰地认识到：
- 物联网是互联网的自然延伸和拓展。
- 物联网将实现物理世界与信息世界的深度融合。
- 物联网将引领新一代信息技术应用的集成创新。

综合以上七份 ITU 研究报告，我们可以得出两点结论：
- 第一，ITU 从互联网发展对电信业影响的角度开展互联网发展趋势研究，总结出从互联网、移动互联网向物联网发展的总体趋势。
- 第二，ITU 在跟踪互联网、移动互联网发展的过程中，逐步认识到物联网发展的必然性，并前瞻性地提出物联网概念与技术特征，系统地研究了物联网技术发展对未来社会发展的影响。

因此，在讨论物联网产生的社会背景与发展的必然性时，不可避免会提到 ITU 关于互联网发展的系列研究报告。

4. 智慧地球与物联网

回顾历史，每次经济危机都会催生一些新的技术与行业，引领和支撑经济的复苏，带动世界经济进入新的上升期。新技术成为促进经济走出危机的巨大动力。在讨论如何破解 21 世纪初出现的世界范围金融危机时，人们很自然地联想到 IBM 公司的"智慧地球"研究计划。

2008 年 IBM 公司的专家提出了"智慧地球"的概念，它描述了将大量传感器嵌入和装备到电网、铁路、公路、桥梁、隧道、建筑、供水系统、大坝、油气管道等各种物体中，并通过超级计算机和云计算组成物联网，最终实现"人–机–物"的深度融合。

智慧地球研究计划试图通过在基础设施和制造业中大量嵌入传感器，捕捉运行过程中的各种信息，然后通过无线网络接入互联网，再经过计算机分析、处理和发出指令，反馈给控制器，远程执行指令。控制的对象小到一个电源开关、可编程控制器、智能机器人，大到一个地区的智能交通甚至一个国家的智能电网。通过智慧地球技术的实施，人类能够更精细、动态地管理生产和生活，提高资源利用率和生产能力，改善环境，促进社会可持续发展。

智慧地球研究计划不是简单地实现"鼠标+水泥"的数字化与信息化，而是利用网络的信息传输能力，以及超级计算机、云计算的数据存储、处理与控制能力，实现信息世界与物理世界的融合，达到"智慧"的状态，因此，智慧地球=互联网+物联网（如图 1-2 所示）。

"智慧地球"报告使物联网概念与产业发展规划浮出水面,各国政府都认识到发展物联网产业的重要性,在 2010 年前后陆续从国家科技发展战略的高度,制定了各自的物联网技术研究与产业发展规划。

1.1.2 物联网形成的技术背景

支撑信息学科发展三大支柱是"计算、通信与感知"。充分体现"计算、通信与感知"融合与创新的"普适计算""CPS"研究,为物联网概念的形成奠定了理论基础。

图 1-2 智慧地球研究计划要达到的目标

1. 普适计算与物联网

随着计算机与信息技术广泛应用于人类生活的各个方面,各种采用感知、网络、智能、嵌入式技术的设备与应用系统大量涌现。人们面对种类越来越多、功能越来越强、使用越来越复杂的信息服务系统与嵌入式计算设备时,经常感到无所适从。面对这种局面,"普适计算"的概念应运而生。

1991 年,美国学者马克·韦泽提出了"普适计算"的概念。普适计算(pervasive computing)又称为"无处不在的计算"或"环境智能"。从研究方法与预期目标可看出,普适计算是在人类生活环境中广泛部署各种感知与计算设备,并通过这些设备的互联,实现无处不在的信息采集、传输与计算,将"人–机器–环境"融为一体,最终实现"环境智能"的目标。

仅从字面上很难理解普适计算概念的深刻内涵。下面,我们以图 1-3 所示的"3D 试衣镜"为例来形象地解释普适计算的概念,并总结它的主要技术特征。

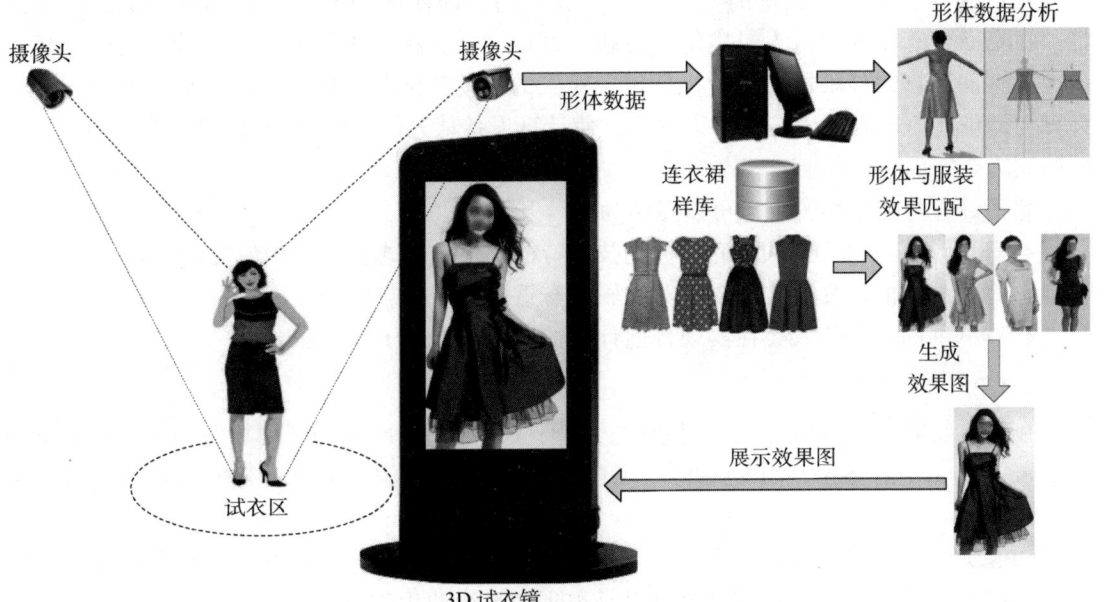

图 1-3 "3D 试衣镜"应用实例

一种被称为"魔镜"的"3D试衣镜"已经应用于一些商场的服装销售中。在图1-3中,一位女顾客在3D试衣镜前不断摆出各种姿势,并用手势或语音指令来更换不同款式、颜色的衣服。3D试衣镜根据试衣间摄像头传来的体态数据,自动分析这位女士对服饰的喜好,从数据库中挑出服装并结合体态数据生成效果图,然后以3D形式通过试衣镜展示给她。在挑选衣服的过程中,这位顾客不需要操作计算机,也不需要知道计算机在哪里,她要做的只是比较不同服装的试穿效果,从而尽情地享受购物乐趣。

从这个例子可以看出:普适计算不是强调"计算设备无处不在",而是描述了"计算如何无处不在地融入日常生活",实现"计算能力的无处不在",从而达到"环境智能"的境界,这既是普适计算研究的基本内容,也是物联网研究需要实现的目标。

普适计算的技术特征主要表现在:

(1)计算能力的"无处不在"与计算设备的"不可见"

"无处不在"是指随时随地访问信息的能力;"不可见"是指在物理环境中提供多个具备感知、通信、计算能力的设备,在用户不觉察的情况下进行计算、通信,提供各种服务,以最大限度地减少用户的介入。因此,"普适计算"不是强调"计算设备的无处不在",而是描述了"计算能力无处不在地融入日常生活"。

(2)"信息空间"与"物理空间"的融合

普适计算是一种建立在感知、通信、计算、智能、嵌入式等技术基础上的新计算模式,其反映出人类对于信息服务需求的提高。随着无线传感器网(Wireless Sensor Network,WSN)、RFID研究的发展,人们认识到:借助大量被部署的传感器、RFID标签,可以实时感知、传输与处理周边环境信息,从而将真实的物理世界与虚拟的信息世界融为一体,深刻地改变了人与自然界的交互方式,达到"环境智能"的境界。

(3)"以人为本"与"自适应"的智能服务

我们在办公室处理文件时需要坐在计算机前,即使使用笔记本计算机,也要随身携带。在桌面计算模式中,人是围绕计算机,并以"计算机为本"的。普适计算的研究目标是突破桌面计算的局限性,摆脱计算设备对人的活动范围与工作方式的约束,通过网络将计算与通信能力嵌入环境与日常工具中,使计算设备从人的视线中"消失",将人的注意力回归到需要完成的任务上。

普适计算与物联网的关系可以总结为:
- 普适计算与物联网从研究目标到技术特征、工作模式有很多相似之处。
- 普适计算的研究方法与成果对物联网有重要的借鉴与启示作用。
- 物联网的出现使人类在实现普适计算的道路上前进了一大步。

2. CPS与物联网

在研究物联网的形成的技术背景时,需要注意与物联网发展密切相关的信息物理系统(Cyber Physical System,CPS)研究。CPS是将感知、通信、计算、智能与控制技术交叉融合的产物。

CPS关注将计算与通信能力嵌入传统的物理系统中,形成集计算、通信与控制于一体的下一代智能系统。CPS研究对象可以是小到纳米级的生物机器人,也可以是大到涉及全球能源供应的复杂系统。

CPS研究的内容很丰富。下面,我们以"自动泊车"系统为例,直观地解释CPS的概念、研究内容与技术特征。对很多生活在城市中的人来说，寻找一个合适的车位，并将汽车准确、快速、安全地停进车位是一件有难度的事。在这样的背景下，自动泊车系统应运而生（如图 1-4 所示）。

图 1-4　自动泊车示意图

自动泊车系统通过超声波传感器和图像传感器感知车辆周边的环境信息，重点是需要识别泊车车位的相关情况。整个自动泊车过程可分为三个阶段：车位识别、轨迹生成与轨迹控制（如图 1-5 所示）。

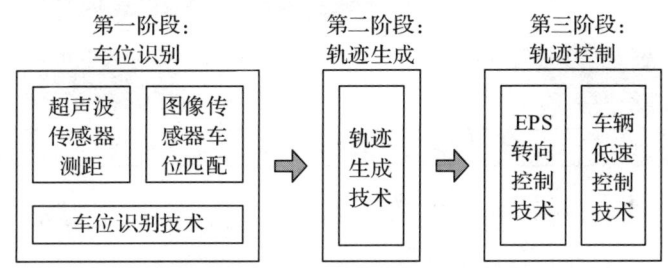

图 1-5　自动泊车的整个过程

（1）车位识别

车位识别阶段又分为两个步骤。第一步是利用超声波传感器实现车位识别（如图 1-6 所示）。车辆利用超声波传感器对泊车环境中的障碍物进行测距，从而为自动泊车系统提供确定泊车环境模型的相关数据。当驾驶员选择"自动泊车"功能后，超声波传感器就周期性地发送超声波信号并接收反射回的信号。通过计数器确定从超声波发射到接收的时间差，进而计算出车辆与相应障碍物之间的距离。车辆的前端、后端和两侧通常需要至少 8 个超声波传感器，以便提供周边不同方位的障碍物信息，从而确定车位能否满足泊车条件。

第二步是利用图像传感器实现车位调节（如图 1-7 所示）。车辆利用后端的广角摄像头采集车位环境的图像信息，并将图像传送给车载计算机的图像处理系统。图像处理系统根据图像信息进行测距，建立一个与实际车位大小相同的虚拟车位，并通过调节虚拟车位来实现虚拟车位与实际车位之间的匹配，进一步完善车位信息。

（2）轨迹生成

轨迹生成是通过建立车辆运动学模型，分析车辆转弯过程中的运动半径与方向盘转角的关系，计算出泊车过程中可能遇到的碰撞区域。在对泊车过程建模分析的基础上，构造出泊车模型，根据几何学原理计算出车辆的移动轨迹。如果这个车辆移动轨迹与根据图像分析的车位数据匹配,则将方向盘转向角、速度等指令发送给车辆。图1-8给出了轨迹生成过程示意图。

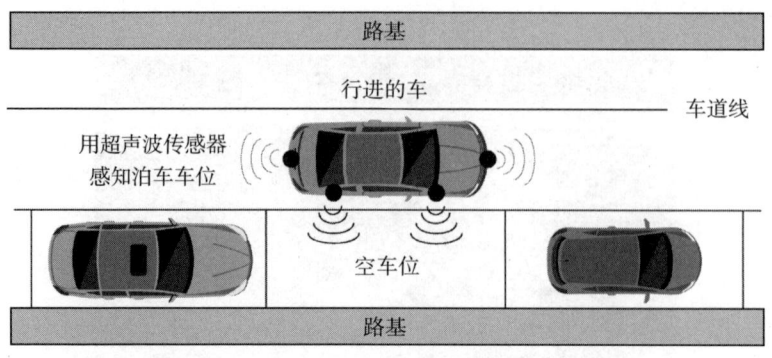

图1-6 车位识别过程

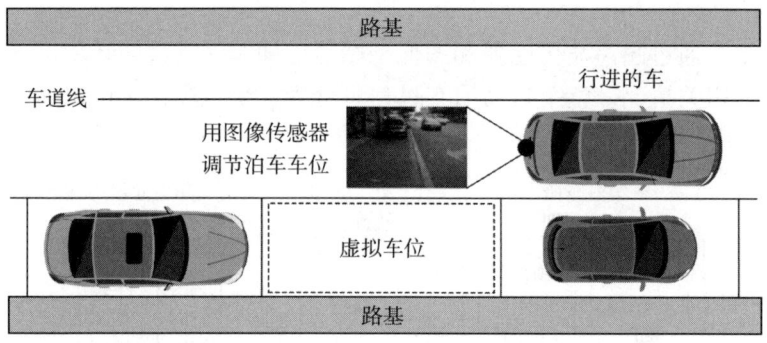

图1-7 车位调节过程

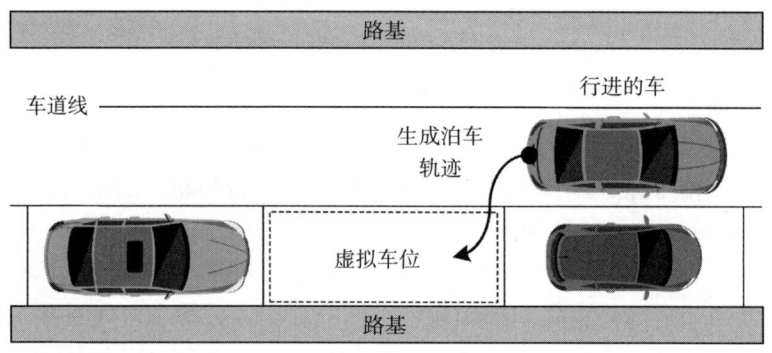

图1-8 轨迹生成过程

(3) 轨迹控制

通过执行方向盘转向角、速度指令,车辆的执行器控制车辆的移动轨迹,进而控制泊车过程。

通过对上述的泊车过程进行分析,我们可以看出:自动泊车系统需要利用感知、计算、通信、智能与控制技术,它是一种典型的信息物理融合的 CPS,也是无人驾驶汽车研究的重要内容。

从"自动泊车"的实例中,我们认识到:CPS 是在环境感知的基础上,形成可控、可信与可扩展的网络化智能系统,并通过扩展新的功能,使系统具有更高的智慧。CPS 的技术特征可总结为四个字:"感""联""知""控"。

- "感"是指通过多种传感器协同感知物理世界的状态信息。
- "联"是指关联物理世界与信息世界中的各种对象,实现信息交互。
- "知"是指通过对感知信息的智能处理,正确、全面地认识物理世界。
- "控"是指根据正确认知,确定控制策略,发出控制指令,指挥执行器处理物理世界中的问题。

图 1-9 给出了 CPS 中的物理世界与信息世界的交互。

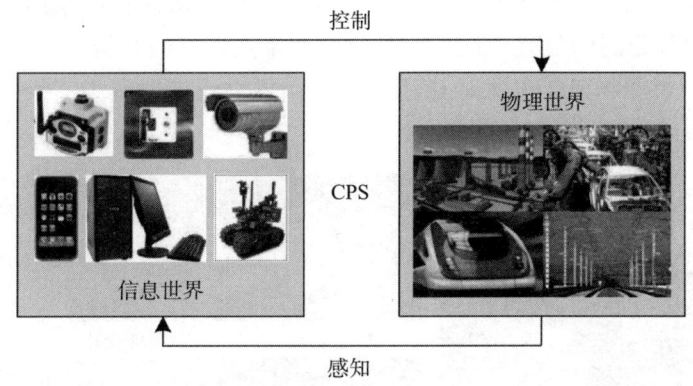

图 1-9 CPS 中的物理世界与信息世界的交互

CPS 与物联网的关系可以总结为:

- CPS 与物联网的研究目标、发展方向是一致的。
- CPS 与物联网都会催生大量的智能设备与智能系统。
- CPS 研究成果对物联网有重要的启发与指导作用。

在讨论了普适计算、CPS 研究之后,我们获得了一种启示:普适计算与 CPS 作为全新的计算模式,打通了计算机、软件、网络、嵌入式系统、人工智能等领域。它们展示了"世界上的万事万物,凡存在皆联网,凡联网皆计算,凡计算皆智能"的发展趋势,这也是物联网致力于实现的最终目标。

1.1.3 物联网的技术特征

互联网发展的初期曾经出现过多种关于互联网的定义。目前学术界与产业界根据他们研究的背景、关注重点与认识的不同,对物联网也提出了不同的定义。在分析这些定义的基础上,本书给出的定义是:

物联网是在互联网、移动通信网等通信网络的基础上,针对不同应用领域的需求,利用具有感知、通信与计算能力的智能物体自动获取物理世界的各种信息,将能够独立寻址的物理对象互联起来,实现全面感知、可靠传输、智能处理,构建"人–机–物"高度融合的智能网络信息服务系统。

物联网不是简单实现"鼠标"加"水泥"的数字化与信息化,而是要实现"智慧处理、互联互通、透彻感知",以达到人、物与信息基础设施的完美结合,实现现实社会与信息社会的深度融合。物联网使人类能够以更精细与动态的方式来管理生产和生活,从而达到更加"智慧"的状态。

1.1.4 物联网与互联网的区别

物联网是在互联网的基础上发展起来的,它们之间在网络体系结构研究方法、网络核心技术、网络安全技术等方面有很多共同之处。互联网成功的经验、理论和方法都可以应用于物联网。但是,我们还要注意物联网与互联网的不同之处。

1. 提供服务类型

从互联网提供的服务类型角度来看,无论是电子邮件、Web、搜索引擎,还是即时通信、网络视频、网上购物、网上支付等,主要都是提供全球性、通用性的公共信息服务。但是,物联网的设计思路明显是不同的。从物联网重点发展的智能工业、智能农业、智能电网、智能交通、智能物流等九大的应用中,我们可以清晰地看出:物联网提供行业性、专业性、区域性服务(如图 1-10 所示)。

a) 互联网提供全球性公共信息服务　　　　b) 物联网提供行业性、专业性、区域性服务

图 1-10　提供服务类型的不同之处

2. 数据生成方式

互联网中传输的主要是文本、语音、视频数据,通常利用计算机、智能手机、平板计算机照相机、摄像机等设备传输,并且在多数情况下是以人工方式生成的。物联网中传输的主要是各类感知数据,通常利用传感器、RFID 标签、可穿戴计算设备、智能仪表、智能机器人等设备生成,并且在多数情况下是以自动方式生成的(如图 1-11 所示)。

a) 互联网数据主要以人工方式生成　　　　b) 物联网数据主要以自动方式生成

图 1-11　数据生成方式的不同之处

3. 反馈与控制

互联网之所以能够以超常规的速度发展，得益于"开放式"的设计思想。只要遵守 TCP/IP，用户就可以在一个电子邮件系统中注册邮箱，发送与接收邮件；用户可以访问世界上任何一个公开的 Web 服务器，搜索信息、图片与视频；用户可以加入一个微信群，自由地发表意见。互联网构建了人与人之间交互与共享信息的信息世界。在互联网中，我们一直在坚持着"自主"的思想，不希望受到任何人、任何力量的约束。我们想加入一个微信群就加入，不想加入就退出；我们想访问一个学校网站就进入，不想访问就退出。如果我们在网上搜索"物联网定义"，只希望搜索引擎提供一个排序的信息列表，由我们"自己"逐条审视列表中的内容，然后决定浏览哪个网页。

对于物联网应用系统，例如智能工业、智能电网、智能医疗、智能交通等应用，通过感知、传输与智能信息处理，生成智能的处理策略，然后通过控制终端或执行器等设备，实现对物理世界中的某个系统、环境、物体的感知与控制，从而达到智慧处理的目的。因此，互联网与物联网最重要的区别是：互联网通常提供开环的信息服务，而物联网主要提供闭环的控制服务。典型的物联网应用系统都是"可反馈、可控制"的"闭环"系统。图 1-12 给出的城市智能交通系统形象地描述了这个特点。

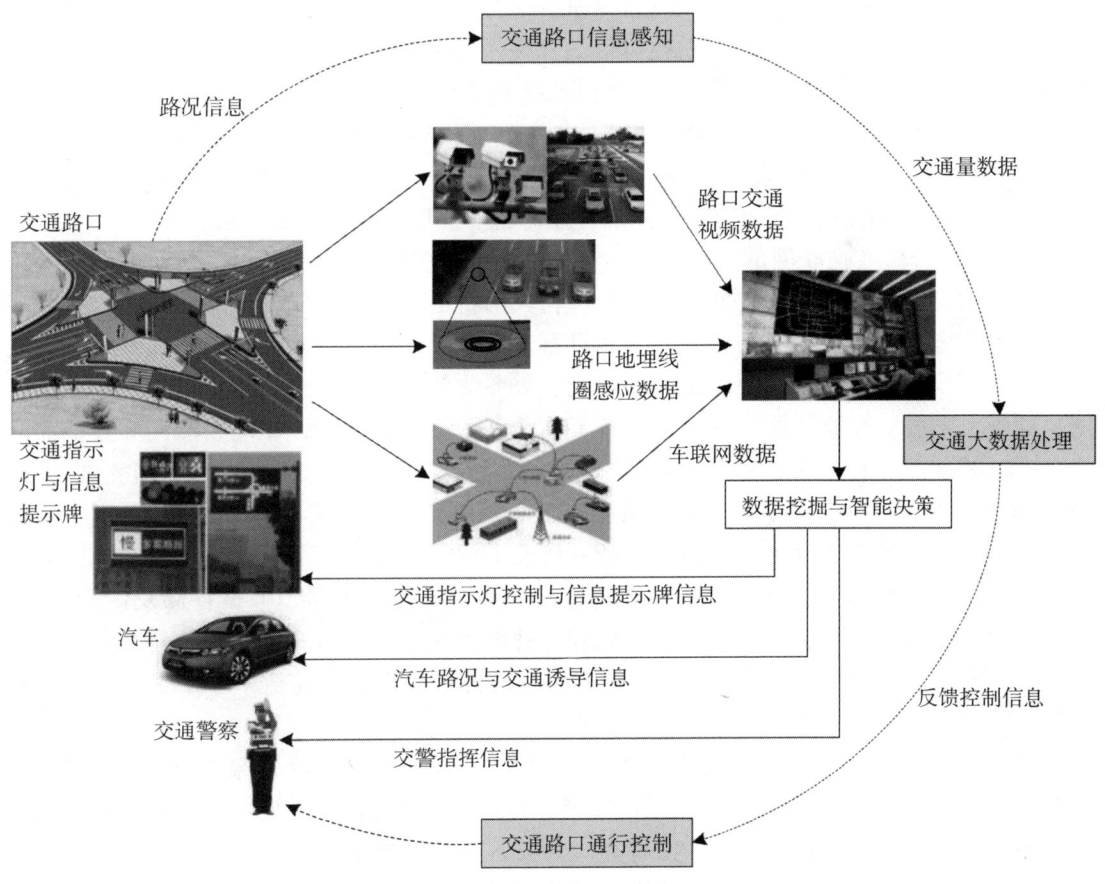

图 1-12　物联网系统的可反馈与可控制

1.2 智能物联网的发展

1.2.1 智能物联网发展的社会背景

随着人工智能技术的成熟和广泛应用，物联网（IoT）技术与人工智能（AI）技术的交叉融合推动了智能物联网（Artificial Intelligence & Internet of Things，AIoT）的发展。2018 年，智能物联网概念一经问世，立即引起了学术界与产业界的高度重视。研究从物联网到智能物联网的发展过程，需要了解智能物联网发展的背景。

在"十二五"期间，我国物联网发展与发达国家保持同步，并成为全球物联网发展最活跃的地区之一。在"十三五"期间，在"创新是引领发展的第一动力"方针的指导下，物联网进入跨界融合、集成创新和规模化发展的新阶段。

2016 年 5 月，在《国家创新驱动发展战略纲要》中，将"推动宽带移动互联网、云计算、物联网、大数据、高性能计算、移动智能终端等技术研发和综合应用，加大集成电路、工业控制等自主软硬件产品和网络安全技术攻关和推广力度，为我国经济转型升级和维护国家网络安全提供保障"作为战略任务之一。

2016 年 8 月，在《"十三五"国家科技创新规划》中，"新一代信息技术"的"物联网"专题提出：开展物联网系统架构、信息物理系统感知和控制等基础理论研究，攻克智能硬件（硬件嵌入式智能）、物联网低功耗可信泛在接入等关键技术，构建物联网共性技术创新基础支撑平台，实现智能感知芯片、软件以及终端的产品化。

2016 年 12 月，《"十三五"国家战略性新兴产业发展规划》提出：实施网络强国战略，加快建设"数字中国"，推动物联网、云计算和人工智能等技术向各行业全面融合渗透，构建万物互联、融合创新、智能协同、安全可控的新一代信息技术产业体系。

2017 年 4 月，《物联网的"十三五"规划（2016-2020 年）》指出：物联网正在进入跨界融合、集成创新和规模化发展的新阶段。物联网将进入万物互联发展新阶段，智能可穿戴设备、智能家电、智能网联汽车、智能机器人等数以万亿计的新设备将接入网络。物联网智能信息技术将在制造业智能化、网络化、服务化等转型升级方面发挥重要作用。车联网、健康、家居、智能硬件、可穿戴设备等消费市场需求更活跃，驱动物联网和其他前沿技术不断融合，人工智能、虚拟现实、自动驾驶、智能机器人等技术不断取得新突破。

2020 年 7 月，国家标准化管理委员会、工业和信息化部等五部门联合发布《国家新一代人工智能标准体系建设指南》指出，新一代人工智能标准体系建设的支撑技术与产品标准主要包括：大数据、物联网、云计算、边缘计算、智能传感器、数据存储及传输设备；关键领域技术标准主要包括：自然语言处理、智能语音、计算机视觉、生物特征识别、虚拟现实/增强现实、人机交互等。新一代人工智能标准体系建设将进一步加速智能技术与物联网的融合，推动智能物联网技术的发展。

2021 年 3 月，《"十四五"规划和 2035 年远景目标纲要》第 11 章第 1 节"加快建设新型基础设施"中指出："推动物联网全面发展，打造支持固移融合、宽窄结合的物联接入能力。加快构建全国一体化大数据中心体系，强化算力统筹智能调度，建设若干国家枢纽节点和大数据中心集群，建设 E 级和 10E 级超级计算中心。积极稳妥发展工业互联网和车联网。加快交通、能源、市政等传统基础设施数字化改造，加强泛在感知、终端联网、智能调度体系建设"。提出"构建基于 5G 的应用场景和产业生态，在智能交通、智慧物流、智慧能源、智能医疗等重点领域开展试点示范"。该纲要明确了智能物联网在"十四五"期间的建设任务，规划了2035年的发展远景目标。

1.2.2 智能物联网发展的技术背景

智能物联网是云计算、边缘计算、5G、大数据、人工智能、数字孪生、区块链等新一代信息技术，在物联网应用中交叉融合、集成创新的产物。

1. 云计算与智能物联网

云计算（cloud computing）的概念最早出现于1961年云计算作为一种利用网络技术实现的随时随地、按需访问和共享计算、存储与软件资源的计算模式，它具有"按需服务、资源池化、泛在接入、高可靠性、降低成本、快速部署"的技术特征。

智能物联网开发者可以将系统构建、软件开发、网络管理任务，部分或全部交给云计算服务提供商，自己则专注规划和构思智能物联网应用系统的功能、结构与业务系统的运行。客户端的各种智能终端设备（包括智能感知与控制设备、个人计算机、智能手机、智能机器人、可穿戴计算设备），都可以作为云终端在云计算环境中使用。

云计算平台可以为智能物联网应用系统提供灵活、可控、可扩展的计算、存储与网络服务，并且成为智能物联网集成创新的重要信息基础设施。

2. 边缘计算与智能物联网

随着智能工业、智能交通、智能医疗、智慧城市等应用的发展，数以千亿的感知与控制设备、智能机器人、可穿戴计算设备、智能网联汽车、无人机接入智能物联网，智能物联网应用对网络提出了更高的要求。传统的"端-云"架构已经难以满足智能物联网应用的高带宽、低延时、高可靠性的需求，基于边缘计算与移动边缘计算的"端-边-云"架构在这样的背景下应运而生。

边缘计算（edge computing）的概念出现可以追溯到2000年。边缘计算的发展与面向数据的计算模式的发展是分不开的。随着数据规模的增大和对数据处理实时性要求的提高，研究人员希望在靠近数据的网络边缘增加数据处理能力，将计算任务从计算中心迁移到网络边缘。最初的解决思路是采用分布式数据库模型、对等（Peer-to-Peer，P2P）计算模型以及内容分发网络（Content Delivery Network，CDN）计算模型。1998年出现的系统通过在互联网边缘节点部署CDN缓冲服务器，降低用户远程访问Web网站的数据传输延时，加速内容提交。在早期的边缘计算中，"边缘"仅限于分布在世界各地的CDN缓冲服务器。随着边缘计算研究的发展，"边缘"资源的概念已经从最初的边缘节点设备，扩展到从数据源到核心云路径中的任何可利用的计算、存储与网络资源。

2013年，5G研究催生了移动边缘计算（Mobile Edge Computing，MEC）的发展。MEC是一种在接近移动用户的无线接入网的位置，部署能够提供计算、存储与网络资源的边缘云或微云，避免端节点必须直接通过主干网与云计算中心的通信的限制。2014年，欧洲电信标准化协会（ETSI）成立了MEC工作组，针对MEC的应用场景、技术要求、体系结构开展了研究。MEC研究之初只适用于电信公司的移动通信网。2017年，ETSI将MEC更名为多接入边缘计算（Multi-access Edge Computing，MEC），将MEC扩展到其他无线接入网（如Wi-Fi），以满足智能物联网对MEC的应用需求。

随着 5G 应用的发展，MEC 作为支撑 5G 应用的关键技术受到了重视。电信运营商看到了 MEC 发展的重要性，投入大量资金大规模部署移动边缘云，为超高带宽、超低延时、高可靠性的智能物联网应用提供技术支持。

3. 大数据与智能物联网

在商业、金融、医疗、环保、制造业领域大数据分析的基础上，通过获取重要知识衍生出很多有价值的新产品与新服务，人们逐渐认识到"大数据"的重要性。2008 年之前，通常将这种大数据量的数据集称为"海量数据"。2008 年，《自然》杂志出版了一期专刊，讨论了未来大数据处理所面临的挑战，提出了大数据（big data）的概念。产业界将 2013 年称为大数据元年。

大数据并不是一个确切的概念。到底多大的数据是大数据，不同的学科领域、不同的行业有不同的理解。目前，对于大数据大致可看到三种定义。一是大到不能用传统方法处理的数据集。二是大小超过标准数据库工具软件能够收集、存储、管理与分析的数据集。第三种是维基百科给出的定义：无法使用传统和常用的软件技术与工具在一定的时间内获取、管理和处理的数据集。数据量的大小不是判断是否"大数据"的唯一标准，判断这个数据是否"大数据"，需要看它是否具备"5V"特征：大体量（volume）、多样性（variety）、时效性（velocity）、准确性（veracity）和大价值（value）。

智能物联网中的大数据与一般的大数据研究有共性的一面，也有个性的一面。它们共性的一面首先表现在大数据分析的基本内容上，如可视化分析、数据挖掘算法、预测性分析能力、语义引擎、数据质量与数据管理。这五个内容在智能物联网大数据分析中依然存在。但是，智能物联网行业应用也有它的特殊要求。智能物联网数据具有异构性、多样性、实时性、颗粒性、非结构化、隐私性等特点。

智能物联网的智能交通、智能工业、智能医疗中的大量传感器、RFID 标签、视频监控器、工业控制系统是造成数据"爆炸"的重要原因之一。智能物联网为大数据技术发展提出了重大应用需求，成为大数据技术发展的重要推动力。通过感知手段获取大量数据并不是构建智能物联网的主要目的，如何通过对大数据的智能处理获取正确的知识与准确反馈控制信息，这是智能物联网对大数据技术研究提出的真正需求。

4. 5G 与智能物联网

随着智能物联网应用规模的超常规发展，大量的智能物联网系统部署在山区、森林、水域等偏僻地区。很多的智能物联网感知与控制节点被密集部署在大楼内部、地下室、地铁与隧道中，4G 网络及技术已难以适应，只能寄希望于 5G 网络及技术。

智能物联网涵盖智能工业、智能交通、智能医疗与智能电网等各个行业，业务类型多、业务需求差异大。在智能工业的工业机器人与工业控制系统中，节点之间的感知数据与控制指令传输必须保证是正确的，延时必须在毫秒量级，否则就会造成工业生产事故。无人驾驶汽车与智能交通控制中心之间的感知数据与控制指令传输同样必须保证是准确的，延时必须在毫秒量级，否则会造成车毁人亡的重大交通事故。智能物联网中对反馈控制的实时性、可靠性要求高的应用对 5G 的需求格外强烈。

ITU 明确了 5G 的三大应用场景：增强移动宽带通信、大规模机器类通信与超可靠低延时通信。其中，大规模机器类通信应用场景面向以人为中心的通信和以机器为中心的通信，面向智慧城市、环境监测、智慧农业等应用，为海量、小数据包、低成本、低功耗的设备提供有效的连接方式。超可靠低延时通信应用场景主要满足车联网、工业控制、移动医疗等行业的特殊应用对高可靠、低延时的需求。5G 作为智能物联网集成创新的通信平台，有力地推动着智能物联网应用的发展。

5. 人工智能与智能物联网

人工智能（Artificial Intelligence，AI）是计算机科学、控制论、信息论、神经生理学、心理学、语言学等多学科高度发展、紧密结合、互相渗透而发展起来的一门交叉学科。但是，"人工智能"至今仍然没有一个被大家公认的定义。不同领域的研究者从不同角度给出了各自不同的定义。最早的人工智能定义是"使一部机器的反应方式就像是一个人在行动时所依据的智能"。有的科学家认为"人工智能是关于知识的科学，即怎样表示知识、获取知识和使用知识的科学"。一种通俗的解释是人工智能大致可分为两类，弱人工智能和强人工智能。弱人工智能是能够完成某种特定任务的人工智能；强人工智能是具有人类同等的智慧，能表现出人类所具有的所有智能行为或超越人类的人工智能。

人工智能诞生的时间可追溯到 20 世纪 40 年代，期间经历了三次发展热潮。第一次热潮出现在 1956 年至 1965 年；第二次热潮出现在 1975 年至 1991 年；第三次热潮出现在 2006 年至今。

2006 年，以深度学习（deep learning）为代表的人工智能进入第三次热潮。"学习"是人类智能的主要标志，也是人类获取知识的基本手段。"机器学习"是研究计算机如何模拟或实现人类的学习行为，获取新的知识与技能，不断提高自身能力的方法。自动知识获取成为机器学习的研究目标。只要提到"学习"，我们会联想到上课、作业与考试。上课时，跟着老师学习，属于"有监督"的学习；而课后做作业，是需要自己完成的，就属于"无监督"的学习。平时做课后习题是学习系统的"训练数据集"，而考试题则属于"测试数据集"。学习好的同学平时训练好，相应的考试成绩就好。学习差的同学平时训练不够，相应的考试成绩就差。如果将学习过程抽象表述，那就是：学习是一个不断发现并改正错误的迭代过程。机器学习也是如此。为了让机器自动学习，同样要准备三份数据：训练集、验证集与测试集。

- 训练集是机器学习的样例。
- 验证集用于评估机器学习阶段的效果。
- 测试集用于在学习结束后评估实战的效果。

第三次人工智能热潮的研究热点主要是机器学习、神经网络与计算机视觉。在过去几年中，图像识别、语音识别、机器人、人机交互、无人驾驶汽车、无人机、智能眼镜等越来越多地使用了深度学习技术。

决定机器学习系统智能化水平的重要因素是可供"学习"数据的多少和质量。智能物联网的数据来自不同行业、应用、感知手段，包括人与人、人与物、物与物等各种数据。这些数据可以进一步分为：环境数据、状态数据、位置数据、个性化数据、行为数据与控制数据，它们具有明显的异构性与多样性。因此，智能物联网数据是机器学习的"金矿"。智能物联网智能数据分析广泛应用了机器学习方法，它们越来越依赖于大规模的数据集和强大的计算能力；云计算、大数据、边缘计算、5G 等技术的发展，为人工智能与智能物联网的融合提供了巨大的推动力。

6. 数字孪生与智能物联网

工业 4.0 促进了数字孪生的发展。2002 年，数字孪生（digital twin）术语出现。传统的控制理论与方法已不能满足智能物联网的智能控制需求。2019 年，随着"智能+"概念的兴起，数字孪生成为产业界与学术界研究的热点。

数字孪生是基于人工智能与机器学习技术，将数据、算法和分析决策结合起来，通过仿真技术将物理对象映射到虚拟世界，在数字世界中建立一个与物理实体相同的数字孪生体，并通过人工智能的多维数据复杂处理与异常分析，合理地规划、实现对系统与设备的精准维护，预测潜在的风险。数字孪生的概念涵盖以下几个内容：

- 驱动数字孪生发展的五大要素是感知、数据、集成、分析、执行，它们与智能物联网是完全一致的。
- 数字孪生的核心技术包括多领域、多尺度仿真建模，数字驱动与物理模型融合的状态评估，生命周期数据管理，虚拟现实呈现，以及高性能计算等。
- 在 5G 应用的推动上，数字孪生表现出"精准映射、虚实交互、软件定义与智能控制"的四大特点。

数字孪生是在智能物联网、云计算、大数据与智能技术的支撑下，通过对产品全生命周期"迭代优化"和"以虚控实"的方法，彻底改变了传统的产品设计、制造、运行与维护技术，极大地丰富了智能技术与智能物联网技术融合的理论体系，为智能物联网的闭环智能控制提供了新的设计理念与方法。目前，数字孪生正从工业应用向智慧城市等综合应用方向发展，它将进一步提升智能物联网的应用效果与价值。人工智能大模型技术在解决数字孪生模型、算法与实现难题中的应用，已经引起了智能物联网研究人员极大的兴趣。

7. 区块链与智能物联网

区块链与机器学习被评价为未来十年可能提高人类生产力的两大创新技术。区块链（blockchain）技术始于 2009 年，起源于虚拟货币。目前，区块链正在渗入各行各业与社会的各个方面。

人类的文明起源于交易，交易的维护和提升需要有信任关系。一个交易社会需要有稳定的信用体系，这个体系有三个要素：交易工具、交易记录与交易权威。互联网金融打破了传统的交易体系，我们依赖了几百年的信任体系正在受到严峻的挑战。由于区块链作为"去中心化"协作、分布式数据存储、"点-点"传输、共识机制、加密算法、智能合约等技术在网络信任管理领域的集成，能够剔除网络应用中最薄弱环节与最根本缺陷（即人为因素），因此研究人员认为区块链将成为重新构造社会信任体系的基础。

智能物联网存在着与互联网类似的问题。智能物联网应用系统要为每个接入的节点（如传感器、执行器、网关、边缘计算设备与移动终端）配置一个节点名、分配一个地址、关联一个账户。账户要记录对传感器、执行器、网关、边缘计算设备、移动终端设备的感知、执行、处理之间的数据交互，以及高层用户对节点数据查询与共享的行为数据。智能物联网系统管理软件要随时对节点账户进行审计，检查对节点账户进行查询、更新的用户身份与权限是否合法，发现异常情况需要立即报警和处置。

物流与供应链、云存储与个人隐私保护、智能医疗中个人健康数据合法利用和保护、通信与社交网络中的用户网络关系维护，都会用到区块链技术。"智能物联网+区块链"（BIoT）将成为建立智能物联网系统"可信、可用、可靠"的信任体系的理论基础。目前，区块链已开始应用于智能物联网的智慧城市、智能制造、供应链管理、数字资产交易、可信云计算等领域,并且将逐步与实体经济深度融合。智能物联网、区块链与人工智能等技术的融合应用,将会引发新一轮的技术创新和产业变革。

通过以上的讨论,我们对智能物联网概念的内涵有了更进一步的认识:
- 第一,智能物联网并不是一种新的物联网,它是物联网与智能技术成熟应用、交叉融合的必然产物,标志着物联网技术、应用与产业进入了一个新的发展阶段。
- 第二,智能物联网推进了"物联网+云计算+边缘计算+5G+大数据+智能决策+智能控制+区块链"等新技术集成创新,与社会各个层面的跨界融合,赋能各行各业。
- 第三,智能物联网的核心是智能技术的应用,目标是使物联网最终达到"感知智能、认知智能与控制智能"的境界。

1.3 智能物联网的技术特征

1.3.1 智能物联网"物"的特征

接入智能物联网中的"物"是多种类型的,人们习惯将它们称为"实体""设备""对象"或"智能对象"。一些文献将智能物联网定义为"智能对象"之间通信的系统。为了统一"物"的名称,ITU-T Y.2060 将"物"用"实体"(entity)"端节点"(node)"对象"(object)"设备"(device)表述。本书中统一用"实体"或"设备"来表述。

"实体"与"设备"的定义是:
- 实体:物理世界(物理实体)或虚拟世界(虚拟实体)中的一个对象,能够被识别和被集成到物联网中。
- 设备:具有通信功能,并可能具有感知、移动、数据收集、存储和处理功能的物联网接入装置。

图 1-13 描述了智能物联网"物"的特征。

理解"实体"与"设备"定义的内涵,需要注意以下几个问题:

(1)很多自然界中的"实体"并不具有通信与计算能力,例如人、动物、商品、零件、树、岩石、水、空气等。一些低端的传感器、执行器也不具备通信与计算能力。这些实体根据智能物联网应用的具体需求,可以通过嵌入式技术集成到智能终端设备中,接入智能物联网;或者通过配置智能设备(如可穿戴计算设备等),使他(它)具备通信和计算能力,并接入物联网中;或者通过传感器监控对象的状态(例如树、岩石、水、空气等),间接地接入物联网。

(2)在日常生活中,人们所说的"物""实体"一般是指物理世界中看得见、摸得着的物体。由于智能物联网系统大量采用虚拟化技术,因此我们对智能物联网中的"实体"的理解需要从"物理实体"扩展到了"虚拟实体"。"虚拟实体"包括虚拟机、虚拟网络、虚拟存储器、虚拟服务器、虚拟路由器、虚拟集群、数字孪生体等,它们同样可以成为智能物联网中可标识、可接入、可识别、可寻址、可控制的对象。

(3)智能物联网的"设备"需要采用嵌入式技术,将传感器、执行器集成到嵌入式设备中,再将嵌入式设备接入智能物联网。例如,将嵌入血糖、血压传感器与胰岛素注射装置的智能医疗手环佩戴在糖尿病患者的腕上,手环每隔一定的时间将患者的血糖、血压值发送到远程监控中心。医生可根据采集到的数据结合数学模型，分析和判断患者的身体状况。一旦出现异常，必要时发出注射胰岛素指令，手环将执行注射，并继续向医疗中心发送实施注射之后感知到的人体生理参数。这样，嵌入式智能"设备"就使"人体"具有一定的通信与计算能力。因此，在不同应用场景中的节点的共同点是：具有唯一的、可识别的身份标识，具备一定的通信、计算与存储能力。

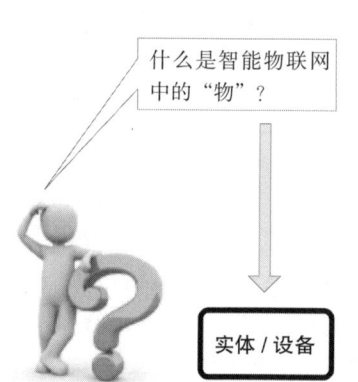

可以大到智能电网中的高压铁塔、智能交通系统中的无人驾驶汽车与道路基础设施，或者是飞机、坦克与军舰

可以小到智能手表、智能手环、智能眼镜、RFID标签，甚至是纳米传感器

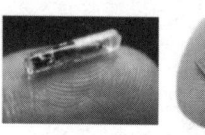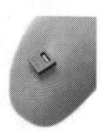

可以复杂到智能工厂生产线上的工业机器人，也可能简单到智能钥匙、智能插座、智能灯泡

可以是有生命的人，或者是带耳钉的牛，也可以是无生命的植物、山体岩石、公路或桥梁

可以是智能传感器、纳米传感器、无线传感器节点、RFID标签、GPS终端，或者是到处可见的视频摄像头

可以是服务机器人、工业机器人、水下机器人、无人机、无人驾驶汽车、家用电器、智能医疗设备，或者是可穿戴计算设备

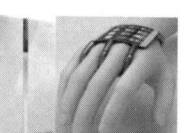

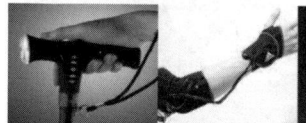

如果患者通过穿着的智能背心或安装的智能手臂，老人通过智能拐杖接入智能医疗系统中，那他们不就成为物联网中的"物"了吗？

图1-13 智能物联网"物"的特征

综上所述，接入智能物联网的"物"具有以下的特征：
- 可以是物理的，也可以是虚拟的。
- 可以是固定的，也可以是移动的。
- 可以是硬件，也可以是软件或数据。
- 可以是有生命的，也可以是无生命的。
- 可以是空间的，也可以是地面或水下的。
- 可以是微粒，也可以是一个大型的建筑物。

接入智能物联网"物"的类型之多、数量之庞大、程度之复杂，将远远超出我们的预期。目前接入智能物联网的节点"物"的数量已经超过接入互联网"人"的数量，出现了"物超人"的局面。

1.3.2 智能物联网"网"的特征

1. 从网络安全的角度去认识智能物联网"网"的特征

有经验的网络安全研究人员的共识：如果一个网络应用系统的规模和影响较小，或者是经济价值与社会价值较低，黑客一般是不会关注的。但是，网络应用系统的经济价值与社会价值越高，系统中传输与存储的数据越重要（其中有很多涉及个人隐私或企业商业秘密），也就越会成为黑客"关注"的重点。互联网中网络入侵防御系统（Intrusion Detection System，IDS）经常检测到有人在用各种方法扫描网络设备与用户口令，窥探或企图渗透到网络内部，网络攻击随时可能发生。严峻的网络安全现实告诉我们，网络安全是智能物联网发展的前提。因此，我们必须站在安全的角度去研究智能物联网中"网"的特征。

实际上在互联网时代，电子政务、网络银行、智能电网等对系统安全性要求很高的应用系统的安全、可靠运行，已经为智能物联网提供了成功的范例。图 1-14 给出了电子政务与智能电网的网络结构。IP 专网或虚拟专网（Virtual Private Network，VPN）与互联网之间实现的"物理隔离、逻辑连接"，成功地运行了各种互联网应用。

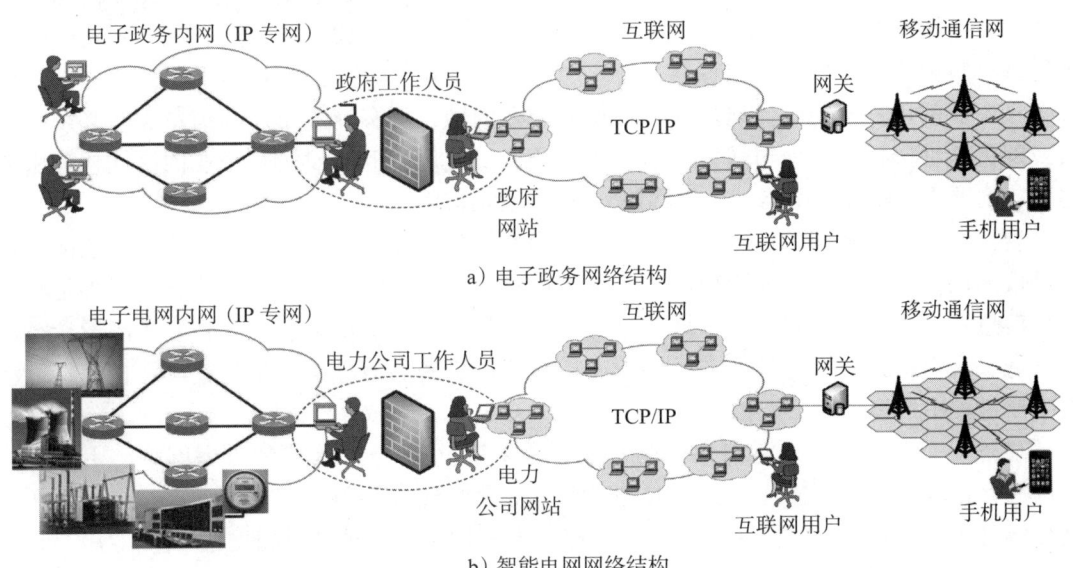

图 1-14 电子政务与智能电网的网络结构

智能物联网应用正在从单一设备、单一场景的局部小系统，不断向大系统、复杂大系统方向演变。无论研究人员将复杂系统划分成多层结构，或者是划分为多个功能模块或功能域，多个层次或多个功能模块或功能域之间都必然要通过网络技术互联，并通过数据与指令交互实现智能物联网的服务功能。网络作为支撑智能物联网应用系统的信息基础设施，担负着在不同功能域之间实现数据通信，以及与外部其他系统实现资源共享和信息交互的作用。互联网成熟的网络系统架构设计方法，为智能物联网系统设计提供可借鉴的成功经验。

2. 从网络结构的角度去认识智能物联网"网"的特征

无论是智能工业、智能交通、智能医疗、智能物流、智能电网应用系统，也无论网络覆盖范围是一个行业、一个地区，甚至是一个国家或全球，都可以通过分析、对比与总结找出它们存在的共性特征。我们以一个大型连锁零售企业的网络系统结构为例，分析支撑智能物联网应用系统网络结构的共性特征（如图1-15所示）。

由于智能物联网具有行业性服务的特点，因此从企业运营模式与网络安全的需要出发，一个大型连锁零售企业的网络系统必然要分成两大部分：企业内网与企业外网。

企业内网由三级网络组成：（1）连锁店或超市网络系统。（2）分公司、仓库与配送中心网络系统。（3）总公司网络系统。连锁店或超市将每天的销售、库存数据传送到区域分公司；分公司汇总传送到总公司。总公司管理整体的销售信息统计与分析、监督计划执行，并决定采购、配送、销售策略的制定与运行。作为大型连锁零售企业，必然要在总公司主干网中设置一个数据中心。数据中心用来存储与企业经营相关的数据。根据企业计算与存储需求，数据中心网络服务器可以是一台或几台企业级服务器、服务器集群，也可能是私有云。由于企业内网上传送着大量涉及商业机密与用户隐私的信息（这些数据需要绝对保密），因此企业内网不能与互联网或其他网络直接连接，也不允许任何企业之外的用户直接访问内网资源。

企业外网承担与客户、供货商以及银行的信息交互功能，并同时承担着宣传本公司商品与销售信息，接受与处理顾客的查询、定购、售后和投诉信息的功能，因此外网需要连接在互联网上，通过Web服务器、E-mail服务器与用户、相关企业网互联。出于网络安全的考虑，企业外网与企业内网之间需要设置安全管理区"DMZ"（也称为"非军事化区"），采用具有防火墙功能的代理服务器（proxy server）连接，以保护企业内网。任何外部客户或合作企业的用户不能以任何形式直接访问企业内网，所有外部用户的信息交互必须由专人或网关软件选择、处理与转换之后，才能够通过代理服务器发送给企业内网。代理服务器要起到严格的将外部网络与内部网络安全隔离的作用。

智能物流网络系统的结构具有一定的代表性。例如在智能工业中，工厂的企业网络也都是按内网与外网的结构来组建的。企业内网存储、传送与运行着两类信息：一类是企业管理信息，一类是产品制造的数据与过程控制信息。企业管理信息包含企业产品设计、产品制造、企业运行数据等涉及产品知识产权与商业机密的信息；产品制造过程控制系统涉及生产过程中的指令与反馈信息。

显然，企业内网必须是专用网络，或者是采用VPN技术构建的专用网络，不能与互联网或其他外部网络直接连接。VPN概念的核心是"虚拟"和"专用"。"虚拟"是指在公共传输网中，通过建立"隧道"或"虚电路"方式构建的一种"逻辑网络"；"专用"是指VPN可以为接入的网络与主机，提供安全与保证服务质量的传输服务。外部人员不允许通过任何途径直接访问企业内网。工业企业必须通过外网与合作企业、供货商、销售商、银行和客户交换信息。因此，支持智能工业应用的网络系统与大型连锁零售企业的网络系统具有共性的特征。同样，我们也可以分析出智能交通、智能医疗、智能农业、智能安防、智能家居等应用的共性特征。

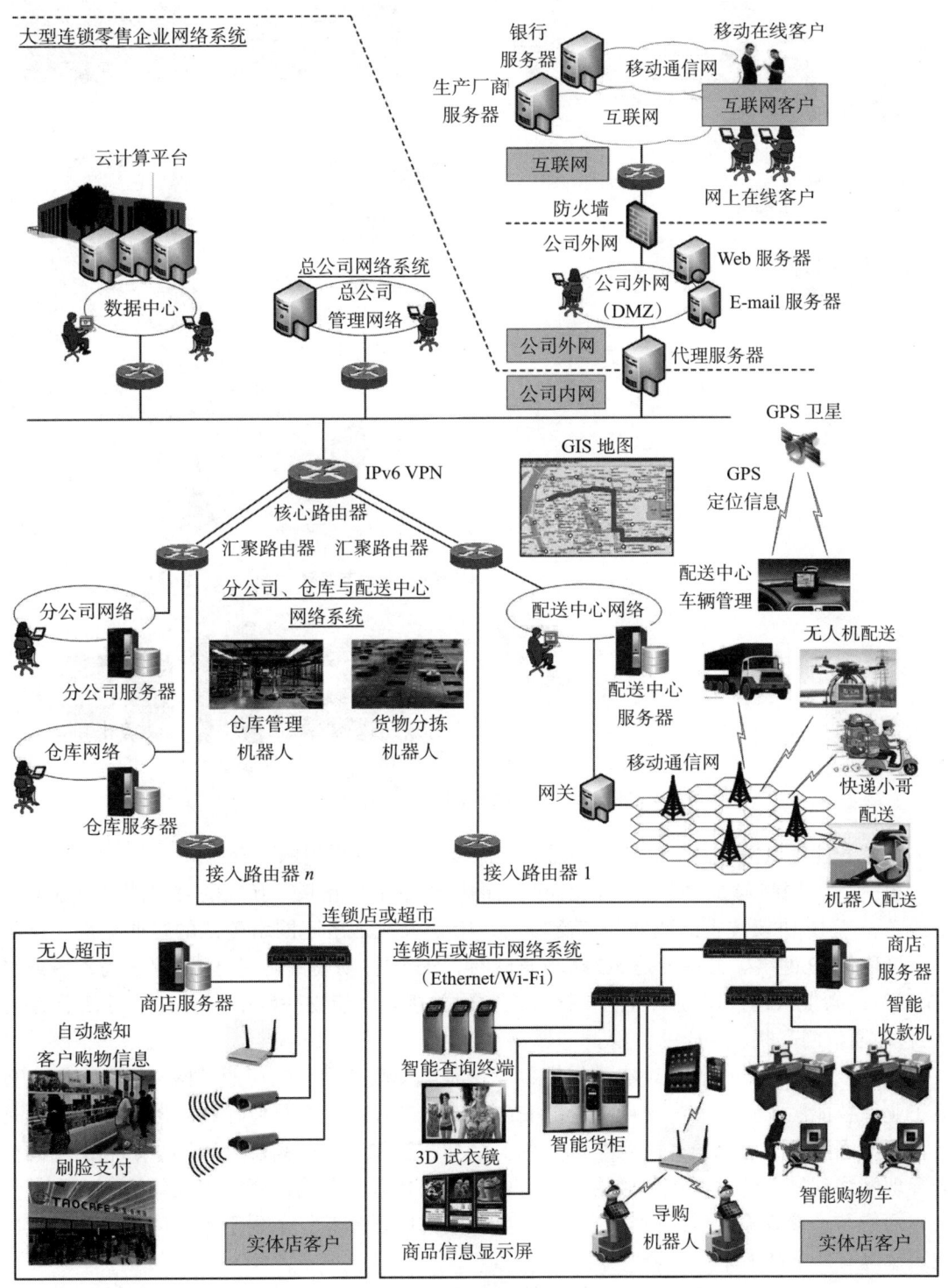

图 1-15 大型连锁零售企业的网络系统结构示意图

图 1-16 描述了智能物联网"网"的特征。

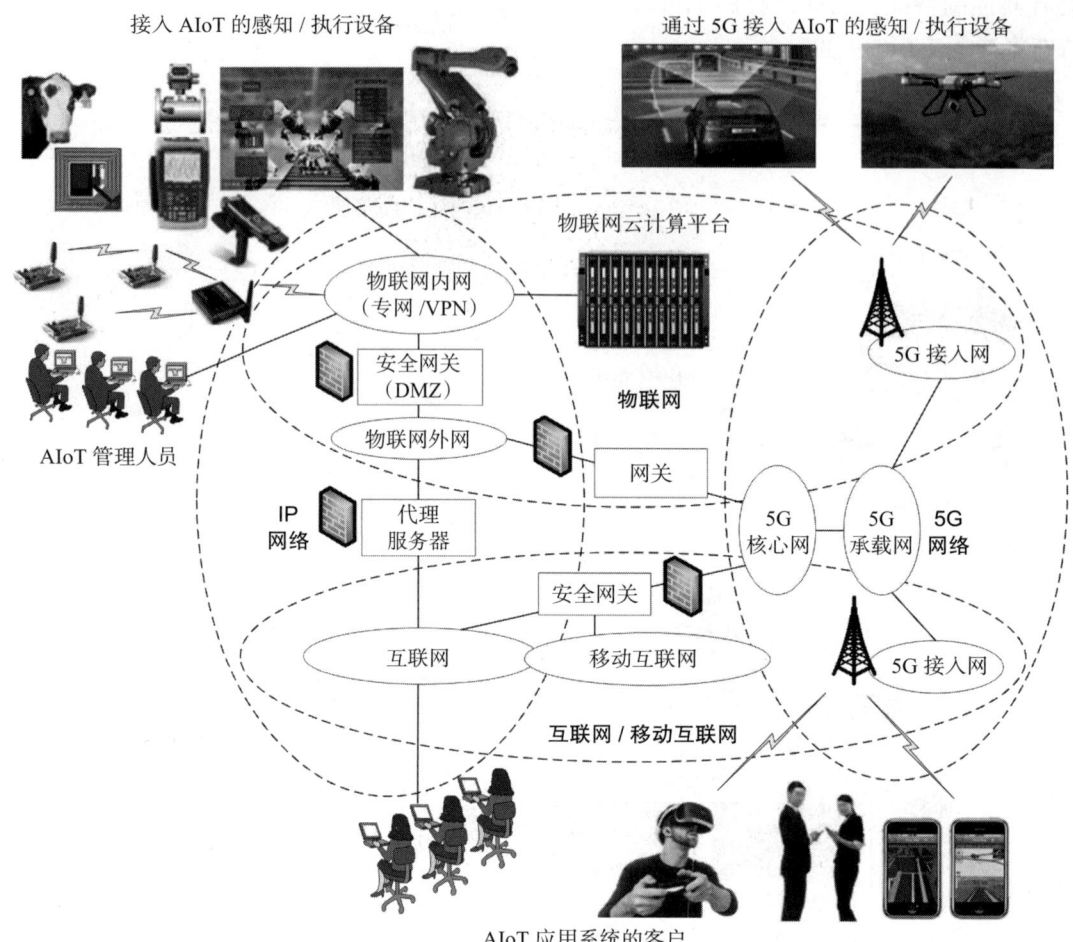

图 1-16　智能物联网"网"的特征

理解智能物联网"网"的特征，需要考虑以下两个基本问题：

第一，IP 网络与 5G 网络。智能物联网的网络系统由互联、互通的 IP 网络与 5G 网络组成。由于 IP 协议技术的成熟与广泛应用，IP 协议成了组建网络公认的行业标准，这类网络也称作 IP 网络。另一类是 5G 移动通信网。5G 的移动用户终端与感知/执行设备通过 5G 基站进入接入网，通过承载网、核心网、网关接入智能物联网中。网关起到 IP 网络与 5G 移动通信网互联、互通的作用。

第二，内网与外网。在现实应用中，无论是电子政务网、银行业务网、智能电网、智能工业、智能医疗、智能物流网、智能安防网，没有任何一个行业性物联网应用系统不是将自己的网络分为内网与外网两个部分的。例如，智能工厂的高层管理网络、制造车间生产管理网络到底层的过程控制网络，银行业务网与各分支机构的资金流通网络，电力控制中心网络与连接各输变电站的控制网络，以及医院医疗诊断、远程手术支持网络都属于内网。这里有几个基本原则必须遵守：

- 凡是涉及需要保密的业务数据和控制指令只能在内网上传输。

- 内部网络用户不能以任何方式私自将内网的设备连接到互联网,或在内网计算机上接入没有被授权的外设(包括 U 盘等存储设备)。
- 互联网上的外部用户不允许用任何方法渗透到内网,非法访问内网数据与服务。智能物联网应用系统的内网必须与互联网实现物理隔离。
- 外部用户如果需要访问内网,可以通过互联网发送服务请求,然后通过外网与内网连接的安全网关、代理服务器等网络安全设备,将用户请求转发到内网。
- 内网将外部用户访问请求的处理结果发送到外网代理服务器,再由代理服务器通过互联网转发给外部用户,实现外网与内网的逻辑连接。

从上述的讨论中可以看出,任何一位有电子政务网、电子商务网、智能交通网络、企业网设计经验的智能物联网系统架构师,都不会将对数据安全性要求高的内网直接连接到互联网,因为任何一次来自互联网的网络攻击都有可能给智能物联网造成灾难性的后果;将企业内网与互联网直接连接也不符合国家对信息系统安全等级评测的基本要求。

1.3.3 智能物联网"智"的特征

从当前我们对智能物联网与智能技术融合研究的角度,可以认识到智能物联网"智"的特征主要表现在以下几个方面。

1. 感知智能

传感器、控制器与移动终端正在向智能化、微型化方向发展。智能传感器是传感器与智能技术相结合,应用机器学习方法,形成具有自动感知、计算、检测、校正、诊断功能的新一代传感器。与传统传感器相比,智能传感器具有以下几个特点。

(1)自学习、自诊断与自补偿能力

智能传感器采用智能技术与软件,通过自学习,能够根据所处的实际感知环境调整传感器的工作模式,提高测量精度与可信度;能够对采集数据进行预处理,剔出错误或重复数据,进行数据的归并与融合;能够采用自补偿算法,调整传感器对温度漂移的非线性补偿方法;能够根据自诊断算法,发现外部环境与内部电路引起的不稳定因素,采用自修复方法改进传感器工作的可靠性。

(2)复合感知能力

通过集成多种传感器,使智能传感器具有对物体与外部环境的物理量、化学量或生物量的复合感知能力,可以综合感知压力、温度、湿度、声强等参数,帮助人类全面感知和研究环境的变化规律。

(3)灵活的通信组网能力

智能传感器具有灵活的通信能力,能够提供适合于有线与无线通信网的标准接口,具有自主接入无线自组网的能力。

2. 交互智能

智能人机交互关注用户与智能物联网之间交互的智能化问题。人机交互的研究不可能仅靠计算机与软件来解决,它涉及人工智能、心理学、行为学等复杂问题,属于交叉学科研究的范畴。智能物联网的智能硬件设计应摒弃传统的人机交互方式,研发新的智能人机交互技术与设备。

智能硬件研发建立在机器学习技术之上。智能硬件的人机交互方式采用文字交互、语音交互、视觉交互、虚拟交互、人脸识别，以及虚拟现实/增强现实等新技术。对于可穿戴计算设备、智能机器人、自动驾驶汽车、无人机等智能设备，它们在设计、研发、运行中，都体现出了机器学习的应用效果（如图1-17所示）。

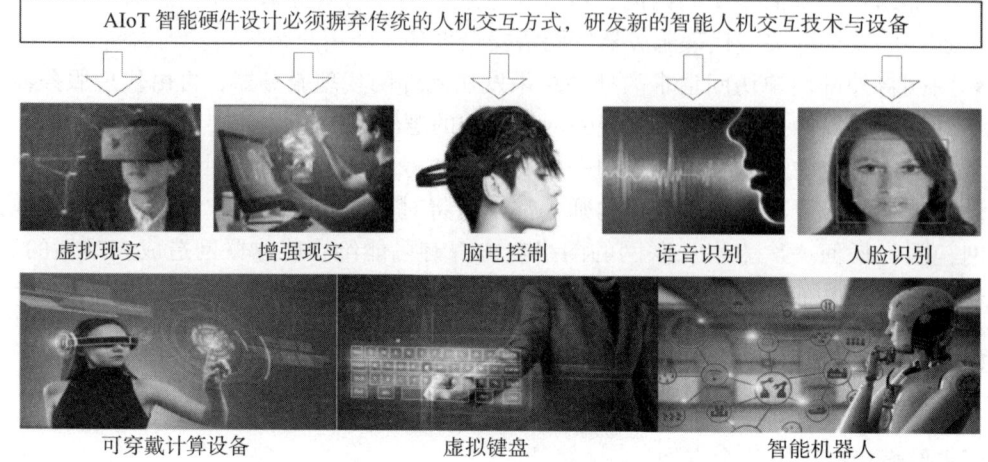

图1-17　AIoT智能人机交互的研究

3. 通信智能

智能物联网接入中采用了多种无线通信技术。"频率匮乏"与"频段拥挤"是无线接入必须面对的难题。认知无线电具有环境频谱感知与自主学习能力，能够动态、自适应地改变无线发射参数，实现动态频谱分配和频谱共享，是智能技术与无线通信技术融合的产物。

5G边缘计算部署开始进入工程应用阶段。但是，物联网边缘分析（IoT Edge Analytics）、边缘计算智能中间件（MLaaS）与边缘人工智能（Edge AI）仍处于初始研究阶段。

在5G之后，6G将广泛应用于更高性能的智能物联网应用。6G设计的关键挑战是在设计之初就考虑将无线通信与AI技术融合，让AI无处不在。6G网络不是在设计好之后考虑如何应用AI技术，而是使6G网络架构具备原生AI支持能力。

4. 处理智能

AI是知识和智力的总和，在数字世界中可表现为"数据+算法+计算能力"。其中，海量数据来自各行各业、各种维度，算法需要通过科学研究来积累，而数据的处理和算法的实现都需要大量计算能力。

计算能力是AI的基础。"人-机-物-智"之间成功协作的关键是计算能力。大数据分析的理论核心是数据挖掘算法，各种算法基于不同的数据类型和格式，才能更加科学地呈现出数据自身特点，从中挖掘出有价值的知识。预测分析是利用各种统计、建模、数据挖掘工具对近期数据与历史数据进行研究，从而对未来进行预测。

基于智能工业、智能医疗、智能家居、智慧城市等应用系统大量使用语音识别、图像识别、自然语言理解、计算机视觉等技术，智能物联网数据聚类、分析、挖掘与智能决策成为机器学习/深度学习应用最为成熟的领域之一。

5. 控制智能

传统的智能控制已不适应大规模智能物联网应用的需求。数字孪生引入虚拟空间，建立虚拟空间与物理空间关联与信息交互，通过数字仿真、基于状态的监控与机器学习，将"数据"转变成"知识"，准确地预见未来，实现"虚实融合、以虚控实"的目标。

智能控制技术已经取得了重大的进展，在计算机仿真技术基础上发展起来的数字孪生技术在智能工业、智慧城市的应用研究，为智能物联网复杂大系统的智能控制实现技术研究提供了新的思路。

6. 原生支持智能

传统的设计方法是在 IoT 系统设计完成之后，再考虑如何应用智能技术。未来的智能物联网系统设计必然要改变传统的设计思路，在系统设计之初就考虑如何将智能物联网技术与智能技术有机地融合起来，使智能无处不在。原生支持智能是智能物联网的发展愿景，也是智能物联网的重要研究课题之一。

综上所述，智能物联网"智"的特征如图 1-18 所示。

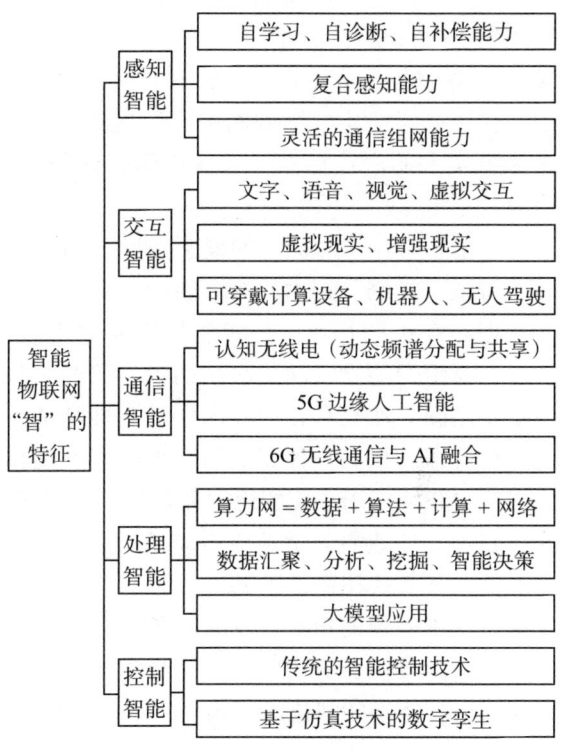

图 1-18 智能物联网"智"的特征

1.4 智能物联网体系结构及层次结构

1.4.1 智能物联网体系结构研究

在谈到体系结构时，人们立刻就会想到：计算机体系结构与冯·诺依曼、计算机网络体系结构与 OSI 参考模型，以及互联网体系结构。这说明了以下两点：

- 对于一个复杂的计算机系统、计算机网络系统，我们需要抽象出能够体现不同类型计算机、计算机网络的基本与共性特征的结构模型。
- 体系结构的研究水平是评价一项技术成熟度的重要标志之一。

在深入研究智能物联网时，人们自然会想到应该用一个怎样的体系结构来描述不同类型智能物联网应用系统结构的共性特征。在讨论智能物联网的体系结构时，我们需要回忆计算机网络体系结构概念产生与体系结构形成的过程，它会给我们很多重要的启示。

理解网络体系结构（network architecture）的概念有三点需要注意：

1）网络体系结构是由网络层次结构模型与各层协议组成的。

2）网络体系结构对网络应实现的功能进行精确定义。

3）网络体系结构是抽象的，而实现网络协议的技术是具体的。

20 世纪 70 年代后期，人们逐步认识到计算机网络层次结构模型与协议标准的不统一，将会形成多种异构的计算机网络系统，这样会给今后大规模的网络互联造成困难，影响计算机网络自身的发展。研究网络体系结构首先要提出网络层次结构模型。20 世纪 80 年代初，国际标准化组织（ISO）发布了开放系统互连（Open System Internetwork，OSI）参考模型，也就是我们常说的"七层结构模型"，它是研发计算机网络体系结构标准的基础。在市场竞争中，互联网中广泛应用的 TCP/IP 的层次结构模型最终取代 OSI 参考模型成为事实上的产业标准。这就说明，任何一种网络层次结构模型与协议都要接受市场的检验。

智能物联网（AIoT）的概念问世。AIoT 推进"物联网 + 云计算 +5G+ 边缘计算 + 大数据 + 智能 + 控制"技术的融合创新，将物联网技术、应用与产业推向一个新的发展阶段。

但是在不同行业中，智能物联网应用系统的功能差异很大，系统结构与协议标准复杂，这就给智能物联网层次结构模型研究带来很大的困难。尽管如此，不同智能物联网应用系统之间必然会存在一些内在的共性特征，重要的是研究者能否正确地认识和总结出这些共性特征，找到一种简洁和合理的层次结构模型去描述它，并能够用层次结构模型来指导智能物联网应用系统的规划和设计，这是智能物联网研究的一个重要课题。

目前，产业界与学术界比较通行的研究方法主要有两种：一种方法是集中精力研究某个产业的某类应用系统的共性特征，以此为基础提出智能物联网的层次结构模型。另一种方法是从更宏观的角度，从感知信息产生、传输、处理、控制过程中的信息、传递的逻辑关系，结合支撑智能物联网，提出智能物联网层次结构模型。本书将采用第二种方法来研究和提出智能物联网技术架构与层次结构模型。

1.4.2 智能物联网层次结构模型

研究智能物联网体系结构首先要研究智能物联网层次结构模型。研究层次结构模型需要注意以下几个基本原则：
- 层次结构模型定义了系统的层次结构与各层之间的逻辑关系。
- 层次结构模型将系统功能分解到各个层次，定义了各层的主要功能。
- 层次结构模型反映了信息产生、传输、处理、应用的流程。
- 层次结构模型不是一个标准，而是一种在制定标准时使用的概念性框架。

结合对智能物联网特点，本书采用的智能物联网层次结构模型如图 1-19 所示。

智能物联网层次结构模型由感知层、接入层、边缘层、核心交换层、应用服务层与应用层等 6 层组成。

1. 智能物联网层次结构模型各层的基本功能

（1）感知层

感知层是智能物联网的基础，它实现感知、控制，以及用户与系统交互的功能。感知层包括传感器与执行器、RFID 标签与读写设备、智能家电、智能仪器仪表与智能生产设备、智能手机与 GPS 终端、可穿戴计算设备、智能机器人、无人机、智能网联汽车等移动终端设备等，涉及嵌入

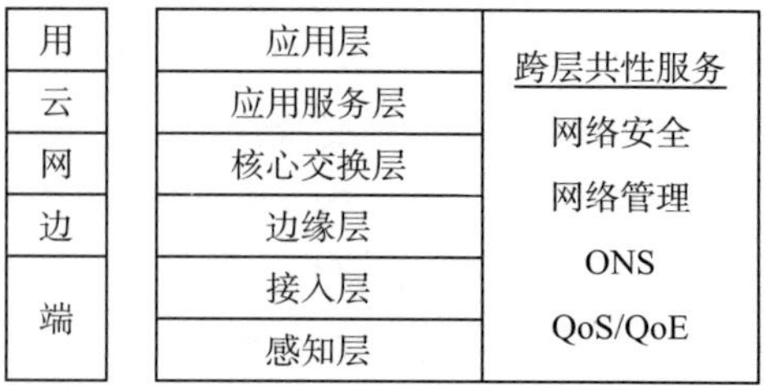

用	应用层	跨层共性服务
云	应用服务层	网络安全
网	核心交换层	网络管理
边	边缘层	ONS
端	接入层	QoS/QoE
	感知层	

图 1-19 智能物联网层次结构模型示意图

式计算、可穿戴计算、智能硬件、物联网芯片、物联网操作系统、智能人机交互、深度学习和可视化技术。

（2）接入层

接入层承担着将海量、多种类型、分布广泛的设备接入智能物联网应用系统的功能。接入层采用的接入技术包括两类：有线与无线技术。有线接入技术包括 Ethernet、ADSL、HFC、现场总线、电力线接入、光纤接入与光纤传感器网、现场总线与工业以太网等；无线通信技术包括近场通信 NFC、蓝牙 BLE、ZigBee、6LoWPAN、NB-IoT、Wi-Fi、蜂窝移动通信网，以及无线自组网与无线传感器网络等。

（3）边缘层

边缘层又称为边缘计算层，它将计算与存储资源（如微云 Cloudlet、微型数据中心、雾计算节点或微云）部署在更贴近于移动终端设备或传感器网络的边缘，将很多对实时性、带宽与可靠性有很高需求的计算任务迁移到边缘云中处理，以减少信息处理响应时间，满足实时性应用的需求，改善终端用户体验效果。边缘云与远端核心云之间协同，形成"端–边–云"的三级结构的工作模式。

（4）核心交换层

为了提供行业性、专业性的智能物联网服务，核心交换层承担着将接入网与分布在不同地理位置的接入网与广域主干网互联的功能。对网络安全要求高的核心交换网需要分为内网与外网两大部分，内网与外网之间通过安全来连接。构建核心交换网内网可采用 IP 专网、VPN 或 5G 网络技术。

（5）应用服务层

应用服务层的软件运行在云计算平台之上。云平台可以是私有云，也可以是公有云、混合云或社区云。应用服务层为智能物联网应用系统需要实现的功能提供服务。应用服务层提供的共性服务主要包括：从智能物联网感知数据中挖掘出知识的大数据技术；根据大数据分析结论，向高层用户提供可视化的辅助决策技术；通过反馈控制指令，实现闭环的智能控制技术。数字孪生将大大提升智能物联网应用系统控制的智能化水平；区块链将为构建智能物联网信任体系提供重要的技术手段。

（6）应用层

应用层包括智能工业、智能农业、智能物流、智能交通、智能电网、智能环保、智能安防、智能医疗、智能家居等行业应用。无论是哪类应用，从系统实现的角度来看，都是要将代表系统预期目标的核心功能分解为多个简单和易于实现的功能。每个功能的实现经历复杂的信息交互过程，并且需要对信息交互过程制定一系列通信协议。因此，应用层是实现某类行业应用的功能、运行模式与协议的集合。研发人员将依据通信协议，根据任务需要来调用应用服务层的不同服务功能模块，实现智能物联网应用系统的总体服务功能。

需要注意是，尽管应用层软件也运行在云计算平台上，但是从功能分层的角度以及逻辑关系上来讲，还是要将应用层与应用服务层区分开，应用服务层侧重于为行业应用提供的共性服务与软硬件模块，而应用层侧重于行业应用功能实现的方法、协议与技术。应用服务层不可能涵盖行业应用中复杂的功能与协议，应用层与应用服务层之间需要协作，才能够实现智能物联网应用系统的总体服务功能。

2. 跨层共性服务

在讨论智能物联网层次结构模型的同时，必须注意与各个功能层都有交集的跨层、共性的服务。这些服务主要包括：网络安全、网络管理、ONS 与 QoS/QoE。

（1）网络安全

网络安全涉及智能物联网从感知层到应用层的任何一种网络，小到接入的传感器、执行器，接入网中的 Ethernet、NFC、BLE、ZigBee、Wi-Fi、5G 或 NB-IoT，大到核心交换网、云计算网络都存在网络安全问题，并且各层之间的安全问题是相互关联、相互影响的。

（2）网络管理

接入网、核心交换网与云计算网络使用大量网络设备，接入各种感知、执行、计算节点，并相互连接构成智能物联网；各层之间都要交换数据与控制指令。因此，网络管理同样是涉及各层，并且是各层之间相互关联与相互影响的共性问题。

（3）ONS

在计算机网络中，"名字"标识一个对象，"地址"标识对象所在的位置，"路由"确定到达对象所在位置的方法。整个网络活动是建立在"名字－地址－路由"的基础上的。显然，每个连接到智能物联网的"物"都需要有一个全网唯一的"名字"与"地址"。对象名字服务（Object Name Service，ONS）包括命名规则与"名字/地址解析"服务。

智能物联网的 ONS 功能与互联网的域名服务（Domain Name Service，DNS）功能类似。在互联网中，我们在访问一个 Web 网站之前，首先要通过 DNS 查询网站的 IP 地址。以 RFID 标签为例，在智能物联网中要查询 RFID 标签对应的物品详细信息，必须借助 ONS 服务器、数据库与服务器体系。与互联网的 DNS 体系一样，为了提高系统运行效率，必须在智能物联网中建立本地 OSN 服务器、高层 OSN 服务器及根 ONS 服务器，形成覆盖整个智能物联网的随时、随地、便捷地提供对象名字解析的服务体系。

（4）QoS/QoE

在互联网的发展过程中，人们花费了很大精力解决服务质量（Quality of Service，QoS）问题。智能物联网传输的信息既包括海量的感知信息，又包括反馈的控制信息；既包括安全性、可靠性要求很高的数字信息，又包括实时性要求很高的视频信息，以及安全性、可靠性与实时性要求都高的控制信息。在智能物联网应用中，用户关心的不仅是客观的 QoS，还包括在 QoS 基础上加上人为主观因素的体验服务质量（Quality of Experience，QoE）。因此，物联网对数据传输的 QoS/QoE 要求比互联网更复杂，必须通过智能物联网体系各层的协同工作来加以保证。

讨论智能物联网层次结构模型时需要注意两个问题：

第一，由于感知层的传感器、执行器与用户终端设备通过接入层接入智能物联网之后成为智能物联网的"端节点"，研究者通常将感知层与接入层的设备统称为"端"，因此可以将智能物联网层次结构模型用简单的"端－边－网－云－用"来描述。产业界习惯用"端－边－管－云－用"表述，这里用"管"（即"通信管道"）表示"网"。

第二，网络体系结构是抽象的，而实现各层网络协议的技术是具体的。物联网系统架构师和系统开发人员习惯将各层所采用的主要技术标识在智能物联网对应的层次中，这样可以更直观地指导应用系统的规划、设计与实施，形成如图 1-20 所示的智能物联网技术架构示意图。我国符合这种技术架构的产业结构目前正在逐步形成。

图 1-20　智能物联网技术架构示意图

本章小结

1）普适计算与 CPS 研究为物联网技术研究与产业发展奠定了坚实的基础。

2）智能物联网是物联网与新一代信息技术，如云计算、边缘计算、5G、大数据、人工智能、数字孪生、区块链等新交叉融合的产物。

3）智能物联网概念的出现标志着物联网技术、应用与产业进入一个新的发展阶段。

4）智能物联网层次结构模型可以用"端-边-网-云-用"或"端-边-管-云-用"来表述。

习题

1-1 单选题

1-1-1 ITU 的研究报告 "The Internet of Things" 发表于（　　）。
  A）1995 年　　　　B）1999 年　　　　C）2005 年　　　　D）2010 年

1-1-2 以下关于"智慧地球"特点的描述中，错误的是（　　）。
  A）将传感器嵌入和装备到电网、铁路、桥梁等各种物体中
  B）通过超级计算机和云计算构成物联网
  C）捕捉运行过程中的各种信息
  D）智慧地球 = 互联网 + 移动互联网

1-1-3 以下不属于智能物联网基本目标的是（　　）。
  A）认知智能　　　　B）计算智能　　　　C）感知智能　　　　D）控制智能

1-1-4 以下关于普适计算特点的描述中，错误的是（　　）。
  A）"以人为本"与"自适应"的智能服务
  B）计算能力的"无处不在"与计算设备的"不可见"
  C）提供面向连接的可靠网络服务
  D）体现出信息空间与物理空间的融合

1-1-5 以下关于 CPS 特点的描述中，错误的是（　　）。
  A）"人 – 机 – 物"深度融合的系统
  B）互联网与移动通信深度融合的系统
  C）"3C"与物理设备深度融合的系统
  D）环境感知、嵌入式计算、网络通信深度融合的系统

1-1-6 以下关于智能物联网"物"的特征描述中，错误的是（　　）。
  A）可以是固定的，也可以是移动的　　　　B）可以是物理的，不可以是虚拟的
  C）可以是硬件，也可以是软件或数据　　　　D）可以是有生命的，也可以是无生命的

1-1-7 以下关于物联网与互联网区别的描述中，错误的是（　　）。
  A）物联网提供行业性、专业性、区域性服务
  B）物联网实现现实世界与虚拟世界的融合
  C）物联网数据主要是通过人工方式获取的
  D）物联网是可反馈、可控制的"闭环"系统

1-1-8 以下关于网络层次结构模型设计基本原则的描述中，错误的是（　　）。
  A）层次结构模型是一个标准
  B）层次结构模型定义了系统的层次结构与各层之间的逻辑关系
  C）层次结构模型将系统功能分解到各个层次
  D）层次结构模型定义了各层主要功能

1-1-9 以下不属于智能物联网层次结构模型的层次的是（　　）。
  A）感知层、接入层　　　　B）边缘层、核心交换网
  C）应用层、应用服务层　　　　D）网络安全层、网络管理层

1-1-10 以下关于智能物联网特征的描述中，错误的是（　　）。

A）智能物联网是一种新的物联网应用

B）智能物联网的核心是智能技术的应用

C）智能物联网目标是达到"感知智能、认知智能与控制智能"境界

D）智能物联网标志着物联网技术、应用及产业进入新的发展阶段

1-1-11 以下不属于新一代信息技术的是（　　）。

A）云计算、边缘计算　　　　　　　B）Wi-Fi 与无线接入

C）大数据与人工智能　　　　　　　D）5G 与区块链

1-1-12 以下不属于物联网跨层共性服务的是（　　）。

A）网络安全　　B）网络管理　　C）ONS 服务　　D）路由服务

1-2　思考题

1-2-1　请设计一个具有"普适计算"技术特征的应用示例。

1-2-2　请设计一个具有"CPS"技术特征的应用示例。

1-2-3　请尝试为自己设计一个"用芯片和软件建成"的房子。

1-2-4　请举例说明物联网提供的是行业性、专业性、区域性服务。

1-2-5　为什么说"在物联网上狗也是有身份的网民"？

1-2-6　请举例说明智能物联网发展的必然性。

1-2-7　为什么物联网应用系统网络一般都要设计成内网与外网的结构？

1-2-8　如何理解智能物联网层次结构模型"端－边－网－云－用"中的"端"？

第 2 章 物品识别与 RFID 技术

射频标签 RFID、基于 RFID 的电子产品代码（EPC）体系、对象名字服务（ONS）体系与 EPC 信息网络系统，构成了一个完整的物联网原型系统。研究 EPC 信息网络系统工作原理，可以直观地了解物联网的结构、原理与应用系统基本的设计方法。

本章在介绍自动识别技术发展的基础上，系统地讨论了 RFID 的工作原理、标签与读写器的类型与结构、EPC、ONS 服务体系、EPC 信息网络系统，以及 RFID 在各个行业的应用。

本章学习目标
- 了解自动识别技术的发展过程。
- 掌握 RFID 技术的工作原理。
- 掌握 RFID 标签的类型及结构。
- 了解 RFID 读写器的类型及结构。
- 理解 EPC 编码与 ONS 服务体系。

2.1 物品识别技术

2.1.1 物品识别技术的发展过程

在早期基于计算机网络的管理信息系统中，大部分数据是通过人工方式输入计算机系统的。由于需要输入的数据量大，数据输入劳动强度大，人工输入误差率高，因此严重影响了生产与管理效率。在以生产、销售为主的流通全球化的背景下，数据的快速采集与自动识别成为生产、销售、仓储、运输、防伪、票据与身份识别等应用发展的瓶颈。基于条码、磁卡、IC 卡、RFID 的数据采集与识别技术，就是在这样的背景产生与发展起来的。图 2-1 给出了数据采集与识别技术的发展过程。

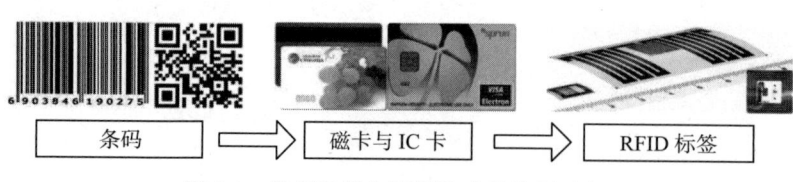

图 2-1 数据采集与识别技术的发展过程

2.1.2 条码技术

1. 条码的概念

条码对于大家来说是很常见的,日常生活中的很多物品上都印有条码。当你到书店买书或到超市买商品时,收银员仅仅需要用阅读器扫描物品上的条码,商店的收款机上就会显示物品的名称、单价等信息。条码可以分为一维条码、堆叠线性条码与二维条码。

目前,市场上已出现几十种条码标准,包括码型、编码及应用标准。例如,一维条码有 EAN 码、Codabar 码等;堆叠线性条码有 PDF-417 码、Code 16K 等;二维条码有 QR 码、CodeOne、DataMatrix 码等。图 2-2 给出了多种典型条码的码型。

一维条码
(EAN 码)

堆叠线性条码
(PDF-417 码)

二维条码
(QR 码)

图 2-2 多种典型条码的码型示意图

(1)一维条码

一维条码采用不同宽度的条(bar)与空(space)组成的图形来表示数据(数字或字符)。条码阅读器在读取一维条码时,发射的光线被黑色的"条"吸收(即不发生反射)、被白色的"空"反射。阅读器将接收到的光线转化成电信号,并将电信号解码还原成条码表示的数据传送给计算机。

一维条码仅在一个方向(通常是水平方向)表示数据。它的优点是编码规则简单,即由一系列不同宽度的条与空组成,因此又称为一维线性条码。另外,条码阅读器的造价较低。一维条码的缺点是:数据容量较小,通常仅包含数字与字符;条码尺寸相对较大,空间利用率较低;如果条码出现损坏,阅读器将难以读出数据;当阅读器扫描条码时,对条码的距离与角度有一定的要求。

目前,EAN-13 码是应用最广泛的一维条码。在 EAN-13 编码标准中,开始位置的 2 位数字表示国家代码;紧随其后的 5 位数字表示厂商代码;再之后的 5 位数字表示商品代码;最后位置的 1 位数字表示校验码。产品标识为"82 70784 40652 7"的 EAN-13 码图形如图 2-3 所示。

图 2-3 EAN-13 码图形示意图

一维条码的一组数字或字符仅用于表示商品编码。当阅读器读出 EAN-13 码图形所表示的商品编码为"82 70784 40652 7"之后,还要从阅读器连接的计算机中查询出商品的详细信息,包括商品名、规格、出厂日期、保质期、价格等。商品详细信息的数据长度由商家根据需要确定,与一维条码表示的数据长度无关。一维条码表示的数据长度是由编码标准决定的。例如,EAN-8 码的数据长度为 8 位,EAN-13 码的数据长度为 13 位。

(2)堆叠线性条码

堆叠线性条码由多个一维条码堆叠而成。例如 PDF-417 码,其长度可变,编码最多可包括1850个字母或2710个数字。PDF的含义是"便携式数据文件"。PDF-417码用于识别的物品通常要附加在详细信息的应用中,例如危险品运输、防御系统、卫生健康、电子与化工行业等。

（3）二维条码

二维条码是用二维方向（水平方向与垂直方向）的几何图形,按照一定规律在平面分布的黑白相间的图形来表示数据（数字或字符）。二维条码通常被简称为二维码。

二维码主要有以下几个特点。

- 信息容量大。例如,典型的QR码可以用$76 \times 25mm^2$面积（相当于标准信用卡的2/3）表示多达7089个数字或4296个字符,比一维条码的信息容量高出很多倍。其中,QR的含义是"快速反应"（Quick Response）。
- 编码范围广。二维码可以表示照片、声音、文字、签名、指纹等数字信息,也可以表示多种语言文字,还可以表示图像数据。
- 容错能力强。如果二维码由于破损、折叠、污染等引起局部损坏,只要损坏面积不超过50%,阅读器就可以使用纠错算法正确恢复出丢失的信息。
- 纠错能力强。由于二维码采用了纠错算法,因此读码的误码率低于千万分之一。
- 保密性好。二维码具有多重防伪特性,支持密码防伪、软件加密,可利用包含的指纹、照片等信息进行防伪,因此具有极强的保密与防伪性能。
- 使用成本低。二维码标签易于打印与粘贴,成本低廉,持久耐用。

2. 二维码的应用

随着手机电子商务应用的推广,使二维码技术得到了快速发展。目前,二维码已广泛应用于电子门票、产品防伪、身份认证等领域。对于一次性消费的票据,例如电影票、展览会门票、旅游景区门票,目前90%以上都使用了二维码。图2-4给出了二维码电子门票的应用示例。在这种应用中,客户使用手机通过移动通信网订购门票。在接收到客户的购票请求,并确认客户通过网上银行完成支付之后,票务中心计算机将自动生成一个标识这张票的二维码,并通过移动通信网发送至客户手机。客户在检票处出示手机上显示的二维码,检票员使用阅读器扫描该二维码,并将其图形传送给票务中心完成确认。

食品与药品安全已成为人们关注的焦点问题,二维码技术提供了一个很好的解决方案。当奶粉出厂时,奶粉罐上有生产厂家打印的防伪二维码。这个二维码会通过互联网传送到防伪查询中心。当客户购买奶粉时,使用手机上的阅读器扫描二维码并传送给防伪查询中心,由防伪查询中心将查询结果返回给客户。客户不但可以辨别奶粉的真伪,还能够获得奶粉的生产日期、保质期等信息。这样,客户就可以放心购买合格的产品。

尽管条码已经广泛应用于人们的生活,

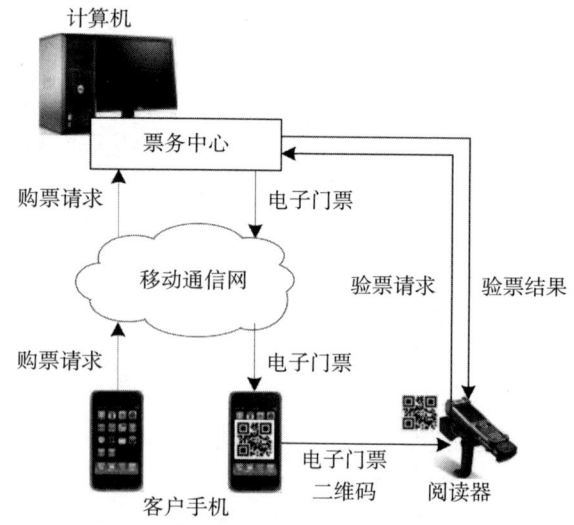

图2-4 二维码电子门票的应用

但条码的应用也是有条件的,即阅读器在扫描条码时必须能够"看到"一个"清晰"的条码图形。这里的"看到"是指阅读器与条码之间没有遮挡,必须是可视的;"清晰"是指条码图形没有被污染或遮挡,条码的图形完整,也没有折叠或破损。显然,这两个条件限制了条码的应用范围。在这样的需求背景下,磁卡、IC 卡这类物体标识技术也就应运而生。

2.1.3 磁卡与 IC 卡技术

1. 磁卡

磁卡(magnetic card)是一种卡片状的磁性记录介质,利用磁性载体记录数据(数字与字符)。磁卡可以与各种磁卡读卡器配合使用,用于标识用户身份或提供其他用途。磁卡的一面通常有说明提示性信息,例如插卡方向;另一面有磁层或磁条,通常用 2~3 个磁道来记录相关数据。磁条是一层很薄的磁性材料。从本质上来说,磁条与计算机使用的磁盘功能相同。图 2-5 给出了典型的磁卡及读卡器示意图。

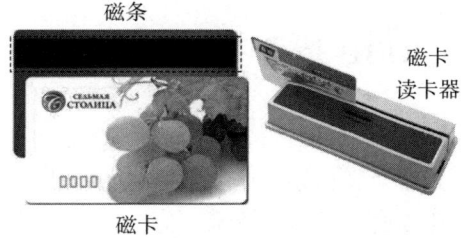

图 2-5 典型的磁卡及读卡器示意图

我们在很多场合中都会用到磁卡,例如食堂就餐、商场购物、乘坐公共汽车等。学生在进入图书馆时也经常用磁卡来标识身份。磁卡的优点是成本低廉,这是它容易推广的重要原因。但是,由于弯折、曝晒、高温而损坏或弄脏磁条,或者是受到外部磁场的影响时,都可能造成磁卡消磁、数据丢失,而无法使用的情况。随着信息技术的快速进步,用 IC 卡取代磁卡已经是大势所趋。

2. IC 卡

IC 卡(integrated circuit card)通常又称为智能卡(smart card),它通过在集成电路芯片中写入数据来进行识别。磁卡可以与各种 IC 卡读卡器配合使用,用于标识用户身份或提供其他用途。图 2-6 给出了 IC 卡与读写器的示意图。

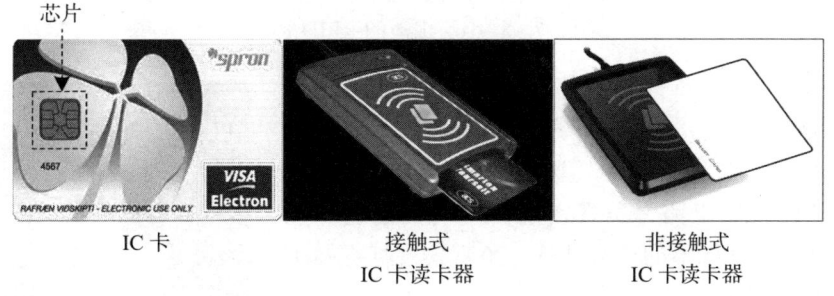

图 2-6 典型的 IC 卡及读卡器示意图

IC 卡的外形与磁卡相似,与磁卡的区别主要是存储介质不同。磁卡是通过卡上的磁条存储数据,而 IC 卡是通过嵌入卡中的芯片存储数据。与磁卡相比,IC 卡具有:数据存储容量大、安全保密性好、读写方便、使用寿命长等优点。

根据读写数据是否需要接触读卡器,IC 卡可以分为两类:接触式 IC 卡与非接触式 IC 卡。对于接触式 IC 卡,用户必须将 IC 卡插入读卡器中,并且在 IC 卡与读卡器之间建立物理连接之后，以接触形式来读取或写入数据。非接触式 IC 卡又称为射频卡，读卡器以无线通信方式访问 IC 卡，以非接触形式来读取或写入数据。实际上，非接触式 IC 卡采用的是与 RFID 相同的数据读取技术。

尽管 IC 卡已经大量应用于金融、交通、通信、医保等领域，但是在制造、零售、仓储、物流、医疗等领域中，IC 卡仍然难以满足大批量、多品类的物品逐个标识，以及在储存、运输、销售过程中实现自动识别的需求。在这样的背景下，可通过无线技术实现物品自动识别的 RFID 技术应运而生。

2.2 RFID 技术

2.2.1 RFID 的基本概念

无线射频识别（RFID）是一种利用无线射频信号空间耦合方式来实现无接触的标签信息自动传输与识别的技术。RFID 标签又称为"电子标签"或"射频标签"。

20 世纪 70 年代末，RFID 技术开始用于动物、车辆跟踪及自动生产线。20 世纪 80 年代，欧洲公司开始将 RFID 技术用于库存产品统计、目标定位与身份认证。随着集成电路设计与制造技术的快速进步，RFID 芯片正在向小型化、高性能、低价格的方向发展，这使得 RFID 技术逐步获得了产业界的认可。2011 年，最小的 RFID 芯片仅有 $0.0026mm^2$，看上去就像微粒一样，它甚至可以被嵌入在一张纸中。经过几十年的技术发展，各种形态的 RFID 标签层出不穷。图 2-7 给出了很小与很薄的 RFID 标签。

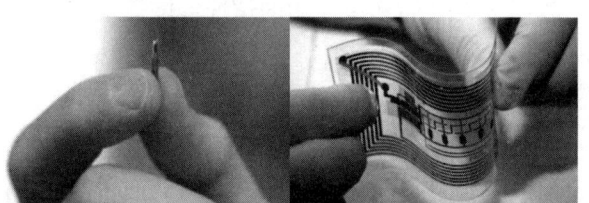

玻璃管封装的　　　　透明塑料封装的
植入式 RFID 标签　　粘贴式 RFID 标签

图 2-7　很小与很薄的 RFID 标签

图 2-8 给出了 RFID 标签内部结构。RFID 标签通常包括三个部分：芯片、电路与天线。其中，芯片是 RFID 标签的核心部分，负责提供标签数据的存储功能；电路是 RFID 标签的控制电路，负责实现简单的控制逻辑功能；天线包含 RFID 标签的耦合部件，负责实现标签数据的发送与接收功能。

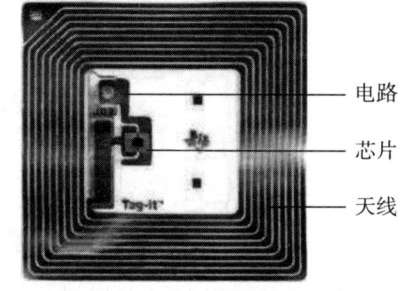

图 2-8　RFID 标签内部结构示意图

2.2.2 RFID 的工作原理

我们在高中物理课都学习过法拉第电磁感应定律。法拉第电磁感应定律指出：交变的电场能够产生交变的磁场，而交变的磁场又能够产生交变的电场。RFID 的工作原理是利用无线射频信号交变电磁场的空间耦合方式，自动传输标签芯片中存储的数据编码，进而通过查询机制获取标签附着物品的相关信息。

在电磁感应中存在着近场效应。当导体与辐射源之间的距离在一个波长之内时,导体将会受到近场电磁感应的作用。在近场范围内,导体因电磁耦合作用使电流沿着磁场方向流动,而电磁场辐射源的近场能量将转移到导体上。例如,辐射源的工作频率为915MHz,则对应电磁波的波长为33cm,此时近场效应的范围为33cm。当导体与辐射源之间的距离超过一个波长时,近场效应将会失效。这是因为在一个波长之外的自由空间中,无线电波向外传播时的能量衰减与距离的平方成反比。

由于不同类型RFID标签的工作方式不同,因此RFID的工作原理也应该分为三种情况来进行讨论。

1. 被动式RFID标签

被动式RFID标签又称为无源RFID标签,通常简称为无源标签。图2-9给出了无源标签的工作原理。当无源标签接近RFID读写器时,标签处于读写器天线辐射形成的近场范围内。标签天线通过电磁感应产生感应电流,由感应电流驱动标签中的电路工作,并通过天线将芯片存储的数据发送给读写器。无源标签的工作过程是读写器向标签传递辐射能量,然后由标签向读写器发送数据的过程。标签与读写器之间能够双向通信的距离称为"识别范围"或"作用范围"。

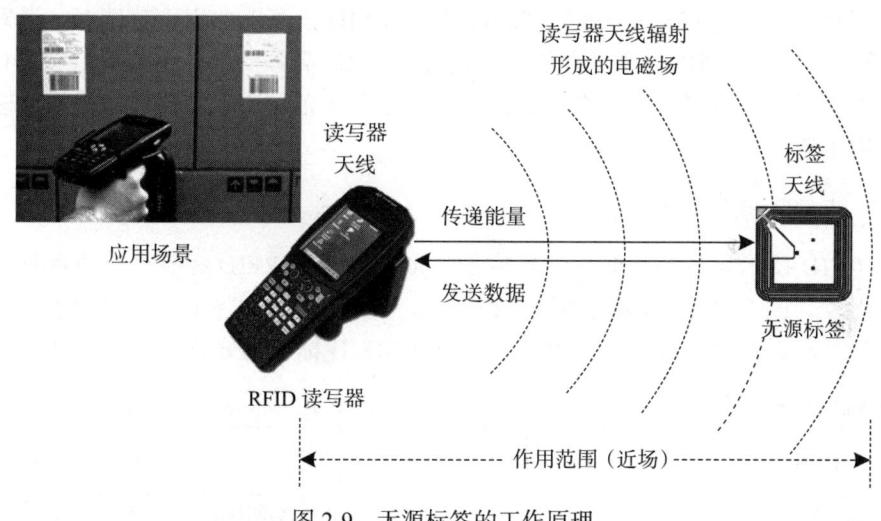

图2-9 无源标签的工作原理

由于无源标签节省了外接电源或电池部分,因此这类标签的体积可达到厘米级甚至更小。无源标签具有结构简单、成本低、故障率低、使用寿命较长等优点。但是,它的有效识别距离较短,常用于近距离的非接触或接触式识别。无源标签主要工作在125kHz、13.56MHz等较低频段。其典型应用主要包括:身份证、公交卡、门禁卡、校园一卡通等。

2. 主动式RFID标签

主动式RFID标签又称为有源RFID标签,通常简称为有源标签。图2-10给出了有源标签的工作原理。有源标签通过外接电源或内置电池供电,标签可以主动向远距离的RFID读写器发送数据。有源标签的工作过程就是RFID读写器向标签发送指令,然后由标签向读写器发送数据的过程。它主要工作在900MHz、2.4GHz等较高频段,常用于大范围、高性能需求的物品识别场景。

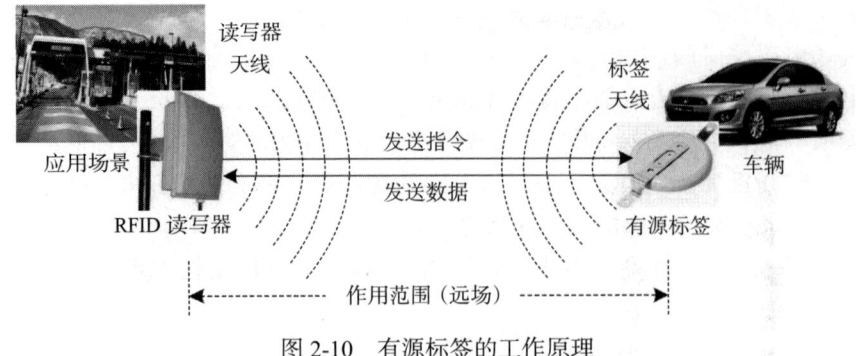

图 2-10　有源标签的工作原理

3. 半主动式 RFID 标签

无源标签自身不需要供电,但是有效识别范围较小。有源标签的识别范围够大,但是需要外接电源或安装电池,并且自身体积较大。半主动式 RFID 标签是这个矛盾折中的产物,其试图结合两类标签各自的优点。这类标签又称为半有源 RFID 标签,通常简称为半有源标签。半有源标签采用的是低频激活触发技术。

在通常情况下,半有源标签处于休眠状态,仅对标签中存储数据的部分供电,因此标签耗电量较小,可维持较长时间。当标签进入 RFID 读写器的识别范围时,读写器先以 125kHz 低频信号在小范围内激活标签,再通过 2.4GHz 高频信号与标签进行数据传输。半有源标签的常见应用场景:在一个高频信号所覆盖的大范围中,在不同位置安装多个低频读写器,用于激活标签并提供定位能力。

2.2.3　RFID 标签类型

随着 RFID 技术在各个行业的广泛应用,形态各异的 RFID 标签产品不断涌现。从不同的角度出发,RFID 标签可以有不同分类方法,例如供电方式、访问模式、读写方式、工作频率、封装材料、封装形状等。图 2-11 给出了 RFID 标签的分类方法。

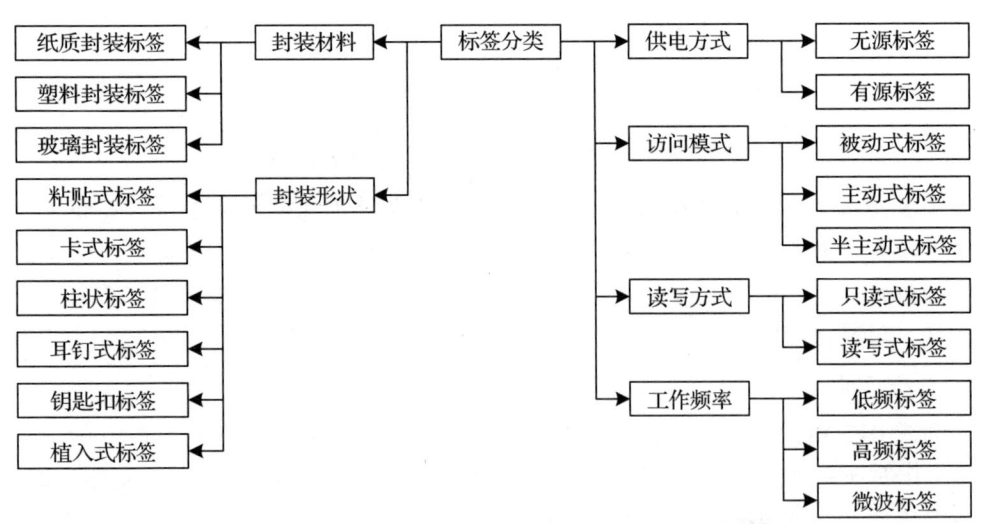

图 2-11　RFID 标签的分类

我们已经在前面讨论了几种标签。下面,我们主要介绍标签的其他分类方式。

1. 读写方式

RFID 标签在投入使用时，已通过读写器在标签芯片中预先写入数据。根据标签支持的读写方式，RFID 标签可分为两类：只读式与读写式。对于只读式标签，仅支持 RFID 读写器从标签读取数据，不支持读写器向标签写入数据。对于读写式标签，既支持 RFID 读写器从标签读取数据，又支持读写器向标签写入数据。读写式标签内部使用的是随机存取存储器（RAM）或电擦除可编程只读存储器（EEPROM）。

2. 工作频率

根据国际无线电频率管理规定，为了防止不同无线通信系统之间相互干扰，开展无线通信业务必须向政府部门申请。此外，提供了免予申请的专用频段（ISM）。根据标签使用的工作频率，RFID 标签可分为三类：低频标签、高频标签与微波标签。各个频段标签的工作原理具有一定的差异，低频标签、高频标签的原理是电磁耦合，而微波标签则是采用电磁发射方式。工作原理的差异性衍生了标签的不同应用场景。

低频标签的典型工作频率为 125kHz。低频标签通常是无源标签，工作能量通过读写器的电感耦合作用获得，识别范围通常小于 10cm。低频标签造价低、省电，适合近距离、低速率、少量数据传输的情况，例如门禁系统、电子钱包、车辆防盗、停车场收费等应用；低频标签的工作频率低，可穿透除金属之外的大部分材料，适用于畜牧业管理、宠物识别等应用；低频标签的封装形式多样，使用寿命可达到十年以上。

高频标签的典型工作频率为 13.56MHz。高频标签通常是无源标签，工作能量通过 RFID 读写器的电感耦合作用获得，识别范围通常小于 1m。高频标签可以方便地做成卡式结构，例如我国第二代身份证内嵌有 ISO/IEC 14443B 标准、13.56MHz 频率的 RFID 芯片。

超高频与更高频段的 RFID 标签统称为"微波标签"。微波标签可分为两类：无源标签与有源标签。其中，无源标签的工作频率主要在 900MHz；有源标签的工作频率主要在 2.4GHz。微波标签工作在 RFID 读写器天线辐射的远场区域。由于微波标签的重要特点是视距传输，因此读写器与微波标签之间不能有物体阻挡。微波标签对应的 RFID 读写器天线被设计为定向天线，仅在天线定向波束范围内的标签能够被读写。无源标签的识别范围通常为 1～8m，有源标签的识别范围通常为 1～15m。微波标签常用于远距离识别或快速移动物体识别的情况。其中，无源标签的应用场景有航空行李管理、工业生产自动化等，有源标签的应用场景有高速 ETC、港口通关、仓储物流等。

3. 封装材料

根据标签封装使用的材料，RFID 标签可分为三类：纸质封装标签、塑料封装标签与玻璃封装标签。

纸质封装标签通常由多层构成：表面层、芯片与天线电路层、胶层与底层。纸质标签的生产成本低，一般具有可粘贴功能，可直接粘贴在被标识的物体上，其表面层可直接印刷文字，常用于零售商品标签、医疗器械标签、药品标签、资产标签等。图 2-12 给出了纸质封装标签结构示意图。

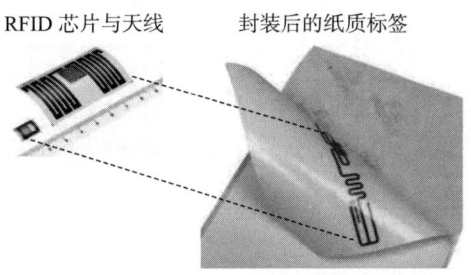

图 2-12 纸质封装标签结构示意图

塑料封装标签采用特定的工艺与塑料基材，将芯片与天线封装成不同外形的标签。封装标签的塑料可采用不同的颜色，封装材料通常能够耐高温，有些甚至能够防水。图 2-13 给出了塑料封装标签的常见外形。

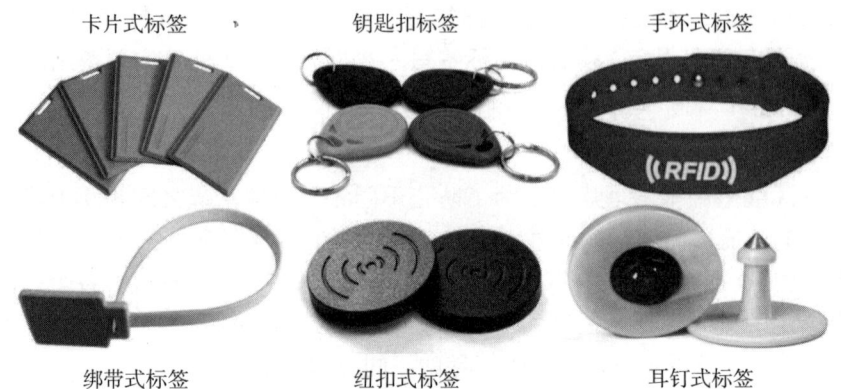

图 2-13　塑料封装标签的常见外形

玻璃封装标签采用特定的工艺与玻璃容器，将芯片与天线封装成不同外形的标签。玻璃封装标签的常见用途是植入式标签，它可以被植入人类或动物的体内，用于实现病人或动物的识别与跟踪，以及珍稀鱼类、鸟类、猫、狗等宠物的管理。图 2-14 给出了玻璃封装标签外形及植入工具。

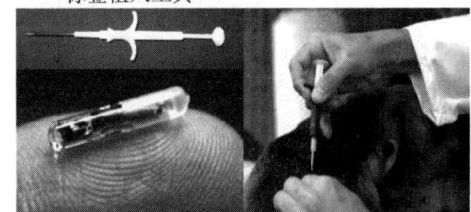

图 2-14　玻璃封装标签外形及植入工具

4. 封装形状

人们可以根据实际应用的具体需求，设计出各种外形与结构的 RFID 标签。根据标签的应用场景、成本与环境等因素，可封装成以下几种外形的 RFID 标签。

- 粘贴在物品上的薄膜型自粘贴式标签。
- 捆绑在物品上的绑带式标签。
- 方便用户随身携带的卡片式标签。
- 方便用户随身携带的钥匙扣式标签。
- 方便用户随身携带的手环式标签。
- 方便固定在车辆或集装箱上的柱状标签。
- 封装在塑料扣中、用于动物标识的耳钉式标签。
- 封装在玻璃管中、植入人类或动物体内的植入式标签。

2.2.4　RFID 读写器

RFID 读写器是构成 RFID 应用系统的核心部件。从功能的角度看，RFID 读写器可分为两类：RFID 阅读器与 RFID 读写器。其中，RFID 阅读器仅能够读取标签中的数据；RFID 读写器既能够读取标签中的数据，又能够向标签中写入数据。在多数情况下，我们将这两类 RFID 读写器统称为"读写器"或"读卡器"。

在 RFID 应用系统中，RFID 读写器是 RFID 标签与后端计算机之间的桥梁。RFID 读写器主要具有两个功能：一是通过天线对 RFID 标签进行识别与读写，并发现读写过程中出现的错误；二是将读取的标签数据传送给后端计算机进行处理，或者接收后端计算机的指令并将相应的数据写入标签。

1. RFID 读写器的类型

从不同的角度出发，RFID 读写器可以有不同的分类方法，例如使用方式、工作频率、应用环境等。从使用方式的角度，RFID 读写器可分为两类：移动式读写器与固定式读写器。从工作频率的角度，RFID 读写器可分为三类：低频读写器、高频读写器与微波读写器。从应用环境的角度，主要包括以下这些应用场景：工业生产、商品零售、交通管理、物流仓储、医疗健康、身份识别、防伪保护、军事应用等。

（1）移动式读写器

移动式读写器是指支持在移动过程中读写标签的 RFID 读写器。这类读写器通常是安装在人类携带的手持式设备上，以及车辆、机器人、无人机等移动设备上。其中，手持式读写器是最常见的移动式读写器，除了读写器模块，还包含嵌入式操作系统、人机交互模块（按键、显示屏）、天线模块等。图 2-15 给出了常见的手持式读写器。手持式读写器的工作频段主要是低频、高频与超高频，并且对标签的识别范围通常较小。它的优点是体积小、操作方便，可以不依赖外部设备单独工作。手持式读写器的应用领域主要包括：商品零售、资产管理、仓储管理、金融管理等。

（2）固定式读写器

固定式读写器是指预先固定安装在特定位

按键手持式读写器　　触屏手持式读写器

图 2-15　常见的手持式读写器

置的 RFID 读写器。这类读写器通常采用天线模块与读写器模块分离的结构，天线模块通过电缆与读写器模块连接。天线可以方便地安装在特定的位置上，例如闸门式门柱、带门禁的门框、ETC 通道的横梁、仓库进出口、生产线传送带旁等。图 2-16 给出了常见的固定式读写器。固定式读写器通常使用微波频段，对标签的识别范围相对较大。固定式读写器的应用领域主要包括：地铁闸门、停车场出入、高速公路 ETC、港口货物通关等。

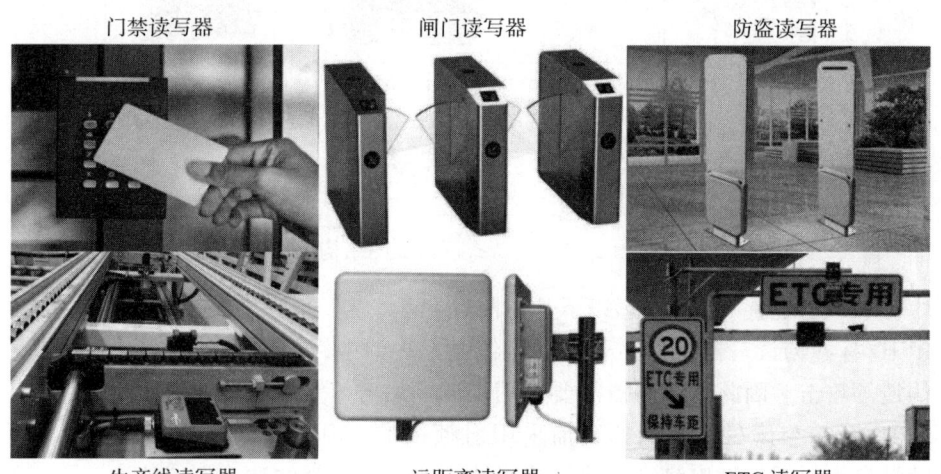

图 2-16　常见的固定式读写器

2. RFID 读写器的结构

在介绍 RFID 读写器的类型及功能之后,我们以手持式读写器为例分析 RFID 读写器的结构。图 2-17 给出了手持式读写器的结构。手持式读写器主要包括六个部分:中心控制模块、标签读写模块、存储模块、人机交互模块、接口模块与电源模块。

- 中心控制模块:其中的处理器是 RFID 读写器的核心,它负责控制整个读写器硬件与系统软件的运行。该模块的处理器已经从最初的 4 位、8 位单片机,发展到当前流行的 32 位、64 位的嵌入式处理器。
- 标签读写模块:实现对 RFID 标签的数据读取与写入。
- 存储模块:用于存储系统软件、应用软件与标签数据。
- 人机交互模块:实现操作人员向读写器输入的命令,并显示命令执行结果。
- 接口模块:实现读写器与后台计算机之间的数据交互。
- 电源模块:负责读写器的电源供应与电量监控。

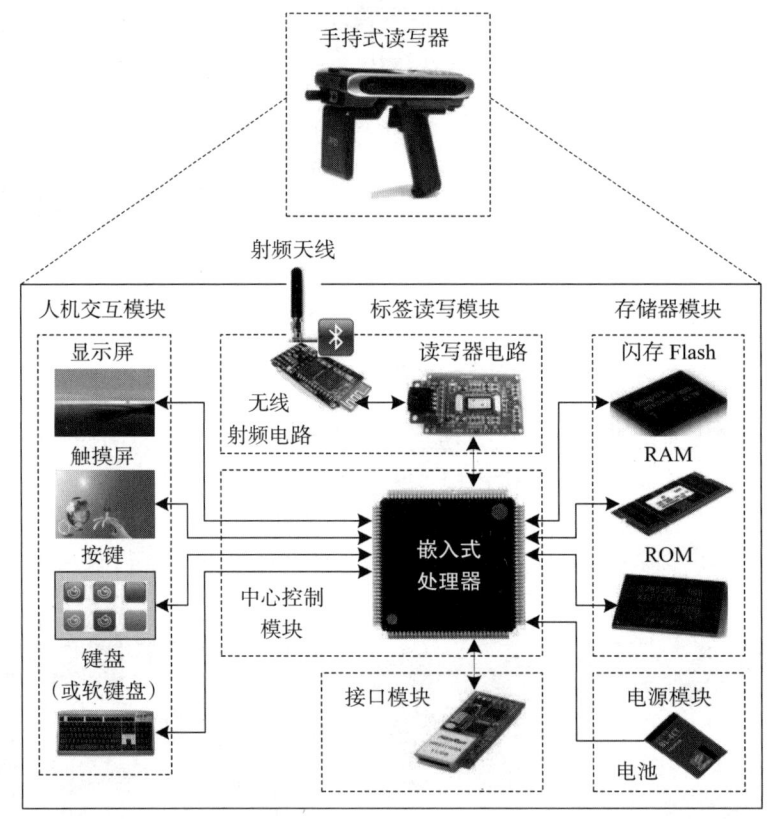

图 2-17 手持式读写器的结构

设计 RFID 读写器,需要注意以下几个问题:
- RFID 标签与读写器工作在开放的无线通信环境中,数据易受到窃听、截获、篡改、伪造等攻击。因此,读写器需要采用认证、加密等安全手段。
- RFID 标签与读写器之间的通信采用射频技术,由于无线信号不稳定与易受干扰,容易导致数据传输出错。因此,读写器需要提供较强的数据纠错能力。
- RFID 标签与读写器之间的通信使用相同频率,可能会发生多个标签同时向一个读写器发送数据而导致"冲突"的情况。因此,读写器需要解决多标签读取"冲突"问题。
- 有源标签通常由内置的电池供电,在满足功能需求的前提下应尽量节电,以延长标签使用时间。因此,读写器需要具备监测有源标签电量的能力。

2.3 EPC 编码体系

2.3.1 EPC 标准

为了使 RFID 标签能够唯一地标识任何一个国家生产的产品,正确地记录相应产品在世界范围的仓储、流通与销售数据,就必须形成全球统一的产品电子代码标准。尽管 RFID 技术已广泛用于工业生产、物流与动物标识等领域,但是仍然没有形成全球统一的编码标准。目前,比较有影响力的 RFID 编码标准主要包括:产品电子代码(Electronic Product Code,EPC)、UID RFID、ISO/IEC RFID 等。

EPC 是由美国麻省理工学院 Auto-ID 实验室提出的,它的核心设计思想是:
- 为每个产品分配唯一的 EPC,而不是为一类产品分配 EPC。
- EPC 能够被存储在 RFID 标签的芯片中。
- RFID 读写器通过无线通信技术,以非接触方式自动读取 EPC。
- RFID 读写器通过互联网中的服务器,完成 EPC 对应产品的详细信息查询。

为了推广 RFID 技术与 EPC 标准,2003 年 11 月,欧洲物品编码协会(EAN)与美国统一商品编码委员会(UCC)在 Auto-ID 的 EPC 研究成果的基础上,决定成立一个全球性非营利组织(即产品电子代码中心 EPCglobal),并在美国、英国、中国、日本、韩国、澳大利亚、瑞士建立了七个实验室,统一管理与实施 EPC 标准的推广工作。2004 年 1 月,我国的 EPC 管理机构 EPCglobal China 成立。

EPC 体系结构主要涉及三方面内容:EPC 编码体系、EPC/RFID 系统与 EPC 信息网络系统(如图 2-18 所示)。

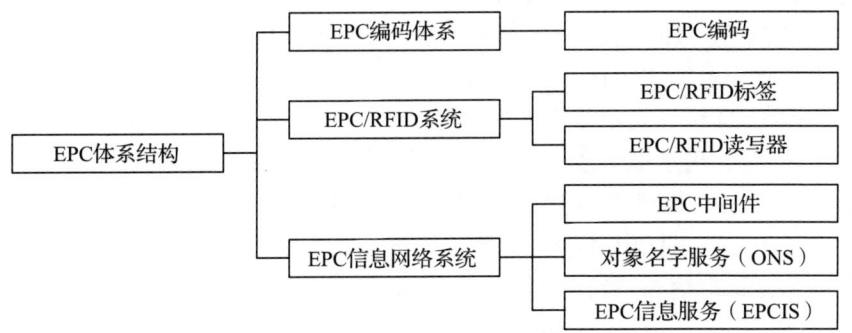

图 2-18 EPC 体系结构示意图

EPC 编码体系主要研究 EPC 的全球标准。2004 年 6 月,EPCglobal 公布了第一个 EPC 标准,并在部分应用领域进行了测试。EPC 的特点之一是编码空间大,可实现对单个产品的标识。有人形容条码仅能表示"A 公司的 B 类产品",而 EPC 则可以表示"A 公司于 B 时间在 C 地点生产的 D 类商品的第 E 件产品"。例如,每种药品都有不同生产商、批次及生产时间，不同时间生产的药品有效期不同，用一个条码标识一种药品并不合适，在出现医疗事故时也难以溯源。由于 EPC 的空间足够大，因此它能够为每种药品中的每件产品提供一个唯一的 EPC。

EPC 由四个字段组成：

- 第一个字段：版本号字段，用于标识 EPC 采用的标准版本，通过版本号可以知道 EPC 的总长度。
- 第二个字段：域名管理字段，用于标识商品的生产商。
- 第三个字段：对象类别字段，用于标识商品的具体类型。
- 第四个字段：序列号字段，用于标识该类商品的每件产品。

EPC 包括三个标准版本：64 位、96 位与 256 位的版本，分别是 EPC-64、EPC-96 与 EPC-256。目前，已公布的编码类型主要有：EPC-64（Ⅰ型、Ⅱ型、Ⅲ型）、EPC-96（Ⅰ型）与 EPC-256（Ⅰ型、Ⅱ型、Ⅲ型）。表 2-1 给出了各种 EPC 标准版本的编码规则，包括各个字段的长度分配。

表 2-1 各种 EPC 标准版本的编码规则

EPC 版本	类型	版本号	域名管理	对象类别	序列号
EPC-64	Ⅰ型	2 位（1）	21 位	17 位	24 位
	Ⅱ型	2 位（2）	15 位	13 位	34 位
	Ⅲ型	2 位（3）	26 位	13 位	23 位
EPC-96	Ⅰ型	8 位（01）	28 位	24 位	36 位
EPC-256	Ⅰ型	8 位（09）	32 位	56 位	160 位
	Ⅱ型	8 位（0A）	64 位	56 位	128 位
	Ⅲ型	8 位（0B）	128 位	56 位	64 位

图 2-19 给出了 EPC-96 Ⅰ型标准的编码示意图。对于 EPC-96 Ⅰ型标准，版本号字段长度为 8 位，已经预先分配了版本号数值，十六进制表示为"01"；域名管理字段长度为 28 位，表示商品的生产厂商，例如十六进制表示为"0010A80"；对象分类字段长度为 24 位，表示是商品的具体类别，例如十六进制表示为"0018F0"；序列号字段长度为 36 位，用于唯一地标识每件产品，例如十六进制表示为"0010ADB08"。

EPC-96 Ⅰ型编码

01	0010A80	0018F0	0010ADB08
版本号（8位）	域名管理（28位）	对象类别（24位）	序列号（36位）

图 2-19 EPC-96 Ⅰ型标准的编码结构示意图

表 2-2 给出了 EPC-96 Ⅰ型编码可标识的产品数量。根据 EPC-96 Ⅰ型编码各个字段长度可以看出，该编码可以标识多达 2.68 亿个生产商；为每个生产商标识多达 1677.7 万类商品；为每类商品标识多达 687.2 亿个产品。

表 2-2 EPC-96 Ⅰ型编码可标识的产品数量

字段	长度	标识最大值
版本号	8	65 535
域名管理	28	268 435 455
商品类别	24	16 777 215
序列号	36	68 719 476 735
总量	96	309 484 990 217 175 959 785 701 375

在一个智能物流应用系统中，为了使商品能够在全球范围流通，需要为每个工厂生产的每个产品分配唯一的 EPC。这个例子中的编码数字用十六进制表示。每个十六进制数占 4 位，则 EPC-96 I 型编码可用 24 个十六进制数表示。例如，一家服装厂为其生产的一批衬衫中的每件衬衫嵌入一个 RFID 标签，在标签芯片存储分配给这件衬衫的一个 EPC-96 I 型编码。这个编码前 8 位是版本号字段，EPC-96 I 型编码的版本号值为"01"；接下来 28 位是域名管理字段，标识生产商信息（该服装厂注册的企业编码"0010A80"；接下来 24 位是对象类别字段，标识商品类别（这批衬衫的类别码"0018F0"）；最后 36 位是序列号字段，标识每件衬衫（这件衬衫编码为"0010ADB08"）。这样，按 EPC-96 I 型编码规则为这件衬衫分配的编码为"01-0010A80-0018F0-0010ADB08"。同时，生产商将这件衬衫的尺码、颜色、材质、生产日期等参数存储在 EPCIS 服务器中。

为了让全球的采购商能够方便地检索到产品信息，这家服装厂在工厂中提供 EPC 信息服务（EPC Information Service，EPCIS），并在服务器中存储 EPC"01-0010A80-0018F0-0010ADB08"的衬衫相关信息。如果 EPCIS 服务器在互联网上使用通用的 URL，则用户可以访问该服务器并读取这件衬衫的相关信息。

如果一家生产商想在自己的产品中使用存储 EPC 的 RFID 标签，那么需要进行以下这些准备工作：

- 在 EPC 编码管理中心注册自己的生产商编码。
- 按照 EPC 标准规定的编码长度，选择符合要求的 RFID 标签。
- 为每类商品的每个产品分配一个 EPC，将该编码写入 RFID 标签的芯片中，并将该标签粘贴或嵌入对应的产品。
- 安装并配置生产商 EPCIS 服务器，存储每个 EPC 对应的产品信息，并且为用户提供 EPC 查询服务。

2.3.2 EPC 信息网络系统

EPC 信息网络系统是由互联网连接的多个 EPC 应用的网络系统及基础设施构成的。EPC 信息网络系统通过 EPC 中间件、对象名字服务（Object Naming Service，ONS）与 EPC 信息服务（EPCIS），实现全球的"人与物""物与物"的互联。

全球化的产品制造及销售需要解决的问题是：对于任何一家公司的任何一件商品，在生产、库存、运输、销售与售后的过程中，生产商、库管员、承运人、销售员与消费者能够通过一种标准的方法，获取任何一件商品的相关信息。要做到这样就需要建立一个 ONS 服务及服务器体系。"ONS 服务"又称为"对象名字解析服务"。物联网的 ONS 服务是借鉴互联网的域名解析服务（DNS）而设计出来的，两者从工作原理到系统结构有很多相似之处。

我们以一家美国零售商采购了中国一家服装厂生产的一批衬衫为例，来分析 EPC 信息网络系统的设计思路及 ONS 服务工作原理。在美国零售商将采购的衬衫入库之前，首先通过衬衫上粘贴的 RFID 标签查询生产商，并从生产商的 EPCIS 服务器中获得衬衫的相关数据。接下来，零售商在这件衬衫的 RFID 芯片中写入销售价格，并将这件衬衫的相关信息存储在自己的后台数据库中，然后这件衬衫就可以送到零售店去销售。这个过程看起来很简单，但是每天有海量的商品在流通，为了保证在商品流通的每个环节中，用户可以方便、准确地查询商品的相关数据，那么支持这种需求的 EPC 信息网络系统，其结构必定像互联网一样复杂。图 2-20 给出了 EPC 信息网络系统结构。

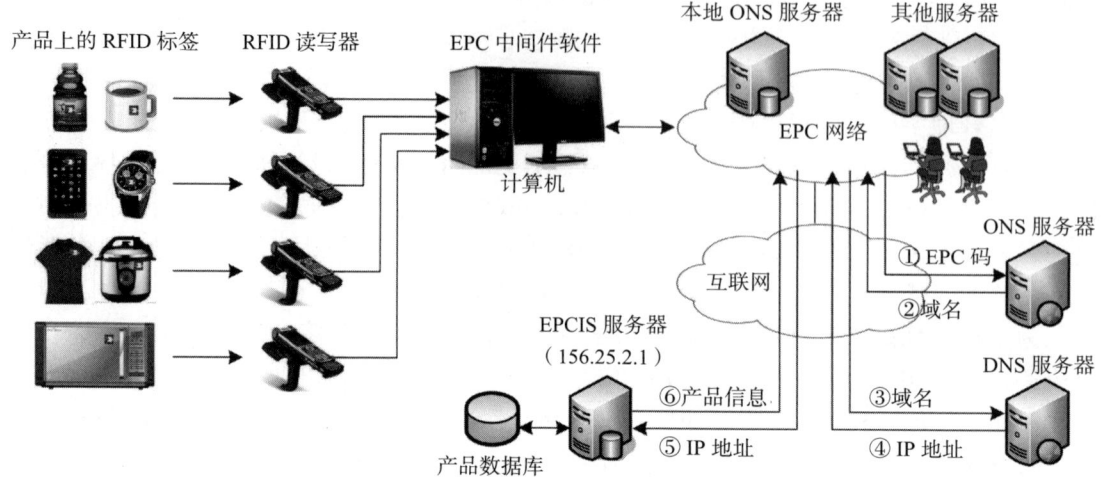

图 2-20 EPC 信息网络系统结构

零售商通过 EPC 信息网络获取商品信息的过程大致经过以下 6 个步骤。

1）零售商计算机的 EPC 中间件从 RFID 芯片中读出衬衫的 EPC 为 "01-0010A80-0018F0-0010ADB08"，其中包括生产商的企业编码 "0010A80"。零售商访问本地的 ONS 服务器，通过这个企业编码查询生产商的服务器地址。如果本地的 ONS 服务器没有该生产商的服务器地址，则访问地区级的 ONS 服务器；如果仍然没有相关信息，则访问国家级的 ONS 服务器。只要该生产商的企业编码曾经注册过，就能够像互联网的 DNS 服务那样查到地址。

2）不管是从哪级的 ONS 服务器查到结果，都会传送到该零售商的本地 ONS 服务器。如果根据企业编码 "0010A80" 查到 EPCIS 服务器域名为 http://epcis.xyz.tj.cn，那么本地 ONS 服务器将企业编码 "0010A80" 映射到服务器域名 "http://epcis.xyz.tj.cn" 并记录下来。

3）服务器域名表示 EPCIS 服务器在互联网中的位置。仅知道 EPCIS 服务器域名是无法直接访问该服务器的，接下来需要借助互联网的 DNS 功能，通过 DNS 服务器来查询域名 "http://epcis.xyz.tj.cn" 对应的 IP 地址。

4）DNS 服务器根据域名 "http://epcis.xyz.tj.cn"，查询出对应的 IP 地址为 156.25.2.1，并将查询结果发送给零售商的本地 ONS 服务器。

5）零售商计算机使用 IP 地址（156.25.2.1）访问该生产商的 EPCIS 服务器。

6）生产商的 EPCIS 服务器将编码为 "0018F0-0010ADB08" 衬衫的相关数据发送给零售商。至此，零售商获得了这件衬衫的相关数据。

因此，这件衬衫在库存、运输、销售与售后的全过程中，库管员、承运人、销售员与消费者都能够获得有关衬衫的全部数据。

我们可以从上述分析中获得 3 点结论。

1）与互联网的 DNS 服务体系相似，物联网的 ONS 服务体系采用从国家、地区到本地的多层 ONS 服务器。通过层次型 ONS 服务体系的协同工作，为物联网应用提供 ONS 服务，支持智能制造、智能物流、智能零售等应用系统运行。ONS 服务体系是支撑物联网运行的重要基础设施之一。

2）物联网的 ONS 服务是建立在互联网的 DNS 服务之上的，两者之间存在"依存与协作"的关系。DNS 为 ONS 提供了成熟的设计与运营经验，为物联网发展奠定了坚实的基础，而物联网发展进一步扩大了互联网应用范围。

3）基于 RFID 的 EPC 信息网络系统是最早提出的一个完整物联网原型系统，同时也通过 EPC 编码体系诠释了物联网命名与名字解析服务的基本原理。

2.4 RFID 技术的应用

从概念上来说，RFID 标签与条码技术非常相似，它们都可以用于物品的识别与溯源。两种技术的主要区别在于：条码用激光或红外阅读器来读取数据，而 RFID 标签则是通过无线方式来读取数据。这个区别使两者在应用领域上产生了巨大的差距。我们以保税区的自动通关系统为例来说明这个问题。

保税区每天都会有大批的集装箱卸下轮船，然后装载在火车或货车上通过海关。在这样一个快速、大量货物通关的系统中，如果使用条码技术，则需要找到每件货物上贴的条码，并通过条码阅读器扫描与读取数据。这样做既费工又费时，几乎无法实现货物快速通关，必然造成大批货物积压与延误。更好的解决办法是采用 RFID 技术。当货车通过海关时，RFID 读写器快速、自动读取车辆、集装箱与货物的 RFID 标签，海关人员面前的计算机立即获得了进出口货物的准确信息，包括名称、数量、出发地、目的地、货主等报关信息。海关人员可根据这些信息来决定放行或开箱检查。

RFID 具有以下几个主要特点：
- RFID 标签存储的数据量较大，最多可达到几千字节。
- RFID 读写器读取标签的距离可以是几厘米，也可以是几十米。
- RFID 标签可贴在货物、包装箱、集装箱或运输车辆上。
- RFID 读写器通过无线方式读取标签数据，不需要与货物接触，也不限定货物摆放的位置与角度。
- 根据 RFID 标签类型，RFID 读写器可以向标签写入数据，使标签可循环使用。

因此，RFID 技术非常适合物联网应用的需求。RFID 技术可实现全球范围的各种产品、物资流动过程中的动态、快速、准确的识别与管理，引起了各国政府与产业界的广泛关注。目前，RFID 已广泛应用于智能制造、智能物流、智能交通、智能医疗、智能安防、军事应用等领域（如表 2-3 所示）。

表 2-3 RFID 的主要应用领域

应用领域	具体应用
物流供应	信息采集、货物跟踪、仓储管理、运输调度、冷链管理、集装箱管理
商品零售	商品进货、快速结账、销售统计、库存管理、商品调度
工业生产	供应链管理、生产过程控制、质量跟踪、库存管理、危险品管理、固定资产管理、矿工井下定位
医疗健康	病人身份识别、医疗器材管理、药品管理、病历管理、住院病人位置跟踪
身份识别	身份证件、门禁管理、酒店门锁、涉密文件管理
动物识别	农场管理、养殖场管理、宠物身份识别

(续)

应用领域	具体应用
防伪保护	贵重商品防伪、药品防伪、烟酒防伪、票据防伪
交通管理	城市交通一卡通、高速ETC、停车场管理、机动车电子牌照识别、危险品运输监控、高铁/航空电子客票、车站/机场导航、旅客行李管理
军事应用	军人身份识别、军用物资管理、军事运输及物流
社会应用	水/电/气收费、电影/演唱会/体育赛事/展览会门票、大型会议代表证
校园应用	学生身份管理、学生宿舍管理、图书馆管理

本章小结

1）数据的快速采集与自动识别推动了条码、磁卡与IC卡、RFID技术的发展。

2）RFID是一种利用无线射频信号空间耦合方式，从而实现无接触的标签信息自动传输与识别的技术。

3）EPC标准的核心思想：为每个产品分配唯一的EPC。

4）RFID技术已广泛应用于智能制造、智能物流、智能交通、智能医疗、智能安防、军事应用等领域。

习题

2-1 单选题

2-1-1 在以下几种物品识别技术中，读写器需要接触才能够读取数据的是（　　）。

A）磁卡　　　　　　B）RFID标签　　　　C）二维码　　　　　D）一维条码

2-1-2 以下关于二维码特点的描述中，错误的是（　　）。

A）高密度编码，信息容量大、容错能力强　　B）可表示声音、签字、指纹、掌纹信息

C）可表示多种语言文字　　　　　　　　　　D）可表示视频数据

2-1-3 以下关于EPC特点的描述中，错误的是（　　）。

A）EPC编码被存储在RFID标签中　　　　　B）EPC编码能够唯一地标识一件产品

C）RFID读写器以接触方式自动读取EPC　　D）RFID读写器能查询EPC对应的物品信息

2-1-4 以下关于RFID标签特点的描述中，错误的是（　　）。

A）RFID标签的芯片中可存储一定数量的数据

B）RFID标签通常包括芯片、电路与天线等三个部分

C）RFID读写器可分为移动式读写器与固定式读写器

D）所有RFID标签都可以读取数据和写入数据

2-1-5 以下几个功能模块中，不属于手持式读写器的是（　　）。

A）中心控制模块　　　　　　　　　　　　　B）ONS存储模块

C）人机交互模块　　　　　　　　　　　　　D）标签读写模块

2-1-6 以下关于EPC特点的描述中，错误的是（　　）。

A）EPC为每个产品分配唯一的产品编码

B）EPC编码能够存储在RFID标签的芯片中

C）EPCIS服务器存储每个EPC编码对应的产品信息

D）EPC 编码体系是全球统一的标准

2-1-7 以下关于 EPC 字段用途的描述中，错误的是（　　）。
A）版本号用于表示产品编码采用的 EPC 版本　　B）域名管理字段用于标识产品的生产商
C）对象类别字段用于标识生产商的国别　　D）序列号字段用于标识每件产品

2-1-8 以下关于 EPC-96 Ⅰ型编码可标识信息的描述中，错误的是（　　）。
A）编码用 24 位二进制数表示　　B）可以标识 2.68 亿个生产商
C）为每个生产商标识多达 1677.7 万类商品　　D）为每类商品标识多达 687.2 亿个产品

2-1-9 以下关于生产商使用 EPC 准备工作的描述中，错误的是（　　）。
A）在 EPC 编码管理中心注册生产商编码
B）按照 EPC 标准规定的编码长度，选择符合要求的 RFID 标签
C）为每类产品分配一个 EPC，写入 RFID 标签并粘贴到产品上
D）配置 EPC 对应产品信息的 EPCIS 服务器，供用户查询

2-1-10 在以下几种服务或软件中，不属于 EPC 信息网络系统的是（　　）。
A）EPC 中间件软件　　B）对象名字服务（ONS）
C）EPC 信息服务（EPCIS）　　D）域名解析服务（DNS）

2-2　思考题

2-2-1 为什么二维码技术难以实现物品的自动识别？
2-2-2 分析无源 RFID 标签的基本工作原理。
2-2-3 从工作频率的角度说明 RFID 标签类型及特征。
2-2-4 说明手持式 RFID 读写器的结构及主要模块的功能。
2-2-5 设计一个阅览室的图书自动借阅系统，并说明主要设计理念。
2-2-6 设计一个住宅小区地下车库的 ETC 系统，并说明主要设计理念。
2-2-7 为什么 RFID 读写器在多个标签读取时可能会发生"冲突"？
2-2-8 分析 EPC 标准的基本设计思想。
2-2-9 分析 EPC 信息网络系统中的 ONS 服务，与互联网的 DNS 服务之间的关系？

第 3 章 传感器与无线传感器网技术

感知技术是物联网获取外部世界信息的主要手段。传感器与无线网络相结合形成的无线传感器网,为物联网的发展奠定了技术基础。

本章在介绍传感器概念、分类与应用的基础上,系统地讨论了无线传感器网的技术特征及发展趋势。

本章学习目标
- 了解物联网对感知技术的需求。
- 掌握传感器原理、分类与性能指标。
- 理解无线传感器网的工作原理。
- 了解无线传感器网技术发展趋势。

3.1 传感器的基本概念

3.1.1 感知能力与传感器的发展过程

1. 人类的感知能力

眼、耳、鼻、舌、皮肤是人类感知物理世界的重要感官。我们通过眼睛可以快速从教室中的很多学生中找出某位同学;通过耳朵可以分辨出细微的声响;通过鼻子可以闻出各种气味;通过舌头可以尝出食物的酸甜苦辣;通过皮肤接触物体就能够知道物体的冷热。人类是通过视觉、听觉、嗅觉、味觉、触觉等五大感官来感知周围环境的,这是人类认识世界的基本途径。与人类的五大感官对应的传感器分别是:

- 视觉感官(眼睛)对应光传感器。
- 听觉感官(耳朵)对应声传感器。
- 嗅觉感官(鼻子)对应气体传感器。
- 味觉感官(舌头)对应化学传感器、生物传感器。
- 触觉感官(皮肤)对应压力传感器、温度传感器、流体传感器。

人类具有非常智慧的感知能力。我们可以综合视觉、味觉、听觉、嗅觉、触觉等多种手段感知的信息,判断周边的环境是否正常,或是否发生火灾、污染、交通堵塞。但是,仅依靠人类的基本感知能力是远远不够的。我国四大发明之一的指南针始于战国时期,它标志着我国古代人早就懂得将磁感效应用于定向。

人类的感观也是有局限性的。例如,人类没有能力感知紫外线

或红外线辐射,也感觉不到电磁场与无色无味的气体。随着人类对外部世界的改造,对未知领域与空间的拓展,人类需要的感知信息来源、种类、数量、精度不断增加,对感知信息获取的手段也提出了更高的要求,而传感器是能够满足人类对各种信息感知需求的工具。

2. 感知层的主要功能

传感器是构成物联网感知层的基本组成单元之一,是物联网及时、准确、全面获取外部物理世界信息的重要手段。从物联网对感知需求的角度,传感器的基本功能可分为:

- 对象感知:用于对象身份的识别与认证。
- 环境感知:用于获取监测区域的环境参数与变化量。
- 位置感知:用于确定对象所在的地理位置。
- 过程感知:用于监控对象的行为、事件发生与发展的过程。

需要注意的是:一种传感器可用于不同的应用场景,一个应用场景也可能需要用到多种传感器。

3. 传感器的工作原理

传感器(sensor)是一种能够将被测量的信息转换成某种电信号的器件或装置。传感器主要由两个部分构成:敏感元件、转换元件及电路。其中,敏感元件能够直接感受到被测量,并输出与被测量有确定关系的物理量或化学量信号;转换元件将敏感元件输出信号转换为电信号,并由转换电路对电信号进行放大与调制。转换电路通常需要由辅助电源来供电。因此,传感器的出现使物体具有各种感知能力。

传感器能够感知被测对象的物理现象或化学变化,并将被测量按照一定规律转换成电信号(用电压、电流、频率或相位表示)或其他形式的信息,以满足感知信息的获取、传输、处理、存储、显示、记录、控制等需求。图3-1给出了以声传感器为例的传感器结构。对于声传感器来说,当声敏感元件感受到外界的声波时,它会将声波转换成电信号并输入转换电路;转换电路对微弱电信号进行放大与整形,并输出与声波频率、强度对应的信号。例如,手机中的麦克风就是一种典型的声传感器。

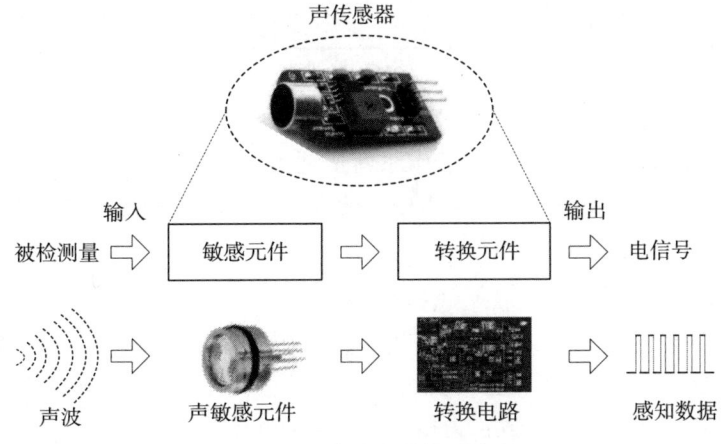

图 3-1 声传感器结构示意图

1883年出现的第一台恒温器被认为是第一个使用传感器的控制设备。从20世纪80年代开始,各国产业界对传感器的重要性有了新的认识,并将传感器技术列为20世纪90年代的22项关键技术之一。目前,传感器已广泛应用于工业制造、农业生产、交通运输、医疗健康、环境监测、公共安全、智能家居等领域,用于测量的外界参数主要包括:温度、湿度、位置、速度、加速度、方向、转矩、重量、压力、压强、声强、光强、流量、流速、张力、气体成分、土壤成分等。

3.1.2 传感器的类型

随着传感器技术在各个行业的广泛应用,形态各异的传感器产品不断涌现。从不同的角度出发,传感器可以有不同的分类方法,例如工作原理、输出信号、作用方式、制造工艺、应用领域等。根据输出信号的类型,传感器可以分为:模拟传感器、数字传感器与开关传感器等。根据作用方式的不同,传感器可以分为:主动传感器与被动传感器。根据制造工艺的不同,传感器可以分为:集成传感器、薄膜传感器、陶瓷传感器等。多种基本型传感器可以形成组合型传感器。

根据工作原理上的不同,传感器可以分为:物理传感器与化学传感器。其中,物理传感器是利用被测对象的某种物理效应实现检测的传感器;化学传感器是利用被测对象的某种化学反应实现检测的传感器。生物传感器是利用某种生物或生物特性实现检测的传感器。表3-1给出了常见的物理传感器与化学传感器。物理传感器可以分为七个子类:力传感器、热传感器、声传感器、光传感器、电传感器、磁传感器与射线传感器。这些子类型又可以细分为不同用途的传感器。

表3-1 常见的物理传感器与化学传感器

类型	子类型	细分类型
物理传感器	力传感器	压力传感器、力矩传感器、速度传感器、加速度传感器、位移传感器、位置传感器、流量传感器、称重传感器、密度传感器、硬度传感器、黏度传感器等
	热传感器	温度传感器、热流传感器、热导率传感器等
	声传感器	声压传感器、超声波传感器、次声波传感器、声表面波传感器、噪声传感器等
	光传感器	环境光传感器、红外线传感器、紫外线传感器、图像传感器、光纤传感器等
	电传感器	电流传感器、电压传感器、电场强度传感器等
	磁传感器	磁通量传感器、磁场强度传感器等
	射线传感器	X射线传感器、γ射线传感器、β射线传感器、辐射剂量传感器等
化学传感器	—	气体传感器、湿度传感器、离子传感器、生物传感器等

3.1.3 物理传感器

物理传感器(physical sensor)的工作原理是利用力、热、声、光、电、磁、射线等物理效应,将被测信号量的微小变化转换成相应的电信号。根据检测的物理参数类型的不同,物理传感器可以进一步分为七个子类。

1. 力传感器

力传感器是能够感受到外界的力学信号量,并将其转换成相应电信号输出的传感器。力传感器能够检测出的力学信号主要包括:压力、拉力、张力、重量、扭矩、内应力、应变等。力传感器主要由两部分组成:力敏元件、转换元件及电路。其中,力敏元件负责感知某种力学信号,其主体称为弹性体(例如弹簧、梁、波纹管、膜片等),常用材料有铝合金、合金钢、不锈钢等;转换元件将力敏元件输出的力学信号转换成电信号,其主体称为应变片(常见的是电阻应变片),常用材料有金属箔、半导体等。

力能够产生多种物理效应,可采用不同的原理与工艺,针对不同的需求来设计力传感器。下面，列出了几种不同设计的力传感器：
- 被测力使弹性体（如弹簧、梁、波纹管、膜片等）产生相应的位移，通过位移测量获得力学量。
- 弹性体与应变片共同构成传感器，应变片牢固粘贴在弹性体表面上。弹性体受力时将产生形变，导致应变片的电阻值变化，通过电阻测量获得力学量。
- 通过压电晶体将力直接转换为晶体两面电极上的电位差，利用压电效应检测力学量。
- 力引起机械谐振系统的固有频率变化，通过频率测量获得力学量。
- 通过电磁力与待测力的平衡，由平衡时的电磁参数获得力学量。

根据检测的力学信号不同，力传感器可以分为：压力传感器、力矩传感器、速度传感器、加速度传感器、位移传感器、位置传感器、流量传感器、称重传感器、密度传感器、硬度传感器、黏度传感器等。图 3-2 给出了几种不同用途的力传感器照片。其中，压力传感器是应用最广泛的力传感器类型。从工作原理与工艺的角度，压力传感器可分为：压阻式、压电式、电容式、谐振式等。目前，压阻式是压力传感器的常见实现方式，具有结构简单、精度高、成本低等优点。

位移传感器　　　　压力传感器　　　　流量传感器

图 3-2　几种力传感器

2. 热传感器

热传感器是能够感受到外界的热学信号量，并将其转换成相应电信号输出的传感器。热传感器能够检测出的热学信号主要包括：温度、热流量、热导率等。热传感器主要由两部分组成：热敏元件、转换元件及电路。其中，热敏元件负责感知某种热学信号，其主体称为热导体（例如热电阻、热电偶等）；转换元件将热敏元件输出的热学信号转换成电信号，其主体称为应变片（对应的是电阻、电偶应变片等）。例如，热电阻是利用导体的电阻值随温度变化而发生改变的原理来测量温度的。

根据检测的热学信号的不同，热传感器可以分为：温度传感器、热流传感器、热导率传感器等。根据工作方式的不同，热传感器可以分为两大类：接触式与非接触式。其中，接触式热传感器的热敏元件需要与被测对象有充分的接触；而非接触式热传感器的热敏元件则不需要与被测对象有直接的接触。图 3-3 给出了几种不同用途的热传感器照片。实际上，温度传感器是一类最常用到的热传感器，它通常被简称为"温度计"。目前，热传感器已广泛应用于工业生产、医疗诊断、环境监测等领域。

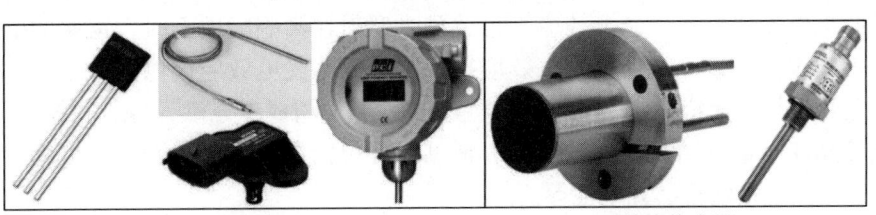

温度传感器　　　　　　　热流传感器

图 3-3　几种热传感器

3. 声传感器

声传感器是能够感受到外界的声学信号量，并将其转换成相应电信号输出的传感器。声传感器能够检测出的声学信号主要包括：声音频率、声音强度、噪声等。声传感器主要由两部分组成：声敏元件、转换元件及电路。其中，声敏元件负责感知某种声学信号，主要利用电阻、电容、磁电等相关原理；转换元件将声敏元件输出的声学信号转换成电信号，采用的元件及电路结构与声敏元件密切相关。

根据工作原理的不同，声传感器可以分为三类：电阻式、电容式与磁电式。其中，电阻式声传感器的声敏元件采用碳粒制造，根据碳粒压缩量变化改变电阻的原理来获得声音信号；电容式声传感器的声敏元件通常采用驻极话筒结构，根据声音震动改变电容量的原理来获得声音信号；磁电式声传感器的声敏元件通常采用动圈话筒结构，根据声音震动带动导线切割磁力线产生电流的原理来获得声音信号。

人类能够听到的声音信号频率范围在 20Hz～20kHz。基于这个频率范围，频率低于 20Hz 的声音信号称为次声波，频率高于 20kHz 的声音信号称为超声波。根据检测的声音频率的不同，声传感器可以分为：声压传感器、超声波传感器、次声波传感器、声表面波传感器、噪声传感器等。图 3-4 给出了几种不同用途的声传感器照片。例如，声压传感器内置一个对声音敏感的电容式驻极话筒，声波使话筒内的驻极体薄膜振动，导致电容变化并产生对应该变化的微小电信号。声压传感器常用于消费类电子产品上，例如智能手机的麦克风、耳机、音箱等外部设备。

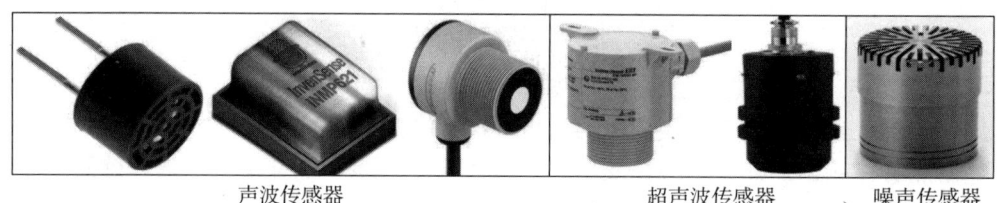

声波传感器　　　　　　　　　　　　　　　超声波传感器　　噪声传感器

图 3-4　几种声传感器

声传感器是一个非常古老的话题，声呐就是声传感器的一个典型应用。声呐是 1906 年由英国海军发明的，开始时用于探测冰山，第一次世界大战时开始用于探测水下的潜艇。声呐是英文缩写"sonar"的音译，它是一种利用超声波在水下的传播特性，通过声敏元件完成水下探测的电子设备。因此，声呐就是一种典型的超声波传感器。超声波具有频率高、波长短、支持定向传播等优点。目前，超声波传感器已广泛应用于工业生产、军事探测、医疗保健等领域。

4. 光传感器

光传感器是能够感受到外界的光学信号量，并将其转换成相应电信号输出的传感器。光传感器的工作原理是基于光电效应，也就是光照射在某些物质上时，物质的电子吸收光能量而引发相应的电效应。根据光电效应现象的不同，光电效应可以分为三类：外光电效应、内光电效应与光伏特效应。光传感器主要由两部分组成：光敏元件、转换元件及电路。其中，光敏元件负责感知某种光学信号，常见元件包括光敏电阻、光敏二极管、光敏三极管、光电管、光电倍增管、光电池等。

光传感器是当前传感器技术研究最活跃的领域之一。从不同的角度出发，光传感器可以有不同的分类方法。根据检测的光源频率的不同，光传感器可以分为：环境光传感器、太阳光传感器、红外线传感器、紫外线传感器等。根据工作方式上的不同，光传感器可以分为：光电传感器、图像传感器、光纤传感器、接近传感器、位移传感器、霍尔传感器等。在工业生产领域中，利用多种光传感器来监视、控制生产过程参数，及时发现设备的问题或故障，保证生产过程的顺畅运行。

（1）图像传感器

图像传感器是利用光电器件的光电转换功能，将感光面上的光像转换为与光像成相应比例关系的电信号。与光敏二极管等"点"光源的光敏元件相比，图像传感器是将其受光面上的光像分成多个小单元，并将其转换成可用的电信号的一种功能器件。图像传感器主要分为两类：光导摄像管与固态图像传感器。与光导摄像管相比，固态图像传感器具有体积小、集成度高、分辨率高、功耗低、成本低等特点。固态图像传感器实现方式主要有两类：电荷耦合器件（CCD）与互补金属氧化物半导体（CMOS）。

目前，图像传感器已广泛应用于具有拍照、摄像功能的各类设备，例如数码相机、数码摄像机、智能手机、笔记本计算机等便携式计算设备，智能眼镜、智能头盔等可穿戴计算设备，以及智能机器人、无人机、智能网联车等移动计算设备。另外，图像传感器还被广泛应用于视频监控设备，这类设备通常被简称为"摄像头"。无论我们是在道路上开车、在机场中候机，还是在商场购物、在医院候诊，都可以看到形态各异的摄像头（高清摄像头、360度球面摄像头、红外夜视摄像头、家用无线摄像头、USB摄像头、袖珍摄像头等）。图 3-5 给出了几种不同用途的摄像头照片。

高清摄像头　　360度球面摄像头　红外夜视摄像头　家用无线摄像头　　USB摄像头　　　袖珍摄像头

图 3-5　几种摄像头

（2）光纤传感器

随着测量精度的提高、测量环境的多样化，电测量方法容易受干扰的问题日益突出。由于光纤传感器具有体积小、重量轻、抗干扰等优点，因此光纤传感器在高精度、远距离、危险环境下的感知与测量中越来越受到重视。社会需求进一步推动了光纤传感器技术的快速发展。随着磁光效应的发现，利用光的偏振可实现传感器功能。光纤传感器可用于测量磁、声、压力、温度、液位、位移、加速度、转矩、应变等物理量。图 3-6 给出了几种不同用途的光纤传感器照片。目前，光纤传感器作为一类重要的工业传感器，已广泛用于焊接机器人、装配机器人与搬运机器人，以及工业控制中的自动实时测量。

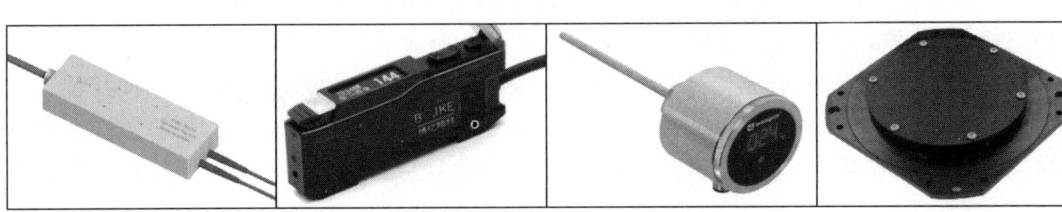

图 3-6　几种光纤传感器

5. 电传感器

电传感器是能够感受到外界的各类物理学信号量，并将其转换成相应电信号输出的传感器。实际上，电传感器常用于辅助实现力、热、磁等类型的传感器。根据测量的物理量角度，电传感器可以分为三类：电阻式、电容式与电感式。

- 电阻式传感器：利用变阻器将非电量转换成电阻信号的原理制成。电阻式传感器可用于测量位移、压力、力矩、应变、液位、流量、流速等参数。
- 电容式传感器：利用电容器尺寸或介质参数改变导致电容量变化的原理制成。电容式传感器可用于测量位移、压力、液位、厚度、水分含量等参数。
- 电感式传感器：利用电感磁路尺寸或磁体位置改变导致电感或互感量变化的原理制成。电感式传感器可用于测量位移、压力、振动、加速度等参数。

6. 磁传感器

磁传感器是能够感受到外界的电磁学信号量，并将其转换成相应电信号输出的传感器。磁传感器的工作原理是基于电磁效应，也就是磁场、应力、温度、光线、射线等外界因素可能引起敏感元件的磁性能发生改变。磁传感器主要由两部分组成：磁敏元件、转换元件及电路。其中，磁敏元件负责感知某种电磁效应，常见的元件包括磁敏电阻、巨磁阻电路、强磁性合金膜、巨磁阻多层膜、磁隧道结等。近年来，各种成分、比例的非晶合金材料及处理工艺的进步，为磁传感器的研制注入了新的活力。

根据基本用途的不同，磁传感器可以分为三类：方向传感器、磁场传感器与位置传感器。其中，方向传感器就是日常生活中说的指南针，由于地球的自转会产生磁场，因此通过测量地球表面的磁场变化就能够判断方向。实际上，磁场传感器是一种典型的电流传感器，它被广泛应用于家用电器、电网、电动车等领域。位置传感器能够测量磁体与传感器之间的位置变化，如果该位置变化是线性的，则该传感器可测量位移、速度及加速度，如果该位置变化是转动的，则该传感器可测量角位移、角速度及角加速度。

磁传感器以利用磁铁的指南性作指南针并用于航海为开端。此后，作为可感知磁场与磁通量的元器件，相继开发出探测线圈、磁通门与磁强计，半导体霍尔元件与磁电阻元件，铁磁薄膜各向异性磁电阻（AMR）元件，使用热敏铁氧体磁芯的温度传感器，使用块状铁氧体磁芯的应力传感器，利用亚铁磁石磁光效应的光纤电流传感器，高灵敏度的超导量子干涉器件等。磁传感器通常是组装在机器、设备内部使用的。在传感器本身需要小型化、轻量化的同时，还需要提高检测速度、分辨率与灵敏度。近年来，工业界研发了 GMI 传感器、SI 传感器、SV-GMR 传感器等微型磁传感器。

磁传感器已经在很多领域获得了产业性应用，每年所需要的磁传感器数量以数十亿计。在无刷电机中，通常用磁传感器作为转子磁极位置感知与定子电枢电流换向器，以及实现过载保护、转矩检测等功能；在计算机中，磁盘等存储设备大量使用感应磁头、薄膜磁阻磁头、非晶磁头等传感器；在汽车中，防抱死制动系统（ABS）平均用 4～6 个速度传感器，主要是基于磁传感器的速度传感器；在智能家居应用中，各种智能门锁普遍使用门磁设备来实现门禁系统的开关控制；在智能电网系统中，自动监控各环节可采用基于磁传感器的电流传感器、互感器等。图 3-7 给出了几种不同用途的磁传感器照片。

| 气缸磁感应开关 | 角位移传感器 | 霍尔传感器 | 门磁感应开关 | 磁编码传感器 |

图 3-7 几种磁传感器

7. 射线传感器

射线传感器通常被称为辐射传感器，它是一种能够感受到外界的射线辐射信号量，并将其转换成相应电信号输出的传感器。根据支持检测的射线类型，射线传感器可分为：X 射线传感器、γ 射线传感器、β 射线传感器、辐射剂量传感器等。根据工作方式的不同，射线传感器可以分为两大类：接触式与非接触式。目前，射线传感器已广泛应用于环境保护、医疗健康、科学研究、安全防护等领域。

3.1.4 化学传感器

化学传感器（chemical sensor）是对某种化学物质敏感，并将其浓度转换为相应电信号的检测装置。化学传感器主要由两部分组成：化学敏感元件、转换元件及电路。相对于人类自身的感觉器官，化学传感器可对应于人类的嗅觉与味觉器官。但是，化学传感器并不是单纯的人体器官的模拟，它还能感知人类器官无法感知的某些物质，例如氧气、氢气、一氧化碳、二氧化碳等气体。化学传感器的工作原理是利用化学吸附、反应，进而感知化学变化过程中被测化学量的微小变化。

根据工作方式的不同，化学传感器可以分为两类：接触式与非接触式。其中，接触式传感器的敏感元件需要与被测物质紧密接触；非接触式传感器的敏感元件则不需要接触被测物质。根据结构形式的不同，化学传感器可以分为两类：分离型与组装一体化。其中，分离型传感器的典型是离子传感器，敏感元件通常是液体膜或固体膜，其敏感元件与转换元件及电路是分离的，这样有利于对每种功能分别进行优化；组装一体化传感器的典型是气体传感器，敏感元件通常是某种氧化物半导体器件，其敏感元件与转换元件及电路集成在一起，这样有利于实现化学传感器的微型化。

根据检测对象的不同，化学传感器可以分为：气体传感器、离子传感器、湿度传感器。图 3-8 给出了几种不同用途的化学传感器照片。

- 气体传感器：敏感元件多为氧化物半导体，有时在其中加入微量贵金属作为增敏剂，以便增加对气体的活化作用。对给予电子性的还原性气体（例如氢、一氧化碳、烃等），通常使用 N 型半导体；对接受电子性的氧化性气体（例如氧），通常使用 P 型半导体。气体传感器又分为半导体式、固体电解质式、接触燃烧式、晶体振荡式与电化学式等类型。
- 离子传感器：敏感元件是对离子具有选择响应的离子选择性电极（形态为响应膜），工作原理是膜对离子选择性响应而产生的膜电位。这种响应膜主要有玻璃膜、溶有活性物质的液体膜及高分子膜，目前使用较多的是聚氯乙烯膜。
- 湿度传感器：测定环境中水气含量的传感器。湿度传感器又分为电解质式、高分子式、陶瓷式、半导体式等类型。

CO 气体传感器　　　　烟雾离子传感器　　　　湿度传感器

图 3-8　几种化学传感器

目前，化学传感器已广泛应用于矿产资源探测、气象观测、遥感遥测、工业自动化、医学诊断与实时监测、生物工程、农产品储存、环境保护等领域。例如，以人类的生理参数为检测对象的各种化学传感器或敏感器件，被用于设计与开发各种人体感知传感器（血压传感器、心率传感器、呼吸传感器、血流传感器、脉搏传感器与体电传感器），为保障人类的身体健康提供服务。

3.1.5　生物传感器

生物传感器（biosensor）是对某种生物物质敏感，并将其活性转换为相应电信号的检测装置。实际上，生物传感器应该归属为一类特殊的化学传感器。生物传感器主要由两部分组成：生物敏感元件、转换元件及电路。其中，生物敏感元件采用固定化的生物活性物质，包括酶、抗体、抗原、核酸、蛋白质、微生物、细胞、组织等，不同生物元件对于光强、热量、声强、压力等有不同的感应特性；转换元件包括某种换能器及信号放大电路，例如氧电极、光敏管、场效应管、压电晶体等。

生物传感器的工作原理是利用某种生物化学或物理反应。生物体中能够选择性分辨特定物质的有酶、抗体、组织、细胞等。这些物质通过识别过程与被测对象结合成复合物，例如抗体和抗原的结合、酶与基质的结合等。在设计生物传感器时，首先需要选择适合于被测对象的生物活性物质；然后根据生物活性物质引起的化学或物理变化来选择换能器。与传统的化学传感器相比，生物传感器具有灵敏度高、稳定性好、成本低等优势，能够在复杂环境中实现长期、稳定、实时的检测功能。

从不同的角度出发，生物传感器可以有不同的分类方法。根据敏感元件的不同，生物传感器可以分为酶传感器、微生物传感器、细胞传感器、组织传感器、免疫传感器等，其敏感材料依次为酶、微生物个体、细胞器、动植物组织、抗原与抗体。根据换能器的不同，生物传感器可以分为生物电极传感器、半导体生物传感器、光生物传感器、热生物传感器、压电晶体生物传感器等，其换能器依次为电化学电极、半导体、光电转换器、热敏电阻、压电晶体等。根据敏感元件与被测对象之间的作用方式，生物传感器可以分为三类：生物亲和型、代谢型与催化型传感器。

生物传感器是一门由生物、化学、物理、医学、电子技术等多学科交叉形成的新技术。生物传感器在国民经济的多个领域有广泛的应用前景，例如食品、制药、化工、生物医学、临床检验、环境监测等方面。分子生物学与微电子学、光电子学、微细加工及纳米技术等新学科、新技术的结合，正改变着传统医学、环境科学、动植物学的面貌。近年来，生物传感器研发已成为世界科技发展的新热点。

3.1.6 纳米传感器

1959年，美国加州理工学院的理查德·费恩曼（Richard P. Feynman）在关于原子工程发展前景的著名演讲"There is Plenty of Room at the Bottom"中，预见了从原子尺寸上操作物质的可能性。多年来，全世界的科学家一直致力于在纳米尺寸上研究物质的性质与相互作用，并希望利用这种特性开发新产品。

术语"nano"来源于希腊，表示"十亿分之一"的意思。纳米是一个长度单位（即nm），$1nm=1×10^{-9}m$。例如，书页的厚度约为10^5nm；人的头发直径约为$7.5×10^4nm$，蛋白质分子的尺寸范围为$1\sim20nm$；核酸分子的厚度约为$2nm$。由于人眼可分辨的最小长度约为10^4nm，因此人眼能够看到一根头发。

纳米技术是应用科学或工程学的一个分支，主要设计、合成、表示、控制或应用至少有一个物理维度在纳米尺寸（0.1～100nm）的材料、器件与系统。纳米技术将带动一系列的新技术与新学科的发展，包括纳米物理学、纳米生物学、纳米化学、纳米电子学、纳米计量学，以及纳米设计与加工技术等。

纳米传感器（nano sensor）是纳米技术在感知领域的应用。纳米传感器的发展丰富了传感器的理论体系，拓宽了传感器的应用领域。鉴于纳米传感器在生物、化学、机械、航空、军事领域有广阔的应用前景，世界各国已投入大量人力物力开展研究。科学界将纳米传感器与航空航天、电子信息等作为战略性技术看待。目前，纳米传感器已进入全面发展阶段，并将引发传感器领域的一场革命性变化。

纳米传感器是一种通过物理、化学或生物敏感元件，感知外部世界某种信号量的纳米级检测装置。纳米传感器能够检测的信号量非常广泛，主要包括温度、湿度、气体、气味、声音、光线、压力、重量、位移、速度、电磁等。相对于传统传感器只能通过改进敏感元件与换能器来改善性能，纳米传感器可以利用材料的物理、化学性的质变来改善性能。传统传感器正在从纳米技术的角度重新设计与制造。纳米传感器在灵敏度、体积、成本等方面都有显著提高。因此，纳米传感器应该具有以下几个主要特征：

- 灵敏度高
- 体积小
- 成本低
- 响应时间快
- 功耗低

为了进一步界定纳米传感器的概念，学术界给出了新的定义：任何一种传感器只要具备以下几个属性之一，那么它就可以被称为纳米传感器。这些属性主要包括：传感器尺寸是纳米级的；传感器灵敏度是纳米级的；传感器与被测对象之间的作用距离是纳米级的。另外，纳米传感器还应该包含利用纳米结构（至少一个维度的尺寸小于100nm，其他维度的尺寸小于$1\mu m$）的环境传递信息。从纳米传感器的定义可以看出：纳米传感器至少应该遵循尺寸上达到纳米级的要求。

由于纳米材料的运行规模与天然生物过程相似，可以利用化学或生物分子进行功能化，并具有引起可检测物理变化的识别事件，因此纳米传感器在灵敏度与特异性方面具有优势。纳米技术可以用于制造各种新型的传感器，这些传感器具有更高的灵敏度、精度与可靠性。图3-9给出了一个纳米传感器的应用示例。近年来，纳米传感器已经开始应用于环境监测、医学诊断、生物学研究、国防军事等领域。根据面向的感知对象不同，纳米传感器可以分为多种类型。

- 纳米电化学传感器：纳米技术可制造出高灵敏度的电化学传感器。这类传感器通常由纳米材料制成，例如碳纳米管、纳米金粒子等，具有更高的电化学活性与更快的反应速度，可用于检测生物分子、环境污染物等。

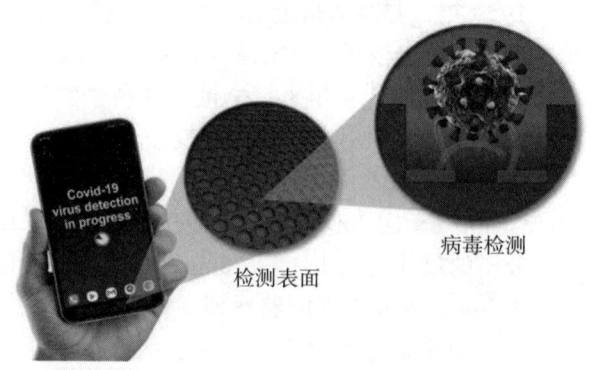

图3-9 纳米传感器应用示例

- 纳米生物传感器：纳米技术可制造出高灵敏度的生物传感器。这类传感器通常由纳米材料制成，例如纳米颗粒、纳米线等，具有更大的表面积与更好的生物相容性，可用于检测生物分子、细胞、病毒等。
- 纳米磁性传感器：纳米技术可制造出高灵敏度的磁性传感器。这类传感器通常由纳米磁性材料制成，例如纳米磁性粒子、纳米磁性薄膜等，具有更快的磁响应速度与更好的磁稳定性，可用于检测磁场、电流等。
- 纳米光学传感器：纳米技术可制造出高灵敏度的光学传感器。这类传感器通常由纳米材料制成，例如纳米晶体、纳米薄膜等，具有更高的荧光强度、更大的吸收截面与更好的荧光寿命，可用于检测生物分子、气体等。
- 纳米机械传感器：纳米技术可制造出高灵敏度的机械传感器。这类传感器通常由纳米机械结构制成，例如纳米悬臂梁、纳米压力计等，具有更高的机械刚度、更高的灵敏度与更好的可重复性，可用于检测重量、压力等。

3.2 传感器技术的发展

3.2.1 无线传感器

无线传感器在战场侦察中的应用已经有几十年的历史了。在20世纪60年代的越南战争期间，美军使用名为"热带树"的无人值守传感器监控越南军队的补给线路。由于这条名为"胡志明小道"的补给线路处于热带雨林中，植被茂盛，常年多雨，美军的卫星与航空侦察手段都难以奏效，因此不得不改用地面传感器技术。"热带树"是一个由声音传感器与震动传感器组成的传感器系统，它被飞机空投到被观测区域，整个传感器插入地下，仅露出伪装成树枝的天线。当有人员或车辆从传感器的附近经过时，传感器将探测到目标发出的声音与震动信号，并自动通过无线信道向监控中心发出告警。监控中心对获得的感知数据进行处理，然后决定下一步的处置措施。

"热带树"无人值守传感器获得了良好的应用效果，促使美军进一步研制无人值守地面传感器（Unattended Ground Sensor，UGS）。图3-10给出了UGS外形及应用示意图。在UGS的基础上，美军又研制了远程战场监控传感器系统（REmotely Monitored BAttlefield

Sensor System，REMBASS）。REMBASS 使用的是远程监测传感器，由人工放置在被观测区域内。传感器记录被观测对象活动所引起的地面震动、声音、红外与磁场等物理量变化，并将这些信号经过本地节点预处理或直接发送到监视设备。监视设备对接收的信号进行解码、分类、统计、分析，并形成被检测对象活动的完整记录。此后，各国军方相继开展了各类无线传感器技术的研究与应用。

热带树　　　　　　　　UGS　　　　　　　　UGS 应用

图 3-10　UGS 外形及应用示意图

3.2.2　智能传感器

从茫茫的太空到浩瀚的海洋，从复杂的工程系统到每个家庭，从宇宙飞船到我们手中的智能手机，传感器已无处不在。强烈的社会需求促进了智能传感器（intelligent sensor）技术的快速发展。智能传感器是利用嵌入式技术将传感器与微处理器集成为一体，使其成为具有环境感知、无线通信、数据处理及控制功能的智能数据终端设备。与传统传感器相比，智能传感器具有以下几个主要特点。

1. 自学习、自诊断与自补偿能力

智能传感器具有较强的计算能力，能够对采集的数据进行预处理，剔出错误或重复数据，执行数据归并与融合；采用智能技术与软件，支持自学习机制，自动调整传感器的工作模式，重新标定传感器的线性度，以适应所处的实际感知环境，提高测量精度与可信度；采用自补偿算法，调整针对传感器温度漂移的非线性补偿方法；根据自诊断算法，发现外部环境与内部电路引起的不稳定因素，采用自修复方法改进传感器的可靠性，实现设备非正常断电时的数据保护，或在故障出现之前报警。

2. 复合感知能力

通过集成多个不同类型的传感器部件，使智能传感器具有对物体及外部环境的物理量、化学量或生物量的复合感知能力，能够综合感知温度、湿度、压力、声强等参数，帮助人类全面感知与研究环境的变化规律。

3. 灵活的通信与组网能力

网络化是传感器技术发展的必然趋势，这就要求智能传感器具有灵活的通信能力，能够提供适应无线局域网、无线个人区域网、移动通信网、互联网通信的标准接口，并且具备接入无线自组网通信环境的能力。

3.2.3　微型传感器

智能传感器技术发展直接受到微机电系统（Micro-Electro-Mechanical System，MEMS）

与纳机电系统（Nano-Electro-Mechanical System，NEMS）制作工艺水平的影响。

微机电系统是指集微型机械、微型传感器、微型执行器、信号处理与控制电路，以及接口、通信、电源于一体的微型器件与系统。MEMS 为传感器的微型化、智能化与网络化实现提供了技术支持，也为智能传感器应用与产业发展拓展了空间。纳机电系统是在尺寸与效应上具有纳米特征的超小型机电一体化的器件与系统。

MEMS/NEMS 是受产业界瞩目的研究领域之一。MEMS/NEMS 是在微电子技术基础上发展起来的多学科交叉的新兴学科，以微电子与机械加工技术为依托，研究涉及微电子学、机械学、控制科学、材料科学等多个学科。早在 20 世纪 60 年代，科学家就开始研究 MEMS 技术。20 世纪 80 年代，微型硅加速度计、微型硅陀螺仪、微型硅静电马达相继问世。20 世纪 90 年代，科学家开始研究微型传感器与纳米传感器技术。

MEMS 是通过半导体微细加工技术、微机械加工技术在硅等半导体基板上制作的一种微型电子机械装置。在微电子学中，衡量集成电路设计与制造水平的重要尺度是特征尺寸，它通常是指集成电路中半导体器件的最小尺寸。特征尺寸越小，芯片集成度就越高，运行速度也越快。MEMS 正在向能完成独立功能的"片上系统"（System on a Chip，SoC）或"芯片实验室"（LAB on a Chip）方向发展。

MEMS 的特征尺寸分为几个等级。特征尺寸 1～10mm 为小型设备，1μm～1mm 为微型设备，1nm～1μm 为纳米设备。利用 MEMS 已研制出很多微型器件与传感器，例如压力传感器、红外传感器、气体传感器、流量传感器、离子传感器、辐射传感器、化学传感器、谐振传感器等。图 3-11 给出了几种 MEMS 传感器与执行器的照片。目前，汽车中的压力传感器、陀螺仪、流量传感器都是 MEMS 传感器，笔记本计算机、智能手机、游戏机中也大量使用了 MEMS 传感器。

图 3-11　几种 MEMS 传感器与执行器

利用 MEMS 工艺制造的微型传感器称为 MEMS 传感器。可穿戴计算设备通过各种 MEMS 传感器感知穿戴者的运动状态；VR/AR 设备通过 MEMS 加速度计、陀螺仪测量佩戴者头部的转速、角度、距离等；无人机通过 MEMS 加速度计、陀螺仪测量无人机飞行的速度、方向与位置，达到控制飞行姿态的目的；智能网联汽车通过 MEMS 加速度计、陀螺仪测量车辆移动的速度、方向与位置，达到控制车辆行驶的目的。我们可以预见，人类将利用MEMS技术制造微型机器人、微型飞行器、微型卫星、微型动力系统、纳米芯片等。MEMS技术创新将有力推动物联网应用的发展。

3.2.4 传感器技术的发展趋势

传感器技术的发展趋势可以总结为以下几点。

1. 集成化与智能化

智能机器人是集感知与执行功能于一体的节点，需要在复杂环境中快速、准确、全面地获取信息，快速分析、判断并做出正确的决策，这就必然涉及多种传感器的信息获取、融合与模式识别等问题。在这样的应用需求推动下，当前已出现多种提供信号处理、存储与记忆、计算与驱动功能的智能传感器（涉及视觉、触觉、听觉等）。仿人感觉不是通过一种传感器就能够实现的，而是必须将多种传感器结合使用才能够达到目标的。因此，集成化与智能化是传感器发展的必然趋势之一。

2. 微型化与系统化

MEMS与纳米制造技术推动了传感器微型化与系统化的发展。例如，美国康奈尔大学将原先需要摆满一张桌子的显微镜系统，通过MEMS技术缩微到一个螨虫大小；由3个陀螺仪、3个加速器构成的微型捷联式惯性导航系统的尺寸仅为$2 \times 2 \times 0.5 mm^3$，重量仅有5g。目前，智能眼镜通常装备多个传感器（涉及图像、位置、声音等），这些传感器必须做得非常小巧。因此，微型化与系统化是传感器技术发展的必然趋势之一。

3. 网络化与无线化

无线传感器网是支撑物联网发展的关键技术之一，在环境监测、智能交通、智能医疗、军事领域展现出广阔的应用前景。对于无线传感器网、无线传感器与执行器网，节点要集成多种传感器、执行器、微处理器与通信设备，达到集感知、计算、通信于一体的目标。因此，无线化与网络化是传感器技术发展的必然趋势之一。

3.3 无线传感器网的基本概念

3.3.1 从无线分组网到无线自组网

1. 无线自组网的概念

IEEE将无线自组网定义为一种自组织、对等、多跳的无线移动网（Mobile Ad hoc NETwork，MANET），它是在PRNET的基础上发展起来的。无线自组网有多个英文名称，例如Ad hoc network、self-organizing network等。1991年5月，IEEE正式采用"Ad hoc"术语。Ad hoc这一词来源于拉丁语，英语中的含义是"for the specific purpose only"，即"专门为某个特定目的、临时的"意思。

Ad hoc采用不需要基站的"对等结构"的移动通信模式。Ad hoc中的所有联网设备都可以在移动过程中动态组网。在军用领域中，一个战斗集体的多辆坦克、车辆之间，多位战士的头盔计算设备之间，都可以在移动过程中组成Ad hoc，并通过该网络传达命令，以文字、语音、图像与视频方式交换战场信息；在民用领域中，高速公路上行驶的多辆汽车之间，可以在移动过程中组成Ad hoc，并通过该网络交换信息，以便提高车辆行驶的安全性。

Ad hoc 是由一组带有无线通信设备的移动节点构成的多跳、临时、无中心的自治系统。移动节点本身具有分组路由与转发功能，通过无线方式自行构成任意的拓扑结构。Ad hoc 既可以作为一个网络而独立工作，也可以接入移动通信网或互联网。当 Ad hoc 接入移动通信网或互联网时，考虑到无线通信设备带宽及能耗限制，它一般不会作为中间的承载网，而是作为末端的接入网出现。Ad hoc 节点可作为源节点生成数据分组，或接收本节点作为目的节点的分组，而不转发来自其他网络的分组。

Ad hoc 中的每个节点都承担主机与路由器这两个角色。作为主机，节点需要运行主机应用程序；作为路由器，节点需要运行路由选择程序，参与分组转发与路由维护。图 3-12 给出了 Ad hoc 的物理结构与拓扑结构。其中，图 3-12a 给出了最初的 Ad hoc 结构。如果节点 N1 与 N5 之间的距离超出无线通信的有效范围，则 N1 与 N5 之间不能直接通信，它们之间通信要经过 N2、N3、N4 转发，因此 N5 是 N1 的 4 跳邻节点。图 3-12b 给出了改变后的 Ad hoc 结构。如果节点 N1 与 N2 发生移动，它们之间不能直接通信，但是 N1 能够与 N4、N5 直接通信，则 N4、N5 就成为 N1 的 1 跳邻节点。

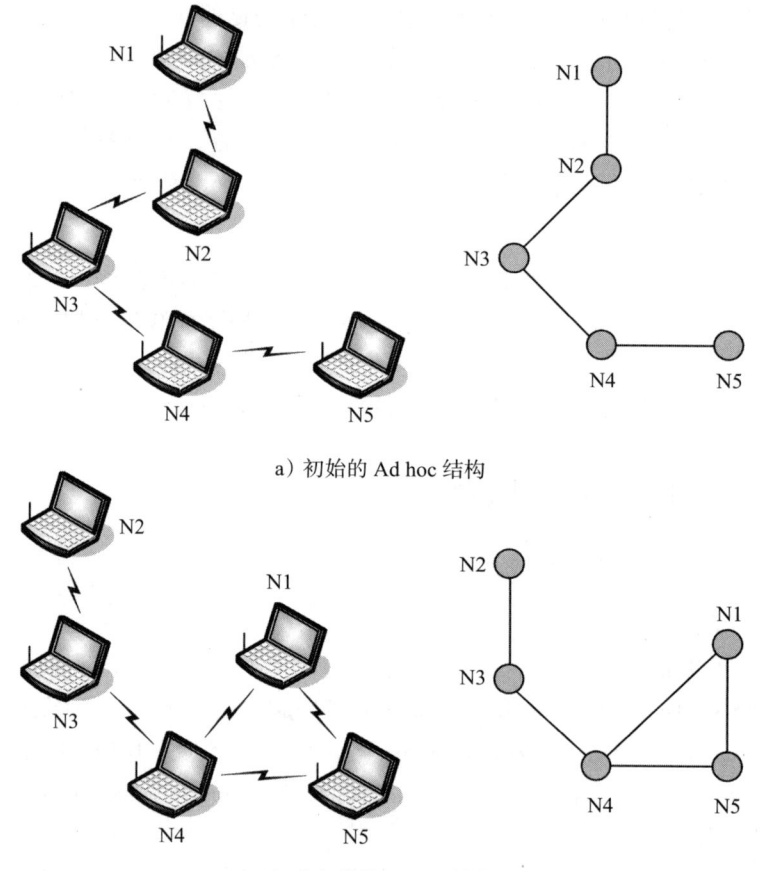

a）初始的 Ad hoc 结构

b）改变后的 Ad hoc 结构

图 3-12　Ad hoc 物理结构与拓扑结构

Ad hoc 具有以下几个主要特点。
- 自组织与独立组网。Ad hoc 不需要预先架设任何无线通信基础设施，所有节点通过分层的协议体系与分布式算法，协调每个节点各自的行为。节点可以快速、自主与独立地组网。
- 无中心。Ad hoc 是一种对等结构的网络。网络中所有节点的地位平等，没有专门用于分组路由与转发的路由器。任何节点可以随时加入或离开网络，任何节点的故障不会影响整个网络运行。
- 多跳路由。由于 Ad hoc 节点的无线发射功率有限，因此每个节点的覆盖范围有限。如果节点之间的距离超出覆盖范围，则它们之间通信需要中间节点转发，该过程由多跳节点之间根据路由协议协同完成。
- 动态拓扑。Ad hoc 节点可以自由开启或关闭，可以在任何时间以任何速度、方向移动，并且通信容易受天线发射功率、无线信道之间干扰等因素影响，导致节点之间的通信关系不断变化，造成 Ad hoc 拓扑的动态改变。
- 节点能量受限。由于具有方便携带、支持移动等特点，因此 Ad hoc 节点通常使用电池来供电。每个节点中的电池容量有限，导致节点能量受限，有必要采取节约能耗的措施，延长节点的工作时间。
- 网络生存时间有限。Ad hoc 通常是针对某种特殊用途而临时构建的，例如战场、救灾与突发事件等，网络将会在使用结束后自行解散。因此，Ad hoc 生存时间是临时与短暂的。

2. 无线自组网的应用领域

Ad hoc 在军事与民用领域都有很好的应用前景。

（1）军事领域

Ad hoc 技术研究的初衷是用于军事领域。由于 Ad hoc 不需要事先架设通信设施，可快速展开与组网，抗毁坏性能好，因此，Ad hoc 已成为数字化战场通信的首选技术，并在近年获得了快速发展。Ad hoc 支持野外临时通信、独立战斗群通信、无人侦察与情报传输。为了满足信息战与数字化战场的需要，世界主要国家都在投入力量研究军事用途的 Ad hoc 设备。

（2）民用领域

在民用领域中，Ad hoc 技术在办公、会议、个人通信、紧急状态通信等场景都有广泛的应用前景。下面我们给出了几个常见的民用场景。
- Ad hoc 适用于一些临时性工作场景下的通信，例如大型会议、庆典活动、展览会、演唱会等。在室外临时环境中，工作人员可以将多台笔记本计算机构成一个 Ad hoc，实现临时性的协同工作。在室内临时环境中，工作人员也可以将智能手机、平板计算机等设备构成一个 Ad hoc，实现临时性的通信服务。
- 在遭受地震、水灾、火灾或其他灾难后，某个区域内的固定通信设施可能全部损毁或无法正常工作。Ad hoc 这种不依赖网络设施、支持快速组网的技术，恰好能够在这些恶劣或特殊的环境下提供通信服务。
- 当用户在野外或偏远地区工作时，例如野外科考、矿山作业、偏远地区的设备巡检等，可能无法依赖固定通信设施提供的通信服务。Ad hoc 能够在这些工作环境下提供通信服务。
- 对于执行运输任务的多辆汽车组成的车队，Ad hoc 能够为这些车辆的编队行驶提供通信服务。

3.3.2 从无线自组网到无线传感器网

无线传感器网的研究起步于 20 世纪 90 年代末期。当无线自组网技术日趋成熟时，无线通信、微电子、传感器技术也得到了快速发展，在军事领域中如何将无线自组网与传感器结合的研究课题被提出，这就是无线传感器网的研究。无线传感器网可用于敌方兵力与装备监控、战场实时监视、目标定位、战场评估，以及对核攻击、生化攻击的监测。这类项目主要包括：UCLA 的 LWIM、UCB 的 Smart Dust、UCLA 与 Rockwell Automation Center 合作的 WINS、UCB 与 25 家研究机构合作的 SensIT、MIT 的 μAMPS 等。在讨论无线传感器网的发展过程时，首先介绍有代表性的无线传感器网项目。

1. LWIM 与 WINS

1996 年，美国加州大学洛杉矶分校（UCLA）开展了低功耗无线集成微型传感器（Low-power Wireless Integrated Microsensor，LWIM）研究项目。LWIM 节点将传感器、控制电路与电源集成为一体。两年后，UCLA 与 Rockwell 合作开展无线集成网络传感器（Wireless Integrated Network Sensor，WINS）项目。WINS 节点使用 32 位微处理器 Strong ARM、1MB 内存与 4MB 闪存，最大传输速率为 100kbit/s，工作与睡眠状态的功耗分别为 200mW 与 0.8mW。图 3-13 给出了 LWIM 与 WINS 无线传感器节点。

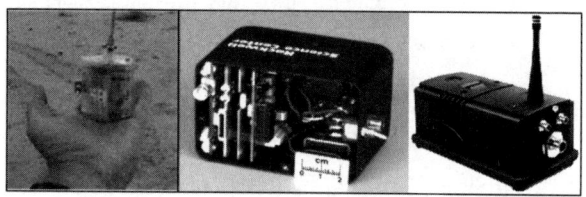

a) LWIM 节点　　b) WINS 节点

图 3-13　LWIM 与 WINS 无线传感器节点

2. 智能尘埃

1996 年，美国加州大学伯克利分校（UCB）开展了"Smart Dust"研究项目。"Smart Dust"直译为"智能尘埃"，意指传感器节点的体积非常小。"Smart Dust"的研究目标是采用 MEMS 实现感知、计算与通信能力的集成，通过智能传感器增强微型机器人的环境感知与智慧处理能力。"Smart Dust"研究任务是开发一系列的低功耗、自组织、可重构的无线传感器节点，该项目开发出的多种无线传感器节点被统称为"Smart Dust"。图 3-14 给出了不同时期的"Smart Dust"节点的照片。

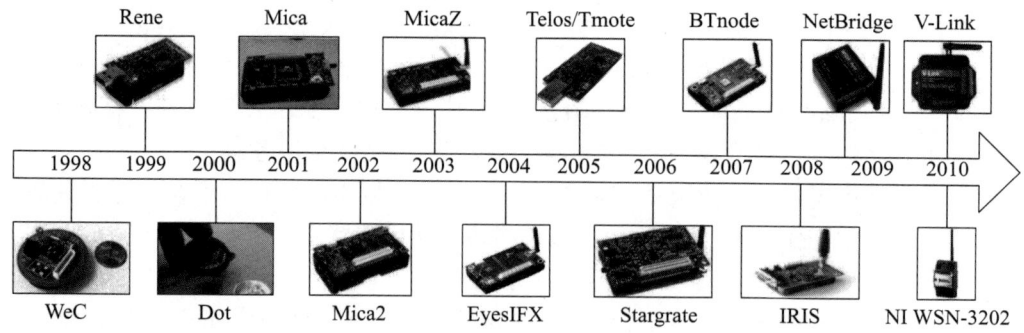

图 3-14　不同时期的"Smart Dust"节点

智能尘埃概念的提出在学术界产生了共鸣。在 2001 年的 Intel 发展论坛上，主会场的 800 个座位下都放置了一个伯克利尘埃（Berkley mote）。这时，"尘埃"已成为"无线传感器"的同义词。在第二天上午的主题会议上,所有参会者被告知后取出这些"尘埃"。它们自动构成了一个多跳的无线传感器网,并实时将网络拓扑显示在会场大屏上。当部分参会者卸下"尘埃"的电池后,剩余"尘埃"很快重新构成了新的网络。这个实验直观地向参会者普及了无线传感器网的概念。

3. 成功的示范

无线传感器网是由部署在监测区域内大量、廉价的微型传感器节点,通过无线通信形成的一个多跳、自组织的无线网络,用于将覆盖区域内感知对象的信息发送给观察者。因此,传感器、感知对象与观察者是构成无线传感器网的三个要素。如果说互联网改变了人之间的沟通方式,那么无线传感器网将改变人与自然界的交互方式。人可以通过无线传感器网直接感知物理世界,有效拓展了人认识世界的能力。

2001年,传感器节点被放置在一架无人机的机翼下,并按预先设置好的路径依次撒下。这些传感器节点都配有地磁仪,能够记录无人机飞过的时间。当无人机沿着该路径返回时,依次向每个传感器节点进行查询,传感器节点就向基站报告其记录时间。这个成功的案例向学术界与产业界展现了无线传感器网的应用前景。2003年,研究者通过对应用案例的分析,开始探讨无线传感器网的商业潜力,结论是:无线传感器网在不需要预先布线、不需要设置基站的条件下,可以应用在环境保护、工农业生产、智能家居、医疗保健、安全保卫、应急事件处置、军事等众多领域。

回顾无线传感器网的发展过程,我们不难看出:传感器技术研究已经有很长一段历史,军事应用需求促使传感器与无线通信技术结合,产生了无线传感器技术,这方面有代表性的研究是20世纪60年代出现的UGS项目。MEMS技术促进了微型智能传感器技术的发展。在计算机网络领域中,无线分组网技术研究开始于20世纪70年代,在此基础上出现了无线自组网(Ad hoc)技术。20世纪90年代,智能传感器与无线自组网技术结合,产生了无线传感器网(Wireless Sensor Network,WSN)技术。图3-15给出了无线传感器网技术发展过程示意图。

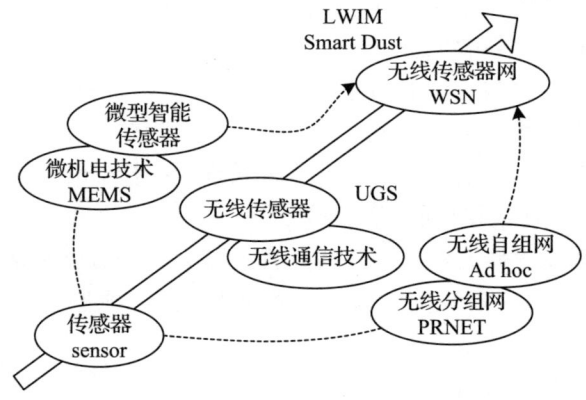

图3-15 无线传感器网技术发展过程示意图

无线传感器网技术研究涉及传感器、微机电系统、无线通信、计算机网络、嵌入式系统、网络安全、软件等技术,它是一个必须由多个学科专家参与的交叉学科研究领域。无线传感器网引起学术界、工业界的极大关注,世界各国都在开展无线传感器网方面的研究。

3.3.3 无线传感器网的基本结构

无线传感器网通常是由3种节点组成：传感器节点（sensor node）、汇聚节点（sink node）与管理节点（manage node）。图3-16给出了无线传感器网结构示意图。大量传感器节点被部署在监测区域内部或附近，这些节点采用自组织方式构成网络。传感器节点感知的数据需要经过中间节点转发，数据在传输过程中可能被多个节点转发，经过多跳路由后到达汇聚节点，最后通过互联网或其他传输网到达管理节点。管理节点负责配置与管理无线传感器网，发布监测任务、收集感知数据并完成数据分析。

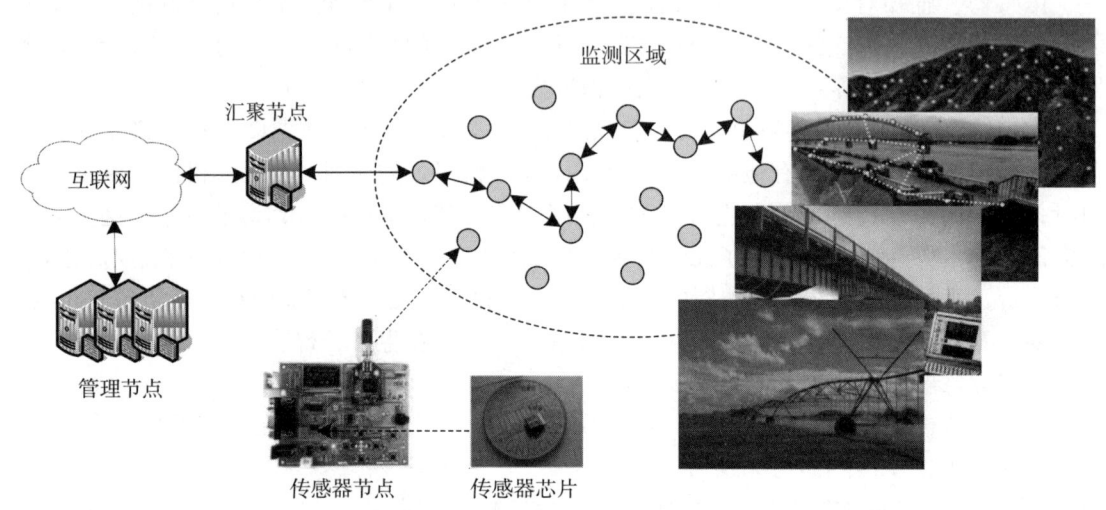

图3-16 无线传感器网结构示意图

传感器节点通常是一个微型的嵌入式系统，计算、存储与通信能力相对较弱，并且通过自身携带的电池来供电。从网络功能上来看，每个传感器节点兼有感知终端与路由器的双重功能，除了完成本地的数据采集与处理任务之外，还要对其他节点转发的数据进行存储、管理、融合等操作，或者与其他节点协同完成一些特定任务。因此，传感器节点的软硬件技术是无线传感器网的研究重点。

汇聚节点的计算、存储与通信能力相对较强，它连接无线传感器网与外部网络（例如互联网），实现不同网络之间的协议转换，发布管理节点的监测任务，以及将感知数据转发到外部网络。汇聚节点既可以是一个增强型传感器节点，有足够能量与更多的计算、存储资源，也可以是仅有无线通信接口的特殊网关设备。

随着无线传感器网技术研究的深入，研究者提出了基于功能的无线传感器网结构模型（如图3-17所示）。结合图3-16的无线传感器网应用场景，我们可以看出传感器节点应具备以下几个基本功能：

- 物理层信号发送与接收功能。
- 数据链路层的无线信道访问控制功能。
- 网络层的网络拓扑控制与路由选择功能。
- 传输层的节点操作系统之间协同工作的传输控制功能。
- 应用层的高层应用功能。

- 数据传输服务质量保证的 QoS 功能。
- 网络节点之间的时间同步功能。
- 确定感知信息位置的定位功能。
- 控制节点电量供应的电量管理功能。
- 网络安全与网络管理功能。

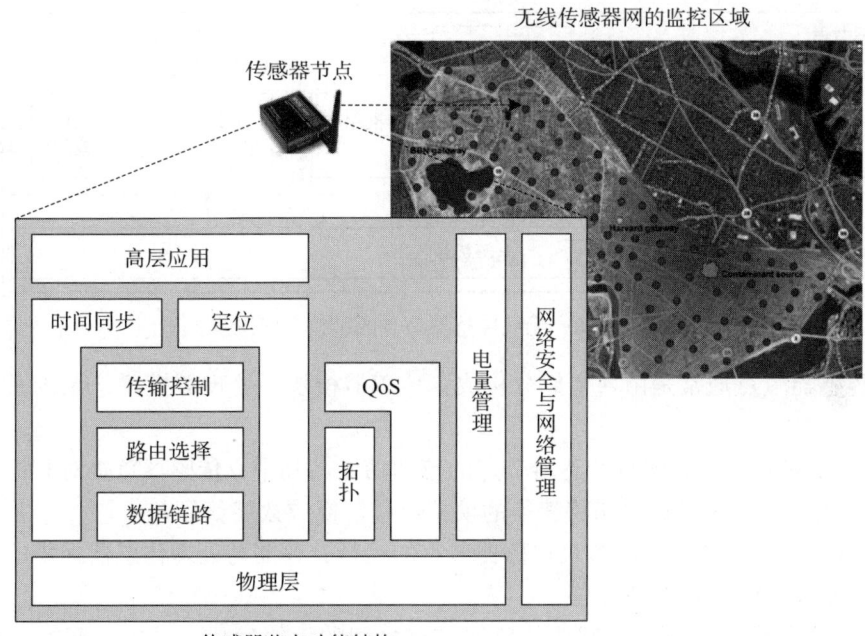

图 3-17 基于功能的无线传感器网结构模型

在实际应用中，要求所有节点都具备完善的功能并不现实。设计者应根据物联网应用的具体需求，基于低成本、低功耗、高性能的原则，将无线传感器网中的节点划分为不同类型，并按照节点类型选择所需功能及相应配置。

3.3.4 传感器的节点结构与设计原则

传感器节点是一种典型的微型或小型嵌入式系统。影响无线传感器网应用效果的一个重要因素是传感器节点的感知与执行能力。传感器节点可以集成多种传感器元件，例如物理传感器（温度传感器、光强传感器、声音传感器、振动传感器、压力传感器等）、化学传感器（湿度传感器、分子传感器、气体浓度传感器等），使一个传感器节点具有多种感知能力。同一传感器节点也可以应用于不同场景下。例如，压力传感器既可用于儿童玩具的控制，又可用于登月任务中的月球车控制。

1. 无线传感器节点的结构

无线传感器网的不同应用场景为研究者提出传感器节点的具体研发任务，这就要求面向实际应用需求有针对性地研发嵌入式传感器节点。因此，我们将从嵌入式系统节点设计方法的角度，分析传感器节点的硬件、软件结构及开发方法。图 3-18 给出了无线传感器节点的结构示意图。

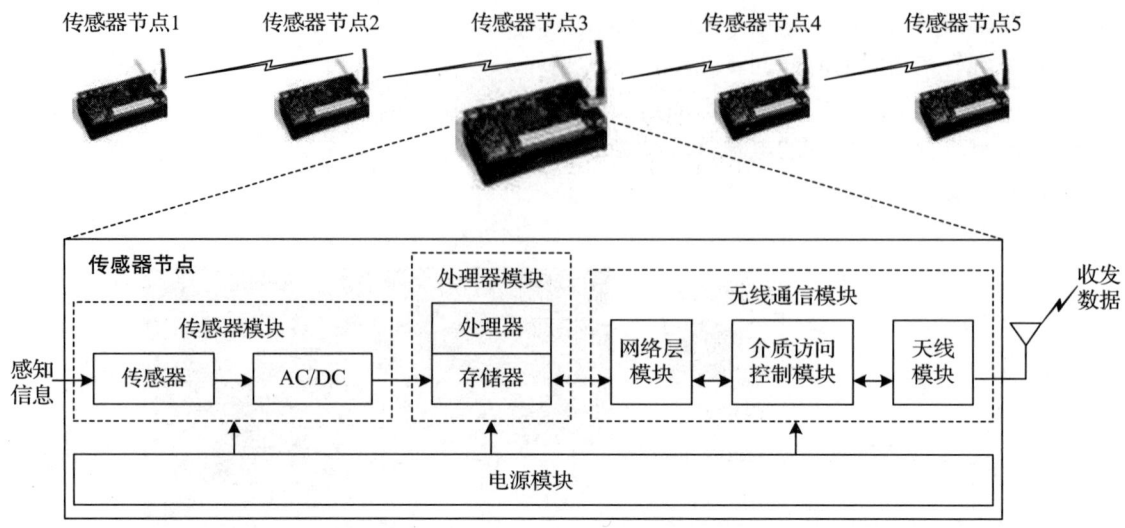

图 3-18 无线传感器节点的结构示意图

无线传感器节点通常是由 4 个部分构成：传感器模块、处理器模块、无线通信模块与电源模块。

1）传感器模块：负责实现传感器节点的感知功能。其中，传感器负责对监控区域中的特定信息进行感知；AC/DC 电路将获得的模拟信号转换成数字信号。

2）处理器模块：负责控制整个传感器节点的运行，存储与处理传感器采集的数据，以及其他传感器节点转发的数据。

3）无线通信模块：负责与其他传感器节点之间的无线通信。其中，网络层模块负责完成对转发数据的路由选择；介质访问控制模块负责协调多个节点对无线信道的访问控制；天线模块负责数据信号的发送与接收。

4）电源模块：负责为传感器节点提供运行所需要的电量，通常由微型电池与电源控制电路构成。

2. 传感器节点设计的基本原则

传感器节点设计需要注意以下几个基本原则。

（1）微型化与低成本

无线传感器网中需要的节点数量通常很多，微型化与低成本有利于节点的大规模部署。对于目标跟踪与位置服务类的应用，传感器节点部署越密集，定位精度越高；对于医疗监控类的应用，微型节点更易于被穿戴。实现节点的微型化与低成本，需要考虑硬件与软件两方面的因素。实现节点微型化与低成本的关键是选择专用芯片。一个典型传感器节点的内存仅 4KB、闪存 10KB。由于节点硬件配置的限制，因此其操作系统、应用软件要注意节约资源，不能超出节点硬件可能支持的范围。

（2）低功耗

无线传感器网通常要求传感器节点数量多，但是每个节点的体积小，通常仅能携带能量有限的电池。由于无线传感器网的节点多、成本低、分布范围广，并且部署区域的环境复杂，有些区域甚至是人类无法到达的，因此通过更换电池来补充能源是不现实的。如何使传感器节点生命周期最大化是首要的挑战。

传感器节点消耗能量的模块包括：传感器、处理器与无线通信模块。随着集成电路工艺的进步，处理器与传感器的能耗变得很低。图 3-19 给出了传感器节点各个模块的能耗情况。从图中可以看出，无线通信模块的能耗最大。传感器节点传输数据比运算更耗能，将 1bit 数据传输 100m 所需的能耗约等于执行 3000 条计算指令。无线通信模块有 4 种状态：发送、接收、空闲与休眠。其中，发送数据的能耗最大，接收数据与空闲状态的能耗次之，休眠状态的能耗最小。如何使网络通信更有效率，减少不必要的数据收发，不通信时尽快休眠，这是网络协议设计需要关注的问题。

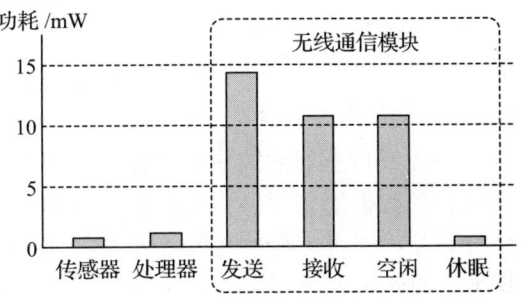

图 3-19 传感器节点各个模块的能耗情况

（3）灵活性与可扩展性

传感器节点的灵活性与可扩展性表现在适应不同的应用上。例如，传感器节点可用于森林防火的无线传感器网，也可用于天然气管道监控的无线传感器网；可用于沙漠干旱环境的管道监控，也可用于沼泽潮湿环境的管道监控；可适应单一传感器的精确感知应用，也可适应多种传感器的融合感知应用。

（4）鲁棒性

传感器节点与传统信息设备的最大区别是无人值守。当传感器节点被飞机抛洒或人工安置后，这些节点需要独立运行。即使是智能医疗中的可穿戴计算设备，它也需要独立工作，佩戴设备的被监控者不需要与节点交互。如果无线传感器网中的某些节点崩溃，则剩余节点将更新拓扑并重新形成自组网。如果剩余节点无法形成新的网络，则该无线传感器网就失效了。因此，鲁棒性是延长无线传感器网生命周期的重要保证。

3.3.5 无线传感器网的特点

无线传感器网的特点主要表现在以下几个方面。

1. 网络规模

无线传感器网的规模大小与其应用目的直接相关。例如，如果将无线传感器网应用于森林防火与环境监测，则需要部署大量的传感器以获取精确信息，可能需要几千个传感器节点甚至更多。同时，这些节点需要分布在被检测的地理区域。因此，网络规模主要表现在两个方面：节点数量与分布范围。

2. 自组织网络

在无线传感器网应用中，传感器节点的位置通常不能预先精确设定，传感器节点之间的邻居关系通常也不能预先获得，传感器节点通常放置在没有基础设施的地方，例如通过飞机在原始森林中播撒大量的传感器节点。这就要求传感器节点具有自组织能力，能够实现自动配置与管理，形成支持监测数据转发的无线自组网。

3. 拓扑结构变化

传感器节点的主要限制是携带的电池能量有限。传感器节点作为一种微型嵌入式系统，需要完成监测数据采集、数据存储与转发、响应汇聚节点请求等任务。在无线传感器网的应用过程中，部分节点可能因能量耗尽或环境因素而失效，有时可能需要补充一些新的节点，这些变化将会导致网络拓扑的改变。无线传感器网需要及时发现这些变化，并具备动态重构网络拓扑的能力。

4. 以数据为中心

在无线传感器网的应用设计中，网络拓扑可能随时发生变化，设计者更关心传感器节点感知的数据能获得怎样的信息。例如，对于战场侦察用的无线传感器网，设计者关注从感知数据中能否判断被观测区域的兵力调动或车辆通过，而不会关注当前网络的具体拓扑。因此，无线传感器网是"数据为中心"的网络。

3.4 无线传感器网技术的发展过程

3.4.1 无线传感器与执行器网

1. WSAN 发展背景

随着无线传感器网在环境监测、智能医疗、智能交通、军事领域的深入应用，人们已经深刻地认识到：只有将传感器与执行器结合使用，才能够有效地实现人类与物理世界、环境交互的目的。从这个角度，我们可以看到无线传感器与执行器网（Wireless Sensor and Actor Network，WSAN）发展的必然性。

当无线传感器网的控制节点通过执行器与物理世界交互时，需要向执行器发出指令。执行器将指令转变成一种作用于环境的物理行为。执行器可以是人、控制设备或智能机器人。随着智能机器人技术的日趋成熟与应用，促进了小型、智能、自治、低能耗、低成本的执行器的研发，使得无线传感器与执行器网成为可能。

2004年4月，Ian F. Akyildiz等研究者发表了一篇名为"Wireless Sensor and Actor Network：Research Challenges"的论文，此后其他研究者陆续发表了多篇相关论文。在最近的十几年中，无线传感器网与智能机器人技术的结合，及其在智能工业、智能电网、智能交通、智能家居、军事领域的应用，进一步证明了WSAN研究的必要性。

WSN 与 WSAN 的最大区别在于：WSN 可以感知物理世界与环境，但是不能改变物理世界与环境；WSAN 能够改变物理世界与环境。实际上，WSAN 已经在工业生产线的工业机器人、军事领域的运输机器人上进入实用阶段。在日常生活中，WSAN 的一个应用场景是火灾检测及灭火，通过传感器检测火灾的起源与火势，将信息传递给执行器（灭火装备）喷水灭火。比尔·盖茨在《未来之路》中描述的场景正是物联网应用于智能家居的无线传感器与执行器网。当客人走进客厅时，传感器感知有人进入，自动打开客厅中的灯；当温度超过预定值时，自动启动客厅中的空调。

物联网的研究目的不仅是感知周边的物理世界，更重要的是对大量感知信息进行分析与挖掘，从中获取对处理某类问题有用的知识，使人类可以更智慧地处理物理世界的问题。但是，在低成本的执行器、智能机器人出现之前，在感知的基础上增加执行功能的设计思路只能停留在理论探索层面。随着执行器、智能机器人的日趋成熟，WSAN 也逐渐引起了人们的重视。作为物联网主要支撑技术的下一代无线传感器网，WSAN 有望应用于智能工业、智能农业、智能交通、智能医疗、智能家居等领域。

2. WSAN 节点类型

WSAN 节点可以分为传感器节点与执行器节点。它们的区别主要表现在以下几个方面：

1）部署在监控区域的传感器节点通常是固定的，而执行器节点通常是可以移动的。典型的执行器是可移动的智能机器人。每个机器人可以在传感器节点的覆盖区域中移动，根据传感器发送的数据决定如何由多个机器人协同实现控制功能。每个机器人也可以既是传感器节点又是执行器节点。

2）部署在监控区域的传感器节点数量通常很多，而执行器节点数量则不需要很多，关键是其执行能力。传感器节点是低成本、低能耗的设备，它的感知、计算、通信能力及电量供应是受限的。执行器节点可根据需要嵌入不同功能的执行器。相对于传感器节点，执行器节点具有更强的计算、通信能力与更多的电量供应。

3）在传统的 WSN 中，传感器节点通过中间节点的转发将感知数据发送到控制节点。WSAN 要求传感器节点与传感器节点、传感器节点与执行器节点、执行器节点与执行器节点之间能够协同通信。

3. WSAN 技术特点

WSAN 具有以下几个主要特点。

1）异构性。WSAN 是由两类异构组件构成的，包括低端的传感器节点与处理能力较强的执行器节点，它们的计算、存储、通信能力有很大差异。WSAN 中存在不同 QoS 要求的通信类型，例如传感器节点发送到执行器节点的感知数据，以及执行器节点之间传输的执行数据与协作指令。

2）实时性。WSAN 基本上是一种闭环系统，根据感知数据进行数据处理、分析与决策。很多应用场景要求执行器节点对感知数据做出及时响应，因此网络协议应提供实时数据传输的保证。

3）协作性。WSAN 中的传感器节点与执行器节点、执行器与执行器节点之间应保持良好的关系。由于可能有多个执行器节点关注同一事件，因此需要通过传感器节点与执行器节点的协作，使事件报告被传输给最适合的执行器节点。多个执行器节点需要相互协作，采取合适的行动完成控制任务。

4）移动性。WSAN 中的执行器节点需要根据发生的事件，移动到相应的位置并执行相应的行动。

4. WSAN 工作机制

WSAN 的工作机制可以分为以下 3 类。

1）自主机制。没有中央控制器的参与，传感器节点将感知数据发送给合适的执行器节点。由执行器节点对收到的感知数据进行分析，并自主确定由哪些执行器协同完成控制任务。由于执行器节点通常位于感知/执行区域内部或附近，因此从传输感知数据到执行控制动作经过的延时小。

2）半自主机制。汇聚节点承担中央控制器的作用，传感器节点将感知数据发送给汇聚节点。由汇聚节点对收到的感知数据进行分析，并集中确定由哪些执行器协同完成控制任务。由于所有感知数据都需要传送到汇聚节点分析，因此从传输感知数据到执行控制动作经过的延时大。

3)协同机制。传感器节点将感知数据发送给合适的执行器节点,由执行器节点对收到的感知数据进行分析,与汇聚节点协商由哪些执行器协同完成控制任务。这种协商主要涉及三种情况。一是执行器告诉汇聚节点将采取的动作;二是与汇聚节点进行协商应该采取的动作;三是通过汇聚节点向控制节点请示,等待控制节点的指令。具体的协商方案应该由 WSAN 采用的策略而定。图 3-20 给出了协同机制的 WSAN 结构与工作原理。

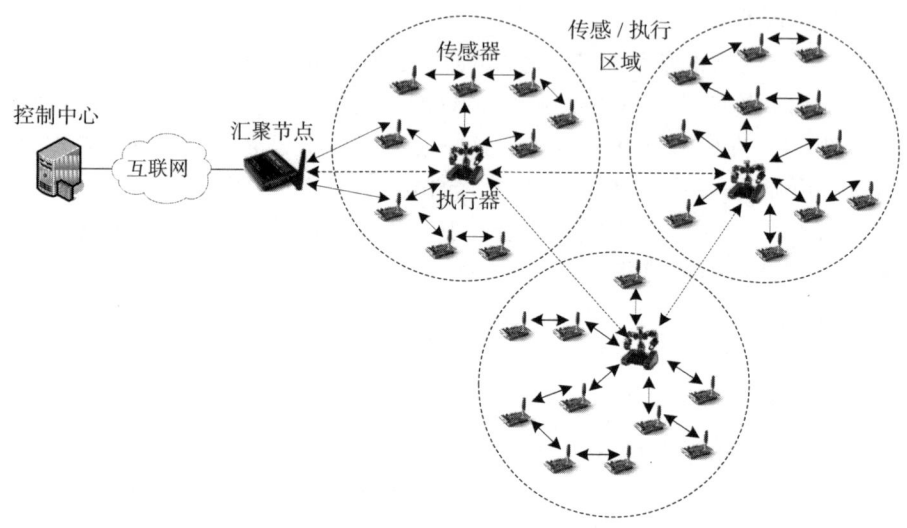

图 3-20　协同机制的 WSAN 结构与工作原理示意图

5. 执行器与智能机器人

WSAN 设计者可以根据不同的应用类型,选择不同类型的执行器节点。图 3-21 给出了几种可用于 WSAN 的机器人。

下面是一些早期 WSAN 执行器的例子。可低空飞行的航空测绘无人机与地面移动机器人配合,可以完成地形测绘、目标寻找与跟踪等任务。自动战场机器人(机器骡)可以完成战场侦察、地雷探测、物资运输等任务。SKIT 是一种网络遥控机器人,多台 SKIT 可以组成一个团队,按照预定的算法完成任务。美国桑迪亚实验室研制的超轻型机器人重量小于 1 盎司⊖,可作为 WSAN 的执行器使用。

图 3-21　几种可用于 WSAN 的机器人

传感器节点与执行器节点之间的协作问题是 WSAN 的研究重点与难点。两类节点之间的协作主要涉及三个问题:

1)如何保证传感器节点与执行器节点之间数据传输的低延时与高可靠性。

⊖　1 盎司≈ 28.35 克。——编辑注

2）对于多跳的 WSAN，如何为传感器节点选定最合适的执行器节点。

3）对于异构的 WSAN，如何在传感器节点与选定的执行器节点之间，设计一种综合考虑延时、可靠性、能耗的最优通信方案。

3.4.2 无线多媒体传感器网

1. WMSN 发展背景

无线多媒体传感器网（Wireless Multimedia Sensor Network，WMSN）是在传统 WSN 的基础上，引入图像、视频、音频等多媒体信息的感知、传输与处理功能的新型 WSN。推动 WMSN 技术发展的动力主要有两个：一是多媒体监控类应用的需求，二是微型图像、视频、音频传感器的成熟与广泛应用。

传统的 WSN 主要关注温度、湿度、位置、光强、压力等标量数据。在交通监控、工业生产、战场感知、医疗监护、智能家居、机器人视觉等应用中，对图像、视频、音频等多媒体信息的感知、传输与处理有强烈需求，因此需要获得比传统的 WSN 更直观、清晰的信息。由 WMSN 构成的分布式视觉系统有助于扩大观察范围，提供对同一事物的多角度观察能力，这是依靠传统 WSN 难以实现的功能。WMSN 能够更准确、直观反映现场，感知信息更丰富，有利于推进物联网与普适计算的实现。

例如，在交通拥堵的大城市，基于 WMSN 构建的分布式视觉系统，实时监控城市道路的车流量、平均车速等数据，为管理部门的交通调度提供了依据。工业环境的监控对保证产品质量、保障生产安全至关重要。WMSN 既可实现对药品、食品、芯片等产品的生产过程监控，也可实现对危险的生产环境（剧毒、易燃、易爆、放射性等）的实时监控，及时发现问题、处置险情，保障生产安全。

近年来，微型图像、视频、音频传感器技术已经成熟，并且相应产品已广泛应用于社会生活中的各个领域。目前，在办公楼、校园、居民区、医院、商场、公路等场所，随处可见用于视频监控的各类摄像头（高清、无线、夜视等），这些设备既提供了丰富的视频信息资源，也为 WMSN 技术研究提供了有利的条件。

2. WMSN 网络结构

WMSN 通常采用分类、分层的网络结构，有利于适应不同应用的实际需求。图 3-22 给出了分类、分级结构的 WMSN 结构。下面，列出了 WMSN 常采用的 3 类结构。

（1）集中式单层结构

一种由同类视频传感器组成、集中式处理的单层网络结构，如图 3-22 左分支所示。视频传感器节点与中心节点（多媒体处理交换器）通信，多媒体处理交换器承担整个区域的视频数据处理、存储、查询任务。除了视频传感器之外，多媒体处理交换器还能够接入音频传感器或其他传感器。多媒体处理交换器与汇聚节点通信，完成汇聚节点发出的查询或其他任务。

（2）分布式单层结构

一种由同类视频传感器组成、分布式处理的单层网络结构，如图 3-22 中分支所示。视频传感器节点与附近的多媒体处理交换器通信，每个多媒体处理交换器仅承担附近区域的视频数据处理、存储、查询任务，这样有助于缓解集中式处理模式的中心节点压力。靠近汇聚节点的多媒体处理交换器与汇聚节点通信，完成汇聚节点发出的查询或其他任务。

（3）异构的多层结构

一种每层由同类传感器组成、不同层异构的多层网络结构，如图 3-22 右分支所示。底层可接入简单的其他类型传感器以完成特定的任务，例如发现某种事件的发生，并将事件的时间、地点、类型通知高层，由高层的视频传感器等设备获取相关的视频信息。在没有事件发生时，视频传感器可睡眠，节约能量；在有事件发生时，视频传感器被唤醒，记录事件过程。

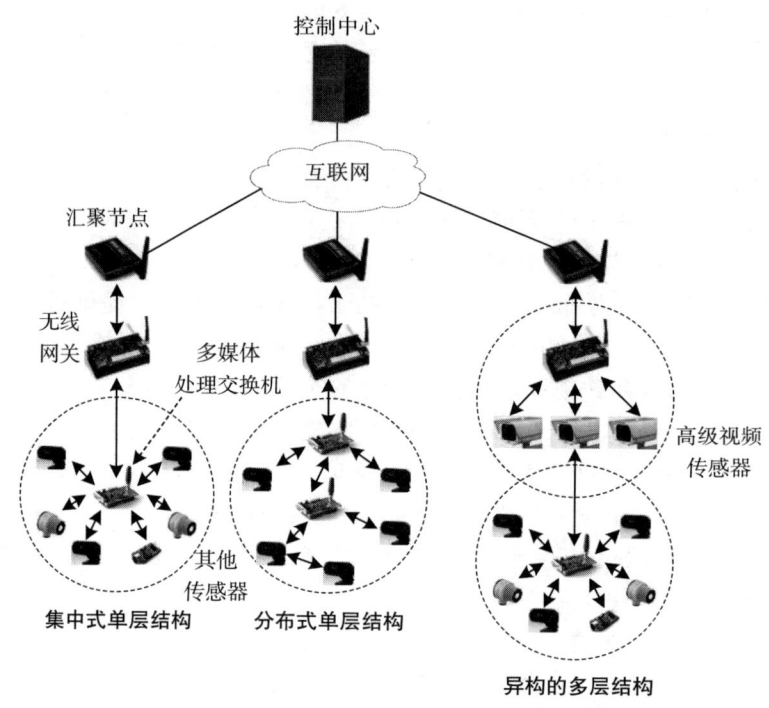

图 3-22 分类、分级的 WMSN 结构示意图

3.4.3 水下无线传感器网

1. UWSN 发展背景

水下探测是人类了解河流、湖泊、海洋等区域的重要手段。传统的方法是在水域底部或柱面安装水下传感器，经过一定时间后将这些传感器回收，然后读取传感器存储的感知数据。这种方式的最大缺点是非实时监测，不能进行在线的设备配置，不能进行及时的故障检测与修复，感知数据量受传感器的存储空间限制。

随着无线传感器网与水下机器人技术的逐渐成熟，研究人员自然会想到如何将这两种技术结合起来，并应用于各类水域的资源探测、污染监控、灾难预警、辅助导航、战术监控等场景中。水下无线传感器网（Underwater Wireless Sensor Network，UWSN）就是在这样的背景下产生的。2005 年 3 月，Ian F. Akyildiz 等研究者发表了一篇名为"Underwater Acoustic Sensor and Actor Networks: Research Challenges"的论文，对 UWSN 问题进行了比较全面的综述及分析。

通过多年的研究与应用，人们认识到 UWSN 在海底油气资源、矿藏勘探、海洋污染、洋流与季风研究、海洋生态系统与鱼类、微生物关系研究、海底地震与海啸预报、礁石识别与辅助导航，海底光缆铺设线路确定，以及特定水域的军事监控、侦察等方面，都具有非常好的应用前景。随着世界各国围绕着海洋问题的竞争日趋激烈，UWSN 技术研究逐渐显示出它的重要意义。

2. UWSN 技术特点

尽管 UWSN 与陆地 WSN 有很多相似之处，但是 UWSN 也有很多特殊的地方。

（1）水下传感器的通信方式

水下传感器之间的通信主要有 3 种方式：无线电、激光与声波。无线电波在水下的衰减严重，频率越高衰减越大。30～300Hz 无线电波的水下穿透能力可达 100 多米，但是需要很长的天线与很大的发射功率，在体积较小的传感器节点中无法实现。智能尘埃 Mica2 采用 433Hz 实现水下通信时，传播距离为 120 米。无线电波仅能实现短距离通信，不是水下组网的最佳选择。与无线电波相比，激光的水下穿透能力强。但是，激光的水下传输受散射影响比较严重，并且水下窄光束对准困难。激光仅适用于短距离的水下通信。目前，UWSN 主要利用声波实现通信，它又被称为"水下声传感器网"。

（2）容迟性与实时性需求

水下通信容易受到水域的复杂环境（例如季风、洋流、海底地形、动物等）影响，通信链路经常中断，丢包情况频繁发生，数据传输的误码率高。因此，需要重点解决 UWSN 的间歇性、长延时、高丢包率、高误码率所引起的容迟问题。

不同场景对数据传输的实时性要求差异大。例如，对于监测地震活动的 UWSN，传感器休眠时间相对较长，激活时有很多数据传输给汇聚节点，用于分析与预测水底的地震活动。但是，海啸预报、入侵预警等应用需要实时传输数据。因此，UWSN 设计时需要区分容迟性、实时性等应用需求。

（3）UWSN 与陆地 WSN 的区别

UWSN 与陆地 WSN 的区别主要表现在以下几个方面。

- UWSN 需要考虑防水、防腐蚀等问题，结构相对复杂。因此，UWSN 节点的造价通常高于陆地 WSN 节点。另外，水下设备更新与维护的费用也高一些。
- 出于成本方面的考虑，UWSN 节点不可能像陆地 WSN 那样密集部署。因此，UWSN 节点的数量相对较少。
- 声波在海水中传播时衰减很大，当节点之间距离与陆地上相同时，需要的能耗比在陆地通信大得多。因此，UWSN 节点需要储备更多的能量。
- 水下声波的信道是间歇性的，UWSN 节点需要存储更多的感知数据。因此，UWSN 节点需要使用容量更大的存储器。

3. UWSN 节点类型

UWSN 节点主要分为水下传感器与自主式水下航行器。

（1）水下传感器

水下传感器主要由 CPU、传感器、存储器、水声模块与电源模块构成（如图 3-23 所示）。其中，CPU 是整个节点的核心控制器，传感器负责感知数据并交给 CPU 处理，存储器负责存储感知数据，水声模块负责实现水下传感器之间、水下传感器与自主式水下设备之间的数据传输，电源模块负责为整个节点提供能量。

水下传感器使用的传感器有很多种，用于测量水的温度、密度、盐度、导电性、pH值，以及氧气、氢气、甲烷含量等参数。因此，水下传感器有很多种外形结构（如图 3-24 所示）。目前，有些水下传感器的传输速率为 $100 \sim 480$ bit/s，误码率为 1×10^{-6}，在水下深度为 120m 时的通信距离可达 3000m。

（2）自主式水下航行器

自主式水下航行器（Autonomous Underwater Vehicle，AUV）完成与水下传感器通信、感知数据查询与网络管理功能。由于 AUV 承担的任务

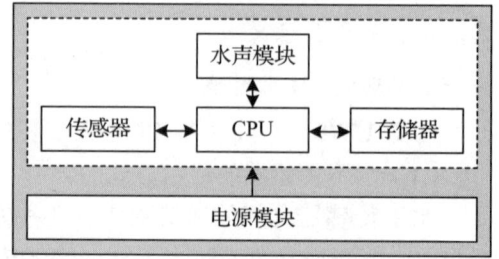

图 3-23　水下传感器结构示意图

不同，因此有些 AUV 像小型的潜水艇，有些 AUV 更像是水下机器人（如图 3-25 所示）。例如，AUV 在水中航行过程中接收水下传感器发送的感知数据，浮出水面后将数据通过无线信道发送给水上基站，再通过水面汇聚节点将数据转发到岸边汇聚节点。

图 3-24　不同外形的水下传感器

图 3-25　不同外形的自主式水下航行器

4. UWSN 网络结构

由于水下设备的特点是造价高、维护困难，因此如何部署水下传感器与自主式水下航行器是 UWSN 网络结构设计时考虑的主要问题。典型的 UWSN 网络结构可以分为二维结构与三维结构。

在二维结构中，一组水下传感器被固定在水底，传感器节点通过水声信道采用直接或多跳方式，与一个或多个水下汇聚节点通信。水下汇聚节点有水平与垂直方向的水声收发器。其中，水平收发器用于与水下传感器通信，垂直收发器用于与水面基站通信。由

于某些水域（例如海洋）的深度可达几十公里，因此垂直收发器的功率通常较大。水下汇聚节点负责将水下的感知数据传送给水面基站，水面基站将数据转发到水面或岸边汇聚节点。

在三维结构中，水下传感器节点被固定在水底或悬浮在不同深度，并根据彼此间的位置关系形成多个水下传感器组，其中的组长为某个水下汇聚节点，这样就形成了一个能够全面监测海洋信息的三维 UWSN（如图 3-26 所示）。

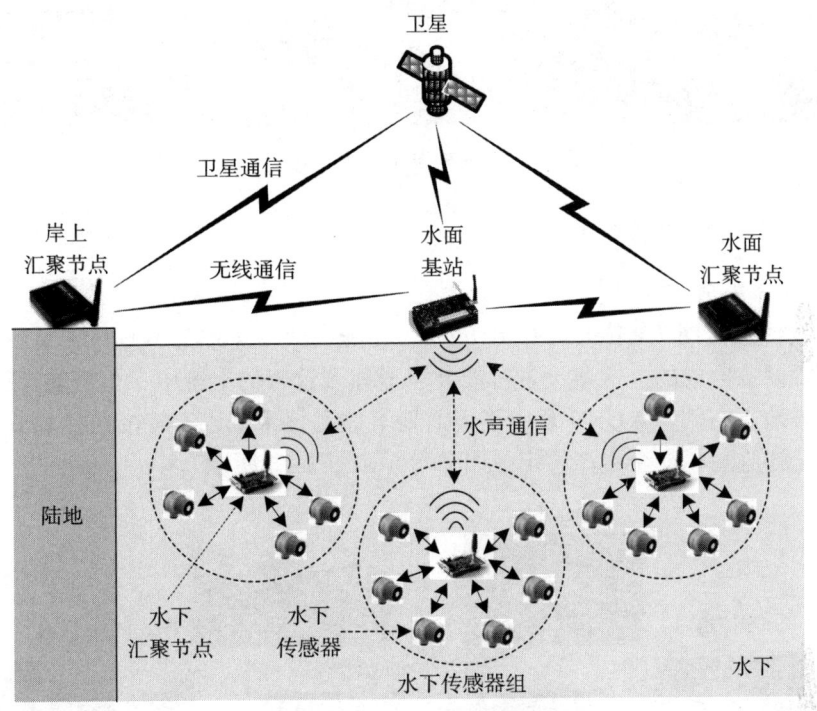

图 3-26　典型的三维 UWSN 结构

5. AUV 传感器网

自主式水下航行器（AUV）通常称为"水下自主机器人"，而由 AUV 组成的无线传感器网称为"移动水下传感器网"或"AUV 传感器网"。

AUV 可作为无须固定、无电缆连接的传感器节点，根据任务要求在不同的位置、深度游弋，并且主动采集环境数据。由于 AUV 传感器网可用于水域环境监测、资源勘查及各种军事用途，因此 AUV 传感器网已成为世界各国的研究热点。将水底固定的传感器与水底爬行、游弋的水下机器人相结合，将 AUV 作为水下汇聚节点的研究已取得进展，多种原型系统进入实验阶段。图 3-27 给出了几种典型的水下机器人。

如何利用局部智能尽量减少对陆地通信的依赖，这是 AUV 传感器网技术研究所关注的问题。因此，AUV 传感器网急需解决三个问题：自适应采样算法、节点自我配置与延长 AUV 生存期。自适应采样算法是指 AUV 节点针对某类采样寻找合适的地点，并根据任务要求自动确定最佳采样密度。节点自我配置是指在移动过程中维持节点之间的通信、自组网的拓扑与路由控制，以及节点出现故障时的诊断与排除。AUV 需要根据自身剩余的电量，上浮到海面利用太阳能充电，以延长自己的生存期。

图 3-27　几种典型的水下机器人

3.4.4　地下无线传感器网

1. WUSN 发展背景

地下无线传感器网（Wireless Underground Sensor Network，WUSN）是由工作在地下的无线传感器设备构成的。这些设备可能被完全埋入致密的土壤中，也可能被放置于矿井、地铁、隧道等地下空间。WUSN 常用于当前地下监测技术难以实现的应用场景，例如环境监测、基础设施监测、安全生产、定位服务等（如图 3-28 所示）。

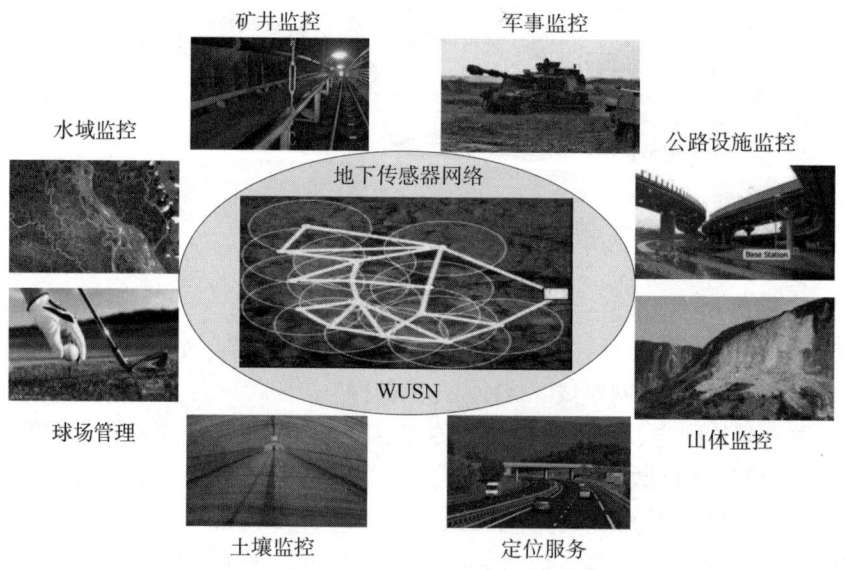

图 3-28　WUSN 应用场景示意图

WUSN 在环境监测领域有很多应用场景。在农业生产中，利用 WUSN 节点监测土壤含水量与成分，为合理灌溉及施肥提供参考。与当前农业常用的地上 WSN 相比，WUSN 节点被埋在地下，可以减少拖拉机、割草机等农用机械对设备的损坏。在高尔夫球场、棒球场、足球场等草皮场地，可以利用 WUSN 节点监测整个运动区域，同时又不影响比赛的正常进行。从环境保护的角度，将 WUSN 与 UWSN 相结合，可监控城市的饮用水安全状况，监测土壤、河流中的有害物质。

从矿井生产安全的角度，通常需要监测矿井的矿尘、温度、湿度、氧气、一氧化碳、二氧化碳、硫化氢等参数。在这种应用场景中，采用传统 WSN 与 WUSN 结合的混合网络，将井下数据通过 WUSN 传送到地面基站。利用 WUSN 的自组织能力，在矿井结构遭到破坏时仍然能自动恢复组网，并根据 WUSN 节点来确定矿工位置。WUSN 节点可以嵌入建筑物、桥梁、隧道、山体的关键部位，及时掌握这些设施或物体的健康状况，防止灾难事件的发生。WUSN 还可用于管道、地下储液罐等地下设施的安全监控，通过 WUSN 节点及时发现石油、燃气及有毒气体、液体的泄漏。

有自定位功能的静态 WUSN 节点可以在位置服务中作为信标。当车辆通过 WUSN 节点时，将触发车辆与 WUSN 节点之间的通信，提醒司机前方的交通信号或标识。当施肥机器人通过 WUSN 节点时，将获取位置信息及感知的土壤数据，并根据需要自动完成施肥操作。WUSN 可用于监测地面上的人或物的存在及运动，例如将压力传感器部署在边境线的土壤浅表处，当有非法越境者出现时就会发出警报。

2. 地下无线信道的特点

WUSN 面临的主要挑战是高效、可靠的地下无线信道。地下与地上信道的最大区别是电磁波的传输介质。地下信道的传输介质是土壤，而地上信道的传输介质是空气。地下信道的特点主要表现在以下几个方面。

1）路径衰减。地下信道的路径衰耗主要来自电磁波频率、作为传输介质的土壤或岩石特性。在特定的地质条件下，电磁波频率越高，传播过程中的路径衰减就越大。对于同一频率的电磁波，路径衰减取决于土壤类型、含水量与温度。按照颗粒大小，土壤类型依次为：沙、淤泥、黏土与混合物。含水量是导致电磁波在土壤中传播衰减的主要因素。沙质土壤最有利于电磁波的传播。

2）反射/折射。由于土壤与空气对电磁波传播的影响不同，因此电磁波经过土壤与空气的分界面时必然产生反射与折射。电磁波从土壤向空气传播与从空气向土壤传播的反射/折射效果也不同。因此，地下无线信道模型需要注意双向的不对称性。

3）多径衰减。对于近地的 WUSN 节点，土壤与空气交界面的反射/折射，以及周边的岩石、树根等物体的反射，都会造成电磁波的多径衰减。矿井巷道等有限空间的周边物体对电磁波的反射也是多径衰减的主要原因。

4）传播速度降低。电磁波在土壤、岩石等介质中传播时，传输介质的介电常数不同将导致传播速度降低。土壤、岩石的介电常数通常在 1～80，电磁波在这些介质中的传播速度约为空气中的 10%。

5）噪声。地下信道同样面临着噪声干扰问题。研究结果表明，地下信道与地上信道的干扰量级几乎相同，但地下信道受到的干扰主要来自电源、机电设备等，干扰频率通常小于 1kHz。

3. WUSN 网络结构

根据应用场景的不同，WUSN 网络结构差异较大。WUSN 应用场景可分为两类：部署于土壤、部署于地下设施。部署于土壤中的 WUSN 又分为地下结构、地下与地上混合结构。部署于地下设施中的 WUSN 又分为部署于公路、铁路隧道与输油管道，部署于矿井巷道及柱子。

（1）部署于土壤中的 WUSN

对于隐蔽性要求高的应用场景，可采用单一深度网络拓扑，也就是地下结构的 WUSN。对于边境地区的安防监控系统，为了防止敌方发现、破坏传感器节点，可以将这些节点埋在同一深度的土壤中。在高尔夫球场、棒球场、足球场等比赛场地，既不想影响比赛，又希望获取土壤温度、湿度，以及运动员、球落点等数据，也可采用地下结构的 WUSN（如图 3-29 所示）。为了尽可能减少地面汇聚节点部署，可以增加一些移动汇聚节点，以便接收临近的 WUSN 节点的感知数据。

图 3-29　地下结构的 WUSN 结构

对于需要监测地下深层土壤参数的应用场景，或者要同时监控地下与地面环境参数时，可以采用多层深度的网络拓扑，即地下与地上混合结构的 WUSN。由于土壤对无线信号的传输衰减影响大，地下深层的传感器节点无法直接与地面汇聚节点通信，因此需要采用传统 WSN 的多跳通信方式。地下与地上混合结构的 WUSN 由 4 类节点构成：地下传感器、地面传感器、地面汇聚节点与移动汇聚节点（如图 3-30 所示）。

图 3-30　地下与地上混合的 WUSN 结构

（2）部署于地下设施的 WUSN

将 WUSN 技术与矿井的特殊环境结合，建立适合矿山行业的无线传感器网，覆盖矿井中的所有巷道，对矿井安全生产进行监控，减少人为因素在安全管理上的漏洞，进一步保证井下作业矿工的安全。

WUSN 节点部署在地下矿井、隧道中，尽管节点之间电磁波的传输介质是空气，但是由于矿井、隧道结构的限制，电磁波的传播特性与地面的自由空间传播差异很大。为了保证网络的稳定性和可靠性，根据矿井的实际需要，在作业面每隔 150～200m 安装一个固定的传感器节点。矿工佩戴的安全帽中装有传感器，当矿工经过每个固定的传感器节点时，都会向固定节点发送位置信息，管理人员可以实时掌握每位矿工的位置，实现对井下矿工安全的实时监控与管理。有些 WUSN 中使用 RFID 标签作为矿工身份标识。图 3-31 给出了部署在矿井中的 WUSN 结构。

a) 矿井中的 WUSN b) 井下矿工精确定位

图 3-31　部署在矿井中的 WUSN 结构

4. WUSN 技术优点

与传统的 WSN 相比，WUSN 主要有以下几个优点。

1）隐蔽性。WUSN 及其节点具有良好的隐蔽性。在边境安全监控中，埋在地下的 WUSN 节点不易被敌方发现。在农业土壤监测、运动场地维护中，WUSN 节点不易被拖拉机、割草机等设备破坏。

2）易于部署。对于现有的地下监测系统，或者将传统 WSN 应用于地下监测，都需要预先在地下布线，以便将地下传感器与地上设备相连。WUSN 节点的部署更方便，不需要预先在地下布线，可灵活部署在需要监测的位置。

3）实时性。现有的地下监测系统大多使用数据记录器，传感器数据需要人工上传到数据记录器后处理，不能实现数据实时传输。WUSN 利用无线通信方式，可实现从传感器节点到汇聚节点的数据实时传输。

4）可靠性。如果地下监测系统中的数据记录器出现故障，将会对相应区域的监测数据的完整性带来影响。WUSN 采用分布式的无线自组网方式，单个传感器节点故障可以被邻节点及时发现，并通过路由控制算法重新组网。

5）高密度覆盖。在现有的地下监测系统中，覆盖区域、节点密度取决于数据记录器的数量与位置，传感器节点不容易均匀部署。WUSN 采用分布式的无线自组网方式，可以根据需要配置传感器节点的位置与密度。

3.4.5　无线纳米传感器网

随着微机电系统／纳机电系统（MEMS/NEMS）技术的进步，以及集成纳米传感器系统研究的快速发展，使得纳米器件的制造与应用成为可能。2010年1月，Ian F. Akyildiz 等研究者发表了一篇名为"Electromagnetic Wireless Nanosensor Networks"的论文，揭开了无线纳米传感器网（Wireless Nano Sensor Network，WNSN）的面纱，并向人们展示出该技术的巨大应用前景。

WNSN研究的第一步要解决纳米传感器节点设计、纳米级器件通信、电源供电等基本的硬件制造技术问题。

1. 集成纳米传感器系统

碳纳米管（CNT）可用于开发体积很小的微处理器，处理速度明显提高，并且能耗极低。纳米技术可用于制造体积很小的存储器，但是其存储容量却极高。这些优点使得纳米传感器节点快速发展。

将纳米传感器与适合纳米器件信息处理与传输的信号处理单元相集成的系统称为集成纳米传感器（Integrate Nano Sensor，INS）。目前，研究人员正在进行INS的接口标准、自校验、容错及补偿等方面的研究，以提高系统的精度、检测范围与可靠性。INS研究为纳米传感器节点的设计与制造奠定了基础。

2. 纳米级器件通信技术

在纳米级器件通信技术的研究中，采用的技术路线主要有分子通信与纳米电磁通信。其中，分子通信研究分子之间通信的信号编码、发送与接收方法；而纳米电磁通信研究新型纳米材料发送与接收的电磁辐射。纳米电磁通信研究主要集中在两个方面：纳米天线与纳米收发器。

纳米天线方面的主要研究集中在：
- 纳米天线的电磁模型，辐射带宽与能量效率。
- 根据纳米器件的量子效应，研究纳米天线理论。
- 设计新型的纳米天线与纳米辐射结构。

纳米收发器方面的主要研究集中在：
- 纳米收发器的电磁模型，辐射带宽与能量效率。
- 噪声对纳米收发器性能的影响。
- 设计高性能、带宽可调的纳米接收器。

3. 纳米电池技术

为了配合主动型WNSN节点的研究，科研人员正在研究锂纳米电池、自供电纳米发动机等技术。从目前研究的初步结果来看，锂纳米电池作为未来纳米传感器的小型电源的可行性已经得到证实。自供电纳米发动机是研究如何将其他类型的能量（从环境中收集的能量、化学能）转换成电能。例如，人体的运动、振动、抽搐等引起肌肉拉伸的机械能，声波、建筑物震动的能量，人讲话、车辆或其他噪声，人体的血液流动的动能，这些能量都可能转换为纳米传感器所用的电能。对于微型、低功耗的纳米传感器，利用太阳能供电的研究也引起了学术界的重视。

针对纳米传感器的感知能力强、体积小、能耗低等特点，科学家正在研究能够充分发挥纳米传感器优点的WNSN。由于纳米器件的尺寸太小，因此纳米传感器节点之间的通信、纳米级射频天线的设计与实现很有挑战性。目前，科学家正在研究WNSN体系结构、纳米级无线通信的载波与信号编码、纳米级天线结构、纳米电池等问题。WNSN 将会应用于智能医疗、智能环保、军事应用等领域。

本章小结

1）传感器是构成物联网感知层的基本组成单元之一，是物联网及时、准确、全面获取外部物理世界信息的重要手段。

2）传感器技术发展趋势呈现出集成化与智能化、微型化与系统化、网络化与无线化的趋势。

3）无线传感器网是传感器、无线自组网技术融合的产物，是支撑物联网发展的核心技术之一。

4）无线传感器网正在向无线传感器与执行器网、无线多媒体传感器网、水下无线传感器网、地下无线传感器网、无线纳米传感器网等方向发展。

习题

3-1　单选题

3-1-1　以下关于传感器基本功能的描述中，错误的是（　　）。
　　A）对象感知　　　　B）形状感知　　　　C）位置感知　　　　D）过程感知

3-1-2　以下关于传感器基本特征的描述中，错误的是（　　）。
　　A）能够将被测量转换成某种电信号的器件或装置
　　B）由敏感元件、转换元件及电路构成
　　C）敏感元件能够直接感受到被测量并输出与被测量有确定关系的信号
　　D）转换元件将敏感元件输出信号转换为数字信号，并由转换电路进行传输

3-1-3　以下几种传感器中，不属于力传感器的是（　　）。
　　A）压力传感器　　　B）力矩传感器　　　C）红外传感器　　　D）硬度传感器

3-1-4　以下关于图像传感器特征的描述中，错误的是（　　）。
　　A）将感光面上的光像转换为与光像成相应比例关系的电信号
　　B）分为光导摄像管与固态图像传感器两类
　　C）光导摄像管图像传感器具有体积小、分辨率高、成本低的特点
　　D）图像传感器广泛应用于视频监控设备

3-1-5　以下关于光纤传感器特点的描述中，错误的是（　　）。
　　A）可用于测量压力、液位、位移、加速度、转矩、应变等物理量
　　B）不能够测量磁、声、温度等物理量
　　C）体积小、重量轻、抗干扰
　　D）适用于高精度、远距离、危险环境下的感知与测量

3-1-6　以下不属于磁传感器的是（　　）。
　　A）方向传感器　　　B）磁场传感器　　　C）位置传感器　　　D）射线传感器

3-1-7　以下几个特征中，不属于智能传感器基本特征的是（　　）。
　　A）微型化能力　　　B）自诊断能力　　　C）自学习能力　　　D）复合感知能力

3-1-8 以下关于"智能尘埃"特点的描述中，错误的是（　　）。
　　A）体积小　　　　B）自组织　　　　C）低功耗　　　　D）自主移动

3-1-9 以下关于 WSN 特点的描述中，错误的是（　　）。
　　A）网络规模与应用需求相关　　　　B）自组织网络
　　C）以控制节点为中心　　　　　　　D）拓扑结构动态变化

3-1-10 以下几个模块中，不属于 WSN 感知节点基本模块的是（　　）。
　　A）传感器模块　　B）处理器模块　　C）汇聚点模块　　D）电源模块

3-1-11 以下关于 WMSN 概念的描述中，错误的是（　　）。
　　A）WMSN 是无线纳米传感器网的英文缩写
　　B）常用于满足多媒体监控类应用的需求
　　C）感知节点主要是视频传感器、音频传感器等
　　D）多媒体处理交换器常作为区域内的汇聚节点

3-1-12 以下关于水下无线传感器网的描述中，错误的是（　　）。
　　A）无线传感器网与水下机器人技术结合的产物
　　B）常用于各种水域的资源探测、污染监控与军事应用等场景
　　C）水下节点可以分为水下传感器、自主式水下航行器
　　D）水下节点之间全部通过激光信道实现通信

3-2　思考题

3-2-1 举例说明物理传感器的细分类型及相应的用途。

3-2-2 举例说明压力传感器的基本结构及工作原理。

3-2-3 通过互联网搜索一种传感器产品，并标出该产品的主要技术指标。

3-2-4 具有哪些特征的传感器可归属于纳米传感器？

3-2-5 为什么说 WSN 是在 Ad hoc 的基础上发展起来的？

3-2-6 设计一个可以踢足球的机器人，并说明主要设计理念。

3-2-7 设计一个保护军港水下安全的 UWSN，并说明主要设计理念。

3-2-8 设计一个收集交通数据的 WMSN，并说明主要设计理念。

3-2-9 设计一个保障矿井安全生产的 WUSN，并说明主要设计理念。

第 4 章 智能设备与嵌入式技术

物联网展示了一个物理世界被嵌入各种感知、控制设备的场景，它们能够全面地感知环境信息，智慧地提供各种便捷的服务。嵌入式技术是开发智能设备的重要手段。本章在介绍嵌入式系统概念、工作原理的基础上，系统地讨论了智能设备的各类人机交互技术，以及可穿戴计算设备、智能机器人在物联网中的应用。

本章学习目标
- 掌握嵌入式系统的基本概念。
- 理解智能设备的概念及研究方向。
- 了解可穿戴计算设备的概念、类型及应用。
- 了解智能机器人的概念、类型及应用。

4.1 嵌入式系统概述

4.1.1 嵌入式技术的发展过程

回顾嵌入式技术的发展历史，可以清楚地看到：嵌入式系统在 20 世纪 70 年代出现，至今已经有 50 多年的发展历程。嵌入式系统大致经历了四个发展阶段。

第一阶段：以可编程序控制器为核心。

嵌入式系统的最初应用是基于单片机的，多数以可编程控制器的形式出现，具有监测、伺服、设备指示等功能，常用于各类工业控制及飞机、导弹等武器装备，通常没有操作系统的支持，只能通过汇编语言直接控制系统，并在运行结束后清除内存。这些设备虽然已初步具备了嵌入式系统的技术特点，但是仅使用 8 位的中央处理器（CPU）执行一些程序，因此严格地说还谈不上"系统"。

第二阶段：以嵌入式 CPU 为基础、简单操作系统为核心。

这个阶段的嵌入式系统的主要特点是：系统结构与功能相对单一，处理效率较低，存储容量较小，几乎没有用户接口。由于这种嵌入式系统使用简便、价格低廉，因此在工业控制领域中曾经得到非常广泛的应用，但是无法满足当前对处理效率、存储容量都要求较高的信息家电等场景的应用需求。

第三阶段：以嵌入式操作系统为标志。

20 世纪 80 年代，随着微电子工艺水平的提高，集成电路生产商开始将嵌入式应用所需要的微处理器、接口电路、存储器等集成在一片超大规模集成电路（VLSI）中，制造出微控制器，并广泛应用于嵌入式系统。开发者在嵌入式操作系统的基础上开发应用软件，极大地缩短了应用系统的设计与开发周期。

这个阶段的嵌入式系统的主要特点是：出现了大量高可靠、低功耗的嵌入式微控制器，以及多种简单的嵌入式操作系统。这个阶段的嵌入式操作系统虽然比较简单，但是已初步具有一定的兼容性与可扩展性，运行效率高，模块化程度高，提供图形用户界面，以及便于二次开发的应用程序编程接口（API）。

第四阶段：基于网络的嵌入式系统发展阶段。

20 世纪 90 年代，在分布式控制、数字化通信、智能化家电等需求的推动下，嵌入式系统进入快速发展阶段。微控制器向高速度、高精度、低功耗的方向发展。随着硬件实时性要求的提高，嵌入式系统的软件规模也在不断扩大，逐渐形成了实时多任务的嵌入式操作系统，这类系统开始成为嵌入式系统的主流。

这个阶段的嵌入式系统的主要特点是：嵌入式操作系统的实时性得到了很大的改善，能够运行在各种不同的微处理器上，具有高度的模块化与可扩展性。嵌入式操作系统能够提供文件与目录管理、设备管理、多任务管理、网络通信、图形用户界面等，支持接入多种外部设备，并且提供用于二次开发的 API。

图 4-1 给出了嵌入式系统的体系结构。

随着物联网应用的进一步发展，适应物联网应用需求的智能设备设计与制造已成为嵌入式技术研究与开发的重点之一。

4.1.2 嵌入式系统的特点

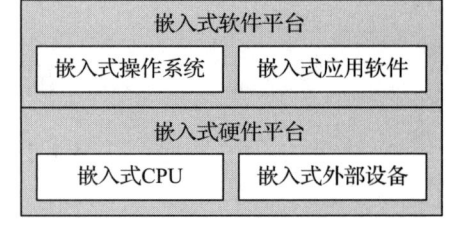

图 4-1 嵌入式系统的体系结构

物联网展示了一个物理世界被广泛嵌入了各种感知、控制设备的场景，它们能够全面地感知外部环境信息，并且智慧地为人类提供各种服务，而嵌入式技术是开发物联网智能设备的重要技术之一。

嵌入式系统（embedded system）又称为嵌入式计算机系统（embedded computer system），它是一种专用的计算机系统。由于嵌入式系统需要针对某些特定的应用，因此研发人员需要根据应用的具体需求来剪裁计算机的硬件与软件，以满足用户对计算机功能、可靠性、成本、体积、功耗等方面的要求。

WSN 中的无线传感器节点，RFID 标签与读写器设备，智能手机、平板计算机与智能家电，各种物联网应用中的智能终端设备，以及可穿戴计算设备、智能机器人、无人驾驶汽车等设备都可以归属于嵌入式系统的范畴。因此，嵌入式系统的概念与设计、实现方法，是物联网应用技术研究的重要知识。

为了帮助读者理解嵌入式系统的"面向特定应用""裁剪计算机的硬件与软件"与"专用计算机系统"等特点，以大家熟悉的智能手机与个人计算机（PC）为例，从硬件结构、操作系统、应用软件、外部设备等角度出发，分析了嵌入式系统与传统计算机系统的区别与联系。图 4-2 给出了智能手机硬件结构示意图。

1. 硬件的区别

首先,我们从计算机体系结构的角度出发,绘制出一个智能手机的硬件逻辑结构(如图 4-3 所示)。

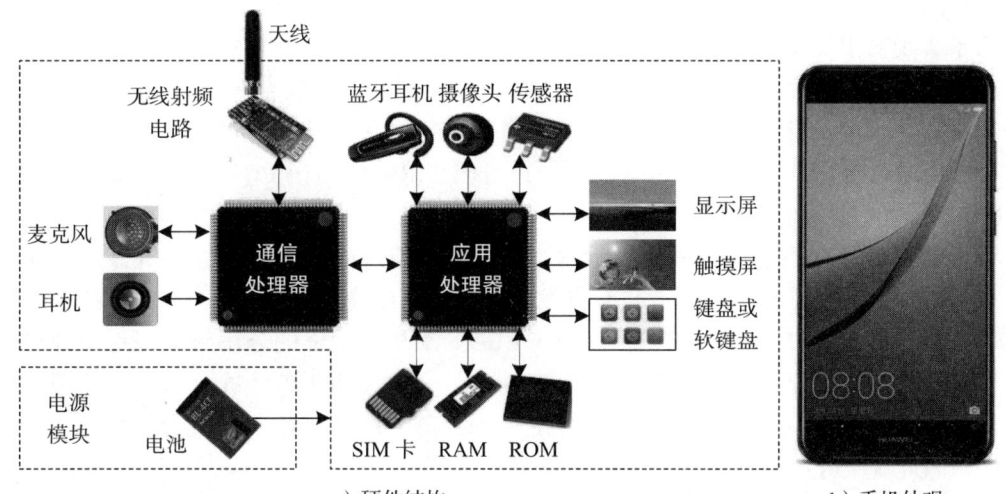

a)硬件结构　　　　　　　　　b)手机外观

图 4-2　智能手机硬件结构示意图

下面,我们从 CPU、存储器、显示屏与外部设备等几个方面,对比智能手机与个人计算机在硬件上的区别。

(1) CPU

智能手机的所有操作都在 CPU 与操作系统的控制下,这点与传统的计算机是相同的。由于语音通话是智能手机的基本功

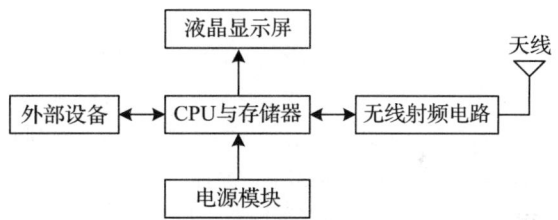

图 4-3　智能手机的硬件逻辑结构示意图

能,除了与传统 CPU 功能类似的应用处理器外,智能手机还需要专用的通信处理器。因此,智能手机的 CPU 通常分为两个部分:应用处理器与通信处理器。对于应用处理器来说,麦克风、耳机、摄像头、键盘、显示屏等都属于外部设备。通信处理器控制无线射频电路与天线的语音信号收发功能。

在个人计算机领域,CPU 产品有 Intel 的酷睿系列、AMD 的锐龙系列、中科院的龙芯系列等。同样,作为一种"专用计算机"的智能手机,也需要有适应需求的专用 CPU,例如高通的骁龙系列、联发科的天玑系列、苹果的 A 系列、华为的麒麟系列、三星的猎户座系列等。除了传统计算机的进程控制与调度功能,手机 CPU 还要提供语音处理与无线通信功能。至于"双核、四核、八核"是指在一个物理 CPU 上,嵌入式操作系统支持两个、四个或八个内核程序的并发运行。

(2) 存储器

手机中的存储器可以分为两类:只读存储器(ROM)与随机读写存储器(RAM)。根据存储器容量、读写速度、体积、功耗等要求,手机的 ROM 主要使用闪存(flash ROM),而 RAM 主要使用同步动态 RAM(SDRAM)。

手机的 RAM 相当于计算机的内存,负责临时存放手机 CPU 中的运算数据,以及 CPU

与存储器之间交换的数据。手机中的所有程序都在 RAM 中运行，RAM 中的数据在手机关闭后将会消失。因此，RAM 的大小对手机性能的影响很大。

手机的 ROM 相当于计算机安装操作系统的硬盘。ROM 中的一部分用于安装手机操作系统，其他部分用于存储用户的文件。ROM 中的数据在手机关闭后不会丢失。

为了实现对手机用户的识别与管理，手机内置一块用于识别身份的 SIM 卡，其中存储了用户办理入网手续时写入的信息。SIM 卡中的信息可分为两类：一类是 SIM 卡生产商与网络运营商写入的信息，包括用户号码、网络鉴权与加密数据、呼叫限制等；另一类是用户使用过程中自行写入的信息，包括其他用户号码、SIM 卡密码 PIN 等。

（3）显示屏

手机的显示屏相当于计算机的显示器。根据屏幕使用的材质类型，手机显示屏通常分为两种类型：液晶显示器（LCD）与有机发光二极管（OLED）。其中，LCD 屏的类型主要有 TFT、SLCD 等，OLED 屏的类型有 AMOLED。手机显示屏的分辨率采用行、列点阵形式。如果两个手机的显示屏分辨率都是 640×480，一个使用 3 英寸屏，另一个使用 5 英寸屏。由于这些像素将会均匀分布在显示屏上，则 3 英寸屏在单位面积上分布的像素多于 5 英寸屏，因此 3 英寸屏的显示效果就会更细腻、清晰。

从硬件结构的角度来看，手机生产商的研发人员在设计智能手机时，应根据实际的应用需求对计算机硬件与软件进行适当的"裁剪"。

（4）外部设备

由于个人计算机的工作重心在信息处理功能上，因此配置的外部设备有显示器、硬盘、键盘、鼠标等，从联网的角度还要配置 Ethernet 网卡、Wi-Fi 网卡与蓝牙网卡。智能手机的基本功能是语音通话能力，同时强调具备一定的信息处理能力。因此，智能手机除了必备的显示屏、ROM、键盘、各种网卡之外，还需要配置麦克风、耳机、摄像头、GPS 终端，以及多种类型的传感器设备等。

智能手机配置的传感器类型包括：光线传感器、距离传感器、磁传感器、重力传感器、陀螺仪、温度传感器等。其中，光线传感器通过检测周围环境的光线强度来调整手机屏幕亮度；距离传感器通过检测物体距离来控制手机屏幕的开启与关闭；磁传感器通过检测周围磁场来确定手机的方向；重力传感器通常称为加速度传感器，通过测量物体在三个方向上的加速度来检测手机的倾斜与移动；陀螺仪通过测量物体的角加速度来检测手机的倾斜与旋转；温度传感器通过测量主板温度来防止手机过热。

目前，一台普通的智能手机通常配置几十个传感器。除了上述的几种传感器之外，有些外部设备实际上也属于传感器的范畴。例如，麦克风与耳机是声传感器，摄像头是图像传感器，显示屏与指纹识别器多数是电容传感器，而 GPS 终端是一种位置传感器。有些手机甚至还配置了气压传感器、霍尔传感器等。这些传感器的广泛应用使得手机更加智能化，不仅有效地提高了手机用户体验质量，而且在运动跟踪、游戏控制、地图与导航、健康检测、安全措施等方面也发挥了重要作用。

（5）通信功能

为了接入互联网环境，台式计算机都配置了用于接入有线局域网的 Ethernet 网卡、用于接入无线局域网的 Wi-Fi 网卡，以及用于鼠标、键盘、耳机等外部设备与计算机之间近距离通信的蓝牙网卡。在使用便携式的笔记本计算机时，用户可以根据自己的实际应用需求，自行增加用于接入移动通信网的 4G/5G 网卡。

由于语音通话是智能手机的基本功能，因此智能手机都配置了用于接入移动通信网的射频电路及天线，以及用于接入无线局域网的 Wi-Fi 网卡，用于耳机、音箱等外部设备与手机之间近距离通信的蓝牙网卡，实现近场通信的 NFC 网卡。智能手机硬件设计受到电量、体积、重量等的限制，设备驱动程序也要针对手机操作系统重新开发。

2. 软件的区别

（1）操作系统

实际上，智能手机是一台具有语音通话功能的微型计算机，这是智能手机与普通计算机之间的最大区别之处。因此，研发人员需要面向手机的硬件、软件结构，针对智能手机应用及功能需求而开发某种专用的操作系统。这也体现出嵌入式系统是"面向特定应用"的"计算机系统"的技术特点。

在智能手机近 20 年的发展过程中，出现过多种流行的手机操作系统，例如 Google 公司的 Android（安卓）、苹果公司的 iOS、Microsoft 公司的 Windows Mobile 与 Mobile Phone、诺基亚公司等合作的 Symbian（塞班）、黑莓公司的 Blackberry、华为公司的 Harmony（鸿蒙）。目前，比较流行的智能手机操作系统是 Android、iOS 与鸿蒙。有些手机厂商在 Android 操作系统的基础上，深度定制了自己的第三方操作系统，例如 MIUI、Emotion UI、ColorOS、Smartisan OS、Blur 等。

每种手机操作系统都提供了便捷的应用软件开发能力，这点在 Android 操作系统上的表现最突出。2007 年 11 月，Google 公司正式推出了 Android 操作系统，它是一种基于 Linux 内核、开放源代码的移动操作系统，主要应用于智能手机、平板计算机的移动终端。Android 操作系统主要由以下几个部分构成：操作系统内核、系统运行库、应用程序框架与应用软件。其中，应用程序框架提供了隐藏在应用背后的一系列服务，例如内容提供器、资源管理器、通知管理器、活动管理器等。

Android 操作系统在网络功能的实现上，遵循了 TCP/IP 体系的规范，利用 Web 应用的 HTTP/HTTPS 来传输数据。Android 操作系统提供了支持 IEEE 802.11 系列协议的驱动程序，使得手机可以快捷地通过 Wi-Fi 接入无线局域网。Android 操作系统还提供支持低功耗蓝牙协议的驱动程序，使手机之间或手机与外设之间可以通过蓝牙互联，以无线方式进行短距离的数据通信。

Android 操作系统提供了支持多种传感器的 API，例如光线传感器、距离传感器、磁传感器、重力传感器、陀螺仪、温度传感器等。开发者利用 Android 操作系统提供的这些 API，可以方便地实现环境感知、移动感知、位置感知、语音识别、图像识别，以及各种基于位置的移动互联网、物联网服务功能。

除了大家熟悉的智能手机之外，对于很多类型的智能设备（例如智能家电、可穿戴计算设备、智能机器人、无人机、自动驾驶汽车等），它们的操作系统大多也是在 Android 的基础上开发而成的。

（2）应用程序的比较

随着第一个真正意义上的智能手机 iPhone 问世，智能手机上的第三方应用程序（App）及其销售模式，逐渐被广大的移动互联网用户接受。手机 App 从最初的游戏、即时通信、位置服务，发展到电子商务、网上支付、社交网络等众多应用。近年来，手机 App 的数量与应用规模呈现出快速发展趋势,形成了继个人计算机的应用程序之后更大的市场,并且已成为移动互联网的重要盈利点。

嵌入式技术的发展促进了智能手机功能的演变,智能手机的大规模应用又为嵌入式技术的发展提供了强大的推动力。目前,移动互联网已成为智能手机的基本功能,智能手机已成为移动上网、移动购物、网上支付与社交网络的主要终端,并逐步取代了人们随身携带的名片、钱包、公交卡、照相机、摄像机、收音机、GPS 终端等。伴随着智能手机的应用范围不断扩大,研究人员致力于改进智能手机的充电、显示及安全技术。

通过上述的分析,我们可以得出以下 3 点结论:

1)智能手机的硬件与软件充分体现出嵌入式系统"以应用为中心""裁剪计算机软硬件"的特点,它是一种对功能、体积、功耗、可靠性、成本等方面有严格要求的"专用计算机系统"。

2)作为物联网组成部分的 RFID 标签与读写器、无线传感器网节点、可穿戴计算设备、智能机器人、无人机与自动驾驶汽车,以及智能工业、智能农业、智能交通、智能医疗等应用中的各种智能终端,其结构、原理与智能手机有很多相似之处,它们都属于嵌入式计算设备或装备。

3)从产品与产业的角度来看,这些嵌入式计算设备是智能设备的组成部分。智能设备研究促进了嵌入式芯片、操作系统与智能技术的发展。智能设备研究涉及机器智能、人机交互、虚拟现实/增强现实等技术,以及大数据、云计算等领域,体现出多学科、多领域之间交叉融合的特点。

4.2 智能设备

4.2.1 智能设备的基本概念

2012 年 6 月,Google 公司发布的智能眼镜"一石激起千层浪",它将人们的视野吸引到可穿戴计算应用上,也使学术界与产业界意识到:可穿戴计算设备成为继智能手机之后的又一个研发热点,标志着这类移动终端设备正在向着自身更智能化、交互方式更人性化及"云+端"融合的方向发展。

智能设备至今并没有形成一个公认的权威定义,但是有一点在学术界与产业界已经形成共识,那就是 2012 年谷歌眼镜(Google Glass)的出现,划出了传统智能设备、可穿戴计算设备与新一代智能设备的界限。

随着 Google Glass 智能眼镜、Jawbone UP 智能手环、Nike+ 智能鞋、苹果 iWatch 智能手表、Fitbit Force 智能腕带的问世,标志着可穿戴计算设备正在向与物联网应用相融合的方向发展。2014 年 4 月,Google Glass 开始接受网上订购。尽管 Google Glass 的商业运作并不成功,但是它的出现对智能设备研发起到了示范作用。

对于长期跟踪可穿戴计算技术的研究人员,他们对谷歌眼镜的出现并不感到吃惊。因为早在 20 世纪 80 年代的"未来战士头盔"、军事设备远程辅助维修 RTAS 头盔,以及 20 世纪 90 年代 MIT 开发"第六感"视觉系统中,就可以看到智能眼镜的影子。

Google Glass 智能眼镜的研发目标是增强现实的头戴式显示器,它是一种"微型投影+摄像+传感器+计算+通信+智能+控制"等技术融合的产品,其核心是智能技术。

Google Glass 支持通过语音、触控或自动方式来操控,能够实现拍照、摄像、导航及社交应用,并且可以接入互联网。Google Glass 通过微型投影仪与半透明棱镜,将图像投射在佩戴者的视网膜上。Google Glass 希望未来在一定程度上能够代替智能手机的屏幕。图 4-4 给出了 Google Glass 的设备外观与用户界面。

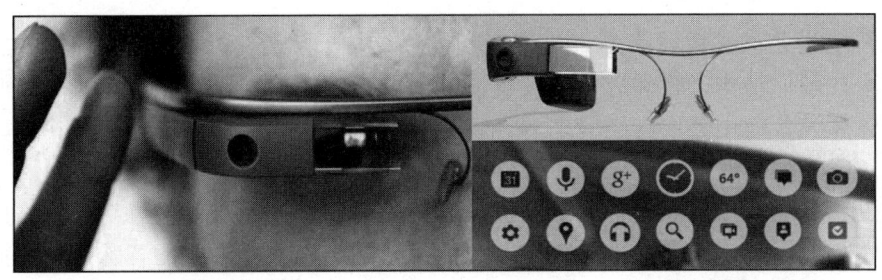

a) 设备外观　　　　　　　　　b) 用户界面

图 4-4　Google Glass 的设备外观与用户界面

早期 Google Glass 的摄像头支持 500 万像素照片拍摄与 720p 视频录制。Google Glass 的 CPU、存储器等硬件都集中在摄像头后的触控区,采用 OMAP 双核处理器与 16GB 存储器。Google Glass 的显示器是一个棱镜,分辨率为 640×360 像素。Google Glass 使用 Android 4.0 操作系统。除了 Wi-Fi 网卡模块之外,Google Glass 还配置了重力传感器、陀螺仪等,用于识别眼镜佩戴者的头部运动方向与角度。

启动 Google Glass 需要经过两步:用户首先需要仰头,并用手触摸一下镜框右侧的触控区;然后说出"Ok Glass",或者继续通过触摸来选择命令。佩戴者可以像戴着普通眼镜一样走路,处理日常事务。当佩戴者想上网时,仅需要轻晃一下头部。Google Glass 自身具有多项内置功能,例如拍照片、录视频。Google 公司还推出了"Mirror API",用于开发需要访问服务器的网络应用。

Google Glass 通过"My Glass"软件与使用 Android 4.0 操作系统的智能手机互联。在打开"My Glass"软件之后,通过扫描手机屏幕上的二维码,即可完成与智能手机之间的连接。在开启手机的 GPS 服务之后,Google Glass 可以共享手机的位置信息。"My Glass"软件可以查找用周边可用的 Wi-Fi 接入点,并通过 Wi-Fi 网络接入互联网,或者通过移动通信网接入互联网,以便将照片或视频实时上传到 Google+ 社交网站。另外,Google Glass 还能够帮助佩戴者查找到附近的朋友。

通过对有代表性的智能眼镜进行分析,可以总结出智能设备的几个重要特征:

1) 智能设备具有明显的 CPS 的"计算、通信、控制、协作、自治"等特征,具备"感、联、知、控"的能力。

2) 智能设备技术水平取决于智能技术的应用深度,支撑它的是集成电路、嵌入式、大数据与云计算技术。智能设备正在向更智能化、更人性化、交互更便捷的方向发展,适应"云+端"融合架构的智能设备操作系统将成为研究热点。

3) 智能设备更应该被视为一种智能化的服务。依托完整的智能设备产业链与强大的云计算平台的计算、存储能力,智能设备研发应不断优化用户体验,提供更智能、更人性化、更便捷的服务。

4) 智能设备已经从智能手机、可穿戴计算设备等通用设备,延伸到智能工业、智能农业、智能交通、智能医疗等领域的专业设备。物联网智能设备的研究与应用推动了智能设备产业的快速发展，而智能设备产业的发展也为物联网应用的快速拓展奠定了坚实的基础。

4.2.2 人机交互的基本概念

支撑智能设备的关键技术是人机交互、硬件结构、软件应用、设备协同与电量控制。嵌入式技术在硬件结构、软件应用、设备协同与电量控制方面已有相对成熟的经验。从当前可穿戴计算设备应用的推广经验来看，智能设备从设计时就要高度重视用户体验，而用户体验的入口就在人机交互的方式上。

应用创新是物联网发展的核心，而用户体验是物联网应用设计的灵魂。物联网接入方式的多样性与应用环境的差异性，决定了智能设备的人机交互方式的特殊性。因此，对于一个成功的物联网智能设备设计，需要根据物联网应用需求与用户接入方式，认真解决好物联网智能设备的人机交互问题。很多在人机交互方面的奇妙想法，甚至有可能将成就物联网在某个领域的广泛应用。

人机交互（Human-Computer Interaction，HCI）是指计算机系统与用户之间的交互关系，并且相关研究受到了学术界与产业界的高度关注。人机交互的主要方式包括：文字交互、语音交互、视觉交互等。实际上，人机交互研究涉及的问题很复杂。例如，针对视觉交互方式，研究者需要解决的问题包括：

- 位置判断：场景中是否有人？有多少人？哪些位置有人？
- 身份认证：用户是谁？
- 视线跟踪：用户正在看什么？
- 姿势识别：用户的头部、肢体动作有怎样的含义？
- 行为识别：用户正在做什么？
- 表情识别：用户的表情反映出怎样的精神状态？

从这些问题可以看出，人机交互研究不能仅从计算机与软件的角度解决，它涉及人工智能、心理学、行为学等很多复杂问题，属于典型的交叉学科研究范畴。

人们已经离不开智能手机与个人计算机了，这要归功于手机与计算机的便捷、友好的人机交互方式。操作系统的人机交互功能是决定计算机"友好"的一个重要因素。传统计算机的人机交互功能主要依靠键盘、鼠标与屏幕。人机交互的作用是理解并执行通过外部设备传送的用户命令，控制计算机的运行，并将结果通过显示器输出。为了让人与计算机的交互过程更简洁、有效、友好，研究人员一直在开展文字识别、图像识别、语音识别、行为模式识别等技术的研究。

随着信息技术在社会生产与生活中的广泛应用，人机交互不再局限于人类与计算机之间，而是存在于人类日常生活中的各个方面。从人们日常使用的智能手表、智能手机与智能家电，到飞行员面对的飞机仪表与各种控制器，电网工程师面对的智能仪表、智能变压器与巡线无人机，以及智能工厂中的数控机床、工业机器人与自动运输设备，这些应用场景中都存在着更复杂的人机交互问题。

人机交互的"友好性"决定了智能设备被人们接收的程度。人机交互方式的便捷、高效与友好，决定了用户能否使用、是否愿意使用、是否喜欢该设备。如果用户在体验过程中感觉某个设备很难用,那么他一定不会购买这个产品。因此,人机交互方式通常是决定某个设备能否被市场接受的关键问题。随着物联网应用的深入发展,研究者已认识到人机交互在智能设备设计方面的重要性。

随着物联网应用的深入探索,传统的键盘、鼠标作为输入设备,依赖屏幕文字、图形的交互方式已不适合移动环境、便携式物联网设备的应用需求。在可穿戴计算设备的研发中,人们就已经发现语音输入在嘈杂环境中的识别率将大大下降,并且在很多场合对着智能手机或移动设备发出语音命令使人感到尴尬。研究者普遍获得的共识是:应该摒弃传统的人机交互方式,致力于研发新的人机交互方式。

在可穿戴计算设备的人机交互方面,提出了虚拟交互、虚拟现实与增强现实、眼动跟踪、脑电控制、柔性显示等新技术。这些技术能够适应物联网智能设备的特殊需求,对于物联网智能设备人机交互研究有着重要的参考价值。

4.2.3 人机交互技术的发展过程

1. 虚拟交互技术

虚拟交互是有发展前景的一种人机交互方式。虚拟键盘(Virtual Keyboard,VK)技术很好地体现出虚拟交互技术的设计思想。

实际上,MIT研究人员在研究"第六感"问题时提出了虚拟键盘的概念。在触觉世界中,人类利用"看、听、触、嗅、尝"五种感觉收集有关周围环境与事物的信息,并对它做出反应。但是,很多帮助人类了解世界并做出反应的信息却不是来自这些感觉,它们可以来自计算机与网络世界。研究者一直在思考如何与周围环境融为一体、如何便捷地获得信息。因此,他们确定该研究的目标是:像人类的"看、听、触、嗅、尝"五种感觉一样,利用计算机以第六种感觉的方式获得信息。

这个可穿戴计算系统由数码相机、投影仪与颜色标志物等构成,不同硬件设备之间通过无线网络互联,它能够在任何物体的表面形成一个交互式显示屏。研究者在这个系统上做了很多非常有趣的实验。例如,使用者四个手指分别佩戴红、蓝、绿、黄四种颜色的标志物,通过软件可以识别四个手指的手势所表示的指令。如果使用者的拇指与食指组成一个方框,数码相机就知道你想拍摄照片及取景角度,自动拍照并将照片保存在关联的手机中,回到办公室后自动在墙壁上投影这些照片。

这些应用功能就好像成了人的"第六感",极大地拓展了人的感知、学习与工作能力,使人能够更方便、快捷地使用计算机,并更好地与周围的环境融为一体。图4-5给出了虚拟键盘示意图。

虚拟交互方法的出现引起学术界与产业界的极大兴趣,也为物联网智能设备人机交互研究开辟了一种新的思路。

2. 人脸识别技术

对于物联网应用系统,智能设备的人机交互需要验证用户身份。在网络环境中,用户的身份认证需要用到人的"所知""所有"与"特征"。"所知"是密码、口令等;"所有"是身份证、护照、信用卡、钥匙、手机等;"特征"是指人的指纹、掌纹、脸型、声纹、虹膜、血型、笔迹、动作等个人特征。个人特征识别属于生物识别技术的研究范畴。目前,常用的生物识别技术有指纹识别、人脸识别、声纹识别与虹膜识别。

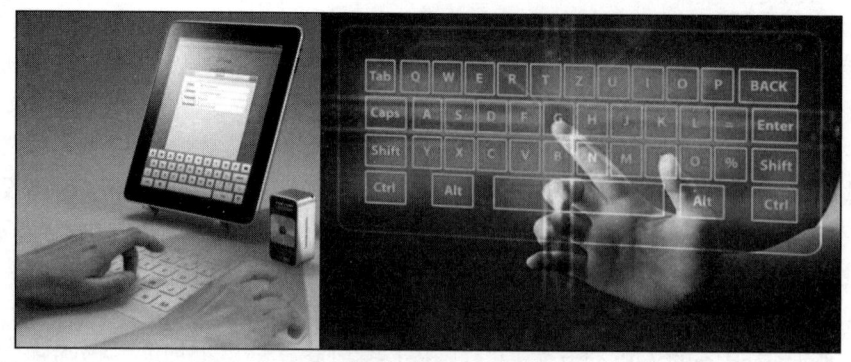

图 4-5　虚拟键盘示意图

在互联网环境中，大多数的应用采用密码实现身份认证，这种方法很方便，但是可靠性不高。近年来，学术界与产业界一直在研究"随身携带与唯一性"的生物特征识别技术。目前，指纹识别已应用于智能门锁、考勤系统与出入境管理等场景中。随着火车站、公交车、景区等公共设施的刷脸验票，以及超市、银行等场所的"刷脸支付"的出现，人们的注意力转移到"人脸识别"技术的应用上。

人脸识别过程通常分为以下 4 个步骤（如图 4-6 所示）。

1）人脸检测：从各种不同场景（例如一张照片或视频中的一帧）中检测出人脸的存在，并确定人脸的位置。

2）人脸校准：针对人脸在尺寸、光照、倾斜等方面的情况，找到人脸上的特征（例如眼睛、鼻子、嘴等），通过几何变换（例如旋转、缩放等）将这些特征挪到对应的位置，完成人脸对齐。

3）人脸编码：采取某种方式表示检测出的人脸，并与数据库中的已知人脸进行比对，确认两张人脸是否为同一人。

4）人脸匹配：利用人脸匹配技术从数据库中自动找到与待检测人脸最接近的照片。

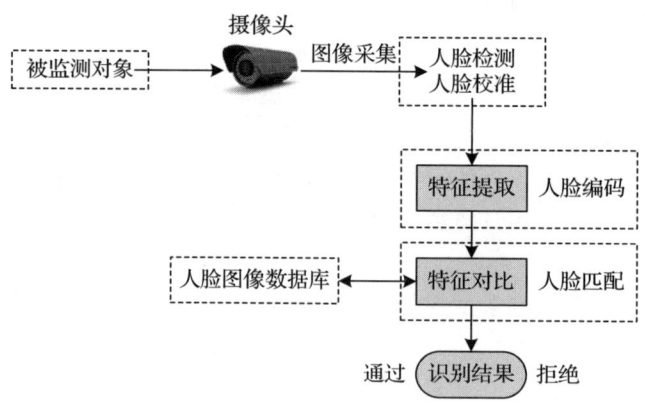

图 4-6　人脸识别过程示意图

3. 眼动跟踪技术

早在 19 世纪，认知心理学家就已经开始研究眼动跟踪技术。受到当时技术的限制，该研究只能停留在理论研究与技术储备阶段。直到 20 世纪 90 年代，随着嵌入式技术的发展，眼动跟踪技术才开始进入实际应用阶段。有代表性的应用是将眼动跟踪设备嵌入计算机的显示器，当用户查看屏幕上显示的内容时，记录用户目光注视屏幕的位置与移动轨迹，收集用户对网页内容的关注度，以便优化网页内容布置，提高网页点击率。随着可穿戴计算技术的应用及发展，人们发现眼动跟踪技术在智能眼镜中有多种用途，并且将成为物联网智能设备人机交互的关键技术之一。

眼动跟踪是基于眼睛视频分析（Video Oculo-Graphic，VOG），检测用户看特定目标时的眼睛运动与注视方向，并进行相关分析的技术。眼动跟踪技术又称为眼动检测技术。图4-7给出了眼动跟踪的工作原理。人的眼球角膜上有一个被称为普尔钦斑的亮光点，它是由进入瞳孔的光线在角膜表面反射而形成的。如果光源、摄像机的位置固定，眼球中心的位置也不变（即头部不动），那么普尔钦斑的绝对位置也不随眼球转动而改变。如果人转动眼球看不同位置的东西，那么普尔钦斑与瞳孔的相对位置就会变化。摄像机记录普尔钦斑与瞳孔的相对位置变化，通过图像分析就能够判断出视线的落点与方向。

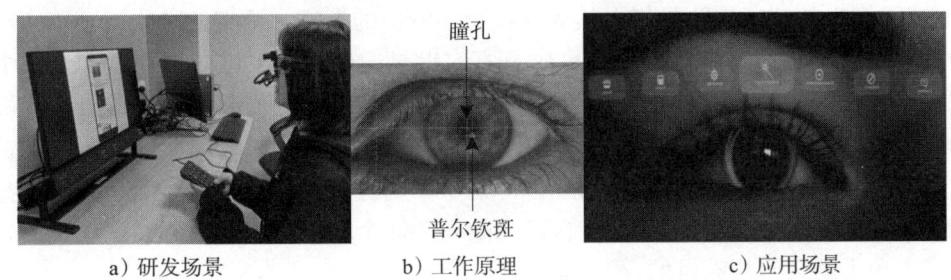

图4-7 眼动跟踪的工作原理示意图

研究者已经认识到：眼动跟踪将在可穿戴计算设备与物联网智能设备的虚拟人机交互中广泛应用。例如，智能手机通过眼动跟踪来调节屏幕亮度，以达到节约能耗的目的；智能手机通过眼动跟踪来控制电子书翻页，为读者带来更好的阅读体验。比较有创意的是Google Glass的眼动跟踪功能（如图4-8所示）。用户佩戴Google Glass之后，通过自己的视线跟踪显示屏中的小鸟运动轨迹，能够实现身份认证、设备解锁、表情识别、头部姿态识别、锁定兴趣点等操作。

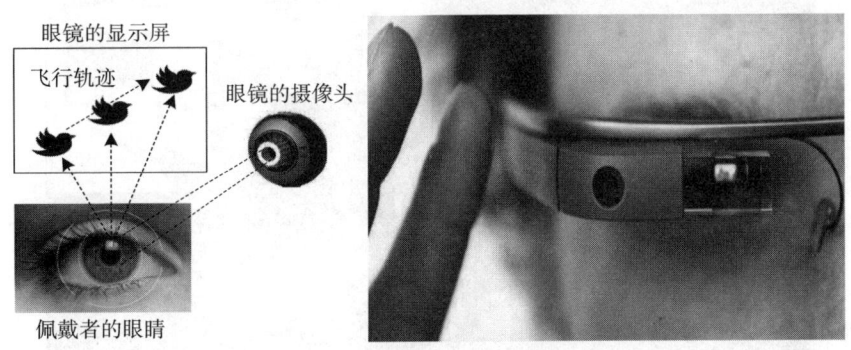

图4-8 Google Glass的眼动跟踪功能应用

眼动跟踪的一个应用是通过"面部表情识别"来解锁设备。通过摄像头检测佩戴者面部表情的不同特征，例如眨眼、微笑、龇牙、伸舌头、皱鼻子等，以及将某个表情确定为解锁设备专用的面部图像。眼动跟踪的另一个应用是通过"头部姿态识别"来控制设备。为了防止摄像头连续工作而消耗电量，智能眼镜通过陀螺仪检测佩戴者的头部姿势，并以此作为依据确定锁定还是解锁设备。另外，通过智能眼镜检测佩戴者眼睛注视的方向，眼动跟踪可用于分析佩戴者正在关注的人、事物或场景。

通过上述分析可以看出：眼动跟踪技术经历了技术储备、基础应用阶段，当前已经进入实用阶段，并将成为物联网智能设备人机交互的重要方式。

但是，任何事情都有两面性。技术发展为用户带来很多便利与乐趣，而不恰当的技术应用也会带来威胁个人隐私的信息安全问题。眼动跟踪用于锁定与跟踪用户兴趣点的应用在这方面表现得更为突出。

4. 虚拟现实技术

虚拟现实（Virtual Reality，VR）又称为"虚拟实境"或"灵境技术"。这里，"虚拟"有虚假的、构造出来的含义；"现实"有真实的、现实存在的含义。理解虚拟现实的技术内涵，需要注意以下两点：

1）通常意义的"现实"是指自然界与社会运行中的真实、确定的事物或环境；而虚拟现实中的"现实"具有不确定性，它可以是真实世界的反映，也可能是在真实世界中并不存在，完全是由技术手段"虚拟"出来的环境。虚拟现实中的"虚拟"是指由计算机技术生成的一个特殊环境。

2）"交互"是指人在这个特殊的虚拟环境中，通过多种专用设备（例如智能头盔、智能眼镜、智能手套、数字衣服等），将自己"融入"这个环境中，并且能够操作、控制事物或环境，实现人的某些特殊目的。

虚拟现实技术是一种可以创建与体验虚拟世界的计算机仿真系统，它利用计算机生成一个模拟环境，并将用户沉浸到这个环境中进行体验。虚拟现实技术就是利用现实生活中的数据，通过计算机技术产生相应的电子信号，并结合各种输出设备转化为人能感受到的现象，它们可以是现实中的真实物体，也可以是肉眼看不到的东西，并且都通过三维模型表现出来。由于这些现象不是人直接能看到的，而是计算机模拟出的现实世界，因此这项技术被称为虚拟现实。图4-9给出了虚拟现实应用的例子。

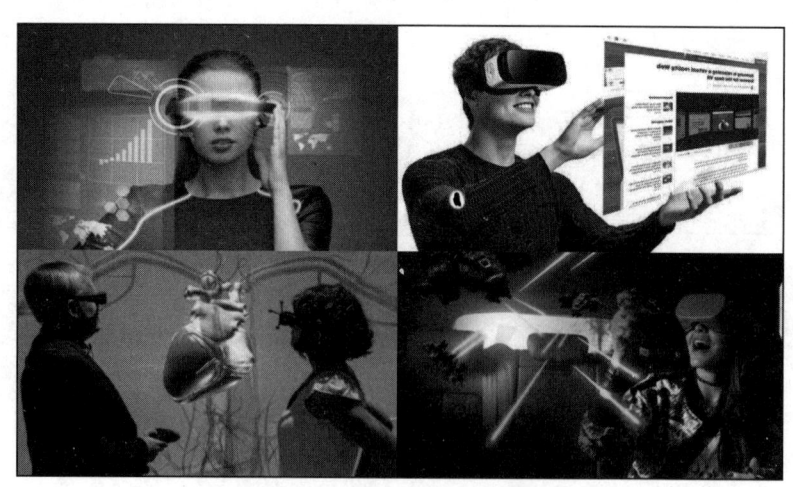

图4-9　虚拟现实应用的例子

实际上，虚拟现实技术研究可以追溯到20世纪60年代。到20世纪70年代，虚拟现实技术已经开始应用于宇航员的培训中。虚拟现实技术研究涉及数字图像处理、多媒体、计算机仿真、传感器、并行计算等技术，属于典型的交叉学科研究的范畴。

虚拟现实的主要特征表现在三个方面：

1）沉浸感。用户借助交互设备与自身的感知能力，对虚拟环境的真实程度产生认同感。除了计算机屏幕提供的视觉感知之外，用户还可以通过听觉、力觉、触觉、运动，甚至是味觉与嗅觉，实现对虚拟环境的感知。其中，视觉显示覆盖人眼的整个视场的立体图形；听觉可模拟自然声、碰撞声等立体声效果；触觉让用户体验"抓、握"等操作，并根据力反馈感受力的大小；运动使用户觉得周围环境发生了改变，自身正处于运动状态。理想的虚拟现实让用户感到虚拟环境中一切都很逼真，有一种"身临其境"的感觉。

2）交互性。利用专用的输入输出设备，用户能够通过语言、手势、姿态与动作，实时调整虚拟环境呈现的图像与声音，移动虚拟物体的位置，改变物体的颜色与形状，以及创建新的环境与物体。

3）想象力。为用户发挥想象力与创造性提供虚拟环境。在飞行训练系统中，飞行员像驾驶真的飞机那样做各种训练；在自行车骑行游戏中，用户戴上头盔，骑在一辆自行车上，做各种骑车的动作，通过头盔"看到"房屋、道路的后退，"听到"汽车从身边快速掠过的声音；利用虚拟现实技术，为自闭症儿童创造虚拟教育环境，激发儿童学习的兴趣，达到治疗的效果；利用虚拟现实技术，为电商网站创建虚拟试衣间，提升用户购买商品之前的体验效果。

因此，虚拟现实特征体现出设计者的目的是：扩大用户对外部环境的视野与感知能力，激发用户改变周边环境、事物的激情与创造力。

虚拟现实的研究目标是实现自然与真实的人机交互。根据沉浸程度、交互方式及体验范围的不同，虚拟现实系统可以分为三大类：桌面虚拟现实、沉浸式虚拟现实与分布式虚拟现实。其中，桌面虚拟现实是一种基于PC的小型虚拟现实系统，利用图形工作站与立体显示器生成虚拟环境，用户通过位置跟踪器、数据手套、力反馈器、三维鼠标及其他设备，实现对虚拟环境的操控与体验（如图4-10所示）。

图 4-10　桌面虚拟现实应用示意图

沉浸式虚拟现实系统为用户提供了完全沉浸的体验，使用户有一种置身于虚拟世界的感觉（如图4-11所示）。它利用头盔封闭用户的视觉、听觉，产生虚拟视觉；利用数据手套封闭用户的触觉，产生虚拟触觉。沉浸式虚拟现实系统利用语音识别器接收用户命令，利用头部、手部、视觉跟踪器感知用户姿态与动作，使系统与用户达到实时的协同。沉浸式虚拟现实系统又分为两类：头盔显示系统与投影式系统。

大量的实际应用需求正在推动分布式虚拟现实技术的发展。例如，在大规模军事训练中，需要陆军、空军、空降兵、联勤部队等多兵种协同作战。传统的实战训练耗资大、组织难、安全性差，无法针对作战态势变化开展多次演练。大规模军事训练产生了在异地有众多参与者，多个虚拟环境通过网络互联及共享虚拟环境的需求。在这样的背景下，出现了基于网络、异地多人参加、共享虚拟环境的分布式虚拟现实系统（如图 4-12 所示）。这种系统用于军事训练与演习时，不需要实际装备就使参演部队有身临其境之感，并且能够灵活调整战场环境，对参演部队进行不同作战预案的反复训练。

图 4-11　沉浸式虚拟现实应用示意图

图 4-12　分布式虚拟现实应用示意图

智能工业中的产品虚拟设计与制造、大型建筑物的协同设计、智能医疗中的远程手术指导与培训，以及智能家居、智能环保、远程教育与网络游戏，这些场景都会产生与大规模的军事训练相似的需求。因此，分布式虚拟现实已成为虚拟现实技术研究的热点。目前，虚拟现实应用主要集中在娱乐相关领域，其中娱乐收入占整个行业收入的 60%，硬件产品收入占整个行业收入的 30%。

5. 增强现实技术

增强现实（Augmented Reality，AR）属于虚拟现实技术研究的范畴，它是在虚拟现实的基础上发展起来的新兴技术。

增强现实是一种将虚拟信息与真实世界融合的技术，运用了多媒体、三维建模、实时跟踪与注册、智能交互、传感器等多种技术，将计算机生成的文字、图像、语音、视频、三维模型等虚拟信息模拟仿真后，应用到真实世界中，两种信息互为补充，从而实现对真实世界的"增强"。增强现实技术能够达到超越现实的感官体验，提升参与者对现实世界的感知效果。图 4-13 给出了增强现实与虚拟现实的关系。

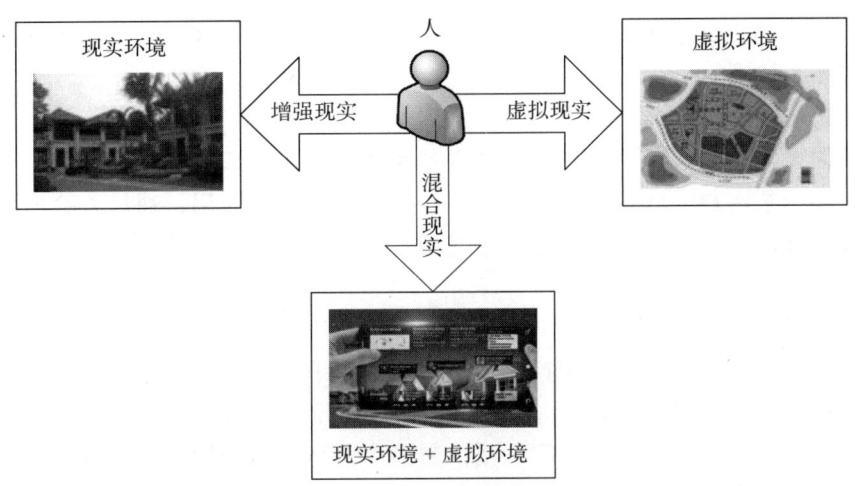

图 4-13 增强现实与虚拟现实的关系

人们最初见识到的增强现实效果来自科幻电影。1984 年的《终结者》与 1987 年的《机械战警》，这两部电影的主角都是智能仿人机器人，他们的视觉系统就在实景中叠加了很多文字与图形注解，表示其具有比人类更强的观察世界能力。1990 年，波音公司研究人员率先提出了"增强现实"术语。他们开发了一种头戴式显示器，工程师在组装复杂设备时佩戴上该头盔，就能"看到"叠加在电路板的增强现实图解，辅助组装这块电路板上的复杂电线，这样有助于提高效率与减少差错。20 世纪 90 年代，工业与军事领域的增强现实技术发展较快，但是昂贵、笨重的头盔使其远离民用领域。1994 年，第一个增强现实的舞台剧"Dancing in Cyberspace"问世，为增强现实技术应用另辟蹊径。

随着增强现实技术的日益成熟，已经广泛应用于各个行业。

（1）教育培训

增强现实以丰富的互动性为儿童教育产品注入活力。对于低龄儿童，单纯的文字描述过于抽象，文字结合动态立体影像有助于孩子理解。在学龄教育中，增强现实也发挥着越来越多的作用，例如一些危险的化学实验，深奥难懂的数学、物理原理，增强现实有助于学生掌握知识。

（2）医疗保健

近年来，增强现实被广泛应用于医学教育、病患分析及临床治疗中，微创手术借助增强现实来减轻病人的痛苦，降低手术成本及风险。在医疗教学中，增强现实使深奥难懂的医学理论变得形象、易懂。

（3）购物体验

增强现实可以帮助消费者在购物时直观地判断某个商品是否适合自己，以便做出更满意的选择。例如，用户可通过软件看到不同家具放置在家中的效果。基于人脸识别、跟踪与增强现实技术，可实现口红、眼影等彩妆产品试用，眼镜、美瞳等产品试戴，剪发之前的发型效果展示等。

（4）展示导览

增强现实被大量应用于博物馆的展品介绍，通过在展品上叠加虚拟文字、图片、视频等信息，为游客提供更生动的展示。增强现实还可以应用于古迹或文物的复原展示，在遗迹原址或破损文物上将虚拟的复原部分与残存部分结合，使参观者了解文物原来的模样，达到身临其境的效果。

（5）信息检索

当用户需要详细了解某个物品时，增强现实根据需求生成物品相关信息，并从不同的角度全面地展示给用户。增强现实还可以用于身份识别类的应用，通过人脸识别过程来验证用户的真实身份，通过增强现实附加应用所需信息（例如个人信用），以便有针对性地提供用户相关信息。

（6）工业设计

增强现实的高度互动性为工业产品设计带来了便利。增强现实主要采用虚拟交互（例如手势、动作识别等）的方式，在将虚拟的产品展示给设计者与用户之前，可以模仿装配情况或日常维护工作，在虚拟中学习，减少制造浪费与人力培训成本，有助于改进设计体制，从而提高工作效率。

图 4-14 给出了增强现实应用的例子。

图 4-14　增强现实应用的例子

增强现实是人机交互领域的一项重要技术，将虚拟内容无缝地融合到真实场景显示中，可以拓展人类对环境感知的深度，提高人类智慧处理外部世界的能力，在智能物联网中有广泛应用前景。

4.2.4　柔性显示与柔性电池技术

1. 柔性显示技术

柔性电子的概念包括柔性显示、柔性传感与柔性电池，起步于 20 世纪 80 年代，人们试图用有机半导体替代硅等无机半导体，从而使电子器件具有柔性的特点。

柔性显示是指使用柔性基板制成的超薄、超轻、可弯曲产品的显示技术。当前所说的柔性显示主要是柔性 AMOLED 技术。这项技术颠覆了原有刚性显示形态，它是以柔性基板代替传统的刚性玻璃基板，并采用可主动发光的有机材料及柔性封装技术，可以实现任意形状的显示产品形态。柔性显示经历了从曲面到折叠，再到可卷曲、可拉伸的发展过程。基于柔性显示技术，手机可以戴在手腕上，平板计算机可以折成小本放进口袋，电视机可以像画轴一样自由舒卷。

柔性折叠手机极大地改变了智能手机的外观形态,在增大屏幕尺寸的同时保证了便携性。各大手机生产商都陆续推出折叠机型。车载显示屏呈现出大屏化、多屏化的发展趋势,为了兼顾舒适性与安全性,汽车内部多采用弧形与曲面的设计,柔性显示屏成为智慧座舱不可缺少的部分。卷曲电视、柔性电子书、可视化音箱等柔性产品激活了智能家居的人机交互活力,也丰富了智能家居在实际应用中的想象空间。图 4-15 给出了柔性显示应用的例子。

图 4-15 柔性显示应用的例子

与传统的显示屏相比,柔性显示屏的优势非常明显,不仅在体积上更轻薄,而且在能耗上也更低,更有利于提升移动设备的续航能力。柔性材料具有可弯曲、柔韧性好的特点,其耐用程度也高于传统的显示屏,有助于降低设备意外损坏的概率。柔性显示技术将广泛应用于物联网智能设备。

2. 柔性电池技术

传统电池的刚性设计限制了电子产品的形状与灵活性,而柔性电池的出现将会彻底改变这个现状。柔性电池采用了一系列可伸缩、易恢复的轻质材料,例如可弯曲的聚合物与金属箔,使电池能够在不损失性能的情况下弯曲与变形。这项技术意味着电子产品可以更轻薄、更便携,并且具备更好的灵活性。柔性电池技术在柔性显示屏、智能手表、医用可穿戴设备、生物医学传感器等领域有广阔的应用前景。2023 年,柔性电池被"世界经济论坛"评选为第一大新兴技术。

目前,柔性电池产品主要分为柔性锂电池、柔性太阳能电池、纸介质电池等。图 4-16 给出了柔性电池应用的例子。柔性显示屏是受益于柔性电池技术的领域。目前,折叠手机与可弯曲电子书已经问世,而柔性电池将进一步推动可折叠、可卷曲显示屏的发展。这将为消费者带来全新的移动体验,他们能够拥有更大的屏幕空间,同时仍然能够将设备轻松放入口袋。在智能手表领域中,柔性电池的轻薄特性为设计师提供更大的自由度。这意味着智能手表可以更加轻便、舒适,同时具备更长的电池续航时间。

柔性电池在医疗可穿戴设备方面具有巨大的潜力。传统的医疗设备通常笨重且不便携带,这限制了患者的活动范围与舒适度。但是,柔性电池使医疗设备更轻便、灵活,可以适应患者的身体曲线与活动需求。例如,可穿戴的健康监测设备贴合人体肌肤,实时监测生理指标,并将数据传给移动设备进行记录与分析。另外,柔性电池可以应用于生物医学传感器领域。生物医学传感器能够监测人体生理变化,对疾病的早期检测与治疗有重要意义。柔性电池的柔软特性使其与人体组织更适配,从而提供更准确、可靠的生理数据。

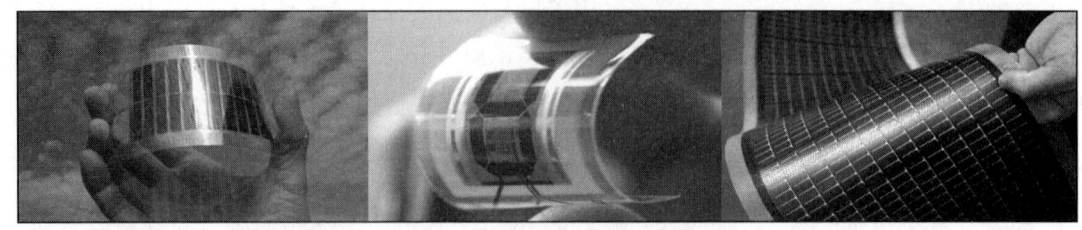

图 4-16　柔性电池应用的例子

物联网应用将推动柔性显示屏、柔性电池等技术的发展,而这些新技术的成熟与应用会进一步拓展物联网智能设备的应用领域。

4.2.5　我国发展智能设备的政策环境

我国政府高度重视智能设备产业的发展。2016 年,我国工业和信息化部等多部门联合发布了《智能硬件产业创新发展专项行动(2016—2018 年)》,明确智能硬件产业的涵盖范围与五大研发方向。这五个方向都与物联网产业密切联系。

1. 智能穿戴设备

支持企业面向消费者运动、娱乐、社交等需求,加快智能手表、智能手环、智能服饰、虚拟现实等可穿戴设备的研发与产业化,提升产品功能、性能及工业设计水平,推动产品向工艺精良、功能丰富、数据准确、性能可靠、操作便利、节能环保的方向发展。加强跨平台应用开发及配套支撑,加强不同产品间的数据交换与交互控制,提升大数据采集、分析、处理与服务能力。

2. 智能车载设备

支持企业加强跨界合作,面向司乘人员的交通出行需求,发展智能车载雷达、智能后视镜、智能记录仪、智能车载导航等设备,提升产品安全性、便捷性与实用性。推进智能操作系统、北斗导航、宽带移动通信、大数据等新一代信息技术在车载设备中的集成应用,丰富行车服务、车辆健康管理、紧急救助等车辆联网信息服务。发展芯片、元器件及整机设备的检测认证能力,完善配套供应体系。

3. 智能医疗健康设备

面向百姓对健康监护、远程诊疗、居家养老等方面需求,发展智能家庭诊疗设备、智能健康监护设备、智能分析诊断设备的开发及应用。鼓励设备生产商与医疗机构对接,提升产品质量性能及数据可信度,加强不同设备及系统间接口、协议与数据的互联互通,推动智能设备、数字化医疗器械及医疗健康服务平台的数据集成。

4. 智能服务机器人

面向家庭、教育、商业、公共服务等应用场景,发展推进多模态人机交互、环境理解、自主导航、智能决策等技术开发,发展开放式智能服务机器人软硬件平台及解决方案,完善智能服务机器人编程与操作的图形用户接口等通信控制、安全、设计平台等标准,提升服务机器人智能化水平，拓展产品应用市场。

5. 工业级智能设备

面向工业生产需求，发展高可靠的智能工业传感器、智能工业网关、智能 PLC、工业级可穿戴设备与无人系统等智能硬件产品及服务。支持新型工业通信、工业安全防护、远程维护、工业云计算与服务等技术架构和设备产业化，提升工业级智能化系统开发、优化、综合仿真与测试验证能力。

4.3 可穿戴计算设备在智能物联网中的应用

4.3.1 可穿戴计算的基本概念

可穿戴计算（wearable computing）技术研究开始于 20 世纪 60 年代，它是一种将计算机"穿戴"在人体上，以实现各种应用及提供相关服务的新型计算模式，也是环境智能领域的主要研究课题之一。美国的马克·维泽（Mark Weiser）对环境智能的描述是：这是一个由传感器、控制器、显示器与计算机元素组成的物理世界，这些元素无缝嵌入我们生活中的物体，通过不间断的网络互联在一起。环境智能为人们提供了一个有趣的数字世界，不停运转的智能设备使生活变得更舒适与便利。由此可见，可穿戴计算与普适计算之间有着密切的联系。

可穿戴计算系统具有以下三个特征：属于用户的个人空间、由穿戴者来控制、具有操作与互动的持续性。正如人类将计算机作为外部设备使用一样，在一个可穿戴计算系统中，计算机将人类的头脑与身体变成它的外部设备。如果一台计算机是"可穿戴的"，那么它将在人类的日常生活中随时提供服务，并且像人的穿戴那样尽可能不引人注意。

术语"可穿戴计算"侧重于描述它的技术特征，"可穿戴计算设备"侧重于描述它"人机合一"的应用特征。可穿戴计算是实现人机之间智能交互的重要手段，它必然会影响未来的物联网智能设备的设计、制造与应用。对于很多需要将用户双手解放出来的应用场景，例如战场上作战的士兵、装配流水线上的工人、高压输电线上高空作业的维修员、高速公路上驾驶货车的司机、运动场上训练的运动员、抱着婴儿的妇女，可穿戴计算设备可以持续提供更便捷、灵活的计算服务。

可穿戴计算设备可用于以下几个应用场景：
- 工业应用：在大型复杂设备的安装与检测过程中，佩戴者通过可穿戴计算设备可以随时对安装或检修过程进行拍摄，提供远程监视、指导与备案，以保证安装或检修的正确操作。
- 军事用途：在战场环境的态势感知与情报收集中，每个佩戴可穿戴计算设备的士兵都是一个移动感知节点，并且能够与其他作战单元构成网络，提供战场信息的获取、传输、分析处理等。
- 新闻采访：佩戴可穿戴计算设备的记者可以轻松做到"所见即所拍"，及时捕捉到一些珍贵或特殊的镜头。由于其拍摄与通信过程的隐蔽性，采访过程不易引起被采访者的注意或紧张。
- 医疗保健：可穿戴计算设备配上各种微型生物传感器，就可以构成一个实时的可穿戴医疗监测系统，监测患者的心率、血压、呼吸等生理参数，并及时通知佩戴专用可穿戴设备的医护人员。
- 残疾人辅助：利用可穿戴计算设备的虚拟现实等功能，可以帮助视觉、听觉、记忆等功能受损者，有针对性地为残疾人提供远程辅助。

理解可穿戴计算设备与物联网之间的关系，我们需要注意以下几个问题：

1）可穿戴计算产业自2008年以来发展迅猛，尤其是2013～2015年经历了一个爆发期，消费市场的需求不断显现，产品以运动、户外、影音、游戏为主。随着物联网应用的深入，当前可穿戴计算应用正在向智能医疗、智能交通、智能工业、智能电网等行业领域延伸。

2）可穿戴计算技术融合了计算、通信、电子、智能等技术，人们通过可穿戴计算设备（例如智能手表、智能头盔、智能服饰等），接入互联网甚至是物联网，实现了人与人、人与物、物与物之间的信息交互。这也体现出可穿戴计算设备"以人为本"与"人机合一"，为佩戴者提供"专属化""个性化"服务的特征。

3）可穿戴计算设备以"云-端"模式运行，可穿戴计算与大数据技术的融合，将对可穿戴计算设备研发与物联网应用带来巨大的影响。

4.3.2 可穿戴计算设备的类型

根据设备在人体穿戴的部位不同，可穿戴计算设备可以分为四类：头戴式、身穿式、手戴式与脚穿式（如图4-17所示）。

1. 头戴式设备

头戴式设备是指佩戴在用户头部的可穿戴计算设备。头戴式设备提供的服务主要包括：周边环境感知、定位与导航、多媒体娱乐、3D游戏等。头戴式设备可以分为两类：眼镜类设备与头盔类设备。

（1）智能眼镜

眼镜类的可穿戴计算设备通常简称为智能眼镜。作为最早出现及应用的一类可穿戴计算设备，智能眼镜通常采用专门的嵌入式操作系统，用户可以通过语音、眼动、触控等方式来操控眼镜，实现拍照、摄像、导航、通话、接入互联网等功能。根据实际应用场景方面的

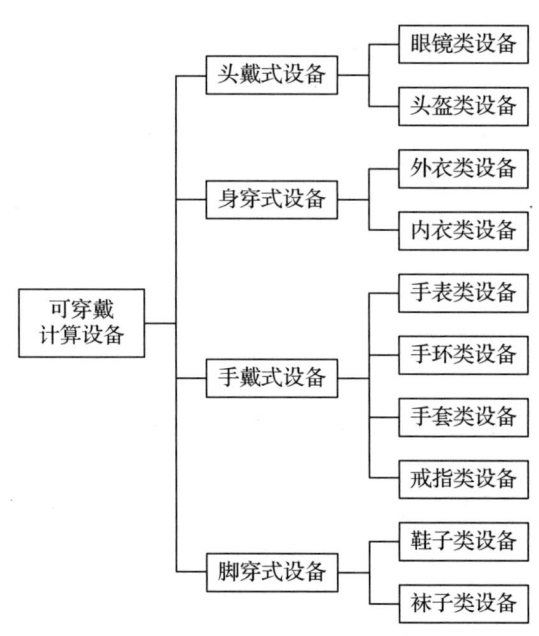

图4-17 可穿戴计算设备的类型

不同，智能眼镜可以分为多种类型：工程类、医疗类、执法类、新闻类、运动类、娱乐类等（如图4-18所示）。

- 工程类：工程师通过智能眼镜拍摄工程现场情况，例如正在安装的大型机械设备、正在检修的高压输电线路等，并将照片或视频传送给远程监控中心，提供远程监视、指导、备案等功能。
- 医疗类：外科医生通过智能眼镜拍摄手术现场情况，例如手术部位的细节图片、手术过程的处置操作等，并将照片或视频传送给远程会诊专家，提供远程指导、教

学、备案等功能。
- 执法类：执法人员通过智能眼镜拍摄案发现场情况，例如交通事故处置、火灾现场处置、可疑人员排查、城管行政执法等，并将照片或视频传送给远程监控中心，提供远程监视、指导、备案等功能。
- 新闻类：新闻工作者通过智能眼镜拍摄新闻现场情况，例如体育赛事现场播报、突发事件现场采访、特殊场景暗访等，并将照片或视频传送给远程新闻中心，提供新闻素材的采集、传输、处理等功能。
- 运动类：运动者通过智能眼镜拍摄运动现场情况，例如运动爱好者的智能眼镜、游泳运动者的智能泳镜、滑雪运动者的智能雪镜等，并将照片或视频及生理参数传送给教练员，供教练员或运动者自己分析运动状态。
- 娱乐类：佩戴者通过智能眼镜拍摄自己周边的环境，通过虚拟现实、增强现实、混合现实等手段生成娱乐场景，例如大型3D游戏画面、卡拉OK环境、演唱会实景增强等，为使用者提供身临其境的体验效果。

图 4-18　智能眼镜应用的例子

（2）智能头盔

头盔类的可穿戴计算设备通常简称为智能头盔。作为比较常见的一类可穿戴计算设备，智能头盔通常采用专门的嵌入式操作系统，除了保护佩戴者头部安全的普通头盔功能，用户还可以通过语音、眼动、触控等方式来操控头盔附带的摄像头，实现拍照、摄像、导航、通话、接入互联网等功能。由于智能头盔的体型比智能眼镜大得多，因此智能头盔通常配置有更多类型的传感器，例如GPS终端、磁传感器、陀螺仪、重力传感器等，为用户提供位置感知、路径规划等功能。

根据实际应用场景方面的不同，智能头盔可以分为多种类型：工程类、执法类、军事类、运动类、娱乐类、脑电类等（如图4-19所示）。
- 工程类：工程师通过智能头盔上的摄像头拍摄工程现场情况，例如矿山作业、油田作业、隧道施工、电力检修、化工企业等，并将照片或视频传送给远程监控中心，提供远程监视、指导、备案等功能。
- 执法类：执法人员通过智能头盔上的摄像头拍摄案发现场情况，例如交通执法、消防处置、海关稽查、安全保卫、应急指挥等，并将照片或视频传送给远程监控中心，提供远程监视、指导、备案等功能。
- 军事类：作战人员通过智能头盔上的摄像头拍摄战场情况，例如战场地形环境、人员与设备部署、军事物流等，并将照片或视频传送给远程指挥中心，提供战场侦察、人员定位、应急联络等功能。
- 运动类：运动者通过智能头盔上的摄像头拍摄运动现场情况，例如赛车、摩托车、自行车、滑雪等运动专用的智能头盔，并将照片或视频及生理参数传送给教练员，供教练员或运动者自己分析运动状态。
- 娱乐类：通过智能头盔上的摄像头拍摄佩戴者的周边环境，通过虚拟现实、增强现实、混合现实等手段生成娱乐场景，例如大型3D游戏、体育赛事、娱乐直播等，为佩戴者提供身临其境的体验效果。
- 脑电类：通过智能头盔上的脑电传感器获取脑电波数据，通过分析脑电波数据来判断使用者的精神状态或睡眠质量，改善经常倒时差的商旅人群、普通的失眠人群及抑郁症患者的睡眠质量。

图 4-19 智能头盔应用的例子

2. 身穿式设备

身穿式设备是指穿在用户身体上的可穿戴计算设备。身穿式设备提供的服务主要包括：生理信息感知、周边环境感知、安全防护等。身穿式设备可以分为两类：外衣类设备与内衣类设备。

（1）智能外衣

外衣类的可穿戴计算设备通常简称为智能外衣。用于医疗保健的智能衬衫研发已经有多年的历史了。智能外衣主要用于特殊人群监护、运动监护、工作防护等应用场景。研究者将各种传感器内嵌在外衣、衬衫、裤子及工作服中，随时测量人的体温、血压、心率、呼吸等参数。例如，Athos智能运动服的上衣内置16个传感器，其中12个用于检测肌电运动，2个用于监测运动员心率，2个用于监测呼吸状态，这些传感器数据通过蓝牙传送到智能手机，用户可通过手机App设定运动目标，随时监控运动过程的身体状态。这样，智能外衣为运动员、健身爱好者等提供了运动监护功能。

智能防弹衣是为军事人员设计的智能外衣，它具有两个主要功能：防弹衣材质是一种可在液态与固态之间转换的特殊材料，平时穿着感觉柔软、轻便，当传感器感受外部巨大压力时就会自动变硬，提供防护功能；如果防弹衣的穿着者中弹，防弹衣会自动向附近的医护人员发出告警，提供受伤者的位置、中弹部位等。智能恒温外衣是为特殊环境设计的智能外衣，例如处于高温、低温环境下的工作人员，根据衣服中嵌入的传感器检测人体温度，通过衣服内部的空气流通调节人体温度。智能外衣还能提供青少年坐立、站立、行走等姿态提示。图 4-20 给出了智能外衣应用的例子。

图 4-20　智能外衣应用的例子

（2）智能内衣

内衣类的可穿戴计算设备通常简称为智能内衣。用于医疗保健的智能内衣研发已经有多年的历史了。智能内衣主要用于特殊人群监护、运动监护等应用场景。研究者将各种传感器嵌入内衣、婴儿服、孕妇服、运动背心等贴身衣物中，贴身测量人的体温、血压、心率、呼吸等生理参数。例如，智能婴儿服中嵌入了多种传感器，除了体温、心率、呼吸等常规参数，还能够通过智能尿布分析婴儿尿液，全面了解婴儿的健康状况，并将相关信息发送到监护者的手机。科学家还发明了一种像人皮肤的"表皮电子"，它可以贴在孕妇的肚子上，随时监测婴儿的胎心音及其他参数。上述思路也可以扩展到老年人、特殊群体的健康监护。图 4-21 给出了智能内衣应用的例子。

图 4-21　智能内衣应用的例子

3. 手戴式设备

手戴式设备是指穿戴在用户手臂上的可穿戴计算设备。手戴式设备提供的服务主要包括：个人信息助理、生理信息感知、周边环境感知等。手戴式设备可以分为四类：手表类设备、手环类设备、手套类设备与戒指类设备。

（1）智能手表

手表类的可穿戴计算设备通常简称为智能手表。作为常见的一类可穿戴计算设备，智能手表主要担任用户的个人信息助理。智能手表通过蓝牙与智能手机建立关联，如果智能手机接收到新的电话呼叫、短信息、电子邮件等，则与它关联的智能手表就会提醒用户，用户可以通过手表回拨电话，或者在手表屏幕上阅读短信息与邮件。除了上述功能之外，智能手表还提供定位、天气查询、日程提示、电子钱包，以及控制手机的拍照、摄像、播放音乐等功能。有些智能手表中嵌入了更多的传感器，以记录佩戴者的运动与身体状况，兼顾运动助理与健康助理的功能。图4-22给出了智能手表应用的例子。

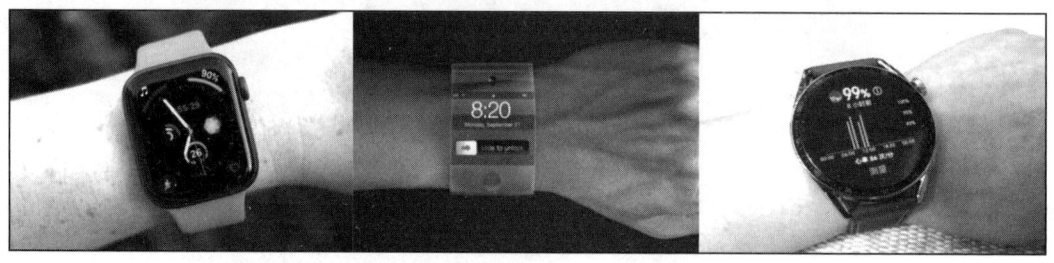

图 4-22　智能手表应用的例子

（2）智能手环

手环类的可穿戴计算设备通常简称为智能手环。智能手环的主要功能与智能手表类似，但是智能手环主要承担运动助手与健康助手的功能，有些设备可能兼顾个人信息助理的功能。智能手环通常配置 GPS 终端、磁传感器、陀螺仪与重力传感器，提供位置感知、路径规划及运动助手功能（包括运动轨迹跟踪、步数统计、运动消耗计算等）。智能手环还配置各种生理传感器，监测佩戴者的心率、血压等生理参数，在医疗保健场景中承担健康助手功能。图4-23给出了智能手环应用的例子。

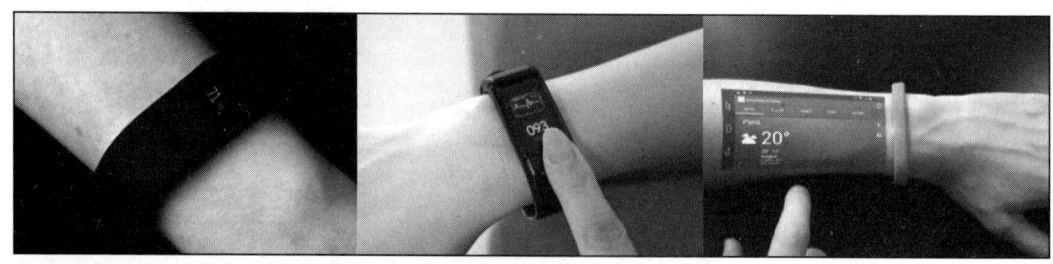

图 4-23　智能手环应用的例子

（3）智能手套

手套类的可穿戴计算设备通常简称为智能手套。早期的智能手套主要是为残疾人提供服务的，例如利用声传感器与触觉方式帮助盲人回避障碍。目前，智能手套已开始被用于更多的应用领域，包括控制助手、运动助手、智能医疗等。在控制助手领域中，有的智能手套支持通过不同手指实现相应控制的功能，例如大拇指控制手机通话、食指控制拍照、无名指控制其他电子设备；有的智能手套上安装有条码扫描器，便于读取物品上的条码或二维码；有的智能手套上安装有 RFID 读写器，能够实现物品的自动识别功能；有的智能手套上安装有化学传感器,能够检测液体的酸碱度等信息。

在运动助手领域中,智能手套监测佩戴者打高尔夫球的挥杆数据,分析打球者的发力、击球位置、姿势规范等情况,以辅助打球者提升自己的球技;智能手套监测佩戴者骑行自行车的过程数据,在转弯或变道时向附近车辆发出提示,以保护骑行者在道路上的安全。在智能医疗领域中,智能手套通过指套将电信号传送到皮肤上,并转换成佩戴者能够感受到的不同触感,外科医生佩戴上这种智能手套之后,手指将会变得非常灵敏,能够感受触摸的人体组织的不同细节,以辅助医生准确地完成手术。另外,智能手套还能够与智能拐杖密切配合,为盲人、老人等特定群体提供辅助服务,包括位置感知、迷路导航、紧急求助等。图4-24给出了智能手套应用的例子。

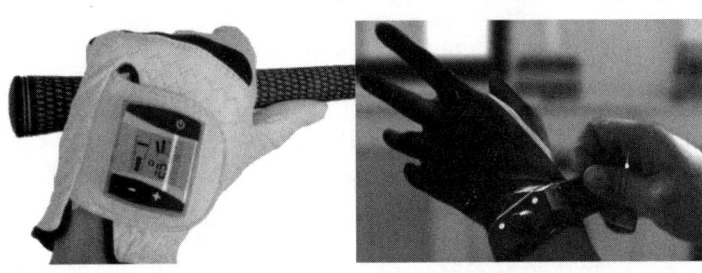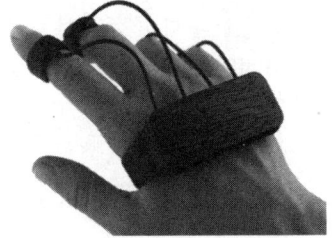

图4-24 智能手套应用的例子

(4)智能戒指

戒指类的可穿戴计算设备通常简称为智能戒指。智能戒指主要承担控制助手、健康助手的功能。智能戒指可以由佩戴者自己定义控制手势,以便实现对其他智能设备的控制。有的智能戒指支持动作与手势识别功能,佩戴者可以在任意物体表面手写短信,智能戒指将其转发到关联的手机并发送。有的智能戒指上安装有盲文扫描仪,能够辅助盲人实现盲文书籍的阅读。有的智能戒指上安装有生理传感器,能够监测佩戴者的脉搏、心率等生理参数,并及时通知佩戴者关注自己的身体健康。

4. 脚穿式设备

脚穿式设备是指穿在用户脚上的可穿戴计算设备。脚穿式设备提供的服务主要包括:生理信息感知、周边环境感知、个人信息助理等。脚穿式设备可以分为两类:鞋子类设备、袜子类设备。

(1)智能鞋

鞋子类的可穿戴计算设备通常简称为智能鞋。早期的智能鞋主要是为残疾人提供服务的,例如利用声传感器与触觉方式帮助盲人回避障碍。目前,智能鞋已开始被用于更多的应用领域,包括运动助手、定位导航、智能医疗等。从Nike公司发布第一代Nike+跑步鞋后,学术界与产业界陆续研发了多种智能运动鞋。有的智能鞋配置GPS终端,能够提供位置感知、路径规划等功能;有的智能鞋配置磁传感器、陀螺仪、重力传感器等,主要承担运动助手的功能,包括运动轨迹跟踪、步数统计、运动消耗计算等;有的智能鞋配置各种生理传感器,监测穿鞋者的体温、心率、血压等生理参数,在医疗保健场景中承担健康助手的功能。图4-25给出了智能鞋应用的例子。

(2)智能袜子

袜子类的可穿戴计算设备通常简称为智能袜子。用于医疗保健的智能袜子研发已经有多年的历史了。智能袜子主要用于特殊人群监护、运动监护等应用场景。研究者将各种传感器嵌入袜子这类贴身衣物中，贴身测量人的体温、心率、血压等生理参数。另外，在智能袜子中还可以嵌入 RFID 芯片，以便实现袜子的准确配对。

图 4-25　智能鞋应用的例子

通过上述对可穿戴计算设备的讨论，我们可以得出以下 3 点结论：

1）可穿戴计算设备特殊的"携带""交互"方式，催生了"蓝领计算"模式。可穿戴计算模式强调用户在"工作空间"、在"特定时间的关键工作"，以及在"生活空间"活动时，能够获得"信息空间"的自然、有效与多人协作的支持。这是一种适合物联网应用的现场作业与信息处理模式。

2）可穿戴计算设备的技术短板已经开始被突破。芯片厂商为可穿戴计算设备推出微型与低能耗的芯片；柔性显示与柔性电池技术开始商用；虚拟现实、增强现实等智能人机交互技术发展迅速；"云 – 端"模式与大数据技术的支持，使可穿戴计算设备在体积、计算能力、功能与续航能力上大幅提升。

3）可穿戴计算设备已广泛应用于智能工业、智能医疗、智能家居、航空航天、体育、娱乐、教育、军事等领域，渗透到社会生活的各个方面。可穿戴计算模式将会有力推动移动互联网与物联网的发展。

4.4　智能机器人在智能物联网中的应用

4.4.1　机器人的基本概念

机器人学（robotics）是一个涉及计算机、通信、控制、传感器、精密机械、人工智能等技术的交叉学科。机器人学研究有效推动了人工智能技术发展。

有关机器人的传说或设想可追溯到很久以前。最早的机器人可能是隋炀帝命工匠按柳抃的形象制作的木偶，其中设有机关，具有坐、起、拜、伏的能力。1920 年，捷克作家卡雷尔·恰佩克（Karel Čapek）发表了一部科幻剧本《罗萨姆的万能机器人》。在剧本中，恰佩克将捷克语"Robota"拼写成"Robot"，而"Robota"是奴隶的意思。该剧本描述了机器人发展对人类社会的悲剧性影响，涉及机器人的安全、感知与自我繁殖，其中内容引起了当时人们的广泛关注。此后，"Robot"就成为"机器人"的代名词。

从机器人技术发展的角度来看，真正意义上的机器人是在 20 世纪 40 年代后期出现的。20 世纪 60 年代，机器人开始被应用于工业环境中，出现了完全由计算机控制的机器人；20 世纪 70 年代，出现了具有视觉、触觉与肢体控制系统的机器人，以及太空机器人；20 世纪 80 年代，机器人玩具开始进入主流消费市场；20 世纪 90 年代，出现外科手术机器人、火星漫游机器人与机器人宠物；21 世纪初，出现了人形机器人与四腿负重的军用机器狗；21世纪10年代，出现了能够自主开门的机器狗，能够在障碍物上奔跑与跳跃的复杂拟人机器人，以及能够流利地聊天的机器人。

机器人至今并没有形成一个公认的权威定义。中国机器人协会给出的定义是：机器人是一种具有高度灵活性的自动化机器，具备一些与人或生物相似的智能化能力，例如感知、规划、动作与协同能力。

1954年，第一个工业机器人Unimate出现，它是一个机械臂，能够运输压铸件并完成焊接。1961年，Unimate加入通用汽车公司新泽西工厂，在装配线上与热压铸机合作。1966年，第一个可移动与感知的机器人Shakey出现了。1969年，维克多·舍曼发明了称为斯坦福臂的机械臂，这是第一个完全由计算机控制的机器人。1970年，早稻田大学开发了第一个拟人机器人Wabot-1。1973年，库卡公司发布了Famulus，它是第一个具有六个机电驱动轴的工业机器人。1976年，东京理工学院发布了软钳机器人Shigeo-Hirose，它能够顺应需要抓握物体的形状，其设计思想来源于自然界的柔性结构。

从20世纪80年代开始，机器人正式进入主流消费市场，尽管大部分仍是简单的玩具。其中，最受欢迎的机器人是OmniBot2000，它配有一个托盘，用于提供饮料与零食，并支持远程控制；另一个受追捧的机器人是R.O.B，它是任天堂娱乐系统的机器人播放器。1989年，MIT开发了六足机器人Genghis，主要特征是体积小、成本低。1992年，带有CyberKnife的机器人进入手术室，通过外科手术治疗肿瘤。1996年，Sojourner成为第一个被送到火星的漫游者。1997年，IBM开发的"深蓝"计算机经过六场比赛，首次击败了一位人类国际象棋冠军。2000年，MIT开发了识别与模拟情绪的机器人Kismet。

进入21世纪以来，人工智能技术广泛应用于机器人。2000年，本田公司发布了ASIMO，它是一个人工智能的仿人机器人。2005年，波士顿动力公司推出了一款四足机器人，通常称为"大狗"（Big Dog）。2017年，美国Mayfield Robotics公司推出了一款外观简洁、模样呆萌的家用机器人Kuri，它是语音控制的智能机器人助手。2018年，OpenAI研究人员使用强化模型系统，让机器人Dactyl学习精确抓住与操控物体。2019年，MIT推出了一款小型四足机器人Cheetah，它的奔跑、弹跳、平衡能力很出色。

回顾机器人技术发展的历史，可以清楚地看到：机器人系统从20世纪40年代后期出现，至今已经有70多年的发展历程。机器人系统大致经历了四个发展阶段。

第一代机器人出现于20世纪40年代后期，属于固定操作型机器人。这类机器人的技术特征是位置固定、非程序控制、无传感器，仅能够按照预先设定的顺序重复执行操作。

第二代机器人出现于20世纪70年代后期，属于感知操作型机器人。这类机器人的技术特征是支持移动、由程序控制、有传感器，根据感知结果在一定程度上控制机器人操作。

第三代机器人出现于20世纪90年代后期，属于智能操作型机器人。这类机器人安装有多种传感器，支持复杂的逻辑推理、判断及决策，在变化的内部状态与外部环境中，自主决定机器人的行为。

第四代机器人近年来开始投入研究，属于完全智能型机器人。这类机器人的技术特征是自主智能、自动组装与自我复制，并致力于从机器人网向"云机器人"的方向演进。

随着人们对机器人技术的智能化本质认识加深，机器人技术开始不断向人类活动的各个领域渗透。结合这些应用领域的特点，人们研究了各种具有感知、决策、行动与交互能力的机器人。机器人技术正在向智能机器人的方向发展。智能机器人既能够接受人类指挥，又能够运行预先编排的程序，还能够根据人工智能技术制定的原则运行。智能机器人的任务是协助或取代人类的工作，它是机械电子、计算机、材料与仿生学的产物，并在工业、农业、服务业、医疗、军事等领域中有重要用途。

4.4.2 智能机器人的类型

经过几十年的技术发展与应用推广，机器人已广泛应用于人类生活的各个领域。从不同的角度出发，机器人可以有不同的分类方法。从控制方式的角度来看，机器人可以分为八类：操作型、程控型、示教再现型、数控型、感觉控制型、适应控制型、学习控制型与智能型。从使用环境的角度来看，机器人可以分为三大类：工业机器人、服务机器人与特种机器人。但是，从机器人专家的角度，机器人仅需要划分为两类：工业机器人与其他机器人。目前，常见的是按照应用领域对机器人进行细分（如图4-26所示）。

按照应用领域上的不同，机器人可以分为两大类：民用机器人与军用机器人。其中，民用机器人是指专用于民用领域的机器人系统，它可以进一步细分为：工业机器人、农业机器人、医用机器人、服务机器人、仿人机器人、微型机器人、微操作机器人、特种机器人等。这里，特种机器人涉及不同的专业应用领域，主要包括水下机器人、太空机器人、灭火机器人、救援机器人、探测机器人等。

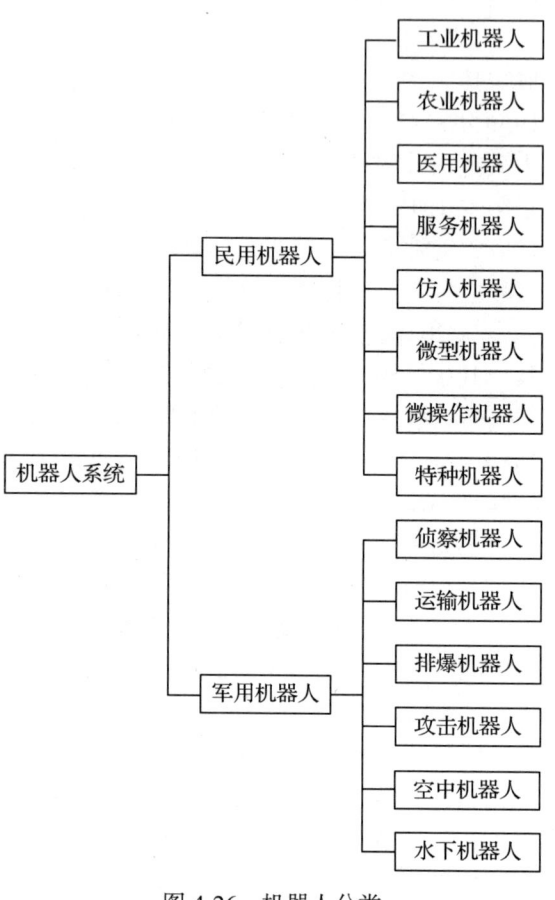

图4-26 机器人分类

军用机器人是指专用于军用领域的机器人系统。军用机器人的使用范围非常广泛，能够完成物资运输、搜寻探测、情报收集、实战进攻等任务。按照应用目标的不同，军用机器人可以进一步细分为：侦察机器人、运输机器人、救援机器人、排爆机器人、攻击机器人等。按照工作环境的不同，军用机器人可以进一步细分为：地面机器人、水面机器人、水下机器人、空中机器人、太空机器人、微型机器人等。

1. 民用机器人

（1）工业机器人

工业机器人是面向工业领域的专用机器人系统，主要包括多关节机械手与多自由度机器人。工业机器人是能够模仿人类的某些功能（主要是动作），具有独立的控制系统，支持通过编程改变工作程序的自动操作装置。在工业生产中，工业机器人能够代替人类完成某些单调、频繁、重复的长时间作业，或者是在危险、恶劣环境下的作业，例如冲压、铸造、热处理、焊接、喷漆、塑料制品成形、机械加工、简单装配等工序，以及在原子能、化工等部门中，完成对人体有害物料的搬运或工艺操作。

工业机器人最初应用于汽车与摩托车制造业，完成焊接、喷漆、上下料与搬运等工序，后来逐步扩展到船舶、飞机、钢铁、化工、家电制造业等领域，完成电焊、弧焊、喷漆、切割、装配等工序，以及产品的包装、搬运、码垛等操作。图 4-27 给出了工业机器人应用的例子。工业机器人的优点是能够通过编程方式，方便地改变工作程序与工作内容，例如改变焊接位置或轨迹、变更装配部件或位置，以便及时响应生产需求的灵活变化。随着工业生产线的柔性化要求越来越高，对各类工业机器人的需求量也越来越大。目前，世界各国的制造业已开始大量使用工业机器人。

图 4-27　工业机器人应用的例子

（2）农业机器人

农业机器人是面向农业领域的专用机器人系统。在农业劳动力减少、人口老龄化等因素的影响下，谁来种地与怎么种好地，已成为乡村振兴中急需破解的问题。从病虫害探测、土壤墒情监测的智能系统，到耕地、种植、管理、收获等用途的智能机器人，越来越多智能技术与智能设备开始出现在农业场景中。即使在农业领域，利用智能机器来代替人类劳动也将是大势所趋。

农业机器人的发展可追溯到 20 世纪 60 年代，当时研发的农用自动驾驶机械是最早的农业机器人。近年来，新型的多功能农业机械已获得广泛的应用，智能机器人的身影也开始频繁出现在农业场景中。目前，世界各国研发了多种农业机器人，它们的应用场景主要包括：土壤探测、农田施肥、喷洒农药、庄稼收割、果实采摘、花草修剪、智能畜牧等。图 4-28 给出了农业机器人应用的例子。目前，无人驾驶拖拉机、喷灌无人机、水果采摘机器人等产品已进入实用阶段。

（3）医用机器人

医用机器人是面向医疗领域的专用机器人系统。世界各国都非常关注医用机器人的研究。2000 年，世界上第一个手术机器人"达芬奇"诞生。该机器人系统由三部分组成：按人体工程学设计的医生控制台，4 臂床旁机械臂系统，以及高清晰三维视频成像系统。与传统手术相比，手术机器人有三个明显的优势：突破人眼的局限，将手术视野放大 20 倍；

突破人手的局限，可以 7 个维度操作，还能够防止抖动；不需要开腹，创口仅 1 厘米，出血少、恢复快，有效提高了术后存活率与康复率。

图 4-28　农业机器人应用的例子

除了手术机器人之外，机器人在医疗领域还有很多应用场景，例如智能配送、搬运病人、临床护理、医用教学、辅助康复等。智能配送机器人主要承担院内送药及单据、送餐进隔离区，以及回收被服与医疗垃圾等工作。搬运病人机器人帮助家属移动或运送瘫痪、行动不便的病人。临床护理机器人用于分担护理人员繁重琐碎的护理工作。医用教学机器人是理想的教具，可以模拟即将生产的孕妇、牙齿疼痛的患者等，增强医护人员的手术配合与临场反应。辅助康复机器人是用于残疾人或术后恢复的机器人，帮助残疾人或术后患者恢复生活能力。另外，各种可植入人体内的生物传感器，它们也可以归属于医用机器人范畴。图 4-29 给出了医用机器人应用的例子。

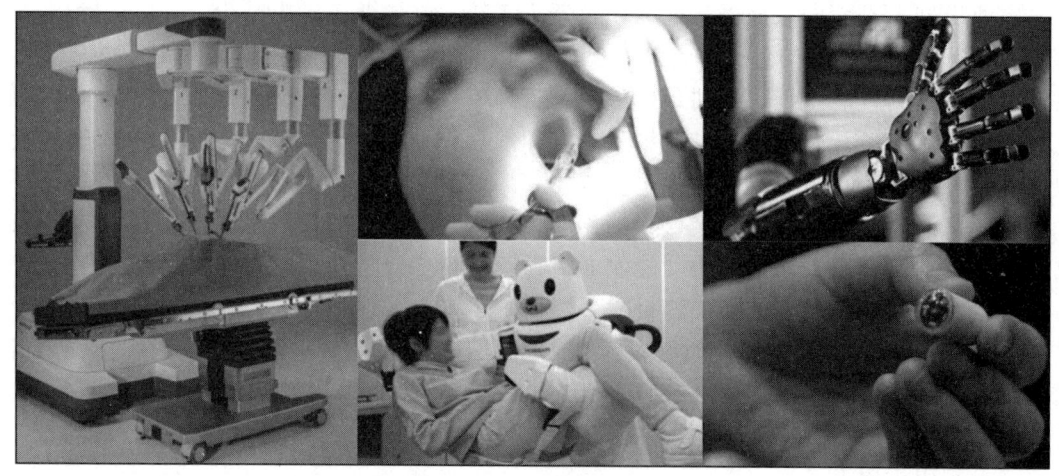

图 4-29　医用机器人应用的例子

（4）服务机器人

服务机器人是面向服务场景的专用机器人系统。服务机器人是一种半自主或自主工作的机器人，它能够完成有益于人类健康的服务工作，但是不包括从事生产的机器人设备。一些贴近人类生活的机器人也被归入其中。世界各国研发了很多类型的服务机器人，从吸尘器机器人到全能的家务机器人。2002年，丹麦iRobot公司推出了吸尘器机器人Roomba，它能够自行设计移动路线，自动避开障碍物，在电量不足时还能自动驶向充电插座。这类产品已成为当前销量最大的家用机器人。

目前，对于服务机器人还没有一个严格的定义，不同国家对服务机器人的认识也不同。根据应用领域的不同，服务机器人可分为两大类：专业领域服务机器人与家用服务机器人。其中，专业领域服务机器人的代表是各类医用机器人，而家用服务机器人的代表是吸尘器机器人。服务机器人的应用范围非常广泛，主要包括迎宾导购、家居清扫、运输投递、安全监护等。例如，在酒店、商场、超市、餐厅等场所，经常见到迎宾机器人、导购机器人、清扫机器人等；在大学校园、创业园区等区域，经常见到自动行驶的智能快递投递车的身影。图4-30给出了服务机器人应用的例子。

图4-30 服务机器人应用的例子

（5）仿人机器人

仿人机器人是以模仿真人为目标的机器人系统，又称为"拟人机器人"或"人形机器人"。仿人机器人的形象最初主要出现在科幻领域，常见于电影、电视剧、漫画、小说等。近年来，世界各国的科学家已经设计出各种仿人机器人。有的仿人机器人具有人类的外观特征，有的仿人机器人能够模仿人类的动作特征，有的仿人机器人甚至具有人类思维与交流能力。仿人机器人产品研发时通常考虑重点强化特定的技能，例如举起重物、踢足球、跳拉丁舞、演奏乐器、下围棋、与人交流等。

近年来，仿人机器人领域已有不少让人惊叹的成果。例如，Atlas是波士顿动力公司开发的，旨在突破全身运动极限，用于帮助人类完成搜索、救援等任务；Ameca是Engineered Arts公司开发的，重49千克、高1.87米，身体共有52个模块，支持51种关节运动，被称为"机器人的未来面孔"；Digit是Agility Robotics公司开发的，其移动性与操控能力出重，主要用于物流、仓储、保安、军事等用途；Sophia是一个女性形态的仿人机器人，由中国香港的汉森机器人公司开发，它能够识别对方、跟踪面孔与眼神交流，以及通过语音处理进行对话；ASIMO是本田公司研制的仿人机器人，它能够精准地模仿人类的动作。图4-31给出了仿人机器人应用的例子。

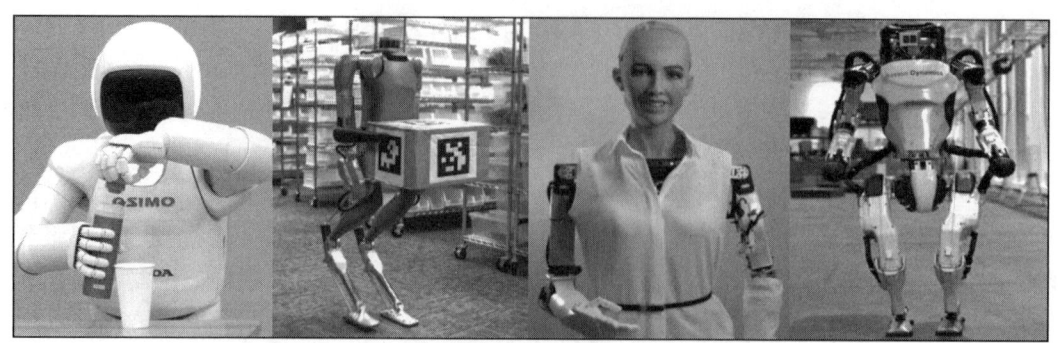

图 4-31　仿人机器人应用的例子

（6）微型机器人

微型机器人是在狭窄空间中进行精密操作的机器人系统。但是，它更侧重于强调自身的体积是"微型"的。微型机器人的体积很小，通常与一只昆虫差不多，甚至小到肉眼难以发现。研究人员正在开发更安全、可持续的微型机器人，它们具有小巧的体积、轻巧的重量、可靠的电源与较长的生命期。微型机器人通常采用某种高科技材料制造，具有特定的移动能力（例如爬行、飞行、游动等），在核电站细小管道、发动机等狭窄空间检测，以及军用侦察、医疗等领域有广泛的用途。

近年来，出现了多种有特色的微型飞行机器人。RoboBee 是 MIT 开发的微型飞行机器人，它由塑料、金属与碳纤维制成，用一个微型太阳能电池供电，利用特殊材料构成的"人造肌肉"飞行，这些材料在施加电压时收缩，常用于农业应用（例如植物授粉）。Aerobot 是哈佛大学开发的微型飞行机器人，由柔性材料制造，用一个微型电池供电，通过改变形状来改变飞行方向，常用于环保应用（例如收集污染物样本）。Microflier 是斯坦福大学开发的微型飞行机器人，它由碳纳米管等材料制成，能够飞行更长时间，常用于工业应用（例如检查机器）。图 4-32 给出了微型机器人应用的例子。

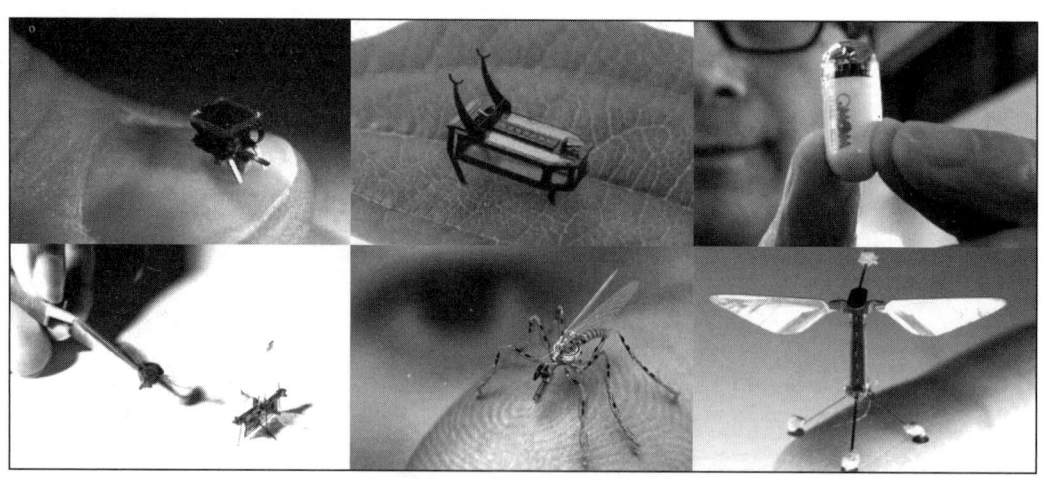

图 4-32　微型机器人应用的例子

（7）微操作机器人

微操作机器人又称为微操作系统，它与微型机器人在概念上有区别。微型机器人与微操作机器人是在狭窄空间进行精密操作的机器人系统。其中，微型机器人是在三维或二维尺寸上的微小；微操作机器人在尺寸上通常不在微小范围内，但是它能够实现微米、亚微米量级的定位与操作。微操作机器人在生命科学、精密组装与封装等领域有应用前景。例如，医用外科手术机器人、芯片封装机器人都属于微操作机器人的范畴。图4-33给出了微操作机器人应用的例子。

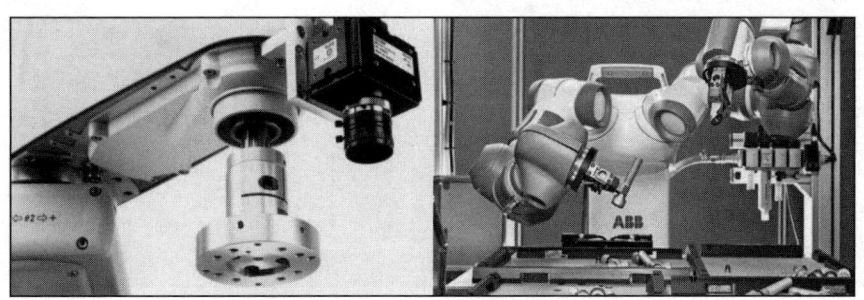

图4-33　微操作机器人应用的例子

（8）特种机器人

特种机器人是应用于某些专业领域，通常由经过专门培训的人员操控或使用，辅助或代替人执行任务的机器人系统。我国地域广阔、气候多变、地质情况复杂，在治安维护、抢险救灾、高空作业等场景中，特种机器人发挥着越来越重要的作用。随着遥感、无人驾驶、5G等技术的快速发展，特种机器人相关技术获得明显提升，各种类型的产品陆续出现，有利于特种机器人市场规模的快速增长。特种机器人在反恐排爆、消防、建筑、电力、交通运输、安防监测、空间探索、管道建设等领域有广阔的前景。

当前特种机器人已具备一定程度的自主智能，通过综合运用视觉、压力等传感器，深度融合软硬件系统与不断优化控制算法，使其能够完成定位、导航、避障、跟踪、二维码识别、场景识别、行为预测等任务。例如，波士顿动力公司开发的两轮机器人Handle，能够在快速滑行的同时进行跳跃的稳定控制。近年来，各国机构纷纷研发救灾等用途的特种机器人，例如日本机构研发的双臂救灾机器人，通过远程操控清理灾害造成的建筑废墟，争取尽快从倒塌建筑物中搜救生还者。随着特种机器人的智能性与环境适应性增强，它将能够代替人在更多的特殊环境中从事危险劳动。

国家扶持带动特种机器人技术水平不断进步。我国政府高度重视特种机器人技术研究与开发，并通过863计划"特殊服役环境下作业机器人关键技术"主题项目及深海关键技术与装备等重点专项给予支持。目前，反恐排爆领域的部分核心技术已取得突破，例如室内定位、高精度定位导航与避障、汽车底盘危险物快速识别等，并将这些技术应用于自主研发的排爆机器人。同时，我国先后攻克了钛合金载人舱球壳、大深度浮力材料、深海推进器等多项核心技术，在深海核心装备国产化方面取得了显著进步。

近年来，我国初步形成了特种无人机、水下机器人、搜救及排爆机器人等系列产品，并在其中一些领域形成了优势。例如，中国电子科技集团研发了无人机智能集群系统，成功完成119架固定翼无人机集群飞行测试；中车时代电气公司研发了世界最大吨位深水挖沟犁，填补了我国深海机器人装备制造空白；新一代远洋综合科考船"科学"号搭载的缆控式遥控无人潜水器"发现"号与自治式水下机器人"探索"号在南海北部首次实现深海交会拍摄。图4-34给出了特种机器人应用的例子。

图 4-34 特种机器人应用的例子

2. 军用机器人

（1）侦察机器人

侦察机器人是主要从事侦察任务的军用机器人系统。战场侦察是一种重要的军事行动，通常由有经验的侦察兵或特战队员承担，其危险系数高于其他军事行动。随着特种机器人技术成熟与广泛应用，各国军队首先想到的是将其用于战场侦察。侦察机器人是一种具有探测识别能力的机器人，主要任务是战场侦察与敌情监视，以及核污染、生化污染探测等。侦察机器人可以通过各种传感器（例如摄像头），实现对目标的识别、跟踪与定位，有助于提高战场侦察能力与减少人员伤亡。由于侦察任务对设备的隐蔽性要求较高，因此侦察机器人的发展更关注使用便捷性与设备小型化。

侦察机器人可以进一步分为两类：地面侦察机器人与空中侦察机器人。其中，地面侦察机器人通常称为地面无人侦察平台，常见有履带式、轮式车辆或四足机器人，搭载摄像头、红外传感器、雷达等设备，根据作战任务搭载侦查、排爆等装备，通过遥控或半自主运行到目标区域进行侦察。根据央视新闻报道，我国西部战区部队装备了武装机器狗，它属于侦察用途的四足机器人。以色列研制了全地形侦察机器人，又称为"机器蛇"，它模仿蛇贴地爬行，隐蔽性强，能够轻松进入洞穴、隧道与建筑物，将图片、声音等情报传回来。韩国的"哨兵"机器人配备红外传感器、运动传感器等设备，能够全天候监视数千米范围内的目标。图 4-35 给出了地面侦察机器人的例子。

（2）运输机器人

运输机器人是主要从事运输任务的军用机器人系统。这类机器人主要用于帮助士兵携带作战物资，执行军事行动中的运输保障任务。最早的运输机器人是美国军方的"大狗"，全名是"步兵班支援运输机器人"。由于该机器人的长度为 1 米，高度为 0.7 米，体重为 75 千克，几乎相当于一头小骡子的体型，因此人们更习惯将它称为"机器骡子"。作为一种大型的仿生机器人，它像骡马一样有"四条腿"，能够载重 150 千克，以每小时 5 公里的速度行走，穿越泥地、山坡等粗糙地形，还能够爬行 35 度的斜坡。目前，世界各国已经研发出各种军用运输机器人，常见形态有履带式、轮式车辆、四足机器人等。图 4-36 给出了军用运输机器人的例子。

图 4-35　地面侦察机器人的例子

图 4-36　军用运输机器人的例子

（3）排爆机器人

排爆机器人是主要从事排爆任务的军用机器人系统。排爆是一种重要的军事行动，通常由有经验的工兵承担，其危险系数高于其他军事行动。随着特种机器人技术成熟与广泛应用，各国军队自然想到可以将其用于排爆。这类地面机器人都装备有特殊的"机械手"，主要用于在复杂地形中代替士兵完成排爆任务，并对可疑爆炸物或地雷进行探测、拆除、转移与销毁。图 4-37 给出了军用排爆机器人的例子。

图 4-37　军用排爆机器人的例子

（4）攻击机器人

攻击机器人是从事警戒、攻击任务的军用机器人系统。这类机器人通常装备有机枪、火炮等武器，主要用于直接对敌方目标发起攻击。攻击机器人可以根据攻击任务的实际需求，灵活地配备机枪、火炮、反坦克导弹、防空导弹等武器。实际上，很多排爆、侦察、运输机器人能够加装武器，成为战斗机器人。图 4-38 给出了军用攻击机器人的例子。

图 4-38　军用攻击机器人的例子

（5）空中机器人

空中机器人通常被称为"无人机"。无人机是利用无线电遥控或自身程序操控的不载人飞机。从飞机结构的角度，无人机可以分为：无人固定翼机、无人直升机、无人多旋翼机、无人飞艇、无人伞翼机等。从飞机尺寸的角度，无人机可以分为：大型无人机、中型无人机、小型无人机、微型无人机等。从作战任务的角度，无人机可分为：侦察无人机、查打一体无人机、运输无人机等。无人机在军事领域的基本任务是侦察，军用无人机常被称为空中侦察无人机。军用无人机是世界各国的研发与应用热点，目前已推出了种类众多的军用无人机产品。目前，最小的军用无人机长 10 厘米，宽 2.5 厘米，全重仅为 16 克，续航时间为 20 分钟。图 4-39 给出了军用无人机的例子。

图 4-39　军用无人机的例子

（6）水下机器人

水下机器人又称为无人遥控潜水器，它是一种在水下工作的极限作业机器人。由于水下的工作环境恶劣并且危险、人类的潜水深度有限，因此水下机器人成为开发海洋的重要工具。根据遥控方式上的区别，水下机器人可以分为有缆遥控潜水器与无缆遥控潜水器。其中，有缆遥控潜水器又可以分为水下自航式、拖航式与海底爬行式。

随着海洋作战中的水下任务需求增多，水下机器人已成为世界各国研发与应用的热点。水下军用潜水器主要包括：载人潜水器、有缆遥控潜水器、水下自动机器人等。与载人潜水器、有缆遥控潜水器相比，无缆与自治特征的水下自动机器人成为研发热点。按照潜水器的航程大小，水下自动机器人可以分为两类：远程水下机器人与近程水下机器人。其中，远程水下机器人是指在一次补充能源之后，能够连续航行超过 100 海里的水下机器人；近程水下机器人是指续航小于100海里的水下机器人。水下机器人的军事用途主要包括：港口反水雷、近海反潜、海底搜救、船侧与船底探测等。图4-40给出了军用潜水器的例子。

图4-40 军用潜水器的例子

4.4.3 我国发展智能机器人的政策环境

随着我国科技的不断进步，智能机器人不再是科幻电影中的概念，而是成为现实生活的一部分。智能机器人在工业、医疗、服务、农业、军事等领域的应用越来越广泛，并且成为推动经济发展的重要因素之一。

2016年，我国工业和信息化部等三个部门联合发布了《机器人产业发展规划（2016—2020年）》，提出了智能机器人产业的重点在于：推进工业机器人向中高端迈进，促进服务机器人向更广领域发展。

- 工业机器人产业发展要聚焦智能生产、智能物流，攻克工业机器人关键技术，提升可操作性和可维护性，重点发展弧焊机器人、真空机器人、全自主编程智能工业机器人、人机协作机器人、双臂机器人、重载AGV这六种标志性工业机器人产品，引导我国工业机器人向中高端发展。
- 服务机器人产业发展要围绕助老助残、家庭服务、医疗康复、救援救灾、能源安全、公共安全、重大科研等领域，培育智慧生活、现代服务、特殊作业等方面的需求，重点发展消防救援机器人、手术机器人、智能公共服务机器人、智能护理机器人等四种标志性产品，推进专业服务机器人实现系列化，个人/家庭服务机器人实现商品化。

近年来，我国政府出台了一系列涉及智能机器人的扶持政策。在这些新政策的扶持下，我国智能机器人产业将迎来更大发展。智能机器人已逐渐走出工业领域，延伸到智能交通、智能农业、智能医疗等领域。

本章小结

1）嵌入式技术是研发物联网智能设备必须具备的基础知识与技能。
2）智能设备研究涉及机器智能、人机交互、虚拟现实/增强现实、大数据、云计算等领域，体现出多学科、多领域交叉融合的特点。

3）智能设备已经从智能手机、可穿戴计算设备等通用设备，延伸到智能工业、智能农业、智能交通、智能医疗等领域的专用设备。

4）智能设备正在向更智能、更便捷的方向发展，适应"云－端"融合架构的智能操作系统将成为研究的热点。

习题

4-1 单选题

4-1-1 以下关于嵌入式技术发展阶段的描述中，错误的是（　　）。
　　A）第一阶段：以可编程序控制器为核心
　　B）第二阶段：以嵌入式 CPU 为基础、简单操作系统为核心
　　C）第三阶段：以 Windows 操作系统为核心
　　D）第四阶段：基于网络操作的嵌入式系统发展阶段

4-1-2 以下关于嵌入式系统特点的描述中，错误的是（　　）。
　　A）针对某些特定的应用而专门研发
　　B）属于一种通用的计算机系统
　　C）通常需要剪裁计算机的硬件与软件
　　D）目标是适应功能、体积、功耗、可靠性、成本等要求

4-1-3 以下关于 Android 操作系统的描述中，错误的是（　　）。
　　A）遵循 TCP/IP 体系实现网络通信
　　B）基于 Linux 内核的移动操作系统
　　C）采用支持 Web 应用的 HTTP 来传输数据
　　D）操作系统内核由多种第三方应用软件构成

4-1-4 以下关于可穿戴计算设备特点的描述中，错误的是（　　）。
　　A）以人为本　　　　B）人机合一　　　　C）普适化服务　　　　D）专属化服务

4-1-5 以下关于智能设备基本特点的描述中，错误的是（　　）。
　　A）具有明显的无线自组网特征　　　　B）具备"感、联、知、控"的能力
　　C）向适应"云＋端"融合架构的方向发展　　　　D）向更智能、更人性、更便捷的方向发展

4-1-6 以下几种人机交互方式中，与其他几种不属于同一类的是（　　）。
　　A）文字交互　　　　B）视觉交互　　　　C）语音交互　　　　D）虚拟交互

4-1-7 以下几种特征中，不属于虚拟现实基本特征的是（　　）。
　　A）预测性　　　　B）交互性　　　　C）沉浸感　　　　D）想象力

4-1-8 以下关于增强现实特点的描述中，错误的是（　　）。
　　A）对摄像机影像的位置、角度进行实时计算
　　B）将计算机生成的虚拟信息准确叠加在真实世界
　　C）将虚拟环境与真实信息相结合构成的虚拟空间
　　D）使参与者看到一个叠加虚拟物体的真实世界

4-1-9 以下关于柔性显示技术的描述中，错误的是（　　）。

A）将柔性显示材料与电子元器件安装在柔性的衬底上

B）通过多层透明屏幕的叠加可以呈现 3D 的视觉效果

C）柔性衬底材料可以是塑料、金属箔片或超薄玻璃

D）柔性屏幕更轻薄，但是功耗比常规屏幕高很多

4-1-10 以下几种设备或系统中，不属于智能设备的是（　　）。

A）智能可穿戴计算设备　　　　　　B）智能物流管理系统

C）智能仓储运输机器人　　　　　　D）智能网联汽车

4-1-11 以下关于机器人发展阶段的描述中，错误的是（　　）。

A）第一阶段：位置固定、非程序控制、无传感器的电子机械装置

B）第二阶段：基于虚拟现实技术提高机器人的可操作性

C）第三阶段：配置有多种传感器，具有复杂的逻辑推理、判断与决策能力

D）第四阶段：具有人工智能、自我复制、自动组装等能力

4-1-12 以下关于云机器人特点的描述中，错误的是（　　）。

A）机器人将学习的知识即时提供给网络中的其他机器人

B）每个机器人的计算与存储任务都集中在云端

C）单个机器人无法随时访问云端的资源

D）多个机器人之间可以协同执行软件升级

4-2　思考题

4-2-1 通过任意两类嵌入式设备的对比，说明嵌入式系统的三大基本特征。

4-2-2 举例说明可穿戴计算设备的细分类型及相应的用途。

4-2-3 举例说明智能机器人的细分类型及相应的用途。

4-2-4 哪些人机交互技术可能会应用于智能眼镜？

4-2-5 通过实验分析智能手机上接近传感器的安装位置，并说明该传感器被用于节约能耗的工作原理。

4-2-6 如果一个智能手环提供行走步数、距离及卡路里消耗等统计功能，那么该设备需要配置哪些传感器？

4-2-7 设计一个保护自行车骑行过程的智能安全预警设备，并说明主要设计理念。

4-2-8 设计一个具有定位、指纹识别、自动上锁、丢失报警等功能的智能拉杆箱，并说明主要设计理念。

4-2-9 设计一双提供儿童定位与家长查询功能的运动鞋，并说明主要设计理念。

第 5 章 智能物联网通信与网络技术

为了实现"任何时间、任何地方、任何物体"的互联,智能物联网需要利用成熟的计算机网络、移动通信网技术,实现各类智能物联网终端设备的泛在接入与信息可靠传输。本章在介绍计算机网络、移动通信网概念的基础上,系统地讨论了计算机网络、移动通信网的工作原理,以及各类智能物联网终端的接入方法及技术特点。

本章学习目标
- 掌握计算机网络的概念与工作原理。
- 理解移动通信网的概念与工作原理。
- 了解智能物联网终端接入方法及技术特点。

5.1 计算机网络基本概念

5.1.1 从信息技术的角度看计算机网络的发展历程

计算机网络的广泛应用对当今社会的科技、教育与经济发展产生了重大影响。总结计算机网络技术发展过程加以总结,可以清晰地看到计算机网络发展经历了 3 个阶段:从计算机网络到互联网、从互联网到移动互联网、从移动互联网到物联网与智能物联网(如图 5-1 所示)。

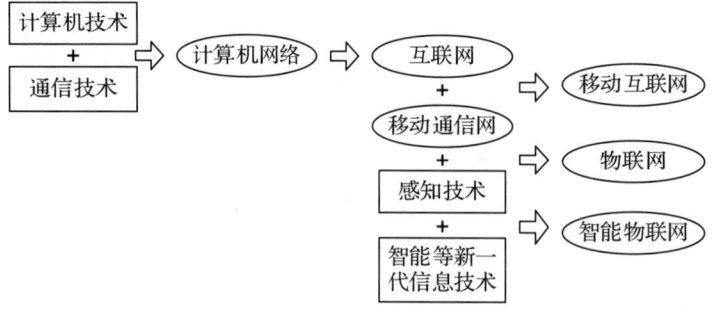

图 5-1 计算机网络技术的发展历程

为了理解这个问题,我们需要注意以下 3 点。

1. 计算机与通信技术的融合

计算机网络是计算机学科最活跃的研究领域,互联网是计算机网络最成功的应用。通信学科是信息技术领域发展最快的学科

之一,移动通信为信息产业的发展注入了强劲的动力,正在改变着人们的社会生活与经济社会。在这样的大背景下,出现了信息通信技术(Information Communication Technology,ICT)的概念。ITC 描述的是信息与通信技术融合而形成的一个新技术领域。

20 世纪 50 年代,计算机与通信技术的融合形成了计算机网络,进而发展出庞大的互联网产业;20 世纪 90 年代,以智能手机为代表的移动通信技术与互联网融合,进一步推动了移动互联网技术的发展,带动了信息产业与现代信息服务业的发展。

2. 网络技术与感知、智能的融合

信息技术的三大支柱是计算、通信与感知技术,它们像人的"大脑""神经系统"与"感觉器官"一样,在人类生活中一个都不能缺少,并且能够彼此协调地工作。当信息世界的"大脑"与"神经系统"相当发达之后,必须与手脚、眼睛、鼻子、耳朵等"感觉器官"密切配合工作。随着互联网、移动互联网与感知技术的交叉融合,催生出很多具有"计算、通信、智能、协同、自治"能力的智能设备与系统,实现了"人–机–物"的深度融合,促进了物联网技术与应用的发展。

3. 物联网技术与新一代信息技术的融合

进入 21 世纪,以智能技术为代表的新一代信息技术蓬勃发展,强烈的社会需求促进了物联网与云计算、大数据、智能、5G、边缘计算、区块链技术的深度融合,催生了智能物联网,引发了新一轮的技术创新与产业变革。

纵观技术的发展可以清晰地看到,网络技术正在经历着一个自然发展与演变的过程。

5.1.2　计算机网络的形成与发展

任何一种新技术的出现都要具备两个条件:一是强烈的社会需求,二是前期技术的成熟。计算机网络技术的形成与发展也遵循这样的发展轨迹。

1. 分组交换技术

(1)研究背景

1946 年,世界第一台电子计算机 ENIAC 问世。但是,通信技术的出现比计算机技术早很长时间。在很长的一段时间,这两种技术之间并没有直接联系,而是处于各自独立发展的阶段。当计算机与通信技术都发展到一定程度,并且社会上出现了新的应用需求时,人们就会产生将两项技术融合的想法。计算机网络是计算机与通信技术深度融合的产物。

20 世纪 50 年代初,出于美国军方的需要,半自动地面防空系统(Semi-Automatic Ground Environment,SAGE)将远程雷达信号、机场与防空部队的信息,通过总长度为 241 万公里的通信线路(包括有线与无线通信线路)传送到美国本土的一台 IBM 计算机处理,这项研究开始了将计算机与通信技术结合的尝试。随着 SAGE 系统的实现,美国军方提出了将分布在不同地方的多台计算机通过通信线路连接成网络的需求。

20 世纪 60 年代中期,在与苏联的军事竞争中,美国军方需要一个用于传输军事命令与控制信息的网络。当时美国军方通信主要依靠电话交换网,但是电话交换网是相当脆弱的。在电话交换系统中,如果有一台交换机或连接交换机的一条中继线路损坏,尤其是几个关键长途电话局的交换机遭到破坏,就有可能导致整个电话交换系统中断。美国国防部高级研究计划署(Advanced Research Project Agency,ARPA)要求新的网络在遭遇核战争或自然灾害时，即使部分网络设备或通信线路遭到破坏，网络系统仍能利用剩余设备与线路继续工作。这样的网络系统被称为"可生存系统"。

传统的电话交换网无法实现"可生存系统"的要求。针对这种情况，ARPA 开始组织新型通信网络技术的研究工作。为了将分布在不同地方的计算机连接成网络，首先需要回答两个基本问题：采用怎样的网络拓扑？采用怎样的传输方式？

（2）网络拓扑

研究人员比较了网络拓扑的两种方案。第一种是集中式拓扑，所有主机都要与一个中心节点相连，主机发送的数据都通过中心节点转发。中心节点损坏将造成整个网络瘫痪。虽然在集中式拓扑的基础上能够形成非集中式的星-星结构，但是局部的中心节点仍然可能影响整个网络的可靠性。图 5-2 给出了集中式拓扑与非集中式拓扑。

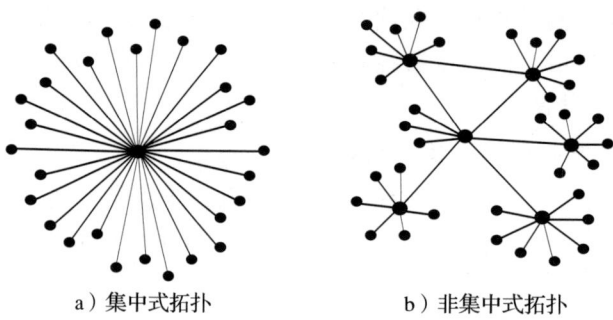

a）集中式拓扑　　b）非集中式拓扑

图 5-2　集中式拓扑与非集中式拓扑

第二种设计方案是分布式的网状拓扑。网状拓扑中没有中心节点，每个节点与相邻节点连接，从而构成一个网状结构。任意两个节点之间可以有多条传输路径。如果网络中某个节点或某条线路损坏，数据还可以通过其他路径传输。这是一种具有高度容错能力的网络拓扑。新型计算机网络的传输网采用的是分布式的网状拓扑（如图 5-3 所示）。

（3）分组交换

针对分布式的网状拓扑中的数据传输问题，研究人员提出了一种新的数据交换技术，即分组交换。图 5-4 给出了分组交换的工作过程。

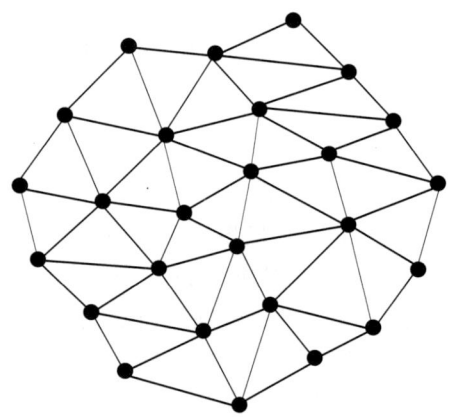

图 5-3　分布式的网状拓扑

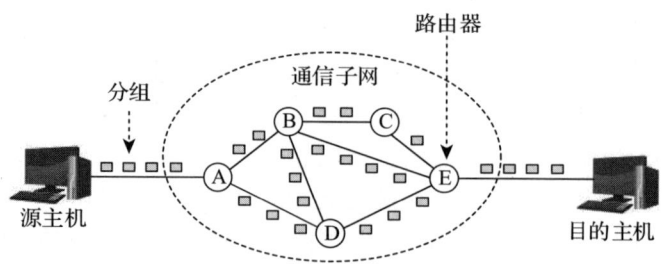

图 5-4　分组交换的工作过程

分组交换技术涉及三个重要的概念。

第一个概念是"存储转发"。研究人员设想：传输网采用分布式的网状拓扑，其中的每个节点都是一台路由器。发送数据的计算机称为"源主机"，连接源主机的路由器称为"源路由器"，接收数据的主机称为"目的主机"，连接目的主机的路由器称为"目的路由器"，则中间转发数据的路由器称为"转发路由器"。

源主机将数据传送到源路由器，源路由器接收数据后先存储起来，然后寻找下一个转发路由器，转发出去；转发路由器接收到数据后也先存储起来，然后寻找下一个转发路由器，转发出去；这个转发过程直到转发至目的主机为止。这种数据发送、接收、存储、再转发的方式称为"存储转发"工作模式。

与传统的电话交换网的"线路交换"模式相比，我们发现，通过"存储转发"方式发送数据之前，不需要事先"建立线路连接"；数据发送结束之后，也不需要"释放线路连接"。因此，"存储转发"更适用于突发性强的计算机通信。

第二个概念是"分组"传输。我们已经得出"存储转发"更适用于突发性强的计算机通信的结论，但是，计算机传输的文件可能是千字节（KB）量级的语音文件，也可能是兆字节（MB）量级的文本或图像文件，还可能是吉字节（GB）量级的视频文件。我们能否不对计算机发送的数据做任何处理，不管这个文件的数据量大小，简单地将它作为一个"报文（message）"直接发送呢？答案是否定的。

路由器接收、存储、转发的数据格式与大小不同，路由器接收到报文后首先要分析报文的长度，并为不同长度的报文准备不同大小的缓存，这样做将增大路由器软件处理的工作量，降低路由器存储空间的利用率，不利于提高路由器处理报文的效率。长报文传输容易出错，并且检查接收的长报文是否出错，以及重发报文花费的时间长。因此，适合计算机数据传输的方式是"分组存储转发"，又称为"分组交换"（packet exchanging）。

在"分组交换"方式中，源主机需要预先按照通信协议的规定，将待发送的数据封装成固定格式、最大长度有限制的"分组"（packet）。分组头部带有源地址与目的地址，然后通过存储转发方式发送出去。目的主机接收到分组，并检查目的地址正确、传输没有出错后，就拆除封装并将数据交给高层软件。

第三个概念是"路由选择"算法。网状拓扑中没有一个中心控制节点，路由器需要根据分组的源地址、目的地址与通信线路状态，通过路由选择算法为每个分组选择一条"最佳"的传输路径。这个传输路径由多个路由器及通信线路组成，每个路由器采用存储转发方式将分组转发给下一个路由器。如果传输路径中的路由器或线路损坏，上一个路由器可以通过"动态路由算法"调整传输路径，绕过损坏的路由器或线路，最终将分组传送到目的主机。

由于路由器需要为每个分组独立地选择输出路径，因此同一报文的不同分组可能经过不同的传输路径。分组到达目的主机可能出现丢失或乱序现象。高层软件对接收的同一报文的多个分组进行排序与重组，并且通知源主机重传有问题的分组。

2. ARPANET 的发展

在开展分组交换理论研究的同时，ARPA 开始准备组建分组交换网，即 ARPANET。研究人员将 ARPANET 分为两个部分：资源子网与通信子网。其中，资源子网由计算机与终端组成，负责完成科学计算任务。通信子网由接口报文处理机（Interface Message

Processor，IMP）与通信线路组成，负责完成数据传输任务。IMP 就是现在使用的路由器（router）的雏形，专门用来接收、存储与转发分组。

在通信子网的 IMP 设备招标中，共有 12 家公司参与竞标，ARPA 最终选择了 BBN 公司，它是由哈佛大学与麻省理工学院的研究人员组建的。他们选择了经过特殊改装的 Honeywell DDP-316 小型机，将它装进灰色的钢制箱子中，形成了 IMP 设备（如图 5-5 所示）。这种 IMP 被称为"小精灵"，造价高达 10 万美元，重量超过 400 千克。他们租用了电话公司的 56kbit/s 通信线路，用于连接这些 IMP。尽管 IMP 是一台小型批处理计算机，它的处理能力却远不如现在的家用路由器。但是有一点非常重要，"小精灵"是世界上第一台互联网设备。

图 5-5 作为第一台 IMP 的 DDP-316 小型机

在完成网络结构与硬件设计之后，一个重要的问题是开发网络软件。1969 年夏季，ARPA 技术负责人在美国犹他州召集研究人员开会，研究网络软件开发问题。当时参加会议的人多数是研究生，他们希望像往常完成编程任务一样，由软件专家解释设计方案与需要编写的软件，然后为每个人分配具体的编程任务。当他们发现没有网络软件专家，也没有完整的网络软件设计方案时，才意识到必须自己想办法找到该做的事。

ARPANET 成为第一个采用分组交换技术的计算机网络。1969 年 12 月，包含四个节点的实验网络开始运行。这四个节点是加州大学洛杉矶分校（UCLA）、加州大学圣芭芭拉分校（UCSB）、斯坦福研究院（SRI）与犹他大学（UTAH）。从图 5-6 可以看出，最初的 4 个节点使用了不同厂商的计算机，它们的体系结构、操作系统都不同。因此，ARPANET 第一阶段实验就已经考虑了如何实现异构计算机互联的问题。

1969 年 9 月 2 日，第一台 IMP 在 UCLA 计算中心安装成功；1969 年 10 月 1 日，第二台 IMP 在 SRI 计算中心安装成功。1969 年 10 月 29 日，为了调试两台 IMP 之间的数据传输，位于 UCLA 的伦纳德·克兰罗克教授与相隔 500 公里外的 SRI 研究员比尔·杜瓦开始了历史性的实验。他们商议在实验过程中同时通过电话来通报情况。当伦纳德·克兰罗克在 UCLA 计算机上输入登录命令"Login"时，键入第一个字母

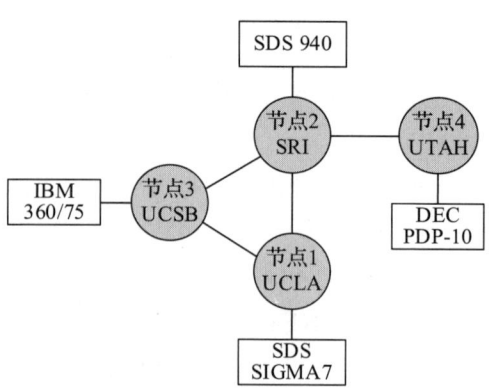

图 5-6 ARPANET 最初的 4 个节点

"L"后询问对方是否收到,比尔·杜瓦回答收到;键入第二个字母"o",对方回答收到;键入第三个字母"g",对方计算机死机。图 5-7 给出了第一次计算机网络通信实验的情况。

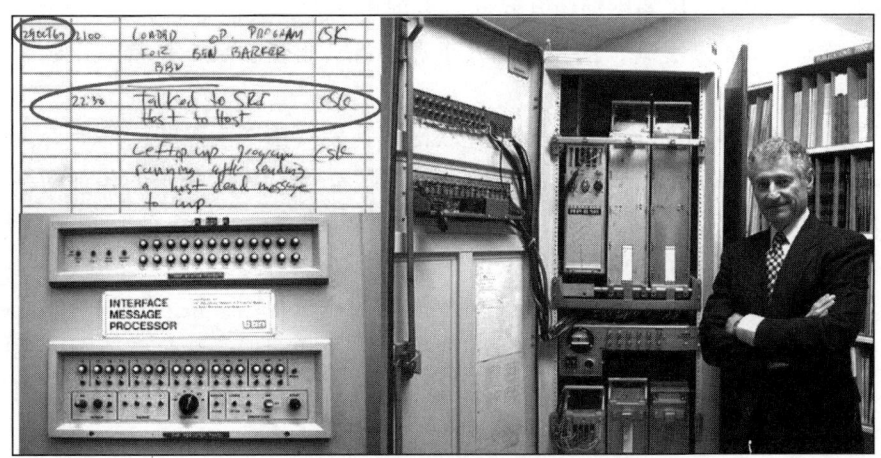

图 5-7　第一次计算机网络通信实验的情况

虽然第一次通过计算机网络进行远程登录实验失败了,但是它却标志着计算机网络与互联网的时代即将到来。1969 年,伦纳德·克兰罗克在接受新闻采访时说:一旦 ARPANET 建立并运行起来,我们从家中或办公室访问计算机,就像使用电力或电话服务那样容易。我们发现他的预见与现在研究的"普适计算""云计算"的概念吻合。

3. 计算机网络协议研究

1969 年的第一次 ARPANET 的联网实验,实际上是测试计算机网络的第一个网络服务功能,即远程登录(TELNET)服务。

1969 至 1971 年,经过近两年对应用层协议的研究与开发,研究人员陆续推出了第一批计算机网络应用协议,包括文件传输协议(FTP)、电子邮件协议(E-mail)、域名解析协议(DNS)等。

1972 年 10 月,罗伯特·卡恩(Robert Kahn)在美国华盛顿召开的第一届国际计算机与通信会议(ICCC)上首次公开演示了 ARPANET 的功能。当时参加演示的 40 台计算机分布在美国各地,演示项目包括网上聊天、网上对弈、网上测验、网上空管模拟等,其中的网上聊天演示引起了极大的轰动。

1977 年,ARPANET 研究人员提出了 TCP/IP 体系。其中,传输控制协议(Transport Control Protocol,TCP)实现了源主机与目的主机之间的分布式进程通信功能,而互联网协议(Internet Protocol,IP)实现了传输网中的路由选择与分组转发功能。TCP/IP 经历了实践检验与不断完善的过程,并成功地赢得了大量的用户与投资。TCP/IP 的成功促进了互联网的发展,互联网发展进一步扩大了 TCP/IP 的应用范围。最终,TCP/IP 成为互联网的核心协议。

4. 互联网的形成与发展

20 世纪 90 年代是互联网发展的黄金时期,其用户数量以平均每年翻一番的速度增长。互联网的最初用户仅限于科学研究与学术领域。

20 世纪 90 年代初期,互联网上的商业活动开始发展。1991 年,美国成立商业网络信息交换协会，允许在互联网上开展商务活动，各个公司逐渐意识到互联网在宣传产品、开展商业贸易活动上的价值，互联网上的商业应用开始迅速发展，其用户数量已超出学术研究用户一倍以上。商业应用的推动使互联网的发展更迅猛，规模不断扩大，用户不断增多，应用不断拓展，技术不断更新，使互联网几乎深入社会生活的每个角落，并成为一种全新的工作、学习与生活方式。

如果说开放互联网的商业服务是促进互联网快速发展第一次飞跃的推动力，那么 Web 技术的出现就是互联网第二次快速发展的推动力。随着基于 Web 技术的各种网络应用的扩展，互联网不仅是一种资源共享、数据通信与信息查询的手段，还逐渐成为人们了解世界、讨论问题，从事学术研究、商贸活动、教育，甚至是政治、军事活动的重要领域。

从用户的角度来看，互联网是一个全球范围的信息资源网，接入互联网的主机既可以是信息服务的提供者，又可以是信息服务的使用者。互联网代表着全球范围内无限增长的信息资源，是人类拥有的最大的知识宝库之一。随着互联网规模的不断扩大，网络与主机数量的增多，它提供的信息资源与服务将更加丰富。

20 世纪 90 年代，世界经济进入一个新的发展阶段。经济发展带动了信息产业的发展，信息技术与网络应用已成为衡量综合国力与企业竞争力的重要标准。1993 年 9 月，美国公布了国家信息基础设施（National Information Infrastructure，NII）建设计划，它被形象地称为信息高速公路。随后，世界各国开始认识到信息产业对经济发展的重要作用，很多国家开始制定自己的信息高速公路计划。

应用需求与技术发展是相互促进的。互联网的广泛应用引起了电信业的巨大变化。2000 年，美国电信市场出现了长途线路带宽过剩局面，一些长途电话公司与广域网运营公司倒闭。很多电信运营商虽然拥有大量的广域网带宽，但是无法有效地接入大量用户。人们最终发现，制约大规模互联网接入的瓶颈在城域网。如果要满足大规模互联网接入的需求，电信运营商必须提供全网、端到端、可灵活配置的城域网。在这样的社会需求驱动下，电信运营商开始将竞争重点从广域网骨干网的建设，转移到支持大量用户接入与支持多业务的城域网建设上，并导致了世界性的信息高速公路建设的高潮。互联网技术的成熟与对社会发展的巨大影响，也为物联网的发展奠定了坚实的基础。

5. "三网融合"的发展

互联网的广泛应用推动电信网技术的高速发展，电信运营商的服务业务也从以语音服务为主，逐步向数据业务方向发展，引起了大规模的产业结构调整与企业重组。电信运营商纷纷将竞争重点从广域骨干网建设转移到宽带城域网建设上，为信息产业与现代信息服务业的高速发展奠定了坚实的基础。

对于一个现代化城市，其宽带城域网结构通常分为三个层次：核心交换层、汇聚层与接入层。用户可以通过计算机由计算机网络接入，通过固定电话或移动电话由电信通信网接入，或者是通过电视机由有线电视网接入；汇聚层将大量用户访问互联网的请求汇聚到核心交换层；通过核心交换层连接高速出口将用户请求传送到互联网。宽带城域网已成为现代化城市建设的重要信息基础设施之一。宽带城域网的建设导致了计算机网络、电信通信网与有线电视网"三网融合"局面的出现。

基于 Web 的电子商务、电子政务、远程教育，基于对等结构的 P2P 网络，以及 3G/4G/5G 与移动互联网的应用，使得互联网以超常规的速度发展。实际上，"三网融合"

是计算机网络、电信通信网与电视传输网在技术与业务上的融合。

从技术融合的角度，电信通信网、电视传输网统一为计算机网络的IP，网关实现电信通信网、有线电视网与计算机网络的互联。从业务融合的角度，电话用户希望通过智能手机收看电视节目、浏览网页、收发电子邮件；电视用户希望利用电视机浏览网页、收发电子邮件；计算机用户希望能够在计算机上收看电视节目、接打电话。"三网融合"的发展趋势必将带动现代信息服务业的快速增长。

云计算为"三网融合"提供了成熟的技术与运行模式的支持。"三网融合"也为大量分布在不同位置的感知与执行节点以多种方式接入物联网提供了技术保证。图5-8给出了"三网融合"与接入技术的关系。

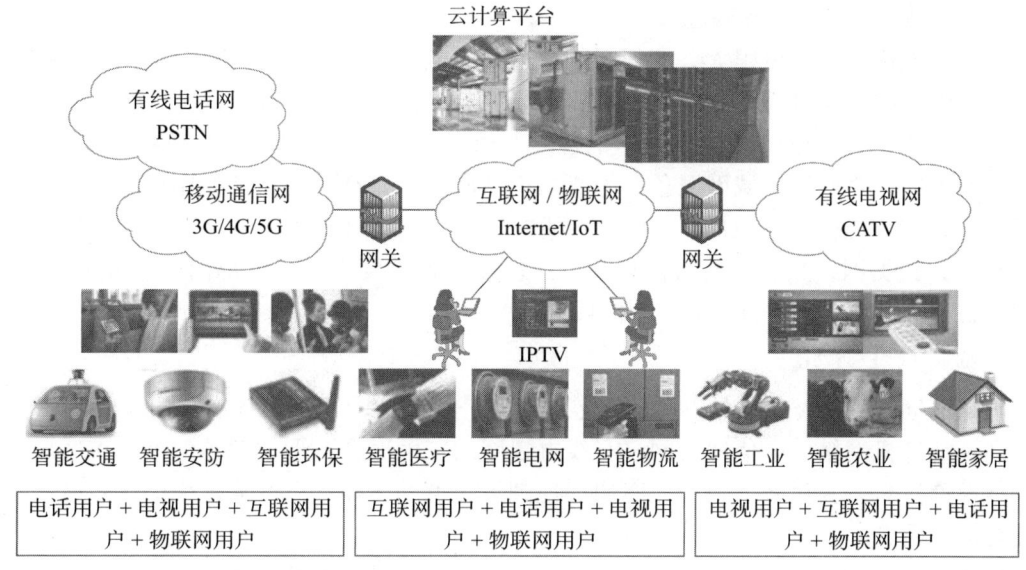

图5-8 "三网融合"与接入技术的关系

5.1.3 计算机网络的分类与特点

为了研究复杂的计算机网络技术，首先需要了解计算机网络的分类方法，以及各种网络的主要技术特征。计算机网络有多种分类方法，其中主要的方法是根据覆盖范围进行分类。按照计算机网络覆盖的地理范围进行分类，可以很好地反映不同类型网络的技术特征。按照覆盖的地理范围划分，计算机网络可以分为5种类型：

- 广域网（Wide Area Network，WAN）
- 城域网（Metropolitan Area Network，MAN）
- 局域网（Local Area Network，LAN）
- 个人区域网（Personal Area Network，PAN）
- 人体区域网（Body Area Network，BAN）

在计算机网络的发展过程中，最早发展的是广域网技术，其次是局域网技术。早期的城域网技术是包含在局域网技术中同步开展研究的，之后出现了个人区域网。随着物联网应用的发展，智能医疗对人体区域网提出了强烈的需求，促进了人体区域网技术的发展。物联网是在互联网技术的基础上发展起来的。研究物联网通信与网络技术，必须了解广域网、城域网、局域网、个人区域网与人体区域网的基本知识。

1. 广域网

广域网又称为远程网，覆盖范围从几十公里到几千公里。广域网可以覆盖一个国家、地区，甚至横跨几个洲，形成国际性的远程计算机网络。广域网的通信子网可以利用公用分组交换网、无线分组交换网或卫星通信网，它将分布在不同地区的计算机系统、局域网、城域网互联起来。

初期广域网的设计目标是将分布在很大地理范围内的多台大型机、中型机或小型机互联起来，用户通过连接在主机上的终端访问本地或远程主机的计算与存储资源。随着互联网应用的发展，广域网作为核心主干网的地位日益清晰，设计目标逐步转移到将分布在不同地区的城域网、局域网互联起来。

由于广域网建设投资很大，管理困难，通常由电信运营商负责组建、运营与维护。由于运营商组建的广域网为广大用户提供高质量的数据传输服务，因此这类广域网属于公共数据网（Public Data Network，PDN）的性质。用户可以在公共数据网上开发各种网络服务系统。如果用户要使用广域网服务，需要向广域网的运营商租用通信线路或其他资源。网络运营商为用户提供电信级的 7×24（每周 7 天、每天 24 小时）服务。因此，广域网通常是一种公共数据网，只有某些对信息安全、性能有特殊要求的国家部门网、大型企业网、大型物联网，才需要组建自己的专用广域网。

2. 城域网

城域网通常称为宽带城域网，覆盖范围从几公里到几十公里。宽带城域网是以 IP 为基础，通过计算机网络、电信通信网、有线电视网的三网融合，形成覆盖一个城市区域的宽带网络通信平台，为语音、数据、图像、视频等类型的传输，以及大规模的用户接入提供高速与保证质量的服务。

应用是推动宽带城域网技术发展的真正动力。宽带城域网的应用与业务主要包括：大规模的互联网用户接入，网上办公、视频会议、网络银行等办公环境的应用，网络电视、网络电话、网络游戏、网络聊天等娱乐类的应用，家庭网络的应用，以及智能家居、智能医疗、智能交通、智能工业等物联网应用。

3. 局域网

局域网用于将有限范围内（例如一个实验室、一幢大楼、一个校园）的各种计算机、终端与外部设备互联起来。按照采用的技术、应用范围与协议标准，局域网可以分为两类：共享介质局域网与交换式局域网。局域网技术发展迅速，应用日益广泛，它是计算机网络中最活跃的领域之一。

从局域网应用的角度来看，其技术特征主要表现在以下几个方面：

- 局域网适用于有限地理范围内的计算机、终端、外部设备等联网。
- 局域网能够提供高速率（10Mbit/s ～ 100Gbit/s）、低误码率的高质量数据传输环境。
- 局域网通常属于一个单位所有，易于建立、维护与扩展。
- 局域网可以分为有线局域网（例如 Ethernet）与无线局域网（例如 Wi-Fi）。
- 局域网可用于办公室、教室、实验室、家庭的计算机接入，也可用于组建学校、企业、园区的主干网，以及服务器集群、存储区域网、云计算平台的后端网络。

随着互联网与物联网的发展,局域网中应用最广泛的以太网(Ethernet)正在向城域以太网、光以太网、工业以太网等方向扩展。

4. 个人区域网

随着笔记本计算机、平板计算机、智能手机、信息家电的广泛应用,研究者提出了自身附近 10 米范围内的个人操作空间(Personal Operating Space,POS)移动终端设备联网的需求。由于个人区域网主要以无线通信技术实现联网设备之间的通信,因此出现了无线个人区域网(WPAN)的概念。目前,WPAN 可以使用的无线通信技术包括:IEEE 802.11 标准的 WLAN、IEEE 802.15.4 标准的 LR-WPAN、蓝牙、ZigBee 等。

IEEE 802.15 工作组致力于 WPAN 的标准化工作,其任务组 TG4 制定了 IEEE 802.15.4 标准,主要考虑低速无线个人区域网(Low-Rate WPAN,LR-WPAN)应用问题。2003 年,IEEE 正式批准 IEEE 802.15.4 成为 LR-WPAN 标准,为不同移动终端设备之间近距离、低速互连提供统一标准。物联网应用发展突显了 WPAN 技术研究的重要性。

5. 人体区域网

智能医疗应用对计算机网络提出了新的需求,促进了人体区域网的发展。智能医疗需求主要表现在以下两点:

1)智能医疗应用需要将人携带的可穿戴计算设备或移植入人体内的生物传感器节点组成人体区域网,将采集的人体生理信息(例如温度、血糖、血压、心跳等参数),以及人体活动或动作信息、人所在的环境信息,通过无线方式传送到附近的监控节点。因此,它是一种无线人体区域网(WBAN)。

2)智能医疗应用不需要有很多节点,节点之间的距离通常在 1 米内,并且对节点之间的传输速率要求不高。WBAN 的研究目标是为医疗监控应用提供一个集成硬件、软件的无线通信平台,特别强调适用于可植入的生物传感器以及可穿戴计算设备的尺寸,以及低功耗、低速率的无线通信要求。因此,WBAN 又被称为无线人体传感器网(WBSN)。

2012 年,IEEE 批准 IEEE 802.15.6 成为 WBAN 标准,为计算机网络增加了一种覆盖范围更小的网络类型。WBAN 结构如图 5-9 所示。

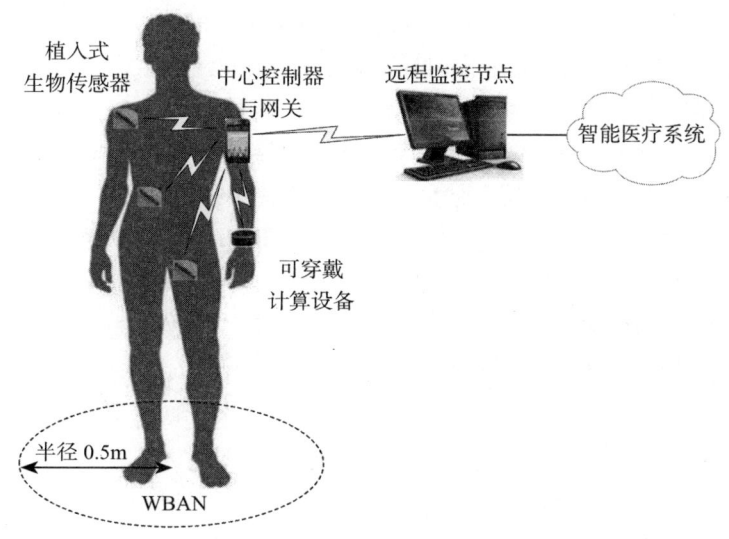

图 5-9 WBAN 结构示意图

5.1.4 TCP/IP 的基本概念

以上讨论的广域网、城域网、局域网、个人区域网与人体区域网都属于传输网技术。这些传输网都是在不同的覆盖范围内，完成互联网与物联网低层的数据传输功能。由于 TCP/IP 是实现互联网与物联网功能的核心协议，因此研究物联网应用系统设计与实现方法时，必然要涉及高层的 TCP/IP。

1. TCP/IP 的特点

TCP/IP 不能简单地看成是一个传输层的 TCP，或者是一个网络层的 IP，它是覆盖应用层、传输层与网络层，能够协同工作、实现复杂网络功能的一组协议，因此通常被称为"TCP/IP 集"或"TCP/IP 族"。"TCP/IP"只是对这样一组复杂协议的简称。

TCP/IP 的特点主要是：开放的协议标准，独立于特定的计算机硬件与操作系统，独立于特定的网络硬件，可运行在广域网、城域网、局域网等各种传输网之上，适用于互联网与物联网。

图 5-10 给出了 TCP/IP 参考模型与对应层协议。TCP/IP 参考模型分为 4 层：应用层（application layer）、传输层（transport layer）、互联网络层（internet layer）与主机–网络层（host-to-network layer）。

TCP/IP 参考模型在应用层定义了几个网络应用协议：

TCP/IP参考模型	
应用层	HTTP、SMTP、POP、FTP、DNS等
传输层	TCP与UDP
互联网络层	IP
主机–网络层	没有规定具体的协议

图 5-10　TCP/IP 参考模型与对应层协议

- 提供 Web 服务的超文本传输协议（Hyper Text Transfer Protocol，HTTP）。
- 提供 E-mail 服务的简单邮件传输协议（Simple Mail Transfer Protocol，SMTP）与邮局协议（Post Office Protocol，POP）。
- 提供文件传输服务的文件传输协议（File Transfer Protocol，FTP）。
- 提供域名解析服务的域名系统（Domain Name System，DNS）。

传输层定义了两种不同的协议：

- 传输控制协议（Transport Control Protocol，TCP）。
- 用户数据报协议（User Datagram Protocol，UDP）。

网络层定义了互联网协议（Internet Protocol，IP）。

TCP/IP 参考模型的最底层是"主机–网络层"，对应于 ISO 制定的 OSI 参考模型的数据链路层与物理层。但是，TCP/IP 没有对"主机–网络层"规定具体的协议，而是采取开放的策略，允许在"主机–网络层"使用广域网、城域网、局域网、个人区域网、人体区域网等各种协议。例如，"主机–网络层"可以使用 IEEE 802.3 的 Ethernet 协议，或者是 IEEE 802.11 的 Wi-Fi 协议，也可以使用其他低层通信协议。正是因为这样，TCP/IP 能够独立于特定的计算机或移动终端设备的硬件与操作系统，独立于特定的低层网络协议与通信技术，既可以用于互联网，也可以用于物联网。

2. TCP 与 UDP

传输层定义了两种协议：TCP 与 UDP。这两种协议具有不同的特点，它们能够为应用程序提供不同的服务。对于网络应用系统的设计人员，可以根据互联网与物联网应用的具体需求，选择使用 TCP 或 UDP。

（1）TCP 的特点

TCP 是一种功能完善的协议，它是面向连接、可靠的传输层协议。当网络应用程序选择 TCP 时，它提供服务的特点表现在以下三个方面。

- 可靠的面向连接服务：在数据传输之前，必须在通信的源程序进程与目的程序进程之间建立一个 TCP 连接。当一次进程通信结束后，TCP 关闭这个连接。面向连接传输的每个报文都需要接收方确认，未确认报文被认为是出错报文。
- 字节流传输服务：流（stream）相当于一个管道，从一端放入字节流，从另一端可以取出相同的字节流。TCP 对正确接收的字节进行确认，出错时要求发送方重传，同时也采用了流量控制与拥塞控制机制，提高在 TCP 连接上传输字节流的正确性与效率。
- 全双工服务：TCP 支持数据同时双向流动的全双工服务。两个应用程序进程可同时利用 TCP 连接发送与接收数据报文。双方通过捎带确认方法来交互正确接收数据报文的信息。

（2）UDP 的特点

与 TCP 相比，UDP 比较简单。当网络应用程序选择 UDP 时，它提供服务的特点表现在以下两个方面。

- 无连接服务：由于不需要在源程序进程与目的程序进程之间建立连接，因此 UDP 相对简单。UDP 的设计目标就是以最小的开销来完成报文传输。由于通信的两个进程之间没有建立连接，因此 UDP 不能保证发送的报文都到达目的节点，也不能保证发送的报文按顺序到达。
- 不提供拥塞控制机制：发送进程可以用任意的速率发送报文，目的是减少实现 UDP 的复杂性，减小协议运行的开销，提高报文传输的实时性。

对于数据传输的可靠性要求较低、实时性要求较高的网络视频、网络电话等应用，选择 UDP 是合适的。

通过上述分析可以看出，TCP 比较复杂，适用于数据传输可靠性要求较高的应用；而 UDP 相对简单，适用于数据传输实时性要求较高的应用。因此，TCP 与 UDP 可满足互联网与物联网不同应用的基本要求。

（3）实时传输协议与容迟网研究

在讨论 TCP、UDP 对智能物联网应用的适用性的同时，也要注意智能物联网对传输层的特殊要求。有些智能物联网应用对传输层的通信要求与互联网应用相似。对于这类的应用，TCP、UDP 可直接用于物联网应用。很多实时性要求高的智能物联网应用要求网络提供很高的带宽、很低的传输延迟、很高的可靠性，传统的 TCP、UDP 已经不能适应这类应用的需求。

理解智能物联网对传输层的特殊要求与解决方法，需要注意以下两个领域的研究。

第一，实时传输协议的研究。物联网感知信息中可能有大量的视频、音频或图像。视频传输可以分为两类：一类是非实时视频传输；另一类是实时视频传输。对于非实时视频传输，例如智能安防应用需要下载视频之后播放，它们对数据传输的实时性要求不高，传统的 TCP、UDP 可以满足这类应用的要求。对于智能工业、智能交通、智能医疗应用，对数据传输的实时性要求较高，传统的 TCP、UDP 已经不能适应这类应用。为了满足这类应用的需求，研究人员开发了实时传输协议（Real-Transport Protocol，RTP）与实时传输控制协议（Real-Transport Control Protocol，RTCP）。

第二，容迟网技术的研究。TCP 应用于互联网时，其实做了一个假设：在一次进程通信过程中，源进程与目的进程之间一定要保证"持续"的 TCP 连接。为了保证 TCP 连接的持续性，TCP 设计了多重的保障机制。例如，为了防止已建立的 TCP 连接上长时间没有报文发送，TCP 设置了一个保持计时器。TCP 为 TCP 连接规定了一个连接空闲时间（例如 120s），如果这段时间没有报文传送，发送端将每隔 75s 发送 1 个探测报文。如果发送了 10 个探测报文，仍然没有接收到对方的应答报文，那么将自动关闭这个 TCP 连接。对于互联网的应用层协议，例如 HTTP、SMTP、POP、FTP，它们都是建立在这个"假设"的基础之上的。

在智能物联网应用中，这个"假设"经常是不成立的。例如，在水下无线传感器网、地下无线传感器网、GPS 网络、车联网等应用中，节点在移动过程中受建筑物遮挡，或者是周边环境发生变化时，经常出现通信"间歇性"中断或信道噪声突然增加等现象。低层无线信道的"间歇性"中断，必然引起高层 TCP 报文丢失或传输出错，这种情况下难以满足"持续"的 TCP 连接的要求。学术界将这类网络称为"受限网络"（challenged network）。

针对受限网络的问题，研究人员提出了容迟网（Delay-Tolerant Network，DTN），修改了传统的 TCP/IP 体系结构与传输机制，提出了 DTN 体系结构与数据束协议。目前，DTN 协议已经应用于星际网络与车联网中。适应智能物联网特殊要求的传输层协议一直是网络研究的热点。

3. IPv4 与 IPv6

（1）IP 的基本概念

我们设计与组建的计算机网络，不仅要覆盖一个实验室、一个校园、一家公司或一个政府机关，而且需要接入互联网。在互联网环境中，我们向远在欧洲的同学发一封电子邮件，其实并不知道这封邮件经过怎样的传输路径，经过哪些邮件服务器转发，如何在很短的时间内传送给对方。我们通过百度搜索关于"物联网"的资料时，并不需要知道现在浏览的 Web 服务器位于哪里，它采用怎样的网络运行环境。如果南开大学计算机系的学生与北京大学计算机系的学生协同开发一个网络应用软件，也不需要知道两台计算机进程之间通信的传输路径，以及如何保证数据传输的正确性。

我们之所以能够方便地在互联网上享受各种网络服务，正是因为有网络层的 IP 提供支持。网络层通过路由算法为 IP 分组从源主机到目的主机选择一条传输路径，以便向传输层提供跨越传输网的数据传输服务。IP 是支撑互联网运行的基础，也是互联网的核心协议之一。我们通常称使用 IP 组建的传输网络为"IP 网络"。

需要注意的是，互联网在网络层使用 IP，我们称互联网的传输网为"IP 网络"是正确的。反过来，我们不能认为所有 IP 网络都一定要连接在互联网上。因为我们完全可以独立于互联网，利用 TCP/IP 组建一个自主管理和独立运行的 IP 网络，这种情况在智能物联网中经常出现。

（2）IP 的特点

IP 的特点主要表现在以下几个方面。

- IP 是一种无连接的分组传输协议。

IP 必须适应结构复杂、无法预知传输路径的大型互联网络，它只能提供一种无连接的分组传输服务，并且不对分组传输过程进行跟踪。因此，IP 提供的是一种"尽力而为"（best-effort）的服务。

IP 不需要预先在源节点与目的节点之间建立一条传输路径，通常是由源主机的默认路由器启用路由算法，根据当前的网络拓扑与线路状态，选择下一个转发路由器；通过路由器之间的"点 – 点"方式，形成从源主机到目的主机的"最佳"传输路径，最终将分组发送到目的节点。源主机发送同一报文的不同分组的传输路径可能不同，到达目的节点的分组可能丢失或出现乱序。分组出错问题由传输层协议来解决。

- IP 屏蔽了低层通信协议与实现技术的差异。

IP 是一个面向互联网络的网络层协议，它必然要面对各种异构网络与通信协议。互联的网络可能是广域网、城域网或局域网。即使互联的网络都是局域网，它们可能是 IEEE 802.3 协议的 Ethernet，也可能是 IEEE 802.11 协议的 Wi-Fi 网络，这些网络的通信协议不同，数据封装格式也不同。互联网设计者希望通过 IP，用 IP 分组将低层的不同数据帧封装起来，向传输层提供格式统一的 IP 分组。

由于 IP 屏蔽了低层使用的通信协议与技术实现的差异，因此在传输层软件编程时就不需要考虑低层协议与实际技术的细节，只需要考虑如何实现传输层的功能。当低层采用了新的通信技术（例如从 4G 转换到 5G）时，网络层及以上各层的协议与软件不需要做任何修改，IP 使网络的互联和通信技术的演变对网络应用的影响最小。因此，IP 能够适用于互联网、移动互联网与物联网环境。

（3）IP 的演变与发展

IP 在发展过程中存在多个版本，最主要的有两个版本：IPv4 与 IPv6。

最早的 IPv4 文档出现在 1981 年。当时互联网的规模很小，主要连接参与 ARPANET 研究的大学，以及一些科研机构的计算机。在这样的背景下产生的 IPv4，不可能适应互联网大规模扩张的要求，研究人员针对暴露的问题不断"打补丁"以完善 IPv4。当互联网规模发展到一定程度时，局部的修改已显得无济于事，最终只能通过研究一种新的网络层协议解决 IPv4 面临的所有困难，这个新的协议就是 IPv6。

IPv4 与网络规模的矛盾突出表现在 IP 地址上。IPv4 的地址长度为 32 位。2011 年，在最后 5 块 IPv4 地址被分配给全球 5 大区域互联网注册机构之后，IPv4 地址已经全部分配完毕。这样的现实告诉我们：互联网面临着 IP 地址匮乏的危机，解决办法是从 IPv4 向 IPv6 过渡。

IPv6 的主要特征可以总结为：巨大的地址空间、新的协议格式、有效的分级寻址与路由结构、地址自动配置、内置的安全机制等。由于 IPv6 的地址长度为 128 位，因此 IPv6 可以提供多达 2^{128} 个地址。人们常用地球表面每平方米平均可获得多少个 IP 地址来形容 IPv6 地址数量之多。如果地球表面按 5.11×10^{14} 平方米计算，那么地球表面每平方米平均可获得 6.65×10^{23} 个 IP 地址。

通过上述分析中可以得出两点结论：
- 对于未来的物联网应用系统，大量的传感器节点、RFID 读写设备、智能控制设备、智能家电、智能汽车、智能机器人、可穿戴计算设备都可以获得 IPv6 地址。智能物联网的节点数量将可以不受限制地持续增长。
- IPv6 能够适应智能物联网在智能工业、智能农业、智能交通、智能医疗、智能物流、智能家居等领域的应用，并将成为智能物联网核心协议之一。

5.1.5 下一代网络体系结构与 SDN 技术

1. SDN 研究背景

在讨论了下一代网络协议（IPv6）能够为联网的每台计算机、物联网终端分配一个地址之后，另一个更深层次的问题出现了。目前，互联网中使用的路由器是由不同的制造商设计的，路由器内部的体系结构、工作模式相似。执行 IP 的软件固化在路由器的专用芯片中，用户对路由器的工作模式没有任何控制能力。

未来互联网、移动互联网与智能物联网的大规模应用，必然对传统网络体系结构与路由技术带来新的挑战。由于传统的路由器体系结构的限制，使得下一代互联网体系结构的研究人员无法根据应用需求来调整路由器的工作流程，很多研究方案在现有的网络结构与路由器环境中无法试验。因此，研究人员需要研发一种新的路由器体系结构，希望路由器能提供开放的接口，实现虚拟化、可编程与可重构，具备对新业务的灵活响应与快速部署的能力。软件定义网（Software Defined Network，SDN）技术正是为满足下一代互联网体系结构要求而开展的一项研究工作。

2. SDN 技术特点

SDN 并不是一种网络协议，而是一种开放的网络体系结构。SDN 吸取了计算模式从封闭、集成、专用的系统进化为开放系统的经验，通过将网络设备的数据平面与控制平面分离，实现网络硬件与控制软件分离，制定开放的标准接口，允许网络应用开发者与管理员通过编程来控制网络，将传统的专用网络设备变为可编程定义的通用设备。

SDN 抽象结构由 3 种模型组成：数据平面模型、控制平面模型与全局网络状态视图。控制平面模型支持用户通过编程来控制网络，而无须关心数据平面的实现细节。通过统计与分析网络状态信息，提供全局、实时的网络状态视图，控制平面根据全局状态来优化路由，使网络具有更强的管理、控制能力与安全性。

可编程性是 SDN 的核心。编程人员只要掌握网络控制器 API 的编程方法，就可以写出控制网络设备（例如路由器、交换机、网关、防火墙等）的程序，而无须知道各种设备配置命令的具体语法与语义；控制器负责将程序转化成指令来控制设备。新的网络应用可方便地通过 API 程序添加到网络中。SDN 使网络变得通用、灵活、安全与支持创新。

因此，SDN 技术特点可以总结为"开放的体系结构、控制与转发分离、硬件与软件分离、服务与网络分离、接口标准化、网络可编程"。

5.2 移动通信网的基本概念

5.2.1 无线信道与空中接口

如果将移动通信与有线通信相比，它们的区别主要表现在信道与接口上。图 5-11 给出了移动通信与有线通信的区别。

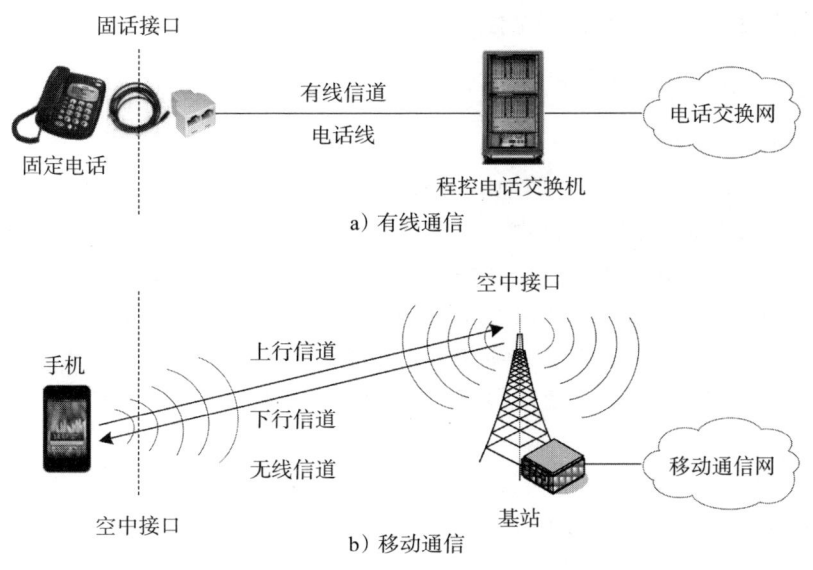

图 5-11 移动通信与有线通信的区别

1. 接口

移动通信与有线通信的区别首先是接口不同。如图 5-11a 所示，只要将电话机与预装在墙上的固定电话接口（简称为"固话接口"）用带有标准接头的电话线连接，我们就可以拨通世界上任何一个地方的电话。如图 5-11b 所示，手机与基站之间的通信接口是看不见的，它被称为"空中接口"或"空口"，所有通过空中接口与移动网络通信的设备称为移动台。手机是最常用的手持式移动台。基站包括天线、无线收发器与基站控制器。基站一端通过空中接口与手机通信，另一端接入蜂窝移动通信网中。1G 到 5G 技术的主要区别是无线信道采用了不同的空中接口标准。

2. 信道

在有线通信中，用户交谈的语音信号通过电话线传输，电话机与程控交换机之间的有线介质称为"有线信道"。在移动通信中，用户交谈的语音信号通过电磁波传播，手机与基站之间的无线介质称为"无线信道"。无线信道可分为两个部分：上行信道与下行信道。其中，上行信道用于手机向基站发送信号，而下行信道用于基站向手机发送信号。上行信道与下行信道的频段不同。例如，中国移动为 2G/NB-IoT/4G 的 900MHz 频段分配的上行信道频率为 889MHz ～ 904MHz，下行信道频率为 934MHz ～ 949MHz。

需要注意的是：有线通信的接口之间是通过电话线以"点 – 点"方式连接的，而移动通信的一个基站是通过多个空中接口接收多个手机的信号，因此移动通信的接口之间是通过广播以"点 – 多点"方式连接的。

设计移动通信系统需要解决以下几个基本问题：
- 手机如何找到基站？
- 基站如何区分不同的手机？
- 如何确定手机用户的合法性？
- 如何保证手机移动过程的通信连续性？

- 如何保证手机发送信息的安全性？

5.2.2 大区制与小区制

1. 大区制的局限性

移动通信的基本问题是随时随地有无线信号，可以接打电话。从无线通信技术的角度，就是要解决无线信号的覆盖问题，这时容易想到的方法有两种。一种方法是像广播电视那样，在城市最高的山上架设一个无线信号发射塔，或者是在城市中心建一座高大的发射塔，然后在发射塔上安装一台大功率的无线信号发射器，使无线信号可以覆盖一个城市几十公里的范围。另一种办法是采用卫星通信技术，利用卫星信号可以覆盖地球表面很大面积的优点，解决大范围的移动通信问题。这是移动通信中的"大区制"信号覆盖方法（如图 5-12 所示）。

"大区制"主要存在以下三个问题。

1）大区制适合于广播式的单向通信，例如传统的广播电视、广播电台。手机与电视机、收音机不同，它需要双向通信。大区制边缘位置的手机，距离无线信号发射塔较远，如果手机要将信号传送到发射塔，则需要使用较大的发射功率。

2）手机的发射功率大带来了两个问题。一是手机体积不可能太小；二是对人体的电磁波辐射增大。

3）由于城市中的建筑物、地下车库，甚至汽车的金属车顶都可能影响无线信号，因此难以保证手机在一些特殊环境中的通信顺畅。

正是由于存在上述问题，当前的移动通信网采用的是"小区制"。

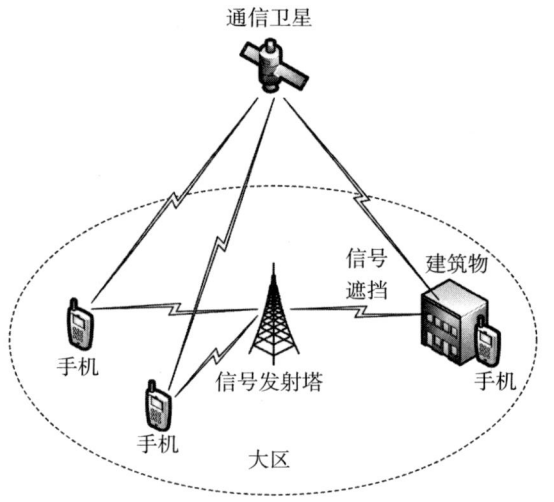

图 5-12 "大区制"信号覆盖方法

2. 小区制的基本概念

"小区制"是将一个大区制的覆盖区域划分成多个小区，在每个小区（cell）中设立一个基站（base station），手机与基站通过无线信道建立连接，以便实现双向通信。

"小区制"主要有以下几个特点：

1）"小区制"将整个区域划分成若干个小区，然后由多个小区组成一个区群。由于区群的结构酷似我们日常生活中的蜂窝，因此小区制的移动通信网被称为"蜂窝移动通信系统"（如图 5-13 所示）。

2）每个小区架设一个（或几个）基站。

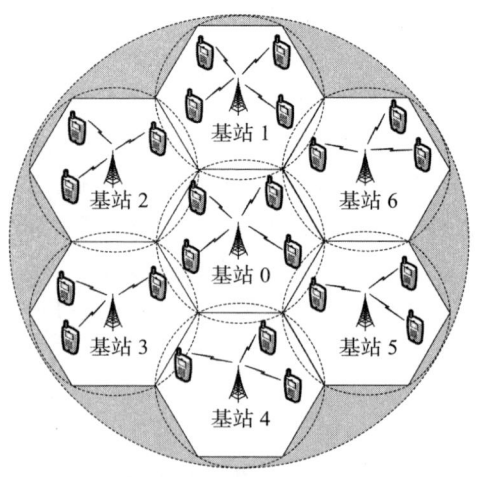

图 5-13 蜂窝移动通信系统示意图

小区内的手机与基站建立无线链路。

3）区群中的各个小区基站可以通过光缆、电缆或微波链路与移动交换中心连接。移动交换中心通过光缆与有线电话网连接，从而构成了一个完整的移动通信网。

5.2.3 蜂窝移动通信网的基本结构

1. 基本结构

图 5-14 给出了蜂窝移动通信网的基本结构。蜂窝移动通信网可以分为三个部分：移动终端、接入网与核心网。

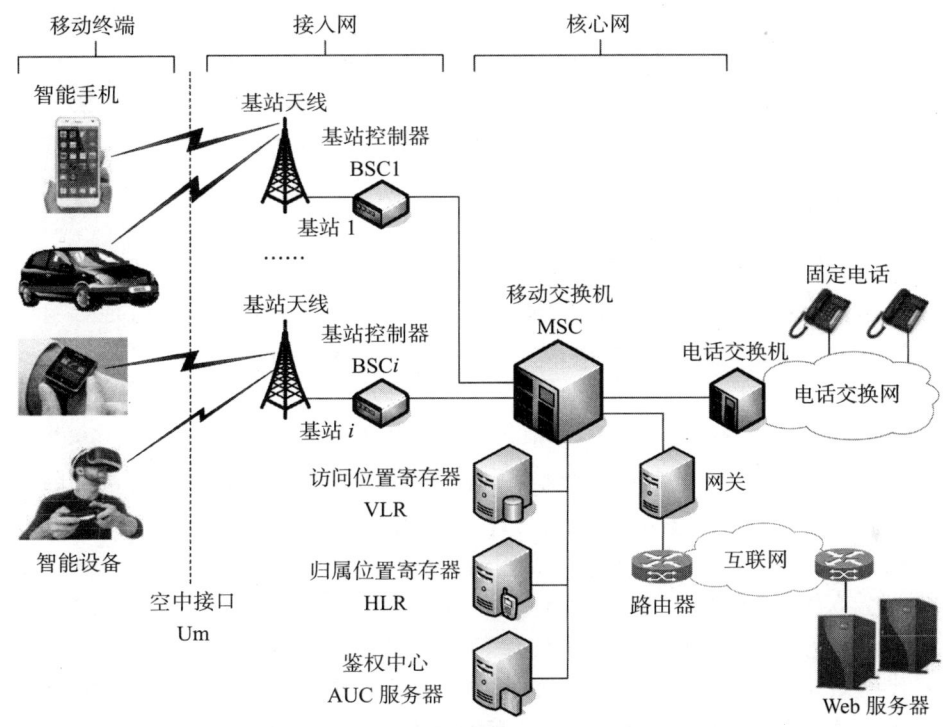

图 5-14 蜂窝移动通信网的基本结构

1）移动终端主要包括智能手机，以及可穿戴计算设备、物联网移动终端设备等。

2）接入网主要由若干个小区的基站天线、基站控制器（Base Station Controller，BSC）等设备组成。

3）核心网主要由地区移动交换中心（Mobile Switching Center，MSC）的移动交换机，以及归属位置寄存器（Home Location Register，HLR）、访问位置寄存器（Visited Location Register，VLR）与鉴权中心（AUthentication Center，AUC）等设备组成。

4）移动终端与基站之间通过空中接口通信，基站与交换机之间通常采用光缆连接。

2. HLR 与 VLR

分析归属位置寄存器与访问位置寄存器的基本功能，有助于读者了解蜂窝移动通信网对节点的移动性管理。

（1）归属网络与 HLR

归属网络负责维护 HLR 的数据库，其中存储着在本地入网的移动终端的所有重要信息，例如手机号码、国际用户识别码、申请的业务类型、漫游位置信息等。当移动终端漫游到另一个区域的蜂窝网络时，HLR 将获得移动终端的漫游位置信息，其中包含移动终端当前的位置信息。

（2）访问网络与 VLR

访问网络负责维护 VLR 的数据库，其中存储着在访问网络入网的每个移动终端的记录，例如进入访问网络的手机号码、当前位置等。当移动终端离开访问网络时，VLR 将会删除移动终端的相关记录。

例如，作者的手机是在天津移动公司办理入网手续的，那么该手机的入网信息存储在天津移动的 HLR 中。当作者到达北京移动公司的管辖区域之后，该手机的当前位置信息将存储在北京移动的 VLR 中，同时 VRL 向该手机的 HLR 索取入网信息。当作者离开北京返回天津之后，北京移动 VLR 将删除该手机的位置信息。MSC 通常与 VLR 在一起，MSC 协调到达或离开访问网络的用户呼叫。

5.2.4 移动通信技术与标准的发展过程

移动通信经历了从语音业务到移动宽带数据业务的快速发展，促进了移动互联网应用的高速发展。移动互联网应用不仅深刻地改变了人们的生活方式，也极大地影响着当今社会的经济与文化的发展。在过去的 40 多年中，移动通信每十年出现新一代革命性技术，推动着信息技术、产业与应用的革新。

第一代移动通信（1G）是最初的模拟、仅限语音的蜂窝移动通信技术。1982 年，北欧最早开展 1G 网络商用。由于 1G 通信仅有几个国家标准，没有形成国际标准，因此难以实现国际漫游。1G 通信采用模拟信号传输语音，仅提供电话业务。

第二代移动通信（2G）是以数字语音传输为核心的蜂窝移动通信技术。1991 年，芬兰推出了第一个商用 2G 网络。2G 通信开始形成国际标准，实现了国际漫游。2G 通信采用数字信号传输语音，能够提供电话、短信息等业务。

第三代移动通信（3G）是支持高速数据传输服务的蜂窝移动通信技术。2000 年，日本 NTT 公司推出了第一个商用 3G 网络。3G 的特点用一句话描述就是"移动+宽带"，能够在全球范围实现对互联网的无缝漫游。除了传统的电话、短信息等业务，3G 通信开始支持高速数据传输业务，支持浏览网页、查看电子邮件、传输视频等。3G 通信促进了移动互联网的快速发展。

第四代移动通信（4G）是在 3G 的基础上发展的蜂窝移动通信技术。与 3G 相比，4G 的最大突破是将数据传输速率提高了 10 倍。2015 年，我国工业和信息化部向中国移动、中国电信、中国联通等三大电信运营商发放 4G 牌照，标志着我国 4G 网络开始投入商用。

在移动通信领域中，"没有最快、只有更快"。在推进 4G 网络商用的同时，研究人员在紧锣密鼓地研究第五代移动通信（5G）。

5.2.5　5G 技术与智能物联网

1. 5G 的发展愿景

移动互联网与智能物联网是移动通信发展的两大动力，为 5G 技术的发展提供了巨大需求与广阔前景。5G 发展目标是构建以用户为中心的全方位信息服务系统，最终实现任何人或任何物体之间在任何时间、任何地点的信息共享服务。2014年5月，IMT-2020（5G）推进组发布了《5G愿景与需求白皮书》，其中展望了未来5G的整体愿景，并且讨论了5G网络的性能指标。

移动互联网主要面向以人为主体的通信服务，更关注的是为人提供更好的用户体验，并进一步改变人类社会的信息交互方式。例如，通过虚拟现实、增强现实、超高清视频、云端办公等新技术，能够为用户提供身临其境、极致体验的信息交互，并为很多已有的移动互联网应用注入新的活力。为了保证人在各种特殊应用场景（例如体育场、演唱会、展览会等超高密度环境，或高铁、地铁、高速公路等高速移动环境）也能够获得与普通场景一样良好的用户体验，除了对5G的数据传输速率与延时有更高要求以外，还面临着超高用户密度与超高移动性带来的挑战。

智能物联网的出现进一步扩大了移动通信的服务范围，从以人为中心的通信延伸到以机器为中心的通信（物与物之间、人与物之间的智能互联），也促使移动通信渗透到工业、农业、交通、能源、医疗、教育、金融、环保等众多领域。智能物联网在不同领域的应用推动了各类差异化物联网业务的快速增长，将有数以百亿计的物联网终端设备接入网络，真正地实现"万物互联、智能共享"。为了更好地支持物联网应用的快速发展，5G网络迫切需要解决的是物联网的海量终端密集连接的基本需求，以及不同物联网应用的业务需求差异（例如低延时、高可靠、低能耗、低成本等）。

综上所述，5G将面对以人为中心与以机器为中心的通信共存，以及各类具有差异化特征的移动互联网应用、智能物联网应用共存的局面，这样就对5G网络带来巨大挑战。这些挑战主要集中在以下几个方面：超高的用户体验速率、超低的传输延时、超高的用户密度、超高的移动速度、海量的终端连接。

2. 5G的三大应用场景

经过全球产业界与学术界的共同推动，在2015年明确了5G的应用场景、性能指标、发展时间表等重要内容。不同国家及研究组织都对5G有各自的定义。ITU确定的5G三大应用场景为增强移动宽带通信、大规模机器类通信与超可靠低延时通信。

（1）增强移动宽带通信

3G/4G移动通信的主要驱动力来自移动宽带业务，移动宽带对5G来说仍是最重要的应用场景。不断增长的业务需求对移动宽带提出了更高的要求，这就促进了增强移动宽带通信（enhance Mobile BroadBand，eMBB）的出现。eMBB应用场景在现有移动宽带业务的基础上增加新的应用领域，同时也进一步提升性能与提供无缝的用户体验。eMBB应用场景主要面向以人为中心的通信。

eMBB应用场景又划分为两类场景：广覆盖场景和热点场景。其中，广覆盖场景是移动通信的广域覆盖模式，致力于提供更高的移动性、无缝的用户体验，但是对传输速率的要求低于热点场景；热点场景满足局部区域内大量用户接入与高速传输需求，致力于提供更高的用户密度、更大的业务容量，但是对移动性的要求低于广覆盖场景。

（2）大规模机器类通信

大规模机器类通信（massive Machine Type of Communication，mMTC）是5G新拓展的应用场景，涵盖了以人为中心的通信和以机器为中心的通信。其中，以人为中心的通信主要是3D游戏、触觉互联网等，这类应用的特点是低延时与超高数据传输速率。以机器为中心的通信主要面向智慧城市、环境监测、智慧农业等领域，为海量接入、小数据包、低成本、低能耗设备提供有效的连接方式。mMTC 应用场景更关注接入密度、覆盖范围、设备能耗、部署成本等方面的指标。

（3）超可靠低延时通信

超可靠低延时通信（ultra-Reliable Low Latency Communication，uRLLC）是以机器为中心的通信，主要用于满足车联网、工业控制、智能医疗等行业的特殊应用对超高可靠性、超低延时的通信需求。其中，超低延时与超高可靠性指标同等重要，例如车联网应用中的传感器监测道路危险情况，如果传感器数据或控制指令的消息传输延时过长，或者是控制指令在处理或传输过程中丢失，都有可能导致车辆无法及时做出制动等控制动作，进而酿成车毁人亡的重大交通事故。

根据 5G 业务的性能需求与信息交互对象，ITU 进一步给出了 5G 主要应用的分布情况（如图 5-15 所示）。

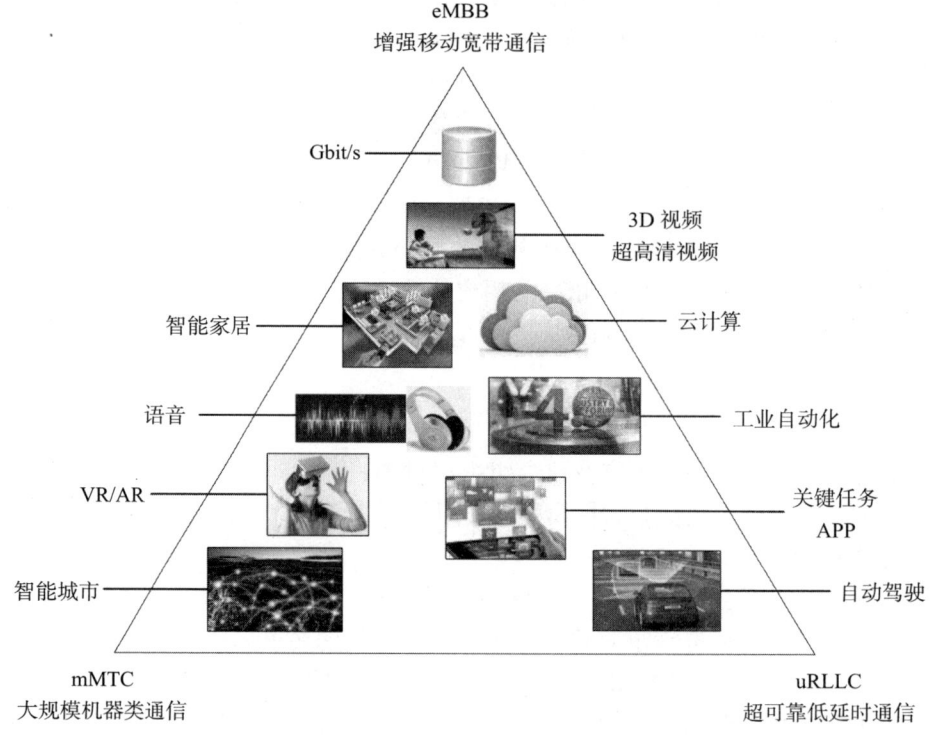

图 5-15　5G 主要应用的分布情况

3. 5G 的性能指标

5G 应用场景通常位于人们的居住、工作、休闲与交通区域，特别是人口密集的居住区、办公区、体育场、晚会现场、地铁、高速公路、高铁等。这些地区存在超高流量密度、超高接入密度、超高移动性，对 5G 性能提出了很高的要求。

为了满足移动通信网与物联网的各种业务需求，不同研究机构对 5G 技术指标开展了研究，确定了 5G 性能指标主要包括：峰值速率、流量密度、连接数密度、延时、移动性等。表 5-1 给出了 ITU 定义的 5G 关键性能指标。

表 5-1　ITU 定义的 5G 关键性能指标

名称	定义	ITU 指标
峰值速率	在理想条件下，用户可获得的最大数据传输速率	20Gbit/s
用户体验速率	在实际负荷下，用户普遍可获得的最小数据传输速率	100Mbit/s
延时	包括空口延时与端－端延时，这里是指空口延时	1ms
移动性	在特定场景中，用户可获得体验速率的最大移动速度	500km/h
流量密度	单位地理面积上可达到的总数据吞吐量	10Tbps/km^2
连接数密度	单位地理面积上可支持的在线设备数量	10^6 个/km^2
能效	单位能耗下可达到的数据吞吐量	4G 的 100 倍
频谱效率	单位频谱资源上可达到的数据吞吐量	4G 的 3 倍

(1) 峰值速率

峰值速率（peak data rate）是指在理想信道条件下，网络覆盖范围内的单个用户能够获得的最大数据传输速率，单位是 Gbit/s。5G 网络的峰值速率分为两种情况，在一般条件下要求达到 10Gbit/s，在特定条件下要求达到 20Gbit/s。

(2) 用户体验速率

用户体验速率（user experienced data rate）是指在网络忙碌状态下，覆盖范围内的所有用户普遍能够获得的最小传输速率，单位是 Mbit/s。用户体验速率首次作为衡量移动通信网的核心指标。在实际应用中，用户体验速率与无线环境、接入设备数、用户位置等因素相关，通常采用 95% 比例统计方法评估。在不同的应用场景下，5G 网络支持不同的用户体验速率，在广覆盖场景下要求达到 100Mbit/s，在热点区域中要求达到 1Gbit/s。

(3) 流量密度

流量密度（area traffic capacity）是指在网络忙碌状态下，网络覆盖范围内的单位面积上能够达到的数据吞吐总量，单位是 bps/km^2。流量密度是衡量典型区域内数据传输能力的重要指标，例如体育场、露天会场等局部热点区域的覆盖需求。在实际应用中，流量密度与网络拓扑、用户分布等因素相关。5G 网络的流量密度要求每平方公里达到 10Tbit/s。

(4) 连接数密度

连接数密度（connection density）是指在网络忙碌状态下，网络覆盖范围内的单位面积上能够支持的在线终端总数，单位是个/km^2。在线是指移动终端正在以特定的 QoS 进行通信。5G 网络的连接数密度要求每平方公里支持 100 万个在线设备。

(5) 延时

延时（latency）可以分为两类：空口延时与端－端延时。其中，空口延时是指移动终端与基站之间无线信道传输数据经历的时间；端－端延时是指移动终端之间传输数据经历的时间，其中包含了空口延时。延时可以用往返传输时间（RTT）或单向传输时间（OTT）来衡量。5G 网络的空口延时要求低于 1ms。

(6) 移动性

移动性（mobility）是指在满足特定 QoS 与无缝切换的条件下，移动终端能够达到的最大移动速度，单位是 km/h。移动性主要针对高铁、地铁、高速公路等特殊场景。在这些移动场景下，5G 网络的移动性要求达到每小时 500 公里。

为了使读者能够直观地体验 5G 技术的优越性，研究人员给出了对 5G 关键指标的感性认知描述（如表 5-2 所示）。

表 5-2 从用户角度对 5G 关键指标的感性认知

名称	ITU 指标	感性认知
峰值速率	20Gbit/s	在单用户理想情况下，1s 可下载 2.5GB 的视频
用户体验速率	100Mbit/s	1）用户可随时随地体验 4G 峰值速率；2）标清视频、高清视频、4K 超高清视频所占带宽分别为 1Mbit/s、4Mbit/s、50Mbit/s，5G 网络可提供足够的用户体验速率
延时	1ms	1）在普通场景中，如果电影画面以 24 帧 /s 的速率播放，相当于延时 41.6s，人的视觉感受流畅；如果声音超前或滞后画面小于 40ms，人不会感到声音与画面不同步；2）在移动场景中，如果汽车以 60km/h 的速度行驶，1ms 延时带来的刹车距离为 17m
移动性	500km/h	国内投入运营高铁的最高时速为 350km/h，5G 网络支持用户在高铁行驶中的所有应用场景下的通信需求
连接数密度	10^6 个 /km²	深圳人口为 1077.89 万，面积为 1996.85 平方公里，人口密度为每平方公里 5398 人，这是国内人口密度最高的城市。在该人口密度下，5G 网络支持每人平均接入 18.5 个终端设备

4. 我国的 5G 发展状况

我国政府非常重视 5G 长远目标、技术规划、发展战略等相关工作。2013 年 2 月，我国成立了 IMT-2020（5G）推进组，其成员包括通信设备生产商、电信运营商、高等院校、研究机构等，致力于打造聚合我国产学研用力量、推动我国 5G 技术研究与开展国际交流合作的平台。

2019 年 6 月，我国的工业和信息化部正式向中国电信、中国移动、中国联通、中国广电网络等公司颁发了基础电信业务经营许可证，批准这四家电信运营商经营 5G 业务，这标志着中国的 5G 时代正式拉开帷幕。5G 网络建设取得了巨大的成果。

根据工业和信息化部发布的数据：截至 2023 年底，我国 5G 基站总数达 337.7 万个，5G 移动电话用户达 8.05 亿户。

5.2.6 6G 发展愿景

如果说 5G 能够实现"万物互联"的局面，那么 6G 将开启更高层次"万物智联"的新局面。6G 研究的初衷是为了满足 2030 年将要出现的智能物联网全新应用场景，可以从几个关键指标来对比 5G 与 6G 的性能指标：

- 峰值速率：5G 是 10Gbit/s~20Gbit/s，6G 是 1Tbit/s。
- 用户体验速率：5G 是 100Mbit/s，6G 是 10Gbit/s~100Gbit/s。
- 连接数密度：5G 是每平方公里 100 万，6G 是每平方公里几百万。
- 空口延时：5G 是 1ms，6G 是 0.1ms。
- 移动性：5G 是 500km/h，6G 是 1000km/h。

由于 6G 极大地提高了网络性能指标，增强了智能与感知能力，网络覆盖从以地面为主延伸到陆海空天，因此将会创造大量新的应用。ITU-R 研究人员预测了 6G 的 6 种潜在应用场景。

1. 以人为中心的沉浸式通信

未来的智能人机交互将从虚拟现实 / 增强现实（VR/AR），向混合现实 / 扩展现实（MR/XR）与全息三维显示方向发展以人为中心的沉浸式深度交互体验，使得显示分辨率推向人眼可辨的极限，这就要求网络传输速率达到 Tbit/s 量级，目前的 5G 网络未能达到这一水平。为了在远程操作时，获取实时触觉反馈并避免头晕、疲劳等晕动症状，极低的 μs 量级端 – 端延时是逼近人类感官极限的另一个关键需求。

2. 感知、定位与成像

6G 采用更高的太赫兹和毫米波频段，除了能够为移动通信提供更高的带宽之外，还能提供感知、成像与定位能力，从而可以产生多种新的增值应用，如高精度定位、快速移动导航、手势与姿态识别、地图匹配、图像重构等。与无线通信相比，感知、定位与成像能力在不同的应用场景中，对距离、角度、速度、位置的精度和分辨率要求不一样，同时也提出了相关的性能指标，如检测概率和虚警概率等。

3. 工业 4.0 及其演进

虽然 5G 有低延时与高可靠性的技术指标，但是像精确运动控制等应用场景的要求，5G 仍然无法保证。6G 基于超高可靠、极低延时的通信能力，能够满足超低延时、超高可靠性等应用场景的要求。随着越来越多 AI 新型人机交互方法，以及未来的自动化制造系统将以协作机器人为主的局面，5G 已经无法适应工业 4.0 更高的应用需求。

4. 智慧城市与智慧生活

交通、环保、安防、医疗、健康、汽车、城市、楼宇、工厂等领域，以及智能网联汽车、无人机等应用，都需要部署海量传感器。这些传感器采集的大量数据，需要用 AI 算法进行处理，进而为科学决策提供服务。数字孪生城市会使今后的城市规划、建设与管理更科学、合理和人性化，同时数字孪生城市要求通信网络提供超高的带宽、接入密度、流量密度，无处不在的覆盖范围，以及超低延时，这些 5G 已经难以应对，需要依靠 6G 网络提供服务。

5. 移动服务全球覆盖

为了在全球任何地点提供无缝移动服务，6G 需要实现地面与非地面通信的一体化。在这种一体化的系统中，一个移动用户只需一台设备就可以在城市和乡村，甚至在飞机和船舶上无缝使用移动宽带业务。这些场景能够在不中断业务的前提下对地面与非地面网络的最优链路进行动态优化。一体化的无缝高精度导航，也让自驾爱好者面对任何地形都能获得好的驾驶体验。其他潜在应用场景还包括实时环境保护和精准农业作业，6G 会为这些场景提供广泛的智能物联网连接。

6. 分布式机器学习与互联 AI

由于 6G 设计贯彻了两个原则，一个是"面向网络的 AI"设计，另一个是"面向 AI 的网络"设计。因此，一方面，AI 可以作为一项增强能力集成到 6G 的大部分功能与特性中；另一方面，几乎所有 6G 应用都是基于 AI 的。

6G 技术预示着智能物联网开始了新的征程。期待借助 6G 技术，推动智能物联网向"万物智联"的更高阶段发展。

5.3 智能物联网接入技术

5.3.1 智能物联网接入的基本概念

互联网将大量用户接入归纳为解决"最后一公里"问题，而物联网将大量感知与控制设备接入归纳为解决"最后十厘米"问题。接入技术用于将海量的各类传感器、控制器与智能终端设备接入物联网应用系统，关系到物联网提供的应用类型、服务质量、运行成本等，也是组建物联网基础设施需要解决的一个重要问题。

物联网接入技术可以分为两大类：有线接入与无线接入（如图5-16所示）。

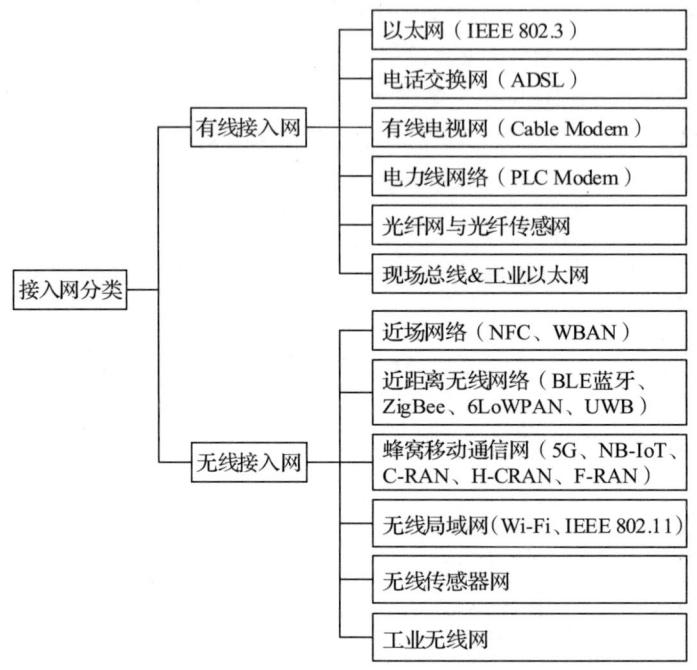

图 5-16 物联网接入技术的分类

5.3.2 有线接入技术

针对物联网终端设备的接入问题，有线接入方式主要有局域网、电话交换网、有线电视网、光纤接入以及电力线。

1. 局域网接入技术

目前，对于校园网、企业网与办公网用户，大量的计算机是通过局域网接入互联网的。对于位置固定的物联网智能终端设备，例如RFID汇聚节点、WSN汇聚节点、工业控制设备、监控摄像头等，它们同样适合通过局域网接入物联网。由于以太网（Ethernet）是一种常用的局域网组网技术，因此Ethernet是局域网范围接入的首选技术。图5-17给出了各类设备通过Ethernet接入物联网的结构示意图。

Ethernet的技术优势表现在以下几个方面。

- Ethernet支持的数据传输速率从10Mbit/s至100Gbit/s，用户可以根据具体应用需求选择节点接入物联网的带宽。
- Ethernet将共享介质方式改为交换方式，接入节点可以独占链路带宽。
- Ethernet组网使用的传输介质可以是光纤或非屏蔽双绞线，介质长度可以从几十厘米至几千米。
- Ethernet技术成熟，性价比高。

由于Ethernet具有上述几个优点，因此它是固定节点接入物联网的首选技术。

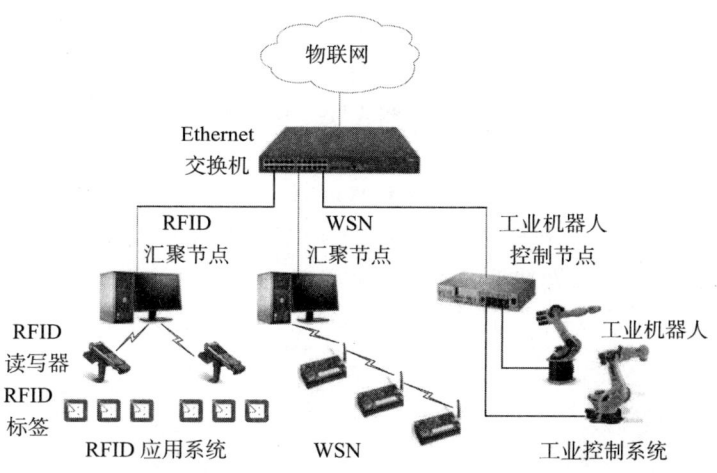

图 5-17　Ethernet 接入物联网的结构示意图

2. 电话交换网与 ADSL 接入

数字用户线（Digital Subscriber Line，DSL）技术使家庭现有的电话线既支持语音通话又支持上网。如果将从互联网下载文档的信道称为下行信道，将向互联网发送数据的信道称为上行信道，那么家庭用户需要的下行信道与上行信道的带宽是不对称的。非对称数字用户线 ADSL 技术是在现有的电话线上通过电话交换网，以不干扰传统的电话业务为前提，提供高速数据传输业务的技术。

随着物联网在智能家居、智能医疗等领域的推广，人们发现通过 ADSL 将智能终端设备接入物联网是一种经济、实用的方法。对于位置固定的物联网智能终端设备，例如智能家居网关、智能家电、监控摄像头等家用智能设备，以及智能检测仪器、大型手术器械等医用智能设备，它们同样适合通过 ADSL 技术接入物联网。图 5-18 给出了家用智能设备通过 ADSL 接入物联网的结构示意图。

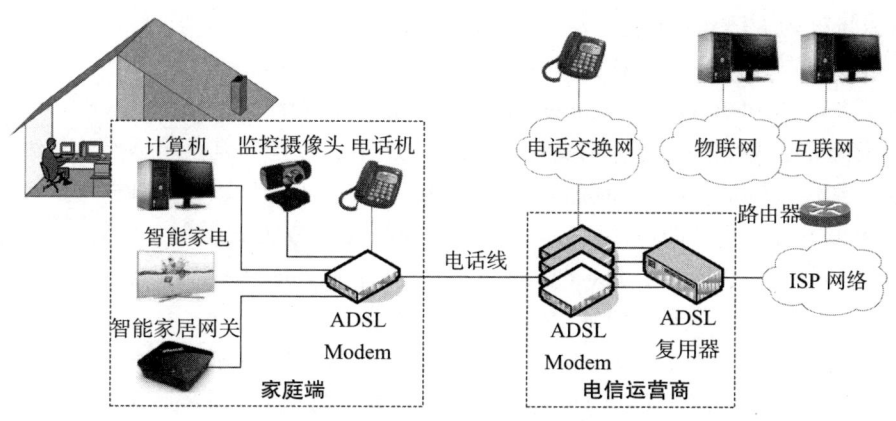

图 5-18　家用智能设备通过 ADSL 接入物联网的结构示意图

3. 有线电视网与 HFC 接入

与传统的电话交换网一样，有线电视网（CATV）是一种覆盖面大、应用广泛的传输网，被视为解决互联网接入"最后一公里"问题的最佳方案。

早期的有线电视网只能提供单向的广播业务。随着交互式视频点播、数字电视技术的推广，电视节目播放与用户点播必须使用双向传输的信道，产业界对有线电视网进行了大规模的双向传输改造。光纤同轴电缆混合网（Hybrid Fiber Coax，HFC）就是在这样的背景下产生的。

随着物联网在智能家居、智能医疗等领域的推广，人们发现通过HFC将智能终端设备接入物联网是一种经济实用的方法。智能家居网关、智能家电、监控摄像头等家用智能设备，以及智能检测仪器、大型手术器械等医用智能设备，可以通过HFC技术接入物联网（如图5-19所示）。

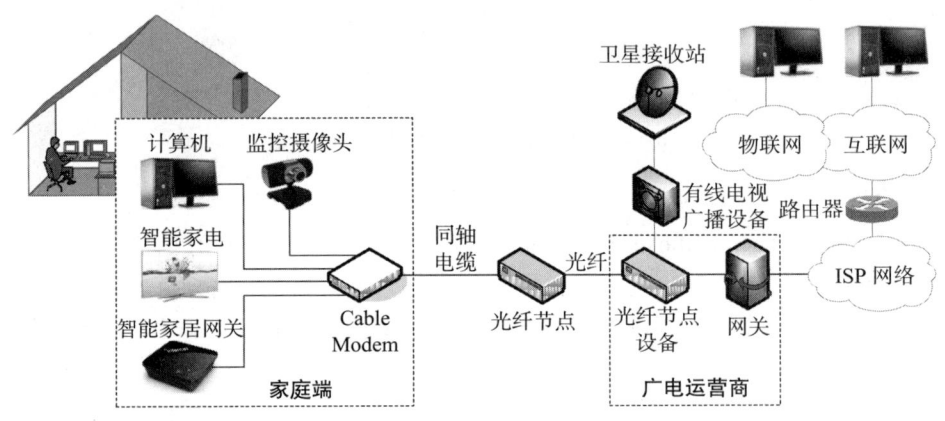

图5-19　家用智能设备通过HFC技术接入物联网的结构示意图

4. 光纤接入技术

在讨论ADSL与HFC等宽带接入方式时，我们已经发现：远距离的传输介质已经都采用光纤，而只有临近家庭、办公室的地方仍用电话线或同轴电缆。随着光纤传输技术的传输与广泛应用，很多城市都将接入用户端的电话线与同轴电缆全部换成光纤。人们将多种光纤接入统称为FTTx，这里x表示光纤接入的不同地点。根据光纤深入用户的程度，将光纤接入进一步划分为以下几种。

- 光纤到家（Fiber To The Home，FTTH）：用一根光纤直接连接到家庭，省去整个铜线设施（馈线、配线与引入线），有助于增加用户带宽，简化网络安装与维护。
- 光纤到楼（Fiber To The Building，FTTB）：用一根光纤连接到建筑物，用户终端设备无须拨号，开机即可接入互联网与物联网。FTTB方式类似于专线接入。
- 光纤到路边（Fiber To The Curb，FTTC）：一种基于优化ADSL的宽带接入方式，适合于小区家庭普遍使用ADSL的情况。
- 光纤到节点（Fiber To The Node，FTTN）：FTTN将光纤延伸到电缆交接盒，通常覆盖200～300个用户。FTTN更适合用户比较分散的农村。
- 光纤到办公室（Fiber To The Office，FTTO）：将光纤直接接入小型的企业用户、办公室、实验室的方式。FTTO不仅有助于增加用户带宽，简化网络安装与维护，而且能够快速引入各种新业务。

从上述讨论可以看出，对于智能终端接入物联网的场景，光纤接入是一种有效、安全的宽带接入方法。

5. 电力线接入技术

由于电力线覆盖的范围远超过电话线，因此人们也希望利用电力线实现数据传输，这就出现了电力线通信（Power Line Communication，PLC）技术。

发送端将计算机的高频数字信号通过 PLC Modem 调制成低频的交流电压信号（我国与欧洲的 200V/50Hz、美国与日本的 100V/60Hz），将交流电压信号经过电力线传输到接收端，然后通过 PLC Modem 解调成数字信号交给计算机。由于 PLC 连接节点限制在家庭的电力线覆盖范围内，信号传输不能超过电表与变压器，因此这项技术又称为室内电力线。电力线将各个房间中的计算机连接成一个局域网。

随着物联网在智能家居、智能医疗等领域的推广，人们发现通过 PLC 将智能终端设备接入物联网也是一种经济实用的方法。对于位置固定的物联网智能终端设备，例如智能家居网关、智能家电、监控摄像头等家用智能设备，以及智能检测仪器、大型手术器械等医用智能设备，它们同样适合通过 PLC 技术接入物联网。图 5-20 给出了家用智能设备通过 PLC 接入物联网的结构示意图。

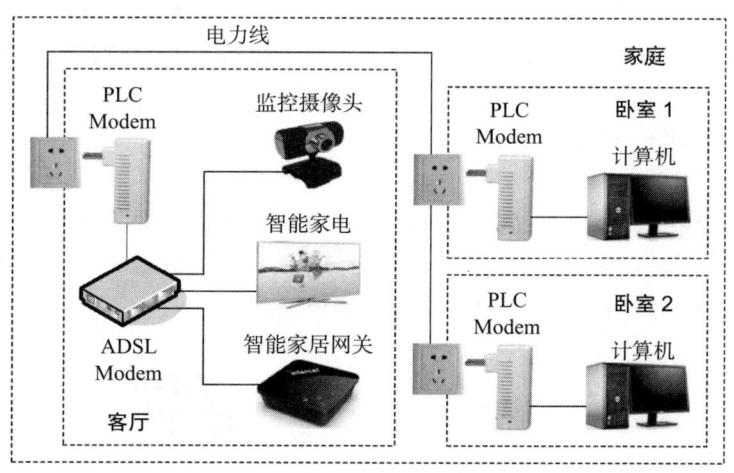

图 5-20　家用智能设备通过 PLC 接入物联网的结构示意图

5.3.3　无线接入技术

物联网终端通过无线方式接入涉及的技术包括：Wi-Fi（IEEE 802.11）、移动通信网（NB-IoT、M2M、D2D）、WPAN（IEEE 802.15.4、蓝牙、ZigBee）、WBAN（IEEE 802.15.4、NFC）、UWB 等。在讨论无线接入技术之前，首先要了解专用 ISM 频段的问题。

1. ISM 频段的概念

为了维护无线通信的有序性，防止不同通信系统之间的干扰，世界各国都要求用户向其管理部门申请特定的无线频段，并在获得批准之后才能够投入使用。同时，管理部门也划出了免予申请的专用频段，例如工业、科学与医药（Industrial Scientific Medical，ISM）频段。用户在使用 902～928MHz（915MHz 频段）、2.4～2.4835GHz（2.4GHz 频段）、5.725～5.85GHz（5.8GHz 频段）3 个频段时，只要无线设备的发射功率小于规定值（一般是 1W），可以不必预先申请而直接使用。图 5-21 给出了 ISM 频段分配示意图。无线接入通常使用免予申请、免费的 ISM 频段。

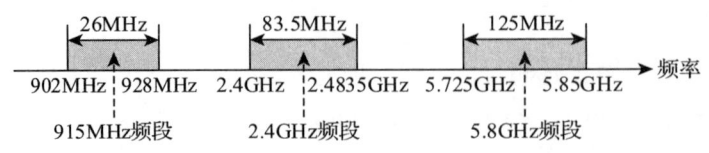

图 5-21 ISM 频段分配示意图

2. Wi-Fi 接入

（1）Wi-Fi 的概念

1997 年，IEEE 发布了无线局域网（WLAN）标准，即 IEEE 802.11 标准。尽管 Wi-Fi 只是厂商联盟推广 802.11 标准时使用的标记，但是人们已经习惯将 Wi-Fi 作为 IEEE 802.11 无线局域网的名称，将 Wi-Fi 接入点（Access Point，AP）设备称为基站（base station）或无线热点（hot spot），将多个无线热点覆盖的区域称为热区（hot zone）。现在无论在校园、宾馆、机场、车站、餐厅、体育场、购物中心，甚至是公交车、地铁上，随处可见 Wi-Fi 标识。

接入 Wi-Fi 的节点通常称为无线主机（wireless host）。无线主机可以是移动的，也可以是固定的；可以是台式计算机、笔记本计算机，也可以是平板计算机、智能手机，甚至是智能家居网关、智能家电、监控摄像头、RFID 读写器、可穿戴计算设备、智能机器人，以及各种物联网控制终端设备。

（2）Wi-Fi 组网方式

IEEE 802.11 标准支持两种组网方式：需要基站与无需基站。Wi-Fi 的基站又称为接入点或 AP。由于 Wi-Fi 网络中的所有节点都与 AP 通信，因此这种 Wi-Fi 网络采用星形拓扑。图 5-22 给出了物联网终端利用 AP 组网的结构示意图。

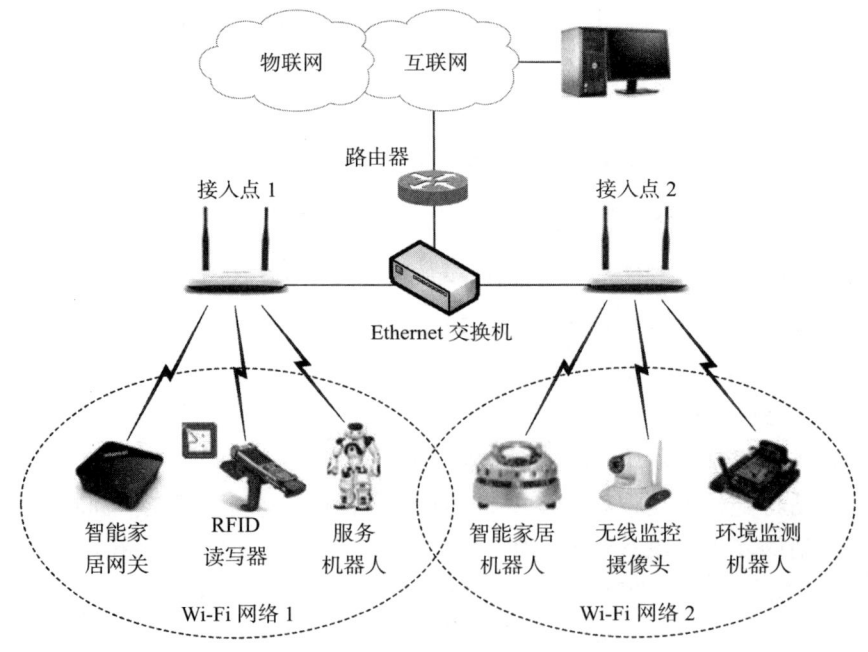

图 5-22 物联网终端利用 AP 组网的结构示意图

IEEE 802.11 标准也支持节点不需要基站，以无线自组网（Ad hoc）方式组网。无线传感器网（WSN）就采用这种组网方式。作为一种特殊用途的 WSN，无线传感器与执行器网（WSAN）也采用这种组网方式（如图 5-23 所示）。

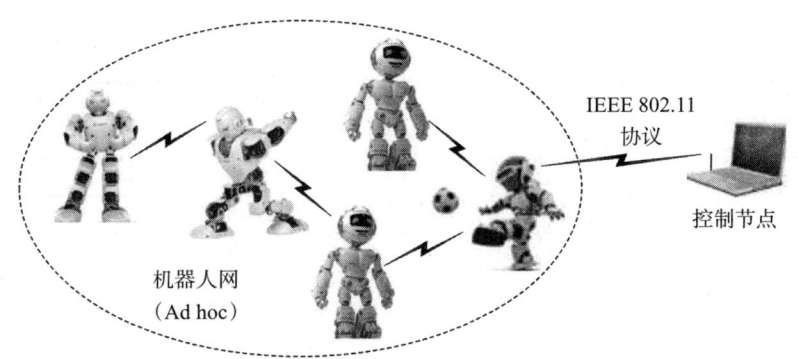

图 5-23　机器人利用 Ad hoc 组网的结构示意图

（3）Wi-Fi 标准的发展

1997 年 6 月，IEEE 公布了第一个 WLAN 标准（IEEE 802.11-1997），后续的其他 WLAN 标准都是在其基础上的修订。IEEE 802.11 标准定义了使用 ISM 的 2.4GHz 频段、最大传输速率为 2Mbit/s 的 WLAN 物理层与 MAC 层协议。

此后，IEEE 陆续成立了新的任务组，对 802.11 标准进行补充与扩展。1999 年，出现了 802.11a 标准，采用 5GHz 频段，最大传输速率为 54Mbit/s；同期，还出现了 802.11b 标准，采用 2.4GHz 频段，最大传输速率为 11Mbit/s。由于 802.11a 产品造价比 802.11b 高，同时 802.11a 与 802.11b 产品不兼容，因此 2003 年 IEEE 发布了 802.11g 标准。802.11g 标准采用与 802.11b 相同的 2.4GHz 频段、最大传输速率提高到 54Mbit/s。当用户从 802.11b 过渡到 802.11g 时，只需要购买 802.11g 接入点设备，原有的 802.11b 网卡仍能使用。

尽管从 802.11b 过渡到 802.11g 已经是 Wi-Fi 带宽的"升级"，但是 Wi-Fi 仍然需要解决带宽不够、覆盖范围小、漫游不便、网管不强、安全性差等问题。那么，2009 年发布的 802.11n 标准对于 Wi-Fi 来说是一次"换代"。

IEEE 802.11n 标准具有以下几个特点：

- 802.11n 可以工作在 2.4GHz 与 5GHz 两个频段，最大传输速率可达到 600Mbit/s。
- 802.11n 采用了智能天线技术，通过多组独立的天线组成天线阵列，可以动态调整天线的方向图，达到减少噪声干扰、提高信号稳定性、扩大覆盖范围的目的。一台 802.11n 接入点的覆盖范围可达到几平方公里。
- 802.11n 采取了软件无线电技术，解决了不同工作频段、不同信号调制方式带来的系统不兼容问题。802.11n 不仅能够与 802.11a/b/g 标准兼容，而且能够实现与无线城域网（IEEE 802.16 标准）的兼容。

由于 802.11n 具有上述几个优点特点，因此它已成为"无线城市"建设的首选技术，并且大量进入家庭与办公室环境中。

802.11ac 与 802.11ad 标准被称为"千兆 Wi-Fi 标准"。其中，2011 年发布的 802.11ac 标准工作在 5GHz 频段，最大传输速率为 1Gbit/s；2012 年发布的 802.11ad 标准抛弃了拥挤的 2.4GHz 与 5GHz 频段，它工作在 60GHz 频段，最大传输速率为 7Gbit/s。这些技术都考虑了与 802.11a/b/g/n 标准兼容的问题。由于 802.11ad 使用的频段在 60GHz，因此它的信号覆盖范围比较小，相对更适应于物联网接入应用。

表 5-3 给出了几个主要的 IEEE 802.11 标准（或草案），包括标准名称、工作频段、最大传输速率、发布时间等数据。

表 5-3　几个主要的 IEEE 802.11 标准

标准名称	工作频段	最大传输速率	发布时间
802.11	2.4GHz	2Mbit/s	1997 年
802.11a	5GHz	54Mbit/s	1999 年
802.11b	2.4GHz	11Mbit/s	1999 年
802.11g	2.4GHz	54Mbit/s	2003 年
802.11n	2.4GHz 与 5GHz	600Mbit/s	2009 年
802.11ac	5GHz	1Gbit/s	2011 年
802.11ad	60GHz	7Gbit/s	2012 年
802.11af	470～710MHz	568.9Mbit/s	2014 年
802.11ax	2.4GHz 与 5GHz	9.6Gbit/s	2014 年
802.11ah	<1GHz	100Mbit/s	2016 年

另外，IEEE 还成立了多个工作组，对 802.11 标准的服务质量、互联与安全性方面进行补充和完善，推出了包括 IEEE 802.11c、IEEE 802.11x 等多个标准与草案。

人们自然会提出一个问题：既然有覆盖范围广泛的 4G/5G 移动通信网，为什么还要发展 Wi-Fi？答案很简单：为了获得 4G/5G 移动通信网服务资格，电信公司需要为购买 4G/5G 频段使用权花费巨额资金，那么移动通信网就不能提供免费服务，必然要采用收费的商业运营模式。而 Wi-Fi 选用了免予申请的 ISM 频段，它有可能成为供广大用户免费接入互联网的重要信息基础设施。因此，Wi-Fi 对于物联网来说是一种经济、实用，并且具有很好发展前景的无线接入技术之一。

3．WPAN 接入

在无线个人区域网（WPAN）中，最常用的通信技术是蓝牙、ZigBee，以及符合 IEEE 802.15.4 标准的低速无线个人区域网（LR-WPAN），常用于移动智能终端设备接入。

（1）蓝牙技术

1994 年，Ericsson 公司看好移动电话与无线耳机，以及笔记本计算机与鼠标、键盘、打印机、投影仪的无线连接，对于近距离无线通信产生了浓厚的兴趣。因此，Ericsson 公司与 IBM、Intel、Nokia、Toshiba 等 4 家公司发起了开发一种短距离、低功耗、低成本的通信技术倡议，并将它命名为蓝牙（bluetooth）。

蓝牙通信使用免予申请的 ISM 频段（2.4GHz），最大传输速率为 1Mbit/s，通信距离通常不超过 10 米，支持点对点、点对多点等通信模式。目前，蓝牙技术已广泛应用于计算设备（包括台式计算机、笔记本计算机、平板计算机、智能手机等）与外部设备（包括键盘、鼠标、游戏手柄、耳机、音箱、投影仪、打印机等）之间的低速无线通信。图 5-24 给出了常见的几种蓝牙设备的照片。

1998 年，最初的蓝牙标准（1.0 版本）出现。此后，蓝牙标准经历了从 1.0 到 5.0 版本的多次演变。2003 年，蓝牙 2.0 版本将最大传输速率扩展到 3Mbit/s，增加了安全简单配对（Secure Simple Pairing，SSP）功能。2009 年，蓝牙 3.0 版本将最大传输速率扩展到 24Mbit/s。

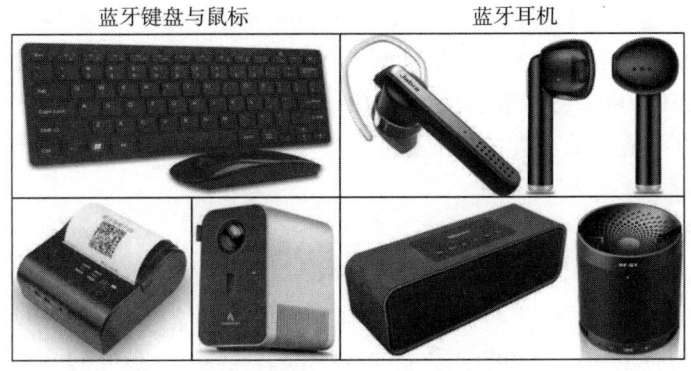

图 5-24　常见的几种蓝牙设备的照片

2010 年，随着蓝牙 4.0 版本的出现，蓝牙技术开始向低功耗的方向发展。蓝牙 4.0 分为两个标准：一个是传统蓝牙，另一个是低功耗蓝牙（Bluetooth Low Energy，BLE）。传统蓝牙主要用于数据量较大的语音、音频数据传输；BLE 主要用于实时性要求高、传输速率要求低的传感器、遥控器产品，可穿戴计算设备与智能手机之间的通信，以及物联网终端设备的近距离接入。目前，对于智能手机、可穿戴计算设备与物联网智能终端，在近距离、低速率的应用场景中，大多支持蓝牙接入。

（2）ZigBee 技术

ZigBee 是一种近距离、低速率、低功耗、低成本的无线通信技术，最初设计目标是面向自动控制应用场景。ZigBee 的传输速率要求低于蓝牙，工作在免予申请的 ISM 频段。其中，当工作频段为 2.4GHz 时，最大传输速率为 250kbit/s；当工作频段为 915MHz 时，最大传输速率为 40kbit/s。ZigBee 要求更低的功耗，当采用电池供电时，在不更换电池的情况下可以工作几个月，甚至几年。但是，ZigBee 网络的节点数量、覆盖规模比蓝牙大得多，传输距离通常为 10m～75m。

ZigBee 适用于数据采集与控制点多、数据传输量不大、覆盖面广、造价低的应用场景，在家庭网络、安全监控、医疗保健、工业控制等领域展现出重要的应用前景。图 5-25 给出了采用 ZigBee 的人体健康监测系统示意图。ZigBee 也是物联网智能终端设备在近距离、低速率接入中的常用方法之一。

（3）IEEE 802.15.4 标准

蓝牙标准与无线个人区域网（WPAN）标准不同，这就导致了蓝牙设备与 WPAN 设备之间无法直接通信。为了解决这个问题，IEEE 在 2000 年成立了 802.15 工作组，致力于低速无线个人区域网（Low-Rate Wireless Personal Area Network，LR-WPAN）标准研究与制定工作。LR-WPAN 的目标是解决近距离、低速率、低功耗、低成本的嵌入式无线传感器，以及自动控制设备、自动读表设备之间的数据传输问题。

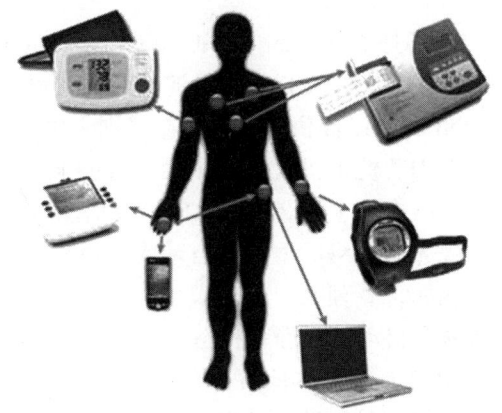

图 5-25　采用 ZigBee 的人体健康监测系统示意图

IEEE 802.15.4 定义了长寿命电池、低复杂度的低速率无线收发机技术规范，主要考虑靠电池供电运行 1～5 年的紧凑型、低功耗、低成本的嵌入式设备，例如无线传感器网中的传感器节点。IEEE 802.15.4 节点的发射功率仅是 Wi-Fi 的 1%。实际上，蓝牙与 Wi-Fi 技术已被广泛认为不适于低功耗的传感器应用。目前，无线传感器网的研究平台大多采用 IEEE 802.15.4 标准。

（4）6LoWPAN 标准

随着 IPv4 地址的耗尽，由 IPv6 替代 IPv4 协议已是大势所趋。物联网技术发展将进一步推动 IPv6 的部署与应用。2004 年 11 月，IETF 成立了基于 IPv6 的低速无线个人区域网（IPv6 over Low-power Wireless Personal Area Network，6LoWPAN）工作组，致力于将 IPv6 集成到 IEEE 802.15.4 为底层协议的 LR-WPAN 中。该工作组研究如何利用 IEEE 802.15.4 链路支持基于 IPv6 的通信，同时遵守互联网的开放标准，使 LR-WPAN 节点能够与其他 IP 设备实现互操作的问题。

6LoWPAN 将 802.15.4 与 IPv6 结合可获得以下两个好处：

- IPv6 巨大的地址空间可满足 LR-WPAN 应用对网络地址的需求。
- IPv6 协议的邻居发现、地址自动配置等机制，使得 LR-WPAN 的设计、构建与运行，以及智能终端设备接入物联网更容易。

近年来，研究人员正在将 LR-WPAN 应用于家庭网络、工业控制、交通管理、楼宇自动化等场景，并成为智能终端近距离接入物联网的技术。

4. WBAN 接入

2007 年 11 月，IEEE 成立了致力于医疗保健服务的 802.15 工作组，研究适用于人体与人体周边（3～5m）范围内的无线人体区域网（WBAN）。经过 5 年多的努力，IEEE 于 2012 年 3 月公布了 802.15.6 标准的正式版本，它涵盖了 WBAN 的物理层、MAC 层，以及网络拓扑与网络安全的实现方法。

802.15.6 标准具有短距离、低功耗、低成本、实时性与安全性好的特点。除了传统的健康医疗领域之外，802.15.6 标准还能够应用于个人娱乐、体育运动、环境智能、公共安全、军事等领域，并在近距离通信中代替蓝牙、ZigBee 等技术。近年来，802.15.6 标准有望成为智能终端近距离接入物联网的主流技术。

5. NFC 技术

近场通信（Near Field Communication，NFC）是一种近距离的高频无线通信技术。NFC 由非接触式 RFID 技术演变而来，可用距离约为 10 厘米。

NFC 可以提供 RFID 标签识别、电子身份识别（例如身份证）、数据传输等功能。用户能够用智能手机代替非接触式智能卡（例如公交卡、银行卡、门禁卡、会员卡等），还能够读取广告牌上附带的 RFID 标签信息。很多研究涉及如何使用 NFC 标签来控制手机，快速实现无线网络的配置，自动将手机设置为静音模式，启动时间记录功能及切换 PIN 锁模式。例如，管理人员在会议室门口贴上一块 NFC 标签，进入会场的人将手机靠近该标签，手机就会自动进入静音状态。

NFC 具有成本低廉、方便易用、功耗小的优点。对于内嵌 NFC 通信功能的移动设备，通过射频信号能够自动识别、建立信道与交换数据，自动提供网络服务的共享功能。这种不需要用户安装、使用简便、自动发现服务的工作方式，适合移动智能终端设备的很多应用需求。目前，NFC 技术仍然处于发展与应用的初始阶段。但是，NFC 在物联网接入中的应用已经引起了产业界的重视。

6. NB-IoT 与 eMTC 技术

在移动通信网中，针对广覆盖、低功耗的物联网通信技术主要有两种：窄带物联网（NB-IoT）与增强机器类通信（eMTC）。2016 年 10 月，中国移动、华为公司等合作进行 NB-IoT 与 eMTC 商用产品的实验室测试，希望能够促进蜂窝物联网产品的成熟，推动我国物联网应用的快速发展。

（1）NB-IoT

NB-IoT 全称是"基于蜂窝网络的窄带物联网"（Narrow Band Internet of Things，NB-IoT），它的研究目标是瞄准物联网市场，相关标准是由华为公司主导制定的。

NB-IoT 是基于蜂窝移动通信网的技术，华为公司将它称为"蜂窝物联网"。对于移动通信市场，在 4G 成功商用之后，5G 的标准化、商业化都需要时间，而物联网应用的发展需要新技术的支持。在这样的背景下，华为公司推出了 NB-IoT 技术，它的特点主要是"广覆盖、大容量、低功耗、低成本"。

这里的"广覆盖、大容量"表现在 NB-IoT 构建于蜂窝网络中，仅消耗大约 180kHz 的带宽，单个小区支持 10 万个移动终端接入；"低功耗、低成本"表现在 NB-IoT 终端的待机时间长达 10 年，每个终端的成本不超过 5 美元。

NB-IoT 可以广泛应用于多种行业与应用中，例如远程抄表、资产跟踪、智能停车、智慧城市、智能物流、智能农业、智能医疗、智能家居等。NB-IoT 将成为物联网的一种经济、实用的无线接入技术。

（2）eMTC

eMTC 是与 NB-IoT 设计思路相似的另一项技术。eMTC 也是部署在蜂窝移动通信网中，支持的最大传输速率为 1Mbit/s，其他技术参数与 NB-IoT 基本相同，例如单个小区支持 10 万个移动终端接入，eMTC 终端的待机时间长达 10 年。eMTC 的设计目标是在移动性、支持定位、成本低、传输速率高等方面形成特色。

在智能物流应用中，eMTC 具有防盗、防调换、温度感知、支持定位等优点；在可穿戴计算设备应用中，eMTC 支持健康监测的视频、数据上传及定位。另外，eMTC 可以应用于智能充电桩、智能公交站牌、共享单车、电梯安防等领域。

在基于蜂窝网络的 NB-IoT、eMTC 接入技术的竞争中，应用规模、运营与接入模块的成本将会起到决定性作用。

5.3.4 软件无线电与认知无线电技术

1. 无线频谱稀缺与低效率并存

随着无线通信的普及，特别是物联网应用的发展，大量移动终端设备投入使用，使本就匮乏的无线频谱资源更加珍贵。按照现在的频谱分配策略，已经很难再为新的无线通信申请新的频段。同时，人们还会面对另一个现象，即一些常用频段的平均利用率低于 5%。因此，人们面临着无线频谱稀缺与低效率并存的局面，主要原因是频谱资源的"不开放"，利益关系导致运营商之间的"不合作"。

在讨论 ISM 频段问题时曾说过，除了 ISM 频段之外，使用其他频段是需要申请的。"频谱资源不开放"是指不允许非授权用户使用已被授权的频段。即使某个频段的利用率不高或在空闲期，非授权用户也不能使用。这样做的目的是保证各个行业能够合法使用申请到的频段，不出现抢占与相互干扰的问题。出于对已分配频谱资源的保护，申请单位不愿意与非授权用户"共享"就容易理解了。

面对这种矛盾的局面，除了从频谱管理与使用的角度入手，还必须从技术的角度来设法加以改善。软件无线电（Software Radio，SR）与认知无线电（Cognitive Radio，CR）是可行的技术方案。

2. 软件无线电

传统的无线电设备是由硬件电路和元器件组成的。例如，打开传统的无线电台，我们看到的是焊接在主板上的集成电路、电阻、电容，连接各个部件的导线以及天线。从这个角度来看，传统的无线电台就是"硬件无线电"。软件无线电是指利用软件完成传统上由硬件实现的无线通信功能，它打破了无线通信仅依赖于硬件的发展格局。在通信领域中，软件无线电是继从固定通信到移动通信，从模拟通信到数字通信之后的第三次革命。

从实现技术上，除了射频的前端（包括天线）之外，很多通信功能可以通过软件来实现。例如，通过软件编程可以实现模数变换（A/D）与数模变换（D/A）功能；通过软件编程可以实现不同通信频段（HF、VHF、UHF 与 SHF）的选择；通过软件编程可以完成数据信号的采样、量化、编码/解码、运算与变换；通过软件编程可以实现不同信道调制方式（调幅、调频、数据、跳频与扩频）的选择；通过软件编程可以实现网络协议、终端控制协议与加密/解密的功能。

软件无线电可以充分利用软件技术的灵活性、模块化、可定制等特点，改变了无线通信系统的单一工作模式，提高了系统的灵活性与对外部环境的动态适应能力，也为智能物联网提供了更加灵活的无线接入方式。

3. 认知无线电

无线频谱是制约移动通信与无线接入发展的重要问题，它在物联网应用中将会表现得更突出。解决这个问题的思路有两个：一是利用更高的毫米波段进行通信，二是寻找频谱优化利用的方法。显然，第二种方法更有利于提高频谱的利用率。

研究人员在中午测试了不同频段的使用情况，3GHz 以下频段的利用率为 28%，而 3～5GHz 频段的利用率仅为 0.4%。研究者发现频谱利用率与时间、地理位置有很大的相关性。因此，能否找到一种频谱动态利用方法，就是认知无线电研究的起点。1999 年，研究者提出了"认知无线电"的概念，其核心思想是：无线通信系统自身具有学习能力，能够与周围环境交互信息，感知与利用该空间的可用频谱，以便限制与降低冲突的发生。认知无线电的关键技术包括：频谱感知、频谱管理与频谱共享。

物联网终端设备使用认知无线电技术之后，能够实时认知其所处的外部环境，获得当前频谱使用的情况，根据自身对速率、延时与频谱利用率的需求，在不产生干扰的情况下，动态地选择可使用的无线信道。

认知无线电是以软件无线电技术为基础，是无线电、软件工程、人工智能等技术融合的产物。由于认知无线电具有灵活、智能、可重新配置等特点，因此它又被称为"智能无线电"或"机会频谱接入无线电"。

随着物联网应用的深入，大家逐渐认识到频谱稀缺对物联网的影响。例如，物联网应用系统虽然使用了大量的 ISM 频段，并且 WSN 节点通常部署在空旷的山林中，但是由于系统中存在数以千计的 WSN 节点，在实际使用中已经出现了频谱资源紧张的情况。因此，软件无线电、认知无线电技术为智能物联网接入智能提供了保障。

本章小结

1）计算机网络是计算机学科最活跃的研究领域，互联网是计算机网络最成功的应用。
2）计算机网络有广域网、城域网、局域网、个人区域网、人体区域网等 5 种类型。
3）5G 技术能够为智能物联网提供高带宽、高可靠性与超低延时的服务。
4）接入技术用于将海量传感器、控制器与智能终端设备接入物联网应用系统。

习题

5-1 单选题

5-1-1 以下关于计算机网络"分组交换"特点的描述中，错误的是（   ）。
　　A）分组交换适用于突发性强的计算机数据通信需求
　　B）分组交换在发送数据之前需要预先建立线路连接
　　C）分组头部中带有源地址与目的地址
　　D）分组的最大数据长度有限制

5-1-2 以下关于计算机网络分组传输过程的描述中，错误的是（   ）。
　　A）路由选择算法为每个分组选择一条向目的主机的"最佳"传输路径
　　B）同一报文的不同分组可能通过不同的传输路径到达目的主机
　　C）分组到达目的主机的过程中不会出现丢失的现象
　　D）高层软件需要对接收的多个分组进行排序

5-1-3 以下关于"三网融合"的描述中，错误的是（   ）。
　　A）"三网"是指计算机网络、电信通信网与有线电视网
　　B）"融合"可以是技术上的融合
　　C）"融合"可以是业务上的融合
　　D）"融合"可以是网络拓扑的融合

5-1-4 以下几种计算机网络中，不属于按覆盖范围分类的是（   ）。
　　A）接入网　　　　B）城域网　　　　C）广域网　　　　D）人体区域网

5-1-5 以下关于广域网特点的描述中，错误的是（   ）。
　　A）覆盖的地理范围从几十公里到几千公里　　B）主要用于互联不同地理位置的局域网
　　C）广域网一般属于公共数据网络　　　　　　D）广域网建设的投资很大

5-1-6 以下关于宽带城域网结构的描述中，错误的是（   ）。
　　A）宽带城域网的核心协议是 CSMA/CA 协议
　　B）通常分为核心交换、汇聚与接入等三个层次

C）汇聚层将接入网请求汇聚到核心交换网

D）通过核心交换层实现对互联网的访问

5-1-7 以下关于 TCP/IP 的描述中，错误的是（　　）。

A）TCP/IP 包括实现复杂网络功能的一组协议　　B）提供 Web 服务的 HTTP 属于应用层

C）主机 – 网络层没有规定具体的协议　　D）TCP 属于互联网络层

5-1-8 以下关于移动通信网小区制的描述中，错误的是（　　）。

A）将一个大区覆盖的区域划分为多个小区　　B）每个小区中仅能架设一个基站

C）多个小区组成一个区群　　D）小区内的手机与基站之间建立无线链路

5-1-9 以下关于无线信道与空中接口的描述中，错误的是（　　）。

A）移动通信与有线通信的信道接口标准相同

B）移动通信中的手机与基站使用的是无线信道

C）无线信道是手机与基站之间的"空中接口"

D）4G、5G 是指不同的空中接口技术及标准

5-1-10 以下关于 5G 技术特点的描述中，错误的是（　　）。

A）流量密度可达到每平方米 10Mbit/s　　B）用户体验速率为 100Mbit/s ～ 1Gbit/s

C）空口延时最小为 10ms　　D）每平方公里可支持 100 万个在线设备

5-1-11 以下几种接入方式中，不适用于接入可穿戴计算设备的是（　　）。

A）Wi-Fi　　B）NB-IoT　　C）BLE　　D）ADSL

5-1-12 以下关于 ZigBee 技术的描述中，错误的是（　　）。

A）最初设计目标是为了适应自动控制的应用场景

B）ZigBee 不强调设备的功耗问题

C）2.4GHz 频段最大传输速率为 250kbit/s

D）ZigBee 网络的节点数量比蓝牙多

5-2 思考题

5-2-1 试对比广域网、城域网与局域网的技术特征。

5-2-2 试分析 TCP/IP 体系与物联网应用的关系。

5-2-3 为什么需要研究容迟网技术？

5-2-4 为什么 IPv6 将成为物联网核心协议之一？

5-2-5 为什么说"5G 时代的最大受益者是物联网"？

5-2-6 举例说明 Ethernet 接入方式适用的物联网设备类型。

5-2-7 举例说明 Wi-Fi 接入方式适用的物联网设备类型。

5-2-8 举例说明 WBSN 接入方式适用的物联网设备类型。

5-2-9 设计一个面向患者手术后监控的智能医疗系统，并说明使用的物联网设备及相应的接入方式。

第 6 章 位置信息、位置服务与定位技术

位置是物联网感知数据的一个重要属性，缺少位置信息的感知数据是没有实用价值的。位置服务采用定位技术确定物体当前的地理位置，利用地理信息系统与移动通信技术，为智能物体和客户提供基于位置的信息服务。本章在介绍位置信息、位置服务概念的基础上，系统地讨论了定位技术原理、分类，以及在智能物联网中的应用。

本章学习目标
- 掌握位置服务的基本概念。
- 理解 GPS 的概念与工作原理。
- 了解各种定位技术的特点。
- 了解位置服务在智能物联网中的应用。

6.1 位置信息与位置服务

6.1.1 位置信息的重要性

位置信息是人类在生活中随时要掌握的信息，它属于一种基础性的信息。作者通过比较四次参观山东孔庙的经历，来说明在没有互联网、互联网时代、物联网时代与智能物联网时代，位置信息的重要性、基于位置的服务的产生，以及智能时代旅游与生活方式的变化。

在没有互联网的时代，作者第一次参观了山东曲阜孔庙，当时我们需要做的事情有：首先，找到一份新版的地图册，翻到山东省曲阜市页面，了解曲阜市的地理位置；接下来，找到一份铁路运行时刻表，查找天津到曲阜的车次及时间；接着，前往火车站售票处购买车票；最后，乘坐火车前往曲阜市。我们在到达曲阜市之后，还要乘公交车前往孔庙，在孔庙售票处购买门票，进入孔庙内部参观，在附近的餐馆就餐，回火车站附近的宾馆住宿。尽管是一趟非常简单的旅行，但是所有行程都要自行"人工安排"，整个过程就显得非常麻烦，并且存在很多未知的不确定性。

在互联网普及之后，作者第二次参观了山东曲阜孔庙，这次选择了与同事们以自驾游方式结伴而行。我们在出发之前，通过互联网的搜索引擎查询信息，了解孔庙的地理位置、景点介绍、内部地图，以及曲阜市的特色餐馆、各类宾馆等，并通过互联网提前预订了门票、住宿。我们在出发的当前早晨，提前在约定的集合地点汇

合，几辆车都打开了 GPS 终端的导航功能，GPS 在车辆行驶过程中不断提示路线，大家在路上用手机语音或短信息联系，整个旅行过程变得更加顺畅、舒适。从没有互联网到互联网普及之后，旅行过程经历了从"人工安排"过渡到互联网"辅助服务"的演变过程。

在物联网应用普及后。当我们准备驾车前往孔庙旅游时，只要在智能手机上输入"吃、住、行"的大致要求，物联网应用系统就会自动地安排好整个行程。当同行的几辆车在高速公路上行驶时，这些车自动形成一个车联网，每辆车都会根据自身位置、行驶速度与周边状况，司机可以根据路况信息随时调整与控制车辆的行驶速度与跟车距离。在车辆进入曲阜市的区域之后，不需要立即前往宾馆办理入住手续，宾馆会主动提示"客房已准备好、欢迎随时入住"。当车辆驶入景区停车场时，物联网自动泊车系统将会提示哪里有空闲停车位，并且自动停到车位。在我们进入景区大门之后，物联网导览系统将景点介绍、内部地图推送给智能手机。从互联网、移动互联网发展到物联网时代，旅行过程也经历了从互联网"辅助服务"到物联网"位置服务"的演变过程。

到了智能物联网时代，当我们想去曲阜孔庙参观时，可以坐在无人驾驶的智能网联汽车上，在车上，我们可以开视频会议、讨论课题。到了景点，服务机器人等候在车门外，陪同我们参观景区，回答我们想知道的历史典故。

比较没有互联网、互联网、物联网、智能物联网时代，我们的生活方式、思维方式的变化，以及我们所接受的服务的变化。在这些变化的背后有一个不变的东西，那就是位置信息。

理解位置信息的重要性与作用，需要注意以下几个问题：

1）位置信息是各种智能物联网应用系统能够实现服务功能的基础。日常生活中 80% 的信息都与位置有关，隐藏在各种智能物联网系统自动服务功能背后的是位置信息。例如，在通过 RFID 或传感器技术实现的生产过程控制系统中，只有确定装配的零部件到达规定的位置，才能够决定下一步装配动作是否进行。供应链物流系统必须通过 GPS 系统，确切地掌握配送货物的货车当前所处的地理位置，才能够控制整个物流过程有序地运行。因此，位置信息是支持智能物联网各种应用的基础。

2）位置信息涵盖了空间、时间与对象三要素。位置信息不仅仅是空间信息，它包含着三个要素：所在的地理位置、处于该地理位置的时间，以及处于该地理位置的人或物。例如，用于煤矿井下工人定位与识别的无线传感器网络需要随时掌握哪位矿工下井，以及什么时间、在什么地理位置的信息。用于老年病患者健康状态监控的无线传感器网络需要及时采集被监控对象的血压、脉搏等生理参数，在发病时能够立即确定患者当时所在的地理位置，及时采取急救措施。用于森林环境监控的无线传感器网络需要通过连续的监测，当发现某一个传感器节点反馈的温度数值突然升高时，需要参考周边传感器在同一时间感知的温度，来判断是传感器出现故障还是出现了火警。如果出现火警，则需要根据同一时间、不同位置传感器感知的温度高低，来计算出起火点的地理位置。因此，位置信息应该涵盖空间、时间与对象等三要素。

3）通过定位技术获取位置信息是智能物联网应用系统研究的一个重要问题。在很多情况下，缺少位置信息，将会让感知系统与感知功能失去意义。例如在目标跟踪与突发事件检测应用中，如果无线传感器网的节点不能够提供自身的位置信息，那么它提供的声音、压力、光强度、磁场强度、化学物质的浓度与运动物体的加速度等信息也就没有价值了。因此，必须将感知信息与对应的位置信息绑定。

6.1.2 位置服务的基本概念

近年来，随着移动互联网的高速发展与智能手机的普及，基于位置信息的各项服务已经融入了人们的日常生活中：我们已习惯开车时开启行车导航，外出吃饭时搜索附近餐馆的打折优惠，逛街时搜索感兴趣商家的优惠活动，旅行时查询航班信息及规划出行路线。人们已从过去的做事前制定"万全之策"变成如今的"随机应变""以不变应万变"。隐藏在这些智能服务背后的是一整套基于位置信息的服务（Location Based Services，LBS），这类服务通常被简称为位置服务。

用户使用的位置服务可以归纳为 5 类：
- 定位（确定个人位置）。
- 导航（导航行进路径）。
- 查询（查询某个人或物体）。
- 识别（识别某个人或物体）。
- 事件检查（在出现特殊情况下向相关机构发送带求救或查询位置的请求）。

位置服务不只是单纯获取一个空间信息，其涵盖了三个关键要素（地理位置、时间、人或物体），利用这些彼此关联的关键要素信息，既能够"因地制宜"为人们提供所在位置附近的服务，又能够"见机行事"为人们提供时效性、便捷性的服务，还能够"因人而异"为人类提供更个性化、人性化的服务。

6.1.3 位置服务的发展

随着智能手机、平板计算机等移动终端的广泛应用，通过移动终端访问互联网的设备数量超过个人计算机，LBS 也开始在移动互联网中流行起来。一些网络地图服务商提供位置搜索服务的同时，开始提供行进导航、生活信息搜索等服务，并且借助自己掌握的地图数据支持，实现更精确、有针对性的 LBS。人们对基于 LBS 的移动互联网应用的热情，为 LBS 投入商业应用带来了新的发展机遇，也为以互联网为代表的信息服务业催生了一种新的服务模式。

图 6-1 给出了移动互联网中的 LBS 系统结构。LBS 系统主要包括以下几个部分：位置信息系统、地理信息系统、业务服务系统、信息传输系统与移动终端。其中，位置信息系统由移动终端的定位模块构成，负责获取用户的地理位置信息，它是提供位置服务的基础；地理信息系统是 LBS 系统采用的 GIS，负责提供地图及相应管理功能，并将地理位置转换成用户能理解的位置信息；业务服务系统负责提供具体的 LBS 业务，包括交通导航、生活服务、广告推送、社交网络、游戏服务等；信息传输系统负责实现 LBS 平台、服务商、用户之间的数据传输，主要依靠电信运营商的移动通信网、Wi-Fi 网络等；移动终端是指用户的智能手机、平板计算机等智能设备。

2008 年，随着 3G 网络与带 GPS 的手机的推广，基于 LBS 的电子商

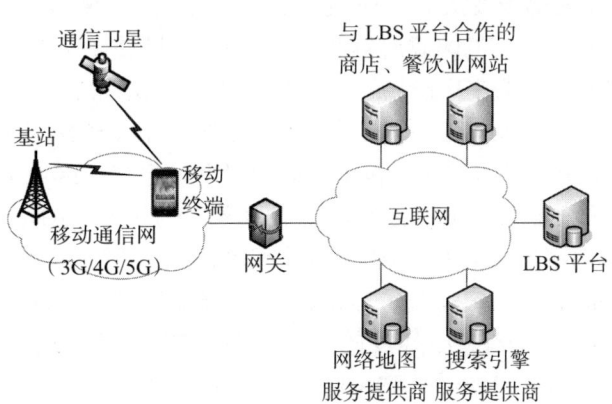

图 6-1 LBS 系统结构

务、社交、游戏应用出现了。2010年，国内出现了几十家"签到"模式的社交网站，例如街旁、玩转四方、嘀咕网等。2011年，国内市场出现了"LBS+社交"模式的团购应用，使用户能够享受到商品的团购优惠，代表性应用有糯米团、大众点评网等。2012年，北京小桔科技公司推出了基于LBS的打车服务，后来发展成家喻户晓的滴滴打车。同时，美团外卖等新的餐饮商业模式的出现，标志着"LBS+O2O"商业模式正式进入市场。从2012年开始，LBS应用逐渐成为移动互联网的标配，大多数应用已经具备了位置服务功能。

智能物联网应用对位置信息的依赖程度高于移动互联网，位置服务成为智能物联网应用不可或缺的重要服务类型之一。

6.2 全球定位系统

6.2.1 GPS的基本概念

1957年10月，苏联发射了人类第一颗人造卫星，它被命名为"史伯尼克"（sputnik），尽管其结构、功能都很简单，但是它揭开了人类使用卫星的序幕。全球定位系统（Global Positioning System，GPS）是一种室外定位技术，也是一种基于人造卫星、采用无线电导航的定位系统，它在全球任何地方及近地空间都能够提供准确的定位、导航与授时服务。GPS具有高精度、全天候、全覆盖、方便灵活等特点，它从问世就吸引了来自军事、汽车、物流、科考等领域的众多用户。

人造卫星的诞生引起了各国研究人员的高度关注。他们提出了针对卫星的第一个推测：如果在地球上的一个位置已知的观测点得到卫星信号的多普勒频移值，那么就能够计算出这颗卫星的运行轨道。研究人员不久就通过实验证实了这个推测。紧接着，他们提出了针对卫星的第二个推测，它是第一个推测的逆命题：如果已知一颗卫星的运行轨道，并在地球上的一个观测点得到卫星信号的多普勒频移值，那么就能够计算出这个观测点的位置。这项开创性的研究成果促成了卫星导航技术的出现。

1958年，美国军方研制了一种名为"子午"（transit）的卫星系统，并在1964年正式投入使用。它使用5～6颗卫星组成的星座，每天最多绕地球13圈，定位精度方面误差较大，并且无法给出高度信息。但是，子午系统验证了卫星定位的可行性，并且为后续的GPS研发积累了经验。1973年，美国军方提出了第一代卫星导航与定位系统，这项研发计划逐步发展并过渡成为后来的GPS。1995年，美国政府宣布GPS进入全面运行阶段。2000年，美国政府宣布停止GPS选择性使用限制，并将准确的全球定位数据对外开放，使得它可用于全球范围内的民用、商业等用途。

准确地说，全球导航卫星系统（Global Navigation Satellite System，GNSS）泛指所有的卫星导航系统，包括全球卫星导航系统、区域卫星导航系统及增强系统。全球定位导航系统能够在全球范围内提供服务，例如美国的全球定位系统（GPS）、中国的北斗卫星导航系统（BDS）、俄罗斯的格洛纳斯卫星导航系统（GLONASS）与欧盟的伽利略卫星导航系统（GALILEO）；区域卫星导航系统仅在指定区域范围内提供服务，例如日本的准天顶系统（QZSS）、印度的IRNSS等；增强系统为上述系统提供辅助及增强功能，例如美国的WAAS、日本的MSAS、欧盟的EGNOS等。

由于美国的GPS发展得比较早，并且技术成熟、应用广泛，因此人们习惯用GPS代替 GNNS，这使得 GPS 几乎成为卫星导航的代名词。

6.2.2 GPS 系统结构

实际上，各个 GNSS 系统都采用类似的结构。下面，我们以 GPS 为例来说明 GNSS 系统的基本构成。整个 GPS 系统是由三个部分构成的：空间星座部分、地面控制部分与用户设备部分。如图 6-2 所示，空间星座部分是由 24 颗 GPS 卫星构成的，其中 21 颗为可用于导航的工作卫星，3 颗为活动的备用卫星。这些卫星位于距地表 20 200 公里的上空，平均分布在 6 个倾角为 55 度的轨道上，并以 12 小时的周期绕地球运行。卫星的分布使 GPS 用户在全球任何地方、任何时间都能够观测到至少 4 颗卫星。GPS 用户正是利用这些卫星发送的信号来实现定位的。

地面控制部分由分布在全球的多个跟踪站构成。根据这些跟踪站的作用不同，它们又被分为三类：主控站、监控站与注入站。其中，主控站仅有 1 个，位于美国科罗拉多的法尔孔空军基地，它的作用是根据各个监控站对 GPS 卫星的监测数据，计算出卫星的星历、时钟的修正参数等，并将这些数据通过注入站注入卫星。主控站还负责向 GPS 卫星发布指令，控制卫星的运行状态；在 GPS 卫星出现故障时，调度备用卫星代替失效卫星。另外，主控站还兼有监测站的功能。

GPS 系统共有 5 个监测站，除了主控站之外，其余 4 个分别位于西太平洋的夏威夷、大西洋的阿松森群岛、印度洋的迪戈加西亚、东太平洋的卡瓦加兰。监测站的作用是接收 GPS 卫星的信号，监测卫星的工作状态；GPS 系统共有 3 个注入站，它们分别位于阿松森群岛、迪戈加西亚与卡瓦加兰。注入站的作用是将主控站的修正数据注入卫星。图 6-3 给出了 GPS 系统的地面控制部分。

图 6-2 GPS 系统的空间星座部分

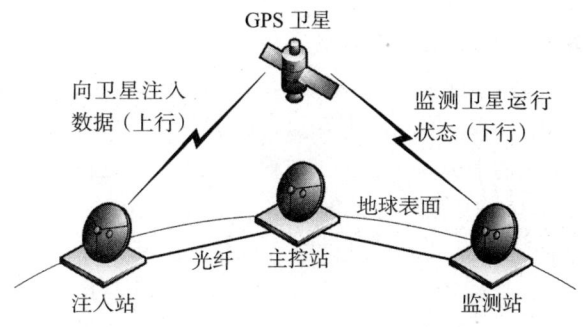

图 6-3 GPS 系统的地面控制部分

用户设备部分由 GPS 接收机、数据处理软件及计算设备构成。GPS 接收机的主要功能是捕获 GPS 卫星发送的信号，并计算接收机当前所在的地理位置。根据应用领域的不同，用户设备可分为：导航型设备、测地型设备与授时型设备。其中，导航型设备用于运动载体的导航，进一步分为车载型、航海型、航空型与航天型，分别用于车辆、船舶、飞机与卫星的导航。测地型设备用于精密大地测量与精密工程测量。授时型设备利用卫星提供的高精度时钟，常用于天文台、电网、无线通信中的时间同步。

根据采用的运载平台的不同，用户设备可分为：手持型设备、车载型设备、船用型设备、机载型设备、星载型设备等。其中，手持型设备是支持人类随身携带的 GPS 终端，主要包括智能手机、专用 GPS 手持终端、GPS 手表等；车载型设备是嵌入汽车控制面板或挂载在汽车内的专用 GPS 终端；船用型设备是安装在船舶驾驶舱中的 GPS 终端；机载型设备是安装在飞机驾驶舱中的 GPS 终端；星载型设备是安装在人造卫星内部的 GPS 终端。图 6-4 给出了 GPS 系统的用户设备部分。

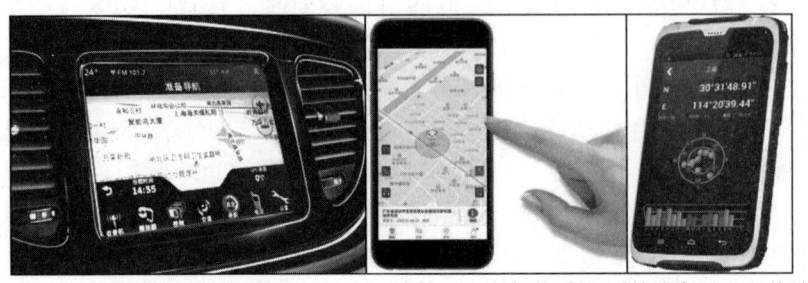

车载式 GPS 终端　　　　支持 GPS 的智能手机　手持式专用 GPS 终端

图 6-4　GPS 系统的用户设备部分

6.2.3　GPS 的工作原理

位置信息并不是由 GPS 卫星计算后发送给用户的，而是由用户使用的 GPS 设备自行计算出来的。显然，全世界的海量用户时刻都在享受着 GPS 系统提供的服务，因此无论是从计算量还是实时性的角度来看，都不可能是由卫星计算出位置信息并发送给每个用户的。全球分布的 GPS 卫星保证用户在任何地方都能够观测到至少 4 颗卫星。这些 GPS 卫星随时向外发送自己的在轨运行信息，用户设备通过对卫星信号进行计算来实现定位。图 6-5 给出了 GPS 用户设备与空间星座之间的关系。

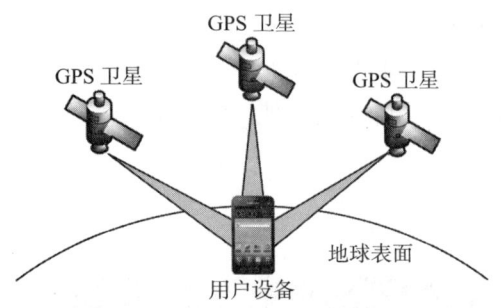

图 6-5　GPS 用户设备与空间星座之间的关系

图 6-6 给出了 GPS 定位的工作原理示意图。假设我们携带着一台 GPS 用户设备，并位于地球表面的位置 A，但我们不知道自己的具体位置。假设位置 A 的坐标是 (x,y,z)，位置 A 与卫星 1 之间的直线距离为 R_1。同时，GPS 用户设备可以检测到电磁波信号从卫星 1 发送到位置 A 的传输时间为 Δt_1。

已知电磁波在自由空间的传播速度 $C=3\times 10^8$ m/s。那么，卫星 1 与位置 A 之间的直线距离为 $R_1=C\times \Delta t_1$。

根据立体几何的相关知识，已知卫星 1 的坐标为 (x_1,y_1,z_1)，那么距离值 R_1 与位置 A 的坐标及卫星 1 的坐标之间的关系为：

$$R_1 = \sqrt{(x_1-x)^2 + (y_1-y)^2 + (z_1-z)^2}$$

如果 GPS 用户设备能够接收卫星 2 与卫星 3 的信号，确定位置 A 与另外两颗卫星之间的直线距离分别为 R_2、R_3，那么距离值 R_2、R_3 与位置 A 的坐标及卫星 2、卫星 3 的坐标之间的关系分别为：

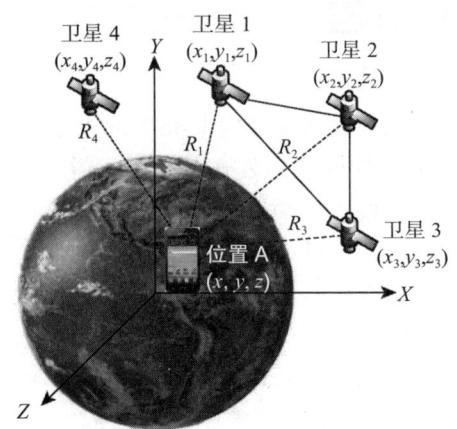

图 6-6　GPS 定位的工作原理示意图

$$R_2 = \sqrt{(x_2-x)^2+(y_2-y)^2+(z_2-z)^2}$$
$$R_3 = \sqrt{(x_3-x)^2+(y_3-y)^2+(z_3-z)^2}$$

通过 3 个方程式计算出 3 个未知数，即 A 点的坐标（x,y,z）是可行的。GPS 用户设备计算出位置 A 的坐标之后，结合地图数据确定 A 点在地图上的具体位置。通过引入第 4 颗卫星的坐标信息，用户设备还能够计算出 A 点的海拔高度。在上述的计算过程中做了一个假设，那就是用户设备与卫星的时钟之间没有误差。但是，这个误差在实际的应用中是必然存在的。因此，GPS 定位的计算过程相当复杂，还需要考虑很多修正参数。在这里，我们只是解释了 GPS 定位的基本工作原理。

如果用户设备在下一秒计算下一个位置点的坐标，则它也可以计算出 GPS 用户的移动速度及方向。如果 GPS 用户自行输入一个目的地址，用户设备就能结合地图数据来计算推荐路线，或者为用户设备的运载工具提供导航。目前，GPS 系统提供的民用定位精度为 10 米，在实际应用中的定位精度大多在 5～10 米。

尽管 GPS 定位是相对准确的，但是以下因素可能影响定位：
- 天线位置：天线位置对接收卫星信号的质量至关重要。如果天线被遮挡，信号可能会受到干扰或减弱，从而影响定位的准确性。
- 天气条件：在恶劣的天气条件下，例如强降雨、大雪或浓雾，信号可能会受到干扰或削弱，从而影响定位的准确性。
- 多径效应：GPS 信号在建筑物、山脉或其他物体上反射或折射，将会产生多个传播路径，这个现象称为多径效应。多径效应可能会导致信号延迟或失真，进而影响定位的准确性。

以下几种方法有助于提高 GPS 定位的精度：
- 外部天线：通过外部天线可改善 GPS 设备的信号接收质量。外部天线可以放置在能够获得最佳信号的开阔区域。
- 多星定位：接收来自更多卫星的信号可提高定位的准确性。尽量选择开阔的视野，确保观测到足够数量的卫星。
- 联合定位：将多个 GPS 定位技术结合使用，可提供更准确的定位结果。
- 数据校正：使用差分 GPS 或实时运动学（RTK）技术，通过接收校正数据来减少定位误差。

6.2.4 北斗卫星导航系统

2000 年建成的北斗卫星导航系统（BeiDou navigation satellite System，BDS）简称为"北斗系统"，是我国着眼于国家安全和经济社会发展需要，自主建设、独立运行的卫星导航系统，是为全球用户提供全天候、全天时、高精度的定位、导航和授时服务的国家重要空间基础设施。至此，我国也成为继美国 GPS、俄罗斯 GLONASS 之后，世界上第三个独立建成全球卫星导航系统的国家。

1994 年，我国开始探索符合国情的卫星导航系统发展道路，并且逐步形成了"三步走"的发展战略。

第一步，建成北斗一号系统（北斗卫星导航试验系统）。1994 年，启动北斗一号系统工程建设；2000年，发射2颗地球静止轨道卫星，建成系统并投入使用，采用有源定位体制，为中国用户提供定位、授时、广域差分和短报文通信服务；2003年，发射第三颗地球静止轨道卫星，进一步增强系统性能。

第二步，建成北斗二号系统。2004年，启动北斗二号系统工程建设；2012年年底，完成14颗卫星（5颗地球静止轨道卫星、5颗倾斜地球同步轨道卫星和4颗中圆地球轨道卫星）发射组网。北斗二号系统在兼容北斗一号技术体制基础上，增加无源定位体制，为亚太地区用户提供定位、测速、授时、广域差分短报文通信服务。

第三步，建成北斗全球系统。2009年，启动北斗全球系统建设，继承北斗有源服务和无源服务两种技术体制；计划2018年，面向"一带一路"沿线及周边国家提供基本服务；2020年前后，完成35颗卫星发射组网。北斗三号同时支持有源定位与无源定位机制，为全球用户提供服务。

整个北斗系统由空间星座部分、地面控制部分与用户设备部分三个部分构成。目前，空间星座部分由分布在3种轨道上的33颗卫星构成，主要包括5颗地球静止轨道卫星、7颗倾斜地球同步轨道卫星与21颗中圆地球轨道卫星。地面控制部分由分布在多地的3种地面站构成，主要包括1个主控站、多个注入站与多个监测站，以及星间链路运行管理设施。用户设备部分由北斗接收机、数据处理软件及计算设备构成。北斗接收机的主要功能是捕获北斗卫星发送的信号，并计算接收机当前所在的地理位置。

从北斗立项论证到启动实施、从双星定位到区域组网，直到覆盖全球，20多年间我国在西昌卫星发射中心组织了44次发射任务。利用长征系列运载火箭，先后将4颗北斗一号试验卫星、20颗北斗二号卫星和35颗北斗三号卫星送入预定轨道。从北斗系统开始提供服务以来，已在交通运输、农林渔业、水文监测、气象测报、通信授时、电力调度、救灾减灾、公共安全等领域获得广泛应用，服务国家重要基础设施，产生了显著的经济与社会效益。

2022年11月4日，国务院新闻办公室发布的《新时代的中国北斗》白皮书中介绍了地基增强服务，即建成地面站全国一张网，向行业和大众用户提供实时米级、分米级、厘米级和事后毫米级高精度定位增强服务。北斗地基增强系统实测的实时定位精度达到2厘米，高程可以达到5厘米。事后处理精度可以达到水平2毫米、高程5毫米。这样的高精度会带来更多样化的应用和服务，比如已经从传统的测量测绘向精准农业、形变监测、自动驾驶、电力巡检、智慧港口、共享单车等多个领域拓展应用。这张网已经为230多个国家和地区超过15亿用户提供了北斗加速定位和北斗高精度服务，总服务次数已经达到2万亿次，日服务次数接近30亿次，国内已经为2000多万部手机提供了高精度定位服务。

2023年我国北斗卫星导航系统正式加入国际民航组织标准，成为全球民航通用的卫星导航系统，这意味着北斗系统提供全球服务的能力得到了国际社会的广泛认可。

作为全球领先的高精度时空智能服务提供商的千寻位置公司负责建设与运营我国北斗地基增强系统，基于遍布全球的5000多座GNSS星基/地基增强站、自主研发的定位算法及大规模时空服务平台，在广域范围提供厘米级定位、毫米级感知和纳秒级授时服务。截至2024年5月，千寻位置北斗高精度时空服务的日服务次数超过100亿次，全球累计接入智能设备超20亿台，服务覆盖全球超过230个国家和地区，已经形成了时空智能自主可控的技术闭环，支持北斗系统进一步深入应用到各行各业。

目前我国推进的"北斗+"融合创新与"+北斗"时空应用，将有力推动智能物联网的发展，以及各领域智能化发展和新质生产力的形成。在赋能传统行业转型升级的同时，也为我国数字经济的高质量发展注入了新的强大动力。

6.3 定位技术的发展

尽管 GPS 终端已成为智能手机中的标准配置，但是在各种室内环境以及高大建筑物密集的街区中，卫星信号严重衰减，卫星信号的传播存在严重的多径效应，这样就导致了实际的定位结果并不理想。因此，为了提高位置服务的精确性与完好性，各种无线电定位技术相继被引入位置服务中，主要包括基于移动通信网的定位技术、基于 Wi-Fi 的定位技术、基于 RFID 的定位技术，以及无线传感器网定位技术等。

6.3.1 移动通信网定位技术

从 3G 网络投入商用开始，定位服务已成为移动通信网必备的附加功能，为数以亿计的移动用户提供各种基于位置的服务。

移动通信网中的定位技术是指通过移动站对接收到的无线电波中的某些参数（例如传输时间、幅度、相位、到达角等）进行测量，并根据特定算法计算出被测物体的位置。随着移动通信网从 2G 逐渐过渡到 3G、4G 与 5G 标准，相应的定位技术也随着移动通信网的空口标准变化而逐步改进。

在基于 LTE 标准的 4G/5G 网络中，常用的定位技术主要包括：增强小区 ID（Enhanced Cell-ID，E-CID）、OTDOA、A-GPS 等。

随着智能天线阵列在基站中的广泛应用，基站能够提供较准确的移动站 AOA 测量值，利用 AOA 构成从基站到移动站的径向连线（即测位线），这两条连线的交点即为移动站的位置。由于受到多径效应与其他环境因素的影响，当移动站与基站之间的距离较远时，AOA 测量值的微小偏差将导致定位距离的较大误差。因此，很少单独使用 AOA 对移动站进行定位，通常将其与 TOA、TDOA 等方法结合使用，以获得比 TOA 方法更高的定位精度。E-CID 中有一种称为 TA+AOA 的定位技术，在 Cell-ID 的基础上引入 TA 及 AOA 的因素，从而更精确地定位移动站（如图 6-7 所示）。

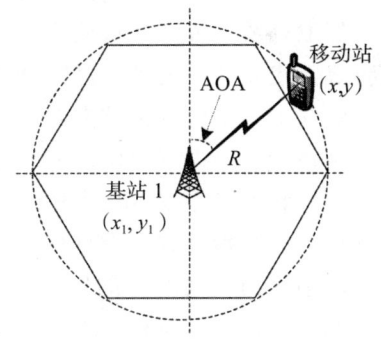

图 6-7 Cell-ID+TA+AOA 定位方法的原理

6.3.2 基于 Wi-Fi 的定位技术

室内定位技术已广泛用于商场导航、智能家居、人员搜救等领域，具有广阔的应用前景与巨大的商业价值。

随着 Wi-Fi 在我国城市网络基础设施中的普及，很多城市的热点区域已实现 Wi-Fi 网络的全覆盖，包括购物中心、校园、餐馆、医院、机场、高铁站等公共场所。近年来，甚至是地铁站、地下停车场等地下场所，也基本实现了 Wi-Fi 网络的全覆盖。在 Wi-Fi 信号普及的背景下，人们研究基于 Wi-Fi 的定位方法就很容易理解了。基于 Wi-Fi 的定位又被称为"Wi-Fi 指纹定位"技术。

理解"Wi-Fi 位置指纹"的概念,需要注意以下几点:

- 每个 Wi-Fi 的接入点设备(AP)发送的无线信号可以唯一的表示这台设备,按照 IEEE 802.11 协议规定,每个 AP 设备在出厂时都设置了一个全球唯一的硬件地址(如 00:0C:25:60:A2:1D)。
- 根据 IEEE 802.11 协议规定,在正常工作情况下,AP 设备每隔一定时间(如 0.1s)要发送一个信标帧,其中包含这个 AP 设备唯一的硬件地址。
- 每个 AP 设备覆盖的地理范围是有限的。如果一个移动终端(例如智能手机、平板计算机、物联网终端等)超出 AP 覆盖的最远距离(假设为 100m),则该终端就无法正常接收 AP 发送的无线信号。

基于上述三点可以得出一个推论:只要这个 AP 没有被人为移动,那么只要接收到一个含有物理地址 00:0C:25:60:A2:1D 的信标帧,就说明移动终端在该 AP 的覆盖范围内,即 AP 发射的 Wi-Fi 信号隐含一定的位置信息,通常称为"位置指纹"。因此,Wi-Fi 指纹定位是通过建立空间中 Wi-Fi 信号的特征与地理位置的映射关系来实现的。在室内环境中,Wi-Fi 信号传播过程经过直射、反射及折射之后,就形成了与环境相关的信号特征,在室内不同位置接收信号强度不同(如图 6-8 所示)。接收信号强度指示(Received Signal Strength Indication,RSSI)是常用于定位的 Wi-Fi 信号特征。

根据 Wi-Fi 信号强度数值不同的分布情况,通过采集各个地理位置上的 Wi-Fi 信号强度,依次对该数值进行预处理、特征提取以及训练,并将训练结果与地理位置之间建立映射关系,这样就通过采集过程建立了一个位置指纹数据库。如果某个移动终端需要进行定位,那么它只要检测能够接收的各个 Wi-Fi 信号强度,并将数据提交位置指纹数据库进行特征比对,就可以估算出当前所在的位置。图 6-9 给出了 Wi-Fi 指纹定位的工作原理。Wi-Fi 指

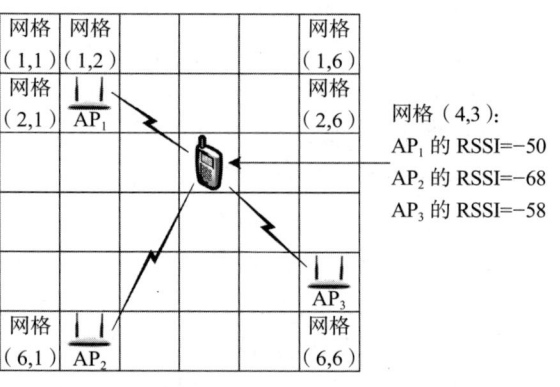

图 6-8 基于 RSSI 的"位置指纹"示意图

纹定位流程可分为 2 个阶段:离线采集与在线定位。在终端定位过程中,常用的特征匹配方法主要包括:贝叶斯网络、高斯过程、KNN、SVM 等。

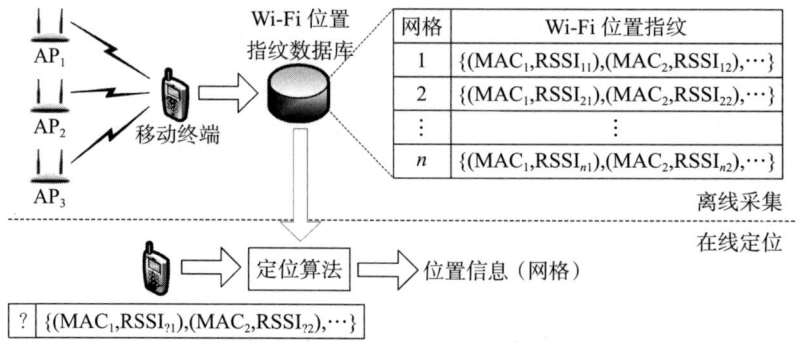

图 6-9 Wi-Fi 指纹定位的工作原理

6.3.3 基于 RFID 的定位技术

射频识别（RFID）是物联网应用系统中的常用感知技术，它可以利用电子标签来对物体进行唯一标识与自动识别。一套完整的 RFID 系统由读写器（reader）、电子标签（TAG）与应用软件组成。安装在物体上的电子标签与读写器之间通信，将电子标签中存储的物体相关数据发送给读写器，由后台软件系统对物体数据进行查询及解析。根据读写器与电子标签之间的射频信号强度（RSSI）、信号到达时间差（TDOA）或信号到达时间延时（TOA），可以计算出电子标签与阅读器之间的准确距离。

在基于 RFID 的定位技术中，预先安装在室内的（例如超市的天花板或走廊墙壁上）读写器的位置是已知的，这些分布在室内空间的读写器可以构成定位网络，通过阅读器主动读取物体（带电子标签）的信息及信号强度，从而计算出移动物体的位置信息，或者是移动物体主动靠近并获得读写器位置，进而计算出自己的位置信息。因此，在采用 RFID 技术的各种应用场景中，例如供应链管理、物流管理、医院管理等，读写器既能够自动感知物体的身份信息，也能够利用相关信息来计算位置信息。

在供应链管理应用中，在生产过程控制、质量跟踪、库存管理等环节，RFID 系统需要持续记录物品的位置；在物流管理应用中，对于从采购、库存、运输到配送的整个过程，RFID 系统需要持续获得物品的位置；在医院管理应用中，对于药品、医疗器械、医用废弃物等，以及患者、医护人员等管理方面，也涉及通过 RFID 记录物品与人员位置的问题。目前，基于 RFID 的定位技术已广泛应用于其他领域，例如幼儿园的幼儿管理、博物馆的精准导览、机场的候机乘客定位、保密区域的人员监控等。

6.3.4 无线传感器网定位技术

无线传感器网（WSN）是由大量具有感知能力的传感器节点，通过无线通信方式形成的多跳自组织网络，能够实时地监测、感知与采集节点附近对象的各种信息，例如温度、湿度、压力、振动、光强、噪音、有害气体浓度等。在 WSN 应用中，位置信息是执行对象监控、事件报告、目标跟踪等操作的前提。传感器节点在提供各类感知数据的同时，还要提供事件发生的位置或获取信息的节点位置。对于一些实时性要求高、监控区域大的 WSN 应用，例如森林火灾预警、天然气管线监控等场景，如果某个报警数据没有关联的位置信息，那么将会极大地削弱该数据的预警效果。

WSN 中的节点部署有两种基本方式：确定部署与随机部署。其中，确定部署方式常用于基础设施安全监测类的应用场景，例如桥梁、隧道、水坝、高层建筑等，传感器节点都部署在预先确定好的位置；随机部署方式常用于环境监控、灾害预警类的应用场景，例如海洋环境监测、森林防火预警、山区灾害预警等，传感器节点通常采用随机播撒方式完成部署，并由这些节点之间以自组织方式形成 WSN。例如，通过无人机将传感器节点抛洒到指定区域，这些节点无法事先知道其部署位置，它们只能在部署后自行完成定位。因此，节点定位是 WSN 研究中的一个重要方向。

无线传感器网定位是指通过传感器节点发送与接收的无线信号来确定物体的位置。目前，WSN 中的定位技术可以分为两类：基于测距（range-based）的定位与无需测距（range-free）的定位。其中，基于测距的定位算法通过测量节点之间的距离或角度，利用三边测量法、三角测量法或最大近似值估计法来计算被测物体的位置。这类定位技术对 WSN 的硬件设备有较高的要求，其使用的各种测量技术（TOA、TDOA、AOA、RSSI 等）有局限性，并且需要经常通过多次测量来提高精度，这些都将产生大量计算与通信成本。因此，基于测距的定位技术并不适用于低功耗、低成本的应用领域。

无需测距的定位技术则不需要测量距离与角度数据，仅根据网络连通性等信息就能确定物体的大致位置。无需测距的定位技术主要包括 DV-hop、APIT、质心定位算法等。与基于测距的定位技术相比，无需测距的定位机制对 WSN 硬件要求较低，相应的使用成本与设备功耗较低，并且网络生存能力更强。这类定位技术能够提供的定位精度不算高，但是粗定位精度对于大多数的应用场景已经够用。

6.4 位置服务

6.4.1 位置服务的必要性

随着智能手机、可穿戴计算设备与物联网终端设备的广泛应用，位置服务逐渐成为移动互联网及物联网应用中的必备服务。目前，位置服务已经深入渗透到社会生活的各个方面，并且正在改变着人们的生活与生产方式。

- 在智能工业应用中，对于智能工厂的自动化生产过程控制系统，只有知道装配的零部件是否到达指定位置，才能够确定下一步的装配动作。
- 在智能物流应用中，供应链物流系统通过 GPS 系统来实时掌握配送货物的货车所处的地理位置，以便控制整个物流过程有序地运行。
- 在智能交通应用中，车载 GPS 设备实时监测车辆的位置，计算并更新汽车到达目的地的最佳行车路线，以便向驾驶员提供导航信息。
- 在智能农业应用中，传感器根据感知到的土壤湿度确定哪块土地需要浇水，并控制相应的浇灌设备完成浇水任务。
- 在智能医疗应用中，健康监控系统能够及时采集被监控对象的血压、脉搏等参数，患者发病后及时确定其所在的位置并采取急救措施。
- 在智能环保应用中，森林环境监控系统通过传感器持续监测环境温度，发现异常后及时做出判断，确定火警位置并向消防部门预警。
- 在智能矿山应用中，通过在矿井不同位置布设的感知节点，管理人员能够随时掌握每位矿工的井下位置，并根据位置信息提供安全提示。
- 在军事应用领域中，对于战车、飞机与士兵构成的无线传感器网，指挥员对整个战场态势的掌握是建立在感知节点反馈信息的基础上的。

6.4.2 位置服务应用示例

在了解位置服务的概念之后，我们选择一个具体的应用场景，通过分析该场景中的位置服务需求，介绍物联网位置服务的应用方法。

乘坐公交车对于每位同学来说是很熟悉的事。当我们来到一个陌生的城市，首先遇到的问题是应该乘坐哪条公交线路，距离最近的公交站在哪里，以及下一辆公交车将在什么时间到站。作为一名物联网工程专业的学生，是否希望为乘客开发一种公交服务软件？

实际上，国内已有厂商推出了这类应用系统，并且已经开始在一些城市试用。这种提供公交信息服务的应用通常被称为"掌上公交"。"掌上公交"既是智能交通领域的一种典型应用，也是"智慧城市"便民服务的常用功能之一。

"掌上公交"应用系统设计主要分为 3 个部分：客户需求分析、客户端软件功能设计与后台系统结构设计。

1. 客户需求分析

设计"掌上公交"系统的第一步是分析乘客的需求，以便确定系统的服务功能。我们本身就是城市公交服务的用户，可以将自己放在乘客的角度去思考：如果我们到一个陌生的城市乘坐公交车，会希望从"掌上公交"系统中获得哪些帮助。

我们可以假设一个场景：我们当前所在的位置是天津火车站，希望到南开大学拜访一位同学。由于对这个城市并不熟悉，那么我们需要获得的帮助是：

- 乘坐哪条公交线路？
- 距离最近的公交站在哪里？
- 如何去公交站？
- 到达公交站之后，下一趟公交车什么时间到站？
- 乘坐公交车之后，能否在到站之前提示下车？
- 如果中途需要换乘，应该在哪站下车，换乘哪条公交线路？

接下来，我们将乘客需求转变为"掌上公交"客户端软件的功能：

- 公交线路查询功能：提供到从一个地点到另一个地方应该乘哪条公交车线路，到哪站下车，以及如何找到公交车站位置的服务。
- 公交到站查询功能：提供下一趟公交车到达公交站预计时间的服务。
- 公交换乘查询功能：提供从当前公交车到达目的地应该换乘的公交线路及换乘站的服务。
- 公交到站提示功能：根据乘客设置的提示要求，以手机振铃方式预先向乘客提示到站信息的服务。

2. 客户端软件功能设计

我们可以根据上述功能需求，设计一个"掌上公交"客户端软件（如图 6-10 所示）。乘客可以将"掌上公交"软件下载到手机上。

图 6-10 "掌上公交"客户端软件示意图

在这里，我们仅讨论其中一项服务功能（公交到站查询）的实现方法。为了实现这项服务功能，我们需要解决以下几个问题：
- 公交车行驶过程中的实时定位。
- 公交车到站行驶时间的计算方法。
- 公交车载嵌入式设备的设计与制造。
- 数字公交站台嵌入式设备的设计、制造与建设。
- 公交车与公交调度中心、公交调度中心与城市交通管理中心、公交调度中心与乘客之间的信息交互。

这样的"掌上公交"服务系统运行的前提是有覆盖整个城市的无线网络。

3. 后台系统结构设计

（1）无线网络

目前，我国正在推进"无线城市"建设，一些大城市已实现无线网络的全覆盖。支撑"无线城市"运行的无线网络主要包括移动通信网与Wi-Fi网络。"掌上公交"可以运行在移动通信网或Wi-Fi网络上。例如，以5G网络作为"掌上公交"系统的运行环境。

（2）公交车定位技术

"公交到站查询"功能的基础是公交车实时定位技术。实现车辆定位的技术主要有：GPS、基于4G/5G的定位、基于Wi-Fi的定位，以及多种定位技术的融合。由于公交车定位是一种典型的室外定位场景，因此可选择我国自主研发的北斗系统。

（3）嵌入式设备技术

"掌上公交"系统中主要有两种嵌入式设备：一是公交车载嵌入式设备，二是数字公交站台嵌入式设备。

公交车载嵌入式设备主要包括：GPS接收单元、公交路况监控单元、车内乘客监控单元、综合数据发送单元等。其中，GPS接收单元用于接收GPS卫星数据；公交路况监控单元用于监控公交线路上的路况信息，报告道路是否拥堵或出现事故；车内乘客监控单元用于监控车内乘客的乘车秩序，报告车内是否出现突发状况；综合数据发送单元用于将各种数据通过5G网络发送给公交调度中心。

数字公交站台嵌入式设备主要包括：站台显示屏控制单元、车辆进站/离站监控单元、站台乘客监控单元、综合数据发送单元等。其中，站台显示屏控制单元提供不同线路的车辆到站预报信息；车辆进站/离站监控单元提供车辆进站、离站的实时数据，减小车辆到站预报信息的时间偏差；站台乘客监控单元用于监控站内乘客的候车秩序；综合数据发送单元用于将各种数据通过5G网络发送给公交调度中心。

4. 公交调度中心

公交调度中心根据公交车提供的车辆位置数据、公交路况数据与城市交通管理中心发布的实时路况数据，结合车辆运营期间的历史数据，利用车辆行驶时间的智能计算软件，计算出不同车辆到达不同公交站的预估时间。然后，公交调度中心发布不同公交路线、不同公交站的车辆到站预估时间。这样，就形成了一种人与车、车与车、车与路之间深度融合的"掌上公交"系统（如图6-11所示）。

通过上述讨论，我们可以获得两个结论：
- 位置服务的商业应用已成为信息服务业的一种新服务模式与经济增长点。
- 智能物联网对位置服务的依赖程度更高，这也促进了各种定位技术的快速发展。

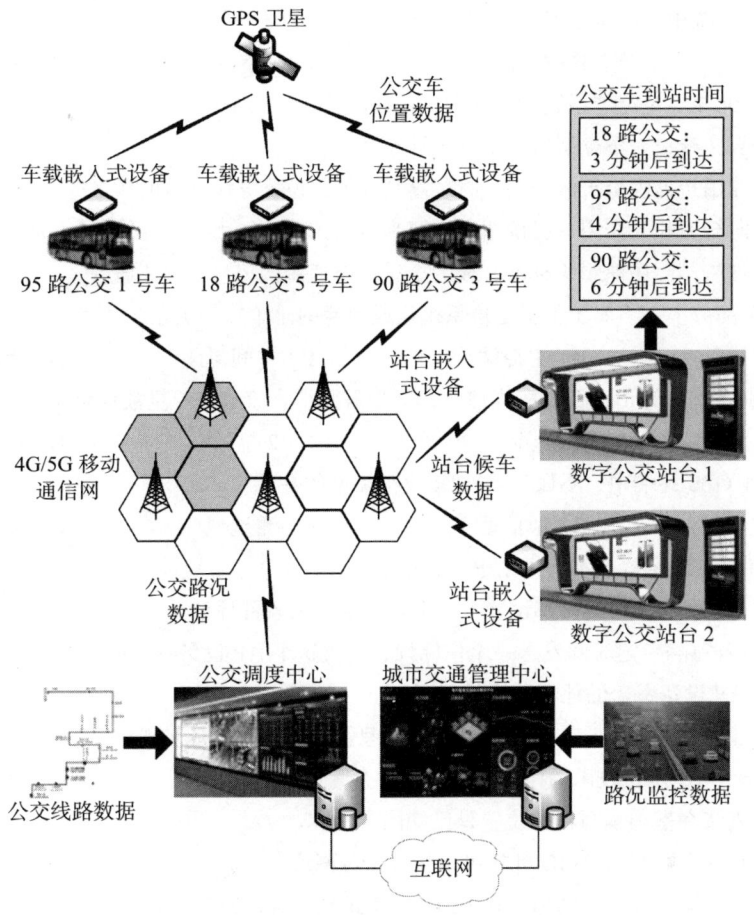

图 6-11 "掌上公交"系统结构示意图

本章小结

1) 位置信息涵盖了空间、时间与对象三要素。

2) 位置服务(LBS)是采用定位技术确定目标当前的地理位置,为用户提供基于位置的信息服务。

3) 北斗卫星导航系统是为全球用户提供全天候、全天时、高精度的定位、导航和授时服务的国家重要空间基础设施。

4) 国家推进"北斗+"融合创新与"+北斗"时空应用将有力推动智能物联网的发展。

5) 智能物联网定位技术还包括移动通信定位技术、基于 Wi-Fi 的定位技术、基于 RFID 的定位技术、无线传感器网定位技术等。

习题

6-1 单选题

6-1-1 以下几个术语中,不属于位置信息三要素的是(　　)。
   A) 对象　　　　　B) 空间　　　　　C) 数量　　　　　D) 时间

6-1-2 以下不属于用户使用的位置服务的是(　　)。
   A) 定位　　　　　B) 导航　　　　　C) 识别　　　　　D) 支付

6-1-3 以下几个系统中，不属于卫星定位系统的是（　　）。
  A）GPS   B）GLONASS   C）GSM   D）BeiDou

6-1-4 以下关于北斗卫星定位系统的描述中，错误的是（　　）。
  A）我国自主建设、独立运行的卫星导航系统
  B）为全球用户提供全天候、全天时、高精度的定位、导航和授时服务
  C）具备向行业和大众用户提供非实时厘米级定位服务能力
  D）正式加入国际民航组织标准，成为全球民航通用的卫星导航系统

6-1-5 以下几个部分中，不属于卫星定位系统组成单元的是（　　）。
  A）用户设备   B）主控站   C）空间星座   D）蜂窝基站

6-1-6 GPS 能够精确计算出位置及海拔信息，至少需要接收信号的卫星数量是（　　）。
  A）4 个   B）3 个   C）2 个   D）1 个

6-1-7 以下几种 GPS 终端中，不属于 GPS 接收机类型的是（　　）。
  A）导航型   B）通信型   C）测地型   D）授时型

6-1-8 以下基于 Wi-Fi 定位技术的讨论中，错误的是（　　）。
  A）每个 AP 设备在出厂时都设置了一个全球唯一的硬件地址
  B）AP 设备每隔一定时间发送一个信标帧，包含这个 AP 设备唯一的硬件地址
  C）每个 AP 设备覆盖的地理范围是无限的
  D）通过建立空间中 Wi-Fi 信号的特征与地理位置的映射关系实现定位

6-1-9 以下基于 RFID 定位技术的讨论中，错误的是（　　）。
  A）预先安装在室内读写器的位置是已知的
  B）分布在室内空间的 RFID 标签可以构成定位网络
  C）通过阅读器主动读取物体所带 RFID 标签的信号强度来计算移动物体位置信息
  D）基于 RFID 的定位技术已广泛应用于物流、医疗、精准导览等多个领域

6-1-10 以下基于 WSN 定位技术的讨论中，错误的是（　　）。
  A）通过传感器节点发送与接收的信标信号来确定物体的位置
  B）定位方法分为两类：基于测距的定位与无需测距的定位
  C）基于测距的定位算法通过测量节点之间的距离或角度来计算被测物体的位置
  D）无需测距的定位技术仅根据网络连通性等信息来确定物体的大致位置

6-2　思考题

6-2-1 说明位置服务在物联网应用中的重要性。

6-2-2 说明 GPS 定位技术的基本原理。

6-2-3 试通过检索了解我国北斗卫星定位系统的最新发展动态。

6-2-4 为什么说 Wi-Fi 网络的 AP 设备具有"位置指纹"？

6-2-5 为什么说拥有自主知识产权的卫星定位系统"关乎国家安全"？

6-2-6 说明 WSN 定位技术的基本类型。

6-2-7 举例说明 Wi-Fi 定位技术适用的物联网应用类型。

6-2-8 设计一个基于北斗定位的共享单车系统，并说明系统结构及工作原理。

6-2-9 设计一个基于 RFID 的机场旅客候机系统，并说明系统结构及工作原理。

第 7 章 智能数据处理与大数据技术

智能物联网的用途不是通过大量的传感器节点、RFID 标签等设备感知数据,而是通过数据融合、挖掘、分析等智能处理手段,从海量数据中获取有价值的知识,并且为不同行业的应用提供智能服务。本章在介绍物联网数据特点的基础上,系统地讨论了智能物联网数据存储、融合与挖掘,以及云计算、大数据等支撑技术。

本章学习目标
- 掌握数据处理的相关概念。
- 了解数据处理的相关技术。
- 理解云计算的概念及应用。
- 理解大数据的概念及应用。

7.1 数据处理的相关概念

7.1.1 数据、信息与知识

大家平时不注意"数据"与"信息"的区别,觉得它们好像是同一个词。但是,在研究智能物联网数据处理技术时,需要对"数据""信息"与"知识"加以区分。

图 7-1 给出了物联网中的数据、信息与知识。图中显示的是一个用于森林防火监控的 WSN。很多感知节点被放置在一片森林的不同位置,节点中的温度传感器与湿度传感器持续向管理节点传送森林不同位置的温度和湿度数据。假设节点 1 在 11 月 15 日下午 6 点传送的数据是(150,18)。如果不将数据放在特定的背景下解读,那么我们不知道该数据表示的是什么。如果应用软件将数据存储为温度与湿度记录,那么就为该数据赋予了确定的背景。这时,应用软件"知道"数据表示在节点 1 位置测量的温度为 150℃、湿度为 18%。这样(150,18)就不再是让人看不懂的数据,而是能够传达一定含义的"信息"。

在管理节点中,数据分析软件通过对长期采集的不同季节、时间的温度、湿度数据,获得一个基本的分析结果:在 11 月中旬的傍晚时段,森林中的平均温度为 10℃,平均湿度为 20%。这些从大量数据中发现的规律,就是用于判断森林是否发生火情的"知识"。如果仅看节点 1 报告的温度已达到 150℃,那么就应该

判断出现火情。但是，问题并不会这么简单，结合长期积累的"知识"来看，像这种情况存在三种可能：一是确实发生火情；二是数据传输出错；三是温度传感器故障。

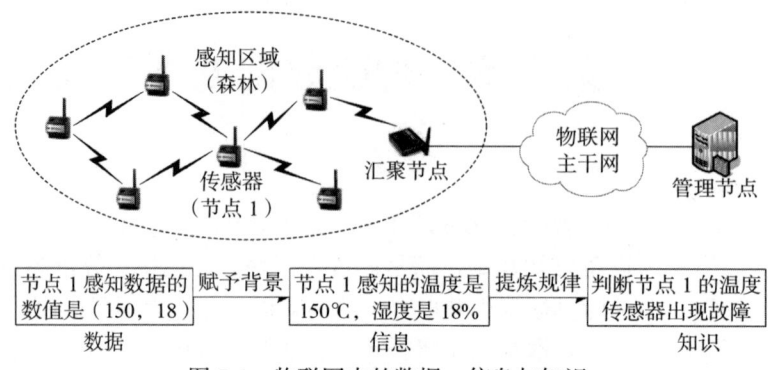

图 7-1 物联网中的数据、信息与知识

实际上，环境数据之间是有关联的。如果确实发生火情，那么节点 1 的湿度传感器测量的湿度应快速下降；周边节点测量的温度、湿度数据都应发生变化。现在的情况是节点 1 的湿度数据在合理的范围内。我们持续观察周边节点的温度与湿度数据，看它们是否出现联动变化。如果没有变化，那么存在两种可能：一是数据传输出错；二是温度传感器故障。我们持续观察节点 1 发送的数据，湿度数据保持在 18%～22%，而温度数据仍然是 150℃，则说明网络传输正常。因此，系统最终判定是节点 1 的温度传感器出现故障，并派遣技术人员去现场检查、修理或更换。

通过上述讨论可以看出：在物联网应用中，数据是感知设备对外部世界信息的一种数字化表示；只有为数据赋予一个特定的背景，才能够真正理解数据表达出来的信息；只有发现一定的规律性，才能够从大量信息中挖掘出有用的知识；只有获得了正确的知识，我们才知道如何智慧地处理外部世界的问题。

7.1.2 智能物联网数据的特点

为了理解物联网智能数据处理技术，首先需要分析物联网应用数据的特点。我们可通过一些实际的应用来总结物联网的数据特点。在战场动态感知、边境区域监控、应急处置等应用领域，大量传感器节点可能用飞机抛洒到被监控区域，这些节点的分布是随机的，它们通过自组织方式形成一个 WSN。这些节点不是简单地持续采集环境数据，而是要求它们对目标的感知数据进行分类与处理，区分出目标是人、车辆或其他物体，并通过多个节点对目标进行协同跟踪，向管理者提供不同等级的预警信息。

从这个例子可以看出，在物联网应用系统的运行过程中，大量的感知节点将会产生大量的数据，并且采集的数据量是随着时间动态变化的。如果应用系统中仅使用一种声传感器，能够判断出目标是人、车辆或其他装备，但是可能难以进一步获得更多相关信息，因此应用系统通常综合使用多种传感器。通过上述分析可以看出，物联网应用数据具有海量性、动态性、多态性、关联性等特点。

1. 海量性

如果 WSN 中有 1000 个节点，每个传感器每分钟发送 1KB 数据，那么每天产生的数据量为 1.4GB。对于实时要求高的智能电网、智能交通、基础设施监控等应用，它们每天产生的数据量将会达到 TB 量级（1TB=1024GB）。在智能医疗应用中，需要持续监测患者的体温、心率、血压等生理指标，这也将产生大量数据。随着越来越多的物联网应用系统投入使用，物联网节点数量将增长得非常快，其产生的数据量也将大得惊人。因此，物联网应用数据的一个重要特点是海量性。

2. 动态性

物联网应用数据的动态性特征相对比较容易理解。同一传感器在不同时间段测量的数值可能有变化。例如，对于安装在同一路口的监控摄像头，在白天与晚上时段、上下班高峰与日常时段、晴天与雨雪天气环境下，通过路口的车辆与行人流量差异很大。不同类型的数据有不同的数值、格式、单位及精度，这就导致了不同数据的数据量差异很大。因此，物联网应用数据的另一个重要特征是动态性。

3. 多态性

物联网应用数据的多态性可以通过一些例子来说明。例如，在战场态势感知应用中，当某个物体经过传感器节点附近时，节点可通过感知物体产生的压力、振动、声音等，区分出目标是人、车辆或其他装备；在智能农业监控应用中，感知节点需要监测与土地相关的多种数据，包括温度、湿度、光照、CO_2 浓度、土壤成分等。在这些物联网应用中，需要使用不同类型的传感器来观测数据，而不同传感器所观测的数据在格式上差异较大。因此，物联网应用数据的第三个重要特点是多态性。

4. 关联性

物联网感知的多种数据不可能是独立的，它们之间必然存在一定的关联。例如，在森林防火监控应用中，当某个节点检测到环境温度异常时，不能仅靠单一温度数据判断出现火情，还需要监测周边节点的温度与湿度数据，通过多种数据协同做出火情判断及告警；在战场态势感知应用中，当某个物体经过传感器节点附近时，通过感知物体在不同时刻的位置变化，能够计算目标行进的方向、速度及路线，这样有助于提供更准确的告警信息。因此，物联网应用数据的第四个重要特点是关联性。

物联网应用系统完成环境感知、数据传输与协同工作。大量的感知节点就会在一段时间内积累海量的数据。但是，采集数据不是组建物联网的基本目的，如果不能够从海量数据中提炼出有用的知识，随着数据增多就会产生更多数据"垃圾"。因此，有必要根据不同的物联网应用需求，深入研究物联网智能数据处理技术。

7.2 数据处理的相关技术

7.2.1 数据存储与数据库技术

1. 结构化数据存储

经过几十年的发展，结构化数据存储已是成熟的数据存储技术。大多数事务型数据库属于行式数据库（例如 Oracle、MySQL、SQL Server 等），因为需要处理来自应用软件的频繁数据写入，行式数据库将结构化数据以行的形式存储在文件中。基于行的方式是将数据写入磁盘的最快方式，但是它不一定能够快速读取，因为必须跳过很多不相关数据。企业经常将事务型数据库用于生成报表，该应用场景需要频繁读取数据，但是数据写入频率相对较低。随着大量数据读取的需求越来越大，结构化数据查询出现一些创新（例如列式结构），这有助于更好地满足大数据分析的应用需求。

（1）关系型数据库

关系型数据库（RDB）更适用于在线事务处理类应用，例如电子商务、酒店预订、银行业务等。流行的关系型数据库主要有 Oracle、MySQL、SQL Server、PostgreSQL 等。关系型数据库擅长处理表之间需要复杂查询的事务数据。从事务数据的需求来看，关系型数据库支持原子性、一致性、隔离性与持久性原则。其中，原子性是指事务从头到尾完全执行，如果出现错误，整个事务将回滚；一致性是指在事务完成后，所有数据都要提交到数据库；隔离性是指多个事务能够在隔离下同时运行，互不干扰；持久性是指在任何中断的情况下，事务都能够恢复到最后已知的状态。

（2）数据仓库

数据仓库（DWH）更适合在线分析处理类应用。数据仓库提供了对海量结构化数据的快速聚合功能，用于将关系型数据库的数据转存到数据仓库。实际上，数据仓库是一个中央存储库，可存储来自多个数据库的累积数据，其中包括当前数据与历史数据，以便创建业务数据的分析报告。传统的基于行的数据仓库方案主要有 Netezza、Teradata、Greenplum 等。现代的数据仓库方案使用列式存储技术来提升查询性能与 I/O 效率，例如 Amazon Redshift、Snowflake、Google Big Query 等。这些解决方案通常能够处理 PB 级的数据，并且提供支持数据解耦的计算与存储能力。

2. NoSQL 数据库

NoSQL 是各种非关系型数据库的统称，用于解决传统关系型数据库性能与扩展的问题。NoSQL 没有明确的结构来连接不同表中的数据。它支持多种数据模型，包括列式、键值、搜索、文档、图模型等。NoSQL 没有严格的数据库模式，每条记录可以有任意数量的列（属性），即同一表中的同一行可以有不同的列数。NoSQL 通常采用高度分布式的结构，能够提供良好的查询速度与扩展能力。

- 文档数据库：用于存储、管理与查询面向文档的数据，以及类似的半结构化数据（例如 JSON、XML 等格式）。流行的文档数据库主要有 MongoDB、CloudKit、CouchDB、DynamoDB 等。
- 图数据库：用于存储大量复杂、互连、低结构化的图数据，例如社交网络、推荐系统等应用场景。图可以建立在关系型或非关系型数据库上。流行的图数据库主要有 Neo4j、OrientDB、InfoGrid、GraphDB 等。
- 键值数据库：通常称为内存式键值数据库，用于存储需要频繁读取的数据，例如内容缓存等应用场景。流行的键值数据库主要有 Redis、Riak、Memcached、Scalaris、SimpleDB 等。
- 列式数据库：用于分布式数据存储与管理，重点解决数据查询速度与扩展性的问题。流行的列式数据库主要有 Cassandra、HBase、BigTable 等。

3. 非结构化数据存储

如果有非结构化数据存储需求，Hadoop 是一个不错的解决方案。Hadoop 采用主节点与子节点模式，即数据分布在多个子节点，主节点协调执行数据查询。依托大规模并行处理技术，Hadoop 支持快速查询各种类型数据，包括结构化数据与非结构化数据。在创建 Hadoop 集群时,每个子节点都附带一个磁盘存储块,称为 Hadoop 分布式文件系统（HDFS）。Hadoop 支持常见的数据查询框架,包括 Hive、Ping、Spark 等。如果用户使用 HDFS 存储数据,则存储与计算将耦合在一起。为了获得更大的灵活性与降低成本,最好是将计算与存储分开,并将两者独立伸缩。

4. 面向物联网的数据存储

物联网应用系统产生的数据类型繁多,它们大致可以分为以下几类:
- 设备元数据:设备的自身数据,例如设备的标识符、设备类别或类型、生产日期、硬件序列号、当前配置或版本等。该数据是相对静态的。
- 设备状态信息:设备的各种状态数据,例如打开或关闭、CPU 占用率、机箱温度等。该数据可以是动态的。
- 感知数据:设备采集的外界数据,例如温度、湿度、气体浓度、压力、光强、声音、图像等。该数据是动态的。
- 命令数据:对设备的控制数据,例如关闭阀门、开启空调、车辆加速、机器人左转等。该数据是动态的。

在上述的物联网数据类型中,多数属于非结构化数据与半结构化数据,同时也包含少量的结构化数据。数据存储在充分利用物联网数据方面扮演重要的角色。为物联网应用系统选择数据存储技术时,需要重点注意以下几个因素:数据库大小与规模、处理海量数据的有效性、异构性与数据集成、流程建模与事务处理、时间序列聚合与归档、查询语言及效率,以及可移植性等。综上所述,适合物联网应用系统的数据库主要有:InfluxDB、MangoDB、SQLite、RethinkDB、Cassandra 等。

7.2.2 数据融合技术

1. 数据融合的概念

数据融合技术是数据处理领域的一个重要分支,相关的研究最早可以追溯到第二次世界大战期间。1940 年,研究者在高射炮的火控雷达上加装了光学测距系统,这种综合利用雷达与光学设备等多种感知手段的方法,不仅提高了防空系统对空中目标的测距精度,同时也有效增强了防空系统的抗干扰能力。由于当时没有先进的计算机技术的支持,因此对数据的综合、比较与判断过程仍然由人工方式实现。但是,这意味着面向多种传感器的数据融合技术已经达到实用阶段。

20 世纪 70 年代,"数据融合"（data fusion）这个术语正式出现。20 世纪 80 年代末,数据融合成为数据处理领域的研究热点。20 世纪 90 年代,出现了多种关于数据关联、多目标跟踪、身份识别、状态评估的数据融合方法。数据融合是指运用计算机相关技术,按特定规则对多个数据源（例如传感器）收集的数据进行融合操作,从而获得对监测对象状态与特征的估计,以生成更完整、精确、满足用户需求的信息。与通过单一数据源收集的信息相比,通过数据融合操作能够获得更可靠的信息。

2. 数据融合的分类

从不同的角度出发,数据融合有不同的分类方式。按照执行融合操作的层次,数据融合可以分为以下三类。

(1)数据级融合

数据级融合是一种在低层执行的融合处理,融合对象是由多个数据源(例如传感器)采集的原始数据。数据级融合直接对原始数据进行特征提取与属性判断,它能够保留与原始数据相关的详细信息,提供其他层次融合不具备的细微信息。在大多数的情况下,这类融合不依赖于用户需求,而是依赖于数据源的类型。由于需要处理的数据量大、数据之间相似度高,因此这类融合的计算量也很大。考虑到原始数据的不确定、不完整与不稳定因素,要求数据融合时有较强的纠错能力。

(2)特征级融合

特征级融合是一种在中间层执行的融合处理,融合对象是由多个数据源(例如传感器)数据提取的特征信息。特征级融合通过一些特征提取手段,将原始数据表示为一系列的特征向量,并通过它来描述事物的属性。特征级融合的核心是提取有效的关键特征,排除掉那些无效甚至是对立的特征数据。这种融合既保留了数据的重要特征,又对数据进行了有效压缩,因此其数据量与计算量都不大,并且有助于满足应用的实时性需求。特征级融合常用于目标监控、态势评估等应用领域。

(3)决策级融合

决策级融合是一种在高层执行的融合处理,融合对象是由多个数据源(例如传感器)的数据获得的决策信息。决策级融合是一种面向应用的数据融合,有助于满足实际应用的高层决策需求。当多个传感器监测同一个目标时,每个传感器在本地完成数据预处理、特征提取、识别或判断,首先获得对检测目标的初步决策,然后由决策中心通过决策级融合获得最终的决策。相对于前两个层次的数据融合,决策级融合的数据量与计算量都很小。决策级融合常用于生产安全、灾难预警等应用领域。

3. 数据融合的作用

为了获得更完整、可靠的数据,通常需要在监控区域部署众多的感知节点,这样就无法避免多个节点采集的数据相似,这些冗余数据的传输将增加网络负载。数据融合通过有效地去除冗余数据,减少网络负载与降低能耗。感知节点通常具有体积小、成本低的优点,随之带来节点的计算与存储能力受限,并且传感器采集数据准确性不高。另外,恶劣的外部环境与变化的网络拓扑,也可能对采集与传输的数据带来影响。数据融合有助于提升采集数据的准确性,并且提升有效数据的传输率。

在智能工业、智能交通、智能电网、智能农业、智能环保、智能安防等物联网应用中,必然要利用多种传感器来综合感知物理世界的多种信息,并且从中提取对智慧处理物理世界问题有帮助的信息与知识。针对大多数物联网应用数据的多源异构特征,在执行数据融合时需要注意以下几个问题:一是对不同维数的数据做降维处理,二是由传感器的采样时间与采样率不同带来的不确定性,三是数据融合过程的计算效率。因此,数据融合技术已成为智能物联网数据处理研究的重要内容之一。

7.2.3 数据分析与数据挖掘技术

1. 数据分析的概念

数据分析(data analysis)是利用适当的统计分析方法对收集到的海量数据进行分析,从中提取有用的信息并形成结论的处理过程。数据分析的目标是将信息从大量看似杂乱无章的数据中提炼出来，并借此总结出研究对象的内在规律。管理者可以借助数据分析成果进行判断与决策，有助于采取适当的策略与行动。数据分析依赖的数学基础最早建立于20世纪，但是数据分析的实际应用却开始于计算机出现之后。实际上，数据分析是数学与计算机科学相结合的产物。

数据分析的操作对象是各种数据，它涵盖了数值、文字、音频、视频等表现形式。数据分析的原理是利用各种统计方法，既包括描述性统计等简单方法，又包括推断性统计、预测性统计等高级方法。数据分析致力于从海量数据中获得有用的信息，以便更好地为业务做出决策支持服务。数据分析的基础是数学理论，但是数据分析应用依赖于计算机技术。因此，数据分析是为了顺利开展业务或决策规划，结合现代的数学与统计学理论，利用现代计算机技术对数据进行统计分析。

2. 数据挖掘的概念

数据挖掘（data mining）是从海量数据中揭示出隐藏的、未知的、具有潜在价值的信息的处理过程。随着互联网、移动互联网与物联网的快速发展，各类应用产生的数据量级也在快速增长。这些海量数据之间的关系错综复杂，常规的处理方法已难以适应数据处理需求，数据挖掘技术就在这样的背景下产生了。数据挖掘是基于人工智能、机器学习、模式识别、统计学、数据库、可视化技术等，能够自动对数据进行分析、归纳及推理，并从中挖掘出潜在的价值模式，它帮助管理者更好地做出决策（如图7-2所示）。

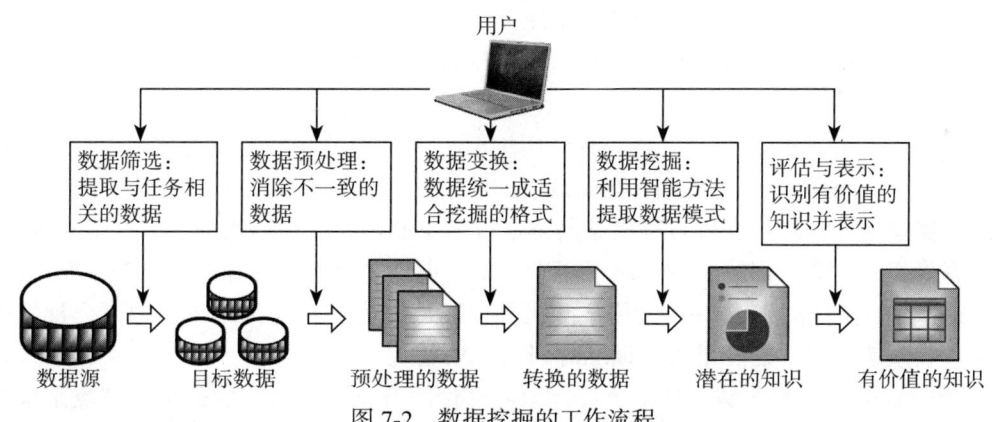

图7-2 数据挖掘的工作流程

关于数据挖掘的经典例子是沃尔玛超市的尿布与啤酒的故事。超市工作人员发现给孩子买尿布的男性顾客经常会同时购买啤酒，而这两种商品之间表面上看却没有关系。对于男性顾客来说，购买尿布是他们此行的主要目的，但看到啤酒后可能也会顺便买上一瓶。但是，如果不容易找到啤酒，那么顾客可能不会顺路购买。根据这个信息，超市将销售尿布与啤酒的货架布置在一起，结果确实是增加了两种商品的销量。这个故事说明了数据挖掘的用途：从大量的看似毫无关联的数据中获取有用的信息。

数据挖掘主要实现两个功能：一是通过描述性分析，做到"针对过去、揭示规律"；二是通过预测性分析，做到"面向未来、预测趋势"（如图7-3所示）。

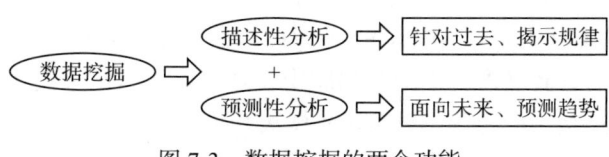

图7-3 数据挖掘的两个功能

根据是否需要指导进行分类，数据挖掘可以分为两类：有指导的数据挖掘与无指导的数据挖掘。其中，有指导的数据挖掘又称为监督学习，它利用原有的数据建立一个模型，该模型最终是有一个属性值的，该属性值可能是离散型变量，也可能是连续型变量。有指导的数据挖掘可以分为两类：分类（离散型变量）与预测（连续型变量）。无指导的数据挖掘又称为无监督学习，它在原有数据的所有属性中寻找一种关系，其最终输出结果没有属性值。无指导的数据挖掘可以分为两类：聚类与关联规则。

3. 数据挖掘的相关算法

（1）监督学习

决策树（decision tree）是用于分类和预测的主要技术之一。决策树学习是基于样本的归纳学习算法，用于从一组无次序、无规则的样本中推理出决策树表示的分类规则。构造决策树的目的是找出属性与类别之间的关系，并用它预测未知类别样本的类别。决策树采用自顶向下的递归方式，在决策树的内部节点进行属性的比较，并根据不同属性值判断从该节点向下的分支，最终在决策树的叶节点得到结论。常用的决策树算法主要有 ID3、C4.5、CART、PUBLIC、SLIQ、SPRINT 等。

贝叶斯（Bayes）是一种利用概率统计知识进行分类的算法，例如朴素贝叶斯（naive Bayes）。这些算法利用贝叶斯定理来预测一个未知类别样本属于各个类别的可能性，选择其中可能性最大的作为该样本的最终类别。由于贝叶斯定理本身需要一个很强的条件独立性假设，而该假设在实际情况中经常是不成立的，因此它的分类准确性就会下降。为此出现了多种降低独立性假设的贝叶斯算法（例如 TAN），通过在贝叶斯网络结构的基础上增加属性对之间的关联来实现。

神经网络（neural network）是一种应用类似于大脑神经突触连接的结构进行信息处理的数学模型。大量节点（称为"神经元"）之间相互连接构成网络，即"神经网络"。神经网络通常需要进行训练，训练过程就是网络进行学习的过程。训练改变了节点的连接权值，使其具有分类的功能，训练后的网络可用于对象的识别。目前，神经网络模型主要包括 BP 神经网络、RBF 网络、Hopfield 网络、随机神经网络、竞争神经网络等。但是，神经网络普遍存在收敛速度慢、计算量大、训练时间长等缺点。

支持向量机（SVM）是一种基于统计学习理论的新学习方法，它的最大特点是根据结构风险最小化准则，以最大化分类间隔构造最优分类超平面来提高学习机的泛化能力，这样就解决了非线性、高维数、局部极小点等问题。SVM 算法根据区域中的样本计算该区域的决策曲面，以此来确定该区域中未知样本的类别。

（2）非监督学习

K-means 算法的基本思想是初始随机给定 K 个簇中心，按照最邻近原则将待分类样本点分到各个簇，然后按平均法重新计算各个簇的质心，从而确定新的簇中心，一直迭代到簇中心的移动距离小于某个给定的值。

基于密度的聚类是根据对象周围的密度不断增长来实现聚类。基于密度方法主要包括 DBSCAN 与 OPTICS。其中，DBSCAN 算法通过不断产生密度足够高的区域来聚类，它能从含有噪声的空间数据库中发现任意形状的聚类。DBSCAN 将一个聚类定义为一组"密度连接"的点集。OPTICS 算法并不是明确地产生一个聚类，而是为自动交互的聚类分析计算出一个增强聚类顺序。

层次聚类是对给定的数据集进行层次分解，直到某个条件满足为止。层次聚类可以分为两类：凝聚型与分裂型。其中，凝聚型聚类采用自底向上的策略，首先将每个对象作为一个簇，然后将这些簇合并为越来越大的簇，直至所有对象都在一个簇中，或者满足某个终结条件，这种聚类的典型代表是 AGNES。分裂型聚类采用自顶向下的策略，首先将所有对象置于同一个簇中，然后逐渐细分为越来越小的簇，直至每个对象自成一簇，或者是满足某个终结条件，这种聚类的典型代表是 DIANA。

谱聚类（SC）是一种基于图论的聚类方法，将带权无向图划分为两个或更多的最优子图，使每个子图内部尽量相似，而子图之间的距离尽量较远。其中，最优是指最优目标函数不同，既可以是各边最小的分割，又可以是分割规模差不多且各边最小的分割。谱聚类能够识别任意形状的样本空间且收敛于全局最优解，其基本思想是利用样本数据的相似矩阵进行特征分解后获得的特征向量来实现聚类。

4. 数据挖掘的应用

数据挖掘是人们长期对数据库技术进行研究的结果。当前很多公司已经在数据库中存储了大量的商业数据。一些用户满足于利用查询、搜索与报表统计进行数据处理。但是，更多用户希望从海量数据中发现更有价值的信息，这时就需要使用数据挖掘技术。数据挖掘通常利用人工智能手段去发现数据中隐含的趋势性信息。

"历史告诉我们未来"。如果知道未来的事情，最好的方法就是"往后"看。微软大数据研究院利用过去 20 年间《纽约时报》报道的内容，构建了一个面向自然灾害及疾病的预警系统。该预警系统采用了一个时间序列模型，从海量数据中挖掘知识，预测未来可能发生的事情。例如，根据某个地区发生干旱几年后暴发霍乱概率上升的规律，判断出 2006 年发生干旱的安哥拉近期可能会暴发霍乱，后来安哥拉确实爆发了霍乱。另外，该预警系统还能够预测出某个地区出现暴力活动的可能性。

目前，数据挖掘技术已广泛应用于银行、企业与政府部门。银行管理人员可以通过大量储户的存取款数据中，预测不同收入群体、时间段、地区的规律性活动，以便有针对性地开展新的业务与服务。大型零售商依靠大数据来挖掘消费者的购买意愿，使得它们能够及时满足客户的需求。警察通过对城市街头犯罪的数据预测，加大重点区域的防范力度，大幅度降低了相关区域的发案率。

通过无处不在的传感器、RFID 标签、智能设备获取物理世界的各种数据，并不是人类组建物联网应用系统的主要目的。人类的最终目标是透过海量数据，寻找到物理世界的变化规律与发展趋势，以便更智慧地处理物理世界的问题，否则就是在制造大量的"信息垃圾"。因此，如何有效地利用物联网数据已成为物联网应用研究的关键。面对各种智能物联网应用系统及其差异性需求，将会不断产生各种新型的数据挖掘算法。

7.3 云计算技术与应用

7.3.1 云计算技术的发展背景

实际上，云计算并不是一个全新的概念。早在 1961 年，计算机先驱 John McCarthy 就曾经预言：未来的计算资源能够像公共设施（例如水、电）一样使用。1983 年，Sun 公司提出"网络即计算机"（network is computer）的概念。虽然受限于当时的技术条件而最终失败，但是它可以看成云计算发展的首次尝试。在此后的几十年中，学术界与产业界提出了分布式计算、集群计算、网格计算、效用计算、服务计算等概念。云计算（cloud computing）就是在这些技术的基础上发展而来的。

2006年3月，Amazon公司推出了弹性计算云（Elastic Compute Cloud，EC2）服务。2006年8月，Google公司在搜索引擎大会上首次提出了云计算的概念。2007年10月，Google与IBM公司在卡内基梅隆大学、斯坦福大学、MIT等学校部署云计算系统，以推动并行计算与分布式计算的教学与研究。2008年7月，Yahoo、HP与Intel公司宣布一项联合研究计划，致力于推进云计算测试床的研究。2009年7月，美国政府宣布在信息基础设施建设中推进发展云计算战略。

云计算引发了软件开发部署模式的创新，成为承载各类应用的关键基础设施，为大数据、物联网、人工智能等新兴领域的发展提供了支撑。我国政府与产业界都高度重视云计算技术发展，在国内多个城市陆续开展云计算服务试点与示范工程，在智能电网、智能交通、智能物流、智能医疗、智能家居与金融服务业取得了初步成效。根据统计数据显示，2022年我国云计算服务的市场规模达到了4450亿元。目前，云平台已成为我国互联网、移动互联网与物联网发展的重要基础设施之一。

7.3.2 云计算的基本概念

云计算的基本特征表现在以下5个方面：

1. 泛在接入

云计算作为一种通过网络技术实现的随时随地、按需访问，并且共享计算、存储及软件资源的计算模式，用户的各种终端设备（包括台式计算机、笔记本计算机、平板计算机、智能手机、可穿戴计算设备、移动机器人及其他移动终端设备）都可以作为云终端，随时随地访问"云"。所有的资源都是从资源池中获得的，而不是直接来自物理资源。

2. 按需服务

云计算根据用户的实际计算量与存储量，自动分配CPU数量与存储空间大小，快速部署与释放资源，弹性扩展及伸缩自如，避免服务器过载而导致服务质量下降。用户自主管理分配给自己的资源。

3. 快速部署

云计算不针对某些特定的网络应用，它能够同时运行多种不同的应用。在"云"的支持下，用户可以方便地开发各种应用软件，构建自己的网络应用系统，实现快速、弹性地使用资源与部署业务。

4. 量化收费

云计算监控用户使用的计算、存储等资源，并根据资源使用量进行计费。用户不需要在业务扩大时购置服务器、存储设备与扩大网络带宽，也不需要招聘专门的网络管理与应用软件开发人员，更不需要花很大精力在数据中心的运维上。云计算极大地降低了应用系统开发、运行与维护的成本。

5. 资源池化

云计算通过虚拟化技术将分布在不同位置的资源整合成逻辑上统一的共享资源池。虚拟化技术屏蔽了底层资源的差异性，实现了所有资源的统一部署与调度。云平台管理一个虚拟的资源池（包括计算、存储、网络、软件等），并按需提供给用户。云平台的资源对用户是透明的，用户不必关心资源的位置。

云计算的关键技术是资源的抽象与调配，从底层的物理基础设施中将资源抽象出来创建资源池，并自动为用户按需分配资源（如图 7-4 所示）。云计算为多个用户提供的资源是相互隔离的。云平台利用大量的计算机、存储器与网络设备构成数

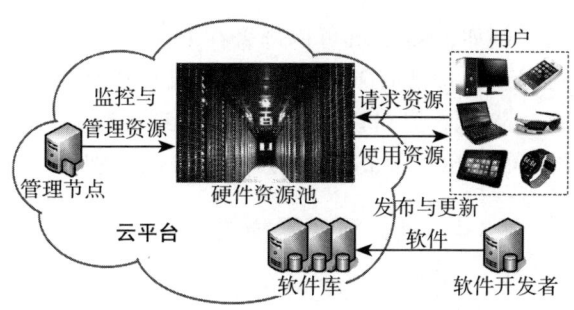

图 7-4 云计算服务示意图

据中心，以"服务"的形式向用户交付各种资源，使用户像使用"水和电"一样按需购买并使用资源。因此，云计算既是一种计算模式，又是一种商业模式。

7.3.3 云计算服务模式

1. 三种服务模式的特点

（1）IaaS 模式

如果用户只想通过互联网租用"云"中的虚拟服务器、存储空间与网络带宽，不想购买服务器、存储设备与网络设备，则这种服务模式属于基础设施即服务（Infrastructure-as-a-Service，IaaS）。在这种模式下，用户可以访问云端底层的基础设施资源，包括虚拟的服务器、存储空间、通信链路等。用户自己部署和运行操作系统与应用软件，实现计算、存储、内容分发、备份与恢复等功能。在 IaaS 模式下，用户负责开发应用软件、运行与管理应用系统，云服务提供商仅负责运行与管理云基础设施。

（2）PaaS 模式

如果用户既租用"云"中的虚拟服务器、存储空间与网络带宽，又利用"云"中的操作系统、数据库系统及相关 API 来开发应用软件，则这种服务模式属于平台即服务（Platform-as-a-Service，PaaS）。PaaS 模式比 IaaS 更进一步，以平台方式为用户提供服务。在这种模式下，"云"提供用于构建应用软件的功能模块，以及开发工具（编程语言、运行环境与部署手段）。在 PaaS 模式下，用户负责开发应用软件、运行与管理应用系统，云服务提供商负责运行与管理云基础设施机及云平台。

（3）SaaS 模式

如果用户直接在"云"中的定制软件上部署网络应用系统，则这种服务模式属于软件即服务（Software-as-a-Service，SaaS）。除了负责运行与管理云基础设施与云平台，云服务提供商还需要为用户定制应用软件。用户直接在"云"中部署互联网应用，不需要在自己的计算机上安装软件副本，通过浏览器、移动 App 或轻量级客户端访问云，就能够方便地开展自身的业务。实际上，SaaS 将用户熟悉的 Web 方式扩展到云端。在 SaaS 模式下，云服务提供商负责运行与管理云基础设施、云平台及云应用软件。

2. 三种服务模式的关系

从用户体验的角度来看，由于三种服务模式面对的用户不同，因此它们之间是相互独

立的。从技术的角度来看，它们之间的关系不是单纯的继承关系，SaaS 是建立在 PaaS 的基础上，而 PaaS 是建立在 IaaS 的基础上的。例如，SaaS 既可以部署在 PaaS 上，又可以直接部署在 IaaS 上；PaaS 既可以部署在 IaaS 上，又可以直接部署在物理资源上。图 7-5 给出了 IaaS、PaaS 与 SaaS 的区别。

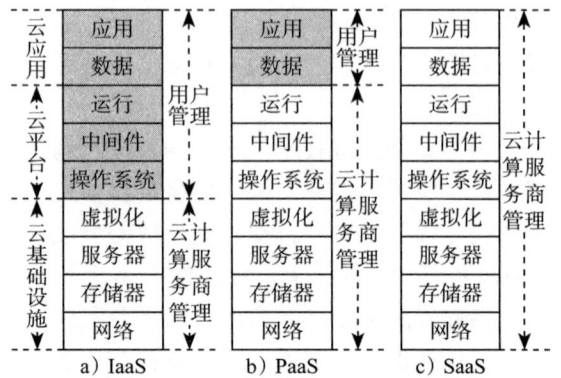

图 7-5　IaaS、PaaS 与 SaaS 的区别

7.3.4　云计算部署模式

1. 四种部署模式的特点

（1）公有云

公有云（public cloud）是向整个社会提供共享资源服务的云平台。"云"中的资源开放给全社会或某个大型行业使用，用户通过互联网按需付费使用"云"中的资源。公有云通常由其拥有者来建设、运营与管理，云数据中心建在这些机构内部。用户访问云端数据、运行应用软件有严格的控制措施。

公有云可以分为以下几类：
- 电信运营商（例如中国电信、中国联通、中国移动等）建设的公有云。
- 政府部门、大学或企业建设的公有云。
- 大型互联网公司建设的公有云。

（2）私有云

私有云（private cloud）是由某个组织或机构自行组建、运行与管理，内部员工可通过内部网或 VPN 访问的云平台。私有云在保证云计算安全性的前提下，为某个机构专用的网络信息系统提供云计算服务。私有云由其拥有者或委托第三方来管理，云数据中心可建在这些机构的内部或外部。用户访问云端数据、运行应用软件有严格的控制措施。各个城市的政务云、公安云、交通云、电力云等通常属于私有云。

（3）社区云

社区云（community cloud）具有公有云与私有云的双重特征。社区云与私有云的相似点是：对社区云的访问受到一定的限制。社区云与公有云的相似点是：社区云的资源专门提供给特定单位的内部用户使用，它们对云端有相同需求（例如资源、功能、安全、管理等）。社区云由参与机构或委托第三方管理，云数据中心可建在这些机构的内部或外部，产生的费用由所有参与机构分摊。医疗云就是一种典型的社区云。

（4）混合云

混合云（hybrid cloud）至少由公有云、私有云、社区云中的两种构成，其中每个云平台都是独立运行的，能够通过标准接口或专用技术，实现不同云平台之间的平滑衔接。混合云常用于描述传统数据中心与云数据中心的互联。在混合云中，企业敏感数据与应用部署在私有云；非敏感数据与应用部署在公有云；行业之间协作的数据与应用部署在社区云。当私有云资源短暂需求过大时，例如网站在节假日点击量过大，可自动租用公有云资源来平抑需求峰值。因此，混合云结合了公有云、私有云与社区云的优点，它是一种受到企业重视的云计算部署模式。

2. 四种部署模式的比较

表 7-1 给出了四种云部署模式的比较。

表 7-1 四种云部署模式的比较

部署模式	私有云	社区云	公有云	混合云
性能	很好	很好	一般	较好
可用性	很好	很好	一般	较好
可扩展性	一般	一般	很好	很好
安全性	很好	较好	一般	一般
成本	高	较高	低	较高

7.3.5 云计算的应用

无论是互联网、移动互联网还是物联网中的很多应用，它们都得益于云计算技术的支持。下面，我们通过几个例子来说明这个问题。

假设多位同学通过互联网同时与机器人下国际象棋，尽管你们人数众多，但是未必能赢过机器人，其中的奥妙就在机器人身后的"云"上。在与多人对弈的过程中，机器人通过视觉传感器获取各个棋局的视频数据，通过互联网环境传送给远程的"云"。"云"中可能有几个甚至几十个 CPU 并发运行国际象棋对弈软件，它们针对不同棋局的状况从数据库中搜索棋谱，然后为不同棋局确定下一步的应对策略。实际上，用户的对手并不是与机器人，而是"隐藏"在"云"中的"虚拟"国际象棋大师。

当用户通过互联网与机器人对弈时，可能会有很多人同时在与机器人对弈，但是用户数量的增多似乎没有影响机器人的下棋速度，这得益于云平台的动态资源调度能力。你可以想象一下：如果没有强大的云计算技术的支持，能否实现顺畅的多人网上人机对弈。图 7-6 给出了云计算与人机对弈的原理。

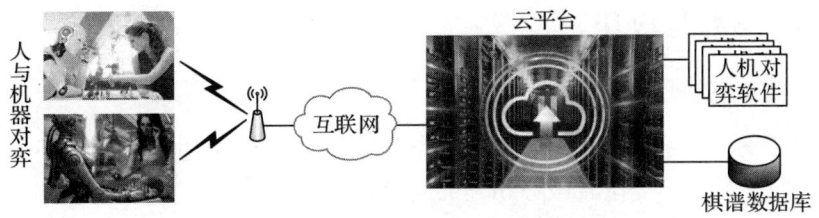

图 7-6 云计算与人机对弈的原理

位置服务也要依赖于云计算技术的支持。用户在登上高铁列车之前打开手机地图，能够清晰地看到自己在地图中的位置处于高铁站中。当高铁列车行驶一段时间后进入了荒凉区域，这时用户发现地图上标识位置的点在移动，但是手机屏幕上的地图却消失了。当高铁列车再行驶一段时间后进入了城市区域，用户发现手机屏幕上的地图出现了。这个现象可以说明一个问题：用户的手机始终能正常接收 GPS 数据，但是有时不能正常接收地图数据。因为地图并不是全部预先下载到手机内存中，而是通过互联网动态下载相关部分。

当用户通过移动互联网使用位置服务时，可能会有很多人同时使用定位与导航功能，但是用户数量的增多似乎没有影响获得地图上的位置，这也得益于云平台的动态资源调度能力。你可以想象一下：如果没有强大的云计算技术的支持，能否实现移动互联网的地图与位置服务。图 7-7 给出了云计算与手机地图的原理。

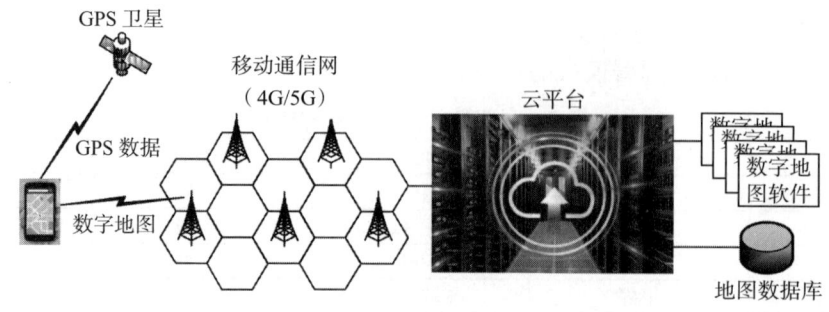

图 7-7　云计算与手机地图的原理

在现实生活中，当用户想知道什么是云计算时，可能会打开百度搜索引擎输入"云计算"。百度"云"接收到用户的搜索请求，将查询获得的"云计算"相关内容反馈给用户，这个搜索的计算过程、"云计算"相关内容的缓存结果都依赖于百度的云平台。用户在进行网上购物与网上支付时，都是在与后台的"云"进行交互。因此，小到用户每天都在使用的搜索引擎、电子邮件、Web 浏览等网络服务，大到覆盖一个城市的交通管理系统、全国上千家分行的银行信息系统，它们都是在云计算技术的支持下运转的。目前，云平台已成为整个社会不可或缺的信息基础设施之一。

由于云计算技术具有上述这些优点，因此它也适合于物联网应用系统。例如，对于一些刚开始运行的智能物流、智能环保、智能交通等物联网应用系统，它们需要完成复杂的物流线路规划与供应链分析，大量车辆的位置信息的感知、存储与处理，大量环境数据的感知、存储与处理。但是，出于对经济方面的考虑或其他因素，它们难以自己运营、维护、管理大量设备（例如服务器、存储设备等），这时需要一种能满足计算与存储需求的服务，而云计算就是可以按需满足用户的这些需求的技术。

7.4　大数据技术与应用

7.4.1　大数据的发展背景

我们可以用两个不同领域的例子，说明"大数据"概念产生的背景。一个是关于流行病学预测的问题，另一个是位置服务相关的问题。

2009 年出现了一种新的流感病毒被称为甲型 H1N1 流感，它结合了禽流感病毒的特点，在短短的几周内迅速地传播开来。由于患者可能在患病多日之后才到医院就诊，因此关于新型流感的统计数据通常滞后一至两周。对于快速传播的疾病，信息滞后是致命的。就在甲型 H1N1 流感爆发的几周前，Google 公司的工程师在《自然》杂志上发表了一篇论文，它引起了全世界公共卫生防疫专家与计算机专家的重视。

Google 公司每天收到来自全世界的 35 亿次搜索指令，它的云中保存着大量用户的搜索数据。Google 工程师将美国用户最频繁检索的关键字，例如"哪些是治疗咳嗽与发热的药物"，与美国疾控中心从 2003 至 2008 年季节性流感传播数据进行比较。为了找出特定关键字的使用频率与流感传播在时间、空间上的联系，总共处理了 4.5 亿个数学模型。研究人员选择了 45 个关键字与相应的数学模型进行了分析，计算结果与 2007 年、2008 年美国疾控中心公布的流感病例数据对比，相关度高达 97%。

这项研究成果表明：基于大数据的分析结果能判断某个地区可能患上流感的人数。这种预测更加及时，不像疾控中心在流感爆发之后的一至两周才能做出判断。因此，在2009年甲型H1N1流感爆发时，公共卫生机构的人员不是仅依靠分发口腔试纸与医院患病人数统计的方法，而是将Google建立在大数据分析基础上的预测数据，作为应对甲型H1N1流感传播的主要决策依据。

第二个例子是2011年的"诺基亚移动数据挖掘竞赛"。2009年初，诺基亚洛桑研究中心发起了一项移动数据研究计划，它的初始任务是搜集数据。该研究中心首先组织了洛桑数据采集组，并在日内瓦湖区募集了185名志愿者，他们涉及各个年龄段与不同职业，并且彼此之间有一些社交活动。每位志愿者在日常生活中使用诺基亚N95手机，从每部手机采集的数据是该研究计划的数据来源。整个数据采集过程经历了一年多，它为数据挖掘研究提供了充足的数据样本。

采集的移动数据主要分为两类：一类是手机的使用数据，例如打电话与发短信的数量、链接的基站编号、音乐文件使用记录、手机进程记录，以及手机充电、静音等数据。另一类是手机收集的用户行为数据，例如GPS、Wi-Fi、加速度传感器等数据。为了保护数据采集者的隐私，所有细节内容都没有存储，并对身份信息进行匿名处理。

该竞赛规定了三项任务：

1）地点预测：通过用户在某个地点的手机数据来推断该地点的类型，例如家庭、学校、工作单位、朋友家、交通点等。

2）下一地点预测：通过用户在某个地点的手机数据，推断用户要去的下一个地点。

3）用户特征分析：通过用户的手机数据来推断该用户的五个特征，包括性别、职业、婚姻状态、年龄与家庭人口。

从2011年11月至2012年6月，全世界共有108支队伍参加竞赛。这次竞赛的题目对移动数据挖掘、位置分析与预测都有挑战性。参赛选手有很多奇思妙想，对于物联网智能数据处理与基于位置的数据挖掘研究有重要的启示。

对于同一组数据的挖掘结果，不同人员有不同的认知角度与价值。对于提供移动通信网运营商，他们可以根据数据挖掘结果，了解用户行为特征、不同位置的用户密度与流量，对当前基站分布的状况进行评价，规划进一步增加基站的位置；对于位置服务提供商，他们可以根据数据挖掘结果，了解客户的实际需求，根据不同群体有针对性地开发新的服务；对于当地政府的官员，他们可以根据数据挖掘结果，了解不同社区的人群结构、经济状况与消费特点，寻求与不同阶层的沟通渠道，提高政府的服务水平。

随着人类在商业、金融、医疗、环保与制造业等领域，在大数据分析的基础上获取了更多的有用知识，并衍生出很多有价值的新产品与新服务，人们逐渐认识到"大数据"的重要性。在2008年之前，研究者通常将这种大数据量的数据集称为"海量数据"。在2008年，著名的《自然》杂志出版了一期专刊，专门讨论未来在大数据处理方面的挑战，至此，大数据（big data）的概念正式被大家接受。

7.4.2 大数据的基本概念

1. 大数据的定义

大数据并没有一个非常准确的定义。对于多大的数据属于大数据，不同的学科、行业有不同的理解。目前，大数据的常见定义有三种：
- 大数据是大到难以采用传统方法进行处理的数据集。
- 大数据是大小超过标准数据库工具软件能够收集、存储、管理与分析的数据集。
- 大数据是无法使用传统、常用的软件技术与工具在一定的时间内完成获取、管理与处理的数据集。这是维基百科（wikipedia）给出的定义。

2. 对大数据的理解

（1）人为的主观定义

"大数据"人为的主观定义将随着技术发展而变化，同时不同行业对大数据的"量"的衡量标准也会不同。目前，不同行业比较一致的看法是数据量在几百 TB 到几十 PB 的数据集都可以称为"大数据"。

（2）大数据的"5V"特征

数据量的大小不是判断是否为"大数据"的唯一标准，而是需要看数据是否具备以下"5V"的特征（如图 7-8 所示）。

- 大体量（volume）：数据量达到数百 TB 到数百 PB，甚至是 EB 的量级。
- 多样性（variety）：数据为各种类型与不同格式。
- 时效性（velocity）：数据需要在一定的时间内得到及时处理。
- 准确性（veracity）：处理结果需要保证一定的准确性。
- 大价值（value）：处理结果可以带来重大的经济效益与社会效益。

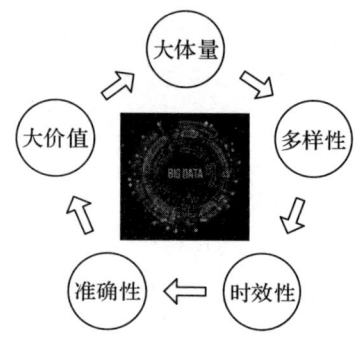

图 7-8　大数据的"5V"特征

（3）工业界对大数据的理解

大数据的数据量大小不是问题的要害，重要的是能否从这些海量的数据中，分析或挖掘出有价值的知识。因此，工业界为大数据给出了一个三维的定义：大小、多样性与速度。对于"大小、多样性"很容易理解。这里的"速度"是指：数据创建、积累、接收与处理的速度。快速发展的市场要求企业进行实时信息的处理，或者是"准实时"的响应与决策，否则"大数据"分析与挖掘也是没有实际价值的。

（4）大数据研究的价值

对于大数据研究的科学价值问题，援引 2007 年图灵奖获得者 JimGray 的报告来说明。JimGray 指出：科学研究将从实验科学、理论科学、计算科学发展到数据科学。数据密集型的科学发现将成为科学研究的第四范式。

7.4.3　大数据技术发展

1. 大数据的数据量单位

计算机处理数据的基本单位是二进制的比特（bit），而计算机储存数据的基本单元是十进制的字节（byte）。在使用计算机书写作业时，发现 1 个 A4 页面上的文字占用大约 5KB 的存储空间；在使用计算机下载文件时，发现 1 首 MP3 格式的音乐占用大约 4MB 的存储空间，1 部 MP4 格式的电影占用大约 2GB 的存储空间。随着规模越来越大的数据出现，用于表示数据量的单位也在增加。为了客观描述信息世界的数据规模，科学家定义了一些新的数据量单位（如表 7-2 所示）。

表 7-2 数据量单位及其换算关系

单位	英文标识	单位标识	大小	含义及例子
字节	Byte	B	B	计算机存储数据的基本物理单元,存储一个英文字符用 1B,存储一个汉字用 2B
千字节	KiloByte	KB	2^{10}B	1 个 A4 页面上的文字约为 5KB
兆字节	MegaByte	MB	2^{20}B	1 首 MP3 格式的音乐约为 4MB
吉字节	GigaByte	GB	2^{30}B	1 部 MP4 格式的电影约为 2GB
太字节	TrillionByte	TB	2^{40}B	中国国家图书馆所有书籍的数据量约为 15TB
拍字节	PetaByte	PB	2^{50}B	美国宇航局 EOS 对地观测系统 3 年观测的数据量约为 1PB
艾字节	ExaByte	EB	2^{60}B	相当于中国 14 亿人口每人拥有 500 页书籍的数据量之和
泽字节	ZettaByte	ZB	2^{70}B	截至 2020 年底人类社会积累信息的数据量约为 59ZB
尧字节	YottaByte	YB	2^{80}B	超出想象

下面,我们将以 YB 为例,给出不同的数据量单位之间的换算关系:

1(YB)=1024(ZB)
=1024×1024(EB)
=1024×1024×1024(PB)
=1024×1024×1024×1024(TB)
=1024×1024×1024×1024×1024(GB)
=1024×1024×1024×1024×1024×1024(MB)
=1024×1024×1024×1024×1024×1024×1024(KB)
=1024×1024×1024×1024×1024×1024×1024×1024(B)

2. 智能物联网对大数据的贡献

随着互联网、移动互联网应用的快速发展,在互联网中传输、存储、处理的数据量逐年呈指数级增长。根据某个机构的统计数据显示,全球每天发送与接收的电子邮件数超过 3200 亿封;全球每天产生 50 亿次搜索,其中 35 亿次搜索来自 Google,占全球搜索量的 70%,相当于每秒处理 4 万多次搜索;Facebook 每天产生 4PB 的数据,包含 100 亿条消息、5 亿张照片及 1 亿小时的视频;Instagram 用户每天分享 9500 万张照片与视频;Twitter 用户每天要发送 5 亿条信息。

随着越来越多的智能物联网应用系统投入使用,大量的传感器、监控摄像头、智能家电、可穿戴计算设备、医疗监控设备、智能仪器仪表、工业控制设备接入互联网,这也是造成数据爆发性增长的主要原因之一。例如,对于一个中等城市的智能交通系统,仅监控摄像头产生的道路交通视频数据,三年累计的数据量就超过 120TB。根据统计数据显示,2022 年,全球活跃的物联网设备超过 100 亿台,产生的数据量达到 22ZB;预计到 2025 年,全球活跃的物联网设备超过 170 亿台,产生的数据量达到 73.1ZB。

通过互联网、移动互联网及物联网应用产生的数据,可能来自政府部门、企事业单位的信息系统,甚至是来源于个人应用。下面,我们以政府部门的数据为例来进行说明。来自政府部门的数据可以分为三类:一是通过各种调查、走访手段获取的统计数据,这类数据有助于各级政府在制定政策时加以参考;二是通过各类管理信息系统获取的业务数据,这类数据有助于各级政府完善办公流程与提高效率;三是通过各种物联网应用系统获取的感知数据,例如城市规划、基础设施、交通运输、环境污染、水资源保护等,这类数据有助于改善居民的生活环境与提升城市的宜居指数。

这三种数据的收集方式、数据量不同，数据增长的速度也有一定的差异，并且彼此之间可能存在一些重叠之处。有些统计数据、感知数据也归属于业务数据。随着各类物联网应用系统的投入使用，感知数据的增长速度超出了其他两类数据。感知数据包括各种传感器数据、RFID 数据、视频监控数据等，以及 GPS、数字地图、位置等空间数据。这三类数据都呈现出快速增长的趋势，它主要表现在三个维度上：一是每类数据在增长；二是数据增长速度在变快；三是数据多样性在增加。

2000 年，Google 研究人员针对数据的生成速度指出：人类社会每年生成的数据量实在太大，已经无法用准确的方法计算出来。随着物联网应用的快速发展，新的数据将不断产生、汇聚与融合，这种数据量增长已超出人类的预想。2015 年，人类社会总共创造了 4.4ZB 的数据，并且这个数字大约每两年就会翻倍。在这些数据中隐藏着各种关于经济、社会、政治、气候变化，以及事业、消费、公共健康等方面的重要知识。但是，每年仅有不到 10% 的数据被加以分析。无论是从数据的采集、存储与查询，还是从管理、分析与共享的角度，大数据对人类都是一种越来越大的挑战。

7.4.4 大数据研究的共性问题

智能物联网大数据与常规的互联网大数据有很多共性问题，主要表现在大数据分析的基本内容上。大数据分析包括五个基本内容：可视化分析、数据挖掘算法、预测性分析、语义引擎、数据质量及管理。这些内容在物联网大数据分析中仍然适用，但是智能物联网的各种行业应用也都有各自的特定需求。

1. 可视化分析

数据可视化是指采用图形化方式展示数据，以便更好地理解与分析数据的趋势、关联、异常情况等。数据可视化的目的是将数据呈现出来，使人们能够通过直观的方式了解数据，进而进行数据分析、挖掘与决策。数据可视化可以采用多种图形方式（例如线图、柱状图、散点图、饼图、雷达图等），还可以应用多种视觉效果（例如颜色、大小、形状等）来表示数据的不同属性（如图 7-9 所示）。对于物联网应用系统的行业用户来说，更关注数据可视化提供的对大数据分析结果的直观呈现。

2. 数据挖掘算法

数据挖掘算法是为了寻找隐藏在大数据中的知识。按照算法所解决的问题来进行划分，问题大致可以分为分类、聚类、关联分析等。其中，分类算法通过对已确定结果的数据进行学习，从而对未知的新数据进行分类；聚类算法仅需要有一些事先不知道类别的数据，通过对这些数据进行学习，根据数据的差别找到潜在的类别，从而将已有数据划分为几个类别；关联分析是从已知数据中寻找相关的关系。对于物联网应用系统的行业用户，有些应用对数据挖掘的实时性、准确性有更高要求，需要由大数据专家与行业专家协作确定数据挖掘算法。

3. 预测性分析

预测性分析可能是大数据最有价值的功能。预测性分析是利用各种统计、机器学习算法，对近期数据与历史数据进行综合性分析，以便预测未来发生某件事情的概率。它将分析从"面向已经发生的过去"转向"面向即将发生的未来",这也是大数据与传统数据分析的最大不同。目前,预测性分析已应用于以下几个领域:体育赛事、股票行情、物价预测、用户行为、交通预测、天气预报、疫情预警等。对于物联网应用系统的行业用户,例如智能电网、智能交通、智能环保、智能医疗等,预测性分析是受到这些用户关注的大数据分析功能。

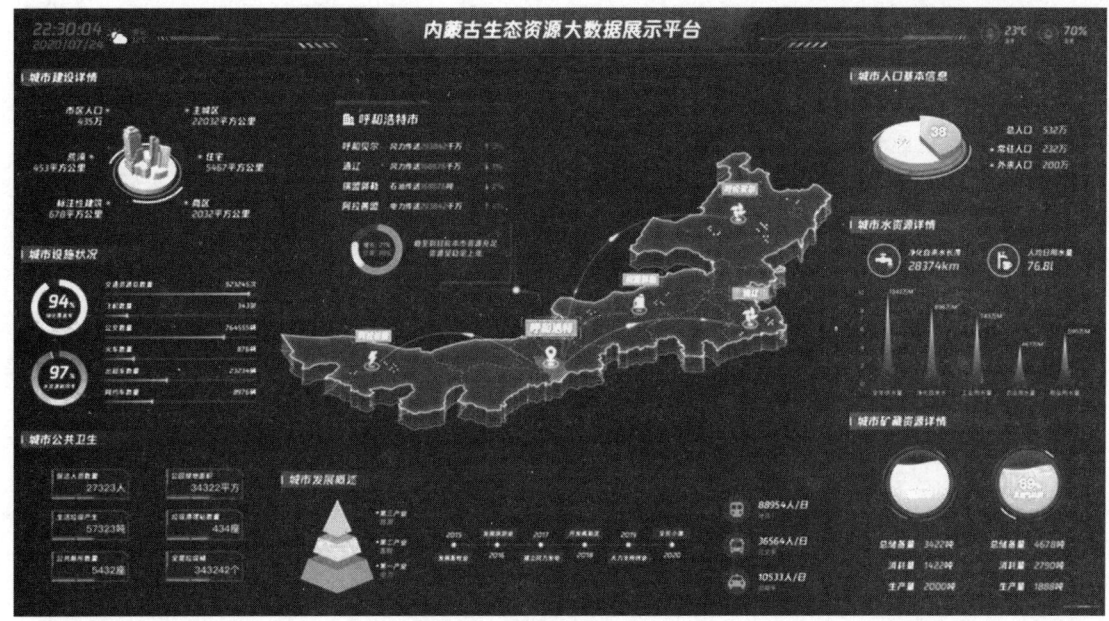

图 7-9　数据可视化的例子

4. 语义引擎

语义引擎是在已有的数据上增加相关的语义,可以理解成现有的结构化或非结构化的数据库上的一个语义叠加层。语义引擎需要被设计成有足够的"智能"从数据中主动提取信息,将人们从烦琐的搜索条目中解放出来,使用户更快速、准确、全面地获得所需信息,进而提高用户的互联网应用体验。语言处理技术主要包括:机器翻译、情感分析、舆情分析、智能输入、问答系统等。对于物联网应用系统的行业用户,关注实现数据的有效共享与智能利用,通过语义引擎提高主动获取知识的能力。

5. 数据质量及管理

大数据分析离不开数据质量及管理,高质量的数据与有效的数据管理,无论是学术研究还是商业应用领域,都能够保证分析结果的真实与有价值。数据质量问题主要包括真实性、准确性、完整性、一致性、关联性、及时性等。数据质量问题产生自大数据分析的整个流程,主要涉及以下几个方面:模型设计问题(例如数据库表结构、约束条件),数据源有质量问题,数据采集问题(例如映射关系、采集频率),数据传输问题(例如传输出错),数据转载问题(例如转换规则、清洗规则),数据存储问题(例如存储设计、人为调整),以及业务系统之间的数据不一致问题。

7.4.5　智能物联网大数据研究的个性问题

相对于常规的互联网大数据而言,智能物联网大数据也有自身的独有特点,例如完整性、准确性、时效性、异构性、多源性、隐私性等。另外，智能物联网的各种行业应用对数据分析也有各自的需求。下面，我们以智能物联网应用中的智能工业为例，对比物联网大数据与常规的互联网大数据之间的主要区别。

1. 工业大数据的来源

工业大数据是指在工业产品全生命周期的信息化应用中所产生的数据，它是工业互联网的核心，也是工业智能化发展的关键。工业大数据是基于网络互联与大数据技术，贯穿工业的设计、工艺、生产、管理、服务等各个流程，使工业系统具有描述、诊断、预测、决策、控制等智能化功能。在工业企业制造产品的过程中，通过工业大数据的采集与分析，可以提供信息决策支持，在产品的生产流程、上下游供应链、产品质量、生产管理控制、研发设计、远程维修维护等环节起到重要的作用。

当前的工业大数据主要来源于三类数据：

1) 企业业务数据：这类数据来自企业信息化领域，包括企业资源计划（ERP）、产品生命周期管理（PLM）、供应链管理（SCM）、客户关系管理（CRM）等，它们是工业企业的传统数据资产。

2) 机器设备数据：这类数据是在工业生产过程中，设备、物料与产品加工过程的工况、环境等运营数据，通过工业过程控制系统实时传输。在智能装备大量应用的情况下，这类数据的数据量增长最快。

3) 企业外部数据：这类数据包括企业产品售出之后的使用、运营情况数据，以及来自客户、供应商、互联网的相关数据。

2. 工业大数据的特点

工业大数据和互联网大数据采集与应用的目的不同，这就导致了工业大数据与互联网大数据有较大的区别。

（1）完整性

互联网大数据是在数据分析的基础上，分析用户的使用习惯、消费偏好、行为特征等相关数据，它主要利用统计学的知识对数据进行处理。例如，新闻类应用通过数据分析，向用户推荐感兴趣的阅读内容，以便增加用户粘性；电子商务类应用通过数据分析，向用户推荐查询过的产品，以便增加产品销量。

工业大数据是通过对设备、机组等的连续监控，根据设备运行的全部数据，在多指标的逻辑算法上，基于数据分析的综合评估，指导设备的调整、检修及配件、耗材的更换，以便保证生产的连续性。

（2）准确性

互联网大数据对收集的数据大多是关联性的挖掘，它是一种发散性的数据收集与分析。互联网大数据在进行预测与决策时，仅考虑两个属性之间的关联是否具有统计上的显著性。例如，电子商务类应用收集用户的行为数据，对转化率、相关性、满意度与留存率进行分析，这类数据并不能准确反映用户的购买行为。

工业大数据具有很强的目的性，更强调数据的准确性。工业大数据对分析与预测结果的容错率远低于互联网大数据。例如，工业互联网的故障预测是基于设备健康状态与衰退趋势，结合用户决策活动的定制化需求，提供设备使用、维修、管理等的最优决策支持，并达成任务活动与设备状态的最佳匹配,以保障生产系统的持续稳定运行。有的工业企业需要设备"近零故障"运行,否则会带来巨大的损失。

(3)时效性

互联网大数据在时效性方面没有特殊的要求,其数据是长期积累而来的,通常仅需要从中找出数据隐含的关联性。

工业大数据更加强调数据的时效性。例如,对于工业设备的故障、厂房或生产的灾难性故障,以及火灾、污染物泄漏等问题,这些不仅需要事后的补救,更重要的是在大数据分析的基础上,提前预测并发出预警,及时采取措施避免灾难发生。

本章小结

1)智能物联网通过数据融合、挖掘、分析等智能处理手段,从海量数据中获取有价值的知识,为不同行业应用和用户提供智能服务。

2)物联网应用数据具有海量性、动态性、多态性、关联性等特点。

3)数据分析利用统计分析方法对收集到的海量数据进行分析,从中提取有用的信息。

4)数据挖掘是从海量数据中揭示出隐藏的、未知的、具有潜在价值的信息的处理过程。

5)云平台是智能物联网发展的重要基础设施之一。

6)物联网大数据的特征是大体量、多样性、时效性、准确性与大价值。

7)大数据分析包括可视化分析、数据挖掘算法、预测性分析能力、语义引擎、数据质量及管理。

习题

7-1 单选题

7-1-1 以下几个特征中,不属于物联网数据基本特征的是(   )。

A)海量　　　　　B)动态　　　　　C)离散　　　　　D)关联

7-1-2 以下关于云计算特征的描述中,错误的是(   )。

A)按需服务与资源池化　　　　　B)泛在接入与服务量化

C)快速部署与高可靠性　　　　　D)开放标准与行业服务

7-1-3 以下几个术语中,不属于NIST定义的云服务类型的是(   )。

A)IaaS　　　　　B)BaaS　　　　　C)PaaS　　　　　D)SaaS

7-1-4 以下关于数据融合技术的描述中,错误的是(   )。

A)数据融合主要目的是获得更准确的数据

B)特征级融合是一种中间层次的数据融合

C)决策级融合是一种面向应用的数据融合

D)数据级融合的对象是数据源获取数据的特征

7-1-5 以下关于数据量单位的描述中,错误的是(   )。

A)$1TB=2^{50}B$　　B)$1MB=2^{20}B$　　C)$1ZB=2^{70}B$　　D)$1GB=2^{30}B$

7-1-6 以下关于大数据定义的描述中,错误的是(   )。

A)大数据是大到难以用传统方法进行处理的数据集

B）只要超过 100GB 量级的数据集就被称为大数据

C）不同学科、行业对大数据量级可能有不同的理解

D）大数据可能来自互联网、物联网及其他信息系统

7-1-7 以下几个特征中，不属于大数据"5V"特征的是（　　）。
A）准确性　　　　B）大价值　　　　C）随机性　　　　D）多样性

7-1-8 以下关于大数据分析基本内容的描述中，错误的是（　　）。
A）关联性分析　　B）数据挖掘算法　　C）可视化分析　　D）预测性分析

7-1-9 以下关于公有云概念的描述中，错误的是（　　）。
A）公有云是为社会提供共享资源服务的云平台
B）公有云通常由其拥有者来组建、运营与管理
C）公有云的组建者只有国内几大电信运营商
D）用户通过互联网按需付费使用"云"中的资源

7-1-10 以下关于数据量换算关系的描述中，错误的是（　　）。
A）1YB=1024ZB
B）1YB=1024×1024EB
C）1YB=1024×1024×1024PB
D）1YB=1024×1024×1024×1024MB

7-1-11 以下关于结构化数据存储技术的描述中，错误的是（　　）。
A）结构化数据存储已有成熟的数据存储技术
B）关系型数据库是常用的结构化存储手段
C）语音与视频数据属于最常见的结构化数据
D）数据仓库更适用于在线分析处理类应用场景

7-1-12 以下不属于工业大数据的是（　　）。
A）客户关系管理数据　　　　　B）企业业务数据
C）机器设备数据　　　　　　　D）企业外部数据

7-2 思考题

7-2-1 举例说明物联网中"数据、信息与知识"之间的关系。

7-2-2 列出 3 个能够说明物联网数据"关联性"的例子。

7-2-3 如何理解用户"可以像使用水、电一样按需使用云计算资源"？

7-2-4 如果使用 IaaS、PaaS 或 SaaS 云服务，用户自己分别需要做什么？

7-2-5 与互联网大数据分析相比，物联网大数据分析更关注哪些问题？

7-2-6 举例说明大数据的"5V"特征。

7-2-7 说明云平台在服务模式与部署模式方面的区别。

7-2-8 结合生活中的实例说明数据挖掘的主要用途。

7-2-9 结合生活中的实例说明大数据对物联网应用的重要性。

第 8 章 智能物联网安全技术

随着智能物联网的快速发展与广泛应用，智能物联网安全问题已经引起了世界各国的高度重视。本章将从网络空间安全的基本概念出发，系统地讨论智能物联网安全问题的特殊性与安全技术研究的主要内容，以及智能物联网的隐私保护问题。

本章学习目标
- 了解网络空间安全的基本概念。
- 了解智能物联网安全问题的特殊性。
- 了解智能物联网安全研究的主要内容。
- 了解智能物联网的隐私保护问题。

8.1 网络空间安全的基本概念

8.1.1 网络空间安全概念的提出

互联网、移动互联网、物联网已经应用于现代社会的政治、经济、文化、教育、科研与生活的各个领域。人们的社会生活与经济生活已经不能离开网络，因此网络安全必然会成为影响社会稳定、国家安全的重要因素之一。

回顾网络安全研究的发展历史，我们发现"网络空间"与"国家安全"关系的讨论由来已久。早在 2000 年 1 月 7 日，美国政府在《美国国家信息系统保护计划》中就有这样一段话："在不到一代人的时间，信息革命和计算机在社会所有方面的应用，已经改变了经济运行方式，改变了维护国家安全的思维，也改变了日常生活的结构。"《下一场世界战争》一书预言："在未来的战争中，计算机本身就是武器，前线无处不在，夺取作战空间控制权的不是炮弹与子弹，而是计算机网络中流动的比特和字节。"网络安全已严重影响到每个国家的政治、经济、军事与社会安全。网络安全问题已上升到国家安全战略的层面。

2010 年，美国国防部发布的《四年度国土安全报告》中，将网络安全列为国土安全五项首要任务之一。2011 年，美国政府在《网络空间国际战略》的报告中，将"网络空间"（cyberspace）看作与国家"领土、领海、领空、太空"四大常规空间同等重要的"第五空间"。近年来，世界各国纷纷研究、制定国家网络空间安全政策。

8.1.2 我国《国家网络空间安全战略》涵盖的主要内容

我国网络空间安全政策是建立在"没有网络安全就没有国家安全"的理念之上的。2016年12月，我国互联网信息办公室发布了《国家网络空间安全战略》。物联网安全是网络空间安全的重要组成部分，研究物联网安全就必须理解《国家网络空间安全战略》确定的目标、原则与战略任务。

1. 网络安全形势

该报告指出：网络安全形势日益严峻，国家政治、经济、文化、社会、国防安全及公民在网络空间的合法权益面临严峻风险与挑战。这种威胁主要表现在以下几个方面：

（1）网络渗透危害政治安全

政治稳定是国家发展、人民幸福的前提。利用网络干涉他国内政、攻击他国政治制度、煽动社会动乱、颠覆他国政权，以及大规模网络监控、网络窃密等活动，将会严重危害国家政治安全和用户信息安全。

（2）网络攻击威胁经济安全

网络和信息系统已经成为关键基础设施乃至整个经济社会的神经中枢，遭受攻击破坏、发生重大安全事件，将会导致能源、交通、通信、金融等基础设施瘫痪，造成灾难性后果，严重危害国家经济安全和公共利益。

（3）网络有害信息侵蚀文化安全

网络上各种思想文化相互激荡、交锋，优秀传统文化和主流价值观面临冲击。网络谣言、颓废文化和淫秽、暴力、迷信等违背社会主义核心价值观的有害信息侵蚀青少年身心健康，败坏社会风气，误导价值取向，危害文化安全。网上道德失范、诚信缺失现象频发，网络文明程度亟待提高。

（4）网络恐怖和违法犯罪破坏社会安全

恐怖主义、分裂主义、极端主义等势力利用网络煽动、策划、组织和实施暴力恐怖活动，直接威胁人民生命财产安全、社会秩序。计算机病毒、木马等在网络空间传播蔓延，网络欺诈、黑客攻击、侵犯知识产权、滥用个人信息等不法行为大量存在，一些组织肆意窃取用户信息、交易数据、位置信息以及企业商业秘密，严重损害国家、企业和个人利益，影响社会和谐稳定。

（5）网络空间的国际竞争方兴未艾

国际上争夺和控制网络空间战略资源、抢占规则制定权和战略制高点、谋求战略主动权的竞争日趋激烈。个别国家强化网络威慑战略，加剧网络空间军备竞赛，导致世界和平受到新的挑战。

2. 目标

我国网络空间安全战略总体目标是：以总体国家安全观为指导，贯彻落实创新、协调、绿色、开放、共享的发展理念，增强风险意识和危机意识，统筹国内国际两个大局，统筹发展安全两件大事，积极防御、有效应对，推进网络空间和平、安全、开放、合作、有序，维护国家主权、安全、发展利益，实现建设网络强国的战略目标。具体内容包括：

（1）和平

信息技术滥用得到有效遏制，网络空间军备竞赛等威胁国际和平的活动得到有效控制，网络空间冲突得到有效防范。

（2）安全

网络安全风险得到有效控制，国家网络安全保障体系健全完善，核心技术装备安全可控，网络和信息系统运行稳定可靠。网络安全人才满足需求，全社会的网络安全意识、基本防护技能和利用网络的信心大幅提升。

（3）开放

信息技术标准、政策和市场开放、透明，产品流通和信息传播更加顺畅，数字鸿沟日益弥合。不分大小、强弱、贫富，世界各国特别是发展中国家都能分享发展机遇、共享发展成果、公平参与网络空间治理。

（4）合作

世界各国在技术交流、打击网络恐怖和网络犯罪等领域的合作更加密切，多边、民主、透明的国际互联网治理体系健全完善，以合作共赢为核心的网络空间命运共同体逐步形成。

（5）有序

公众在网络空间的知情权、参与权、表达权、监督权等合法权益得到充分保障，网络空间个人隐私获得有效保护，人权受到充分尊重。网络空间的国内和国际法律体系、标准规范逐步建立，网络空间实现依法有效治理，网络环境诚信、文明、健康，信息自由流动与维护国家安全、公共利益实现有机统一。

3. 原则

一个安全稳定繁荣的网络空间，对各国乃至世界都具有重大意义。中国愿与各国一道，加强沟通、扩大共识、深化合作，积极推进全球互联网治理体系变革，共同维护网络空间的和平安全。

（1）尊重维护网络空间主权

网络空间主权不容侵犯，尊重各国自主选择发展道路、网络管理模式、互联网公共政策和平等参与国际网络空间治理的权利。各国主权范围内的网络事务由各国人民自己做主，各国有权根据本国国情，借鉴国际经验，制定有关网络空间的法律法规，依法采取必要措施，管理本国信息系统及本国疆域上的网络活动；保护本国信息系统和信息资源免受侵入、干扰、攻击和破坏，保障公民在网络空间的合法权益；防范、阻止和惩治危害国家安全和利益的有害信息在本国网络传播，维护网络空间秩序。任何国家都不搞网络霸权、不搞双重标准，不利用网络干涉他国内政，不从事、纵容或支持危害他国安全的网络活动。

（2）和平利用网络空间

和平利用网络空间符合人类的共同利益。各国应遵守《联合国宪章》关于不得使用或威胁使用武力的原则，防止信息技术被用于与维护国际安全与稳定相悖的目的，共同抵制网络空间军备竞赛、防范网络空间冲突。坚持相互尊重、平等相待，求同存异、包容互信，尊重彼此在网络空间的安全利益和重大关切，推动构建和谐网络世界。反对以国家安全为借口，利用技术优势控制他国网络和信息系统、收集和窃取他国数据，更不能以牺牲别国安全谋求自身所谓绝对安全。

（3）依法治理网络空间

全面推进网络空间法治化，坚持依法治网、依法办网、依法上网，让互联网在法治轨道上健康运行。依法构建良好网络秩序，保护网络空间信息依法有序自由流动，保护个人隐私，保护知识产权。任何组织和个人在网络空间享有自由、行使权利的同时，须遵守法律，尊重他人权利，对自己在网络上的言行负责。

（4）统筹网络安全与发展

没有网络安全就没有国家安全，没有信息化就没有现代化。网络安全和信息化是一体之两翼、驱动之双轮。正确处理发展和安全的关系，坚持以安全保发展，以发展促安全。安全是发展的前提，任何以牺牲安全为代价的发展都难以持续。发展是安全的基础，不发展是最大的不安全。没有信息化发展，网络安全也没有保障，已有的安全甚至会丧失。

4. 战略任务

中国的网民数量和网络规模世界第一，维护好中国网络安全，不仅是自身需要，对于维护全球网络安全乃至世界和平都具有重大意义。中国致力于维护国家网络空间主权、安全、发展利益，推动互联网造福人类，推动网络空间和平利用和共同治理。

《国家网络空间安全战略》确定了九项战略任务：

- 坚定捍卫网络空间主权。
- 坚决维护国家安全。
- 保护关键信息基础设施。
- 加强网络文化建设。
- 打击网络恐怖和违法犯罪。
- 完善网络治理体系。
- 夯实网络安全基础。
- 提升网络空间防护能力。
- 强化网络空间国际合作

网络空间是国家主权的新疆域。建设与我国国际地位相称、与网络强国相适应的网络空间防护力量，大力发展网络安全防御手段，及时发现和抵御网络入侵，铸造维护国家网络安全的坚强后盾。

8.1.3 网络空间安全理论体系

1. 网络空间安全涵盖的主要内容

网络空间安全研究包括五个方面的内容（如图 8-1 所示）：

- 应用安全
- 系统安全
- 网络安全
- 网络空间安全基础
- 密码学及其应用

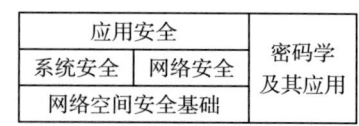

图 8-1 网络空间安全涵盖的主要内容

从图 8-1 可以看出，传统意义上的网络安全仅是网络空间安全的重要组成部分。由于物联网安全研究目前处于初期阶段，因此了解网络空间安全涵盖的主要内容，对于指导物联网安全研究有着重要的意义。

2. 网络空间安全理论体系

网络空间安全理论包括三大体系：基础理论体系、技术理论体系与应用理论体系，其体系结构与涵盖的主要内容如图 8-2 所示。

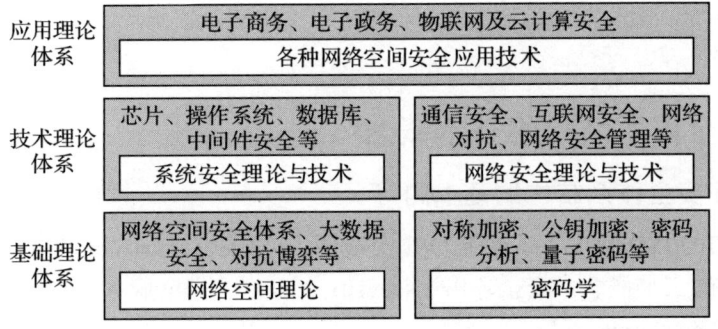

图 8-2　网络空间安全研究的基本内容

（1）基础理论体系

基础理论体系包括网络空间理论与密码学。

网络空间理论研究主要包括：

- 网络空间安全体系结构
- 大数据安全
- 对抗博弈

密码学研究主要包括：

- 对称加密
- 公钥加密
- 密码分析
- 量子密码与新型密码

（2）技术理论体系

技术理论体系包括系统安全理论与技术、网络安全理论与技术。

系统安全理论与技术研究主要包括：

- 可信计算
- 芯片与系统硬件安全
- 操作系统与数据库安全
- 应用软件与中间件安全
- 恶意代码分析与防护

网络安全理论与技术研究主要包括：

- 通信安全
- 网络对抗
- 互联网安全
- 网络安全管理

（3）应用理论体系

应用理论体系主要是指各种网络空间安全应用技术，研究内容主要包括：

- 电子商务、电子政务安全技术
- 云计算与虚拟化计算安全技术
- 社会网络安全、内容安全与舆情监控

- 物联网安全
- 隐私保护

8.2 OSI 安全体系结构的基本概念

8.2.1 OSI 安全体系结构的基本内容

1989 年发布的 ISO7498-2 描述了 OSI 安全体系结构（security architecture），提出了网络安全体系结构的三个概念：安全攻击（security attack）、安全服务（security service）与安全机制（security mechanism）。

1. 安全攻击

任何危及网络与信息系统安全的行为都被视为"攻击"。最常用的网络攻击分类方法将攻击分为"被动攻击"（passive attack）与"主动攻击"（active attack）两类。图 8-3 描述了网络攻击的四种基本类型。

（1）被动攻击

窃听或监视数据传输属于被动攻击，如图 8-3a 所示。攻击者通过在线窃听的方法，非法获取网络上传输的数据，或通过在线监视网络用户身份、传输数据的频率与长度，破译加密数据，非法获取敏感或机密的信息。

（2）主动攻击

主动攻击可以分为以下三种基本方式。

- 截获数据：攻击者假冒和顶替合法的接收用户，在线截获网络上传输的数据，如图 8-3b 所示。
- 篡改或重放数据：攻击者在截获网络上传输的数据之后，经过篡改再发送给合法的接收用户；或者在截获到网络上传输的数据之后的某个时刻，一次或多次重新发送该数据，造成网络数据传输混乱，如图 8-3c 所示。
- 伪造数据：攻击者假冒合法的发送用户，将伪造的数据发送给合法的接收用户，如图 8-3d 所示。

2. 安全服务

为了评价网络系统的安全需求，指导网络硬件与软件制造商开发网络安全产品，ITU 的 X.800 标准与 IETF 的 RFC2828 文档对网络安全服务进行了定义。X.800 标准对安全服务的定义是：安全服务是开放系统的各层协议为保证系统与数据传输的足够安全性所提供的服务。RFC2828 文档进一步细化了安全服务的定义：安全服务是由系统提供的对网络资源进行特殊保护的进程或通信服务。

X.800 标准将安全服务分为以下 5 类服务。

- 认证（authentication）：提供对通信实体与数据来源的认证与身份鉴别。
- 访问控制（access control）：通过对用户身份的认证与用户权限的确认，防止未授权用户非法使用系统资源。
- 数据机密性（data confidentiality）：防止数据在传输过程中被泄漏或窃听。
- 数据完整性（data integrity）：确保接收数据与发送数据的一致性，防止数据被修改、插入、删除或重放。

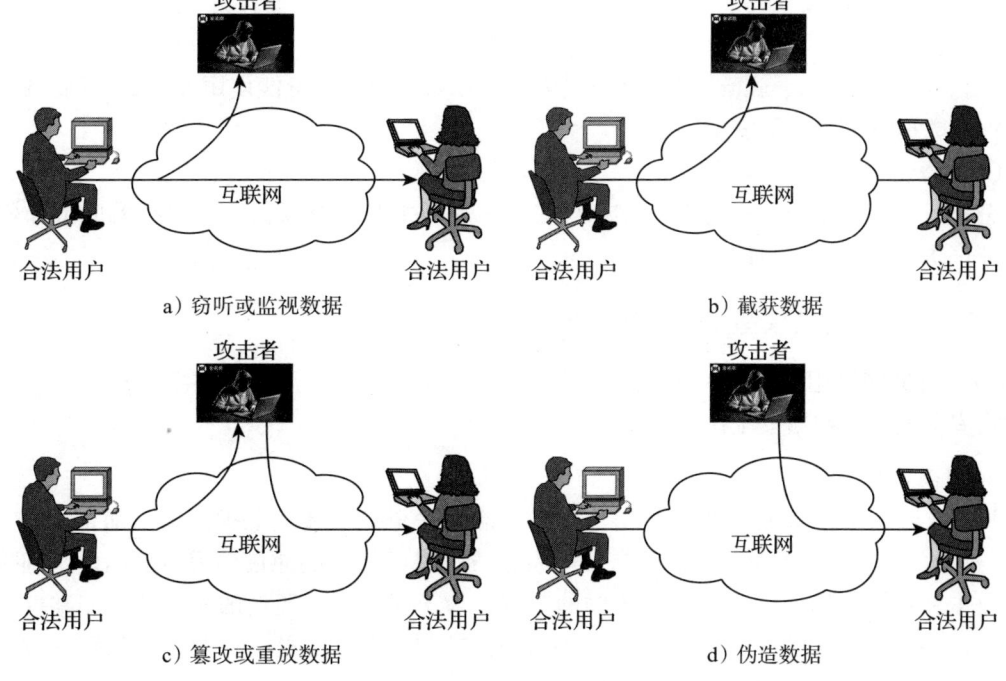

图 8-3 网络攻击的四种基本类型

- 防抵赖（non-reputation）：确保数据是由特定用户发送或接收的，防止发送方在发送数据之后否认其发送行为，或接收方在收到数据之后否认其接收行为。

3. 安全机制

X.800 标准将安全机制分为以下 8 类机制。

（1）加密

加密（encryption）是确保数据安全性的基本方法，根据网络层次与加密对象的不同，采用不同的加密方法。

（2）数字签名

数字签名（digital signature）用于确保数据的真实性，利用数字签名技术对用户身份与消息进行认证。

（3）访问控制

访问控制（access control）按照事先确定的访问规则，确定用户访问主机系统与应用程序的合法性。当有非法用户企图入侵时，实现报警与记录日志的功能。

（4）数据完整性

数据完整性（data integrity）用于确保数据单元或数据流不被复制、插入、更改、重新排序或重新发送。

（5）认证

认证机制（authentication）通过密码、数字签名、生物特征（如指纹）等手段，实现对用户身份、消息来源、主机与进程的认证。

（6）流量填充

流量填充（traffic padding）通过在数据流中填充冗余信息，防止攻击者对网络上传输的数据进行流量分析。

（7）路由控制

路由控制（routing control）通过预先确定的传输路径，尽可能使用安全的子网与链路，以便保证数据传输过程的安全。

（8）公证

公证（notarization）利用第三方参与的数字签名机制，对通信实体进行实时或非实时的公证，防止伪造签名与抵赖等行为。

8.2.2 网络安全模型与网络安全访问模型

为了满足网络用户对网络安全的需求，X.800 标准针对攻击者的主要攻击对象，提出了网络安全模型与网络安全访问模型。

1. 网络安全模型

图 8-4 给出了一个通用的网络安全模型。网络安全模型涉及三类对象：通信对端（发送方与接收方）、攻击者及可信的第三方。发送方通过网络中的通信信道将数据发送到接收方。攻击者可能利用通信信道窃取传输的数据。为了保证网络通信的机密性、完整性，网络安全模型需要解决两个问题：一是对传输数据进行加密；二是有一个可信的第三方，用于确认通信双方身份与分发密钥。

网络安全模型需要完成四个基本任务：
- 确定数据加密算法。
- 对发送的数据进行加密。
- 对接收的加密数据进行解密。
- 确定密钥分发与管理协议。

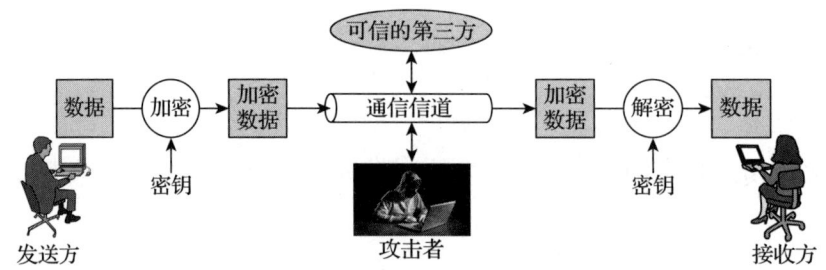

图 8-4 网络安全模型示意图

2. 网络安全访问模型

图 8-5 给出了一个通用的网络安全访问模型。网络安全访问模型主要针对两类对象从网络访问的角度实施的攻击。一类是网络攻击者，另一类是"恶意代码"类的软件。

黑客（hacker）的含义经历了复杂的演变过程，现在人们已习惯将网络攻击者统称为黑客。恶意代码主要是利用操作系统或应用软件的漏洞、利用用户的信任关系，从一台计算机传播到另一台计算机，在用户不知情的情况下修改网络或系统配置，以达到破坏网络正常运行与非法访问网络资源的目的。恶意代码主要包括计算机病毒、特洛伊木马、网络蠕虫、垃圾邮件、流氓软件等多种形式。

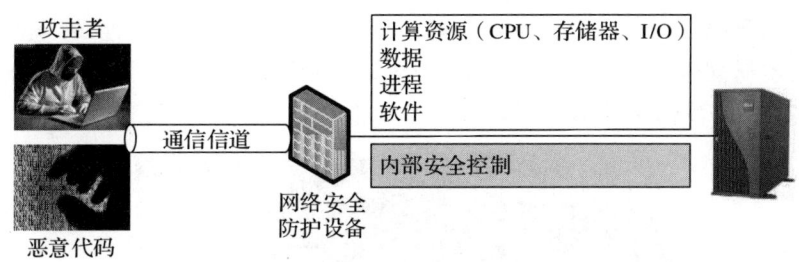

图 8-5　网络安全访问模型示意图

根据攻击对象的不同，网络攻击可分为服务攻击与非服务攻击两类。其中，服务攻击是指攻击者对 Web、DNS、E-mail 等服务器发起攻击，造成相应服务器的工作不正常甚至瘫痪。非服务攻击不针对某种具体的网络服务，而是针对通用的网络设备（如路由器、交换机、网关、防火墙等）或通信线路发起攻击，造成相应设备或线路的工作不正常甚至瘫痪。网络安全研究的一个重要目标就是研制网络安全防护工具（硬件与软件），防止网络系统、主机或资源受到攻击的影响。

8.2.3　用户对网络安全的需求

通过上述的讨论，用户对网络安全的需求可总结为以下几点。

1．可用性

可用性是指在发生突发事件（如停电、自然灾害、事故或攻击等）的情况下，网络仍然能够处于正常工作状态，用户能够使用各种网络服务。

2．机密性

机密性是指保证网络中的数据不被非法截获或者被非授权用户访问，保护敏感数据与涉及个人隐私数据的安全。

3．完整性

完整性是指保证在网络中传输、存储的数据内容没有被修改、插入或删除。

4．不可否认性

不可否认性是指确认通信双方的身份真实性，防止双方对自己发送或接收数据的行为予以否认。

5．可控性

可控性是指控制与限制网络用户对主机、应用及资源的访问，防止非授权用户对网络系统的入侵及越权访问。

8.3　智能物联网安全研究的基本内容

8.3.1　智能物联网环境的安全问题

1．物联网面临的网络攻击

组建计算机网络的目的是为处理各类信息的计算机系统提供一个良好的通信平台。网络可以为计算机信息的获取、传输、存储、处理、利用提供一个高效、快捷、安全的通信环境。从根本上来说，网络安全技术要保证信息在网络中传输、存储与处理的安全性。对于网络安全技术研究来说，首先要考虑对网络安全构成威胁的主要因素。图 8-6 给出了针对智能物联网的网络攻击类型示意图。

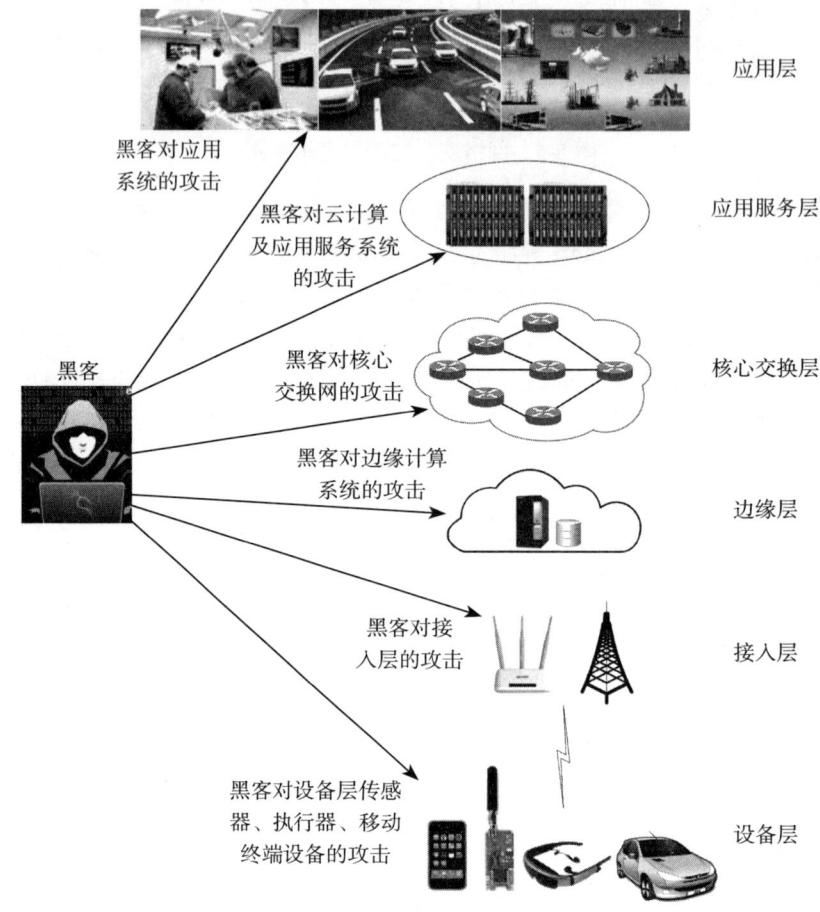

图 8-6 针对智能物联网的网络攻击类型

物联网体系结构包括感知层、网络层与应用层，而传统的互联网体系结构通常没有感知层。因此，与互联网面临的安全威胁相比，物联网还涉及针对感知层的安全威胁，例如对 RFID 设备、传感器与无线传感器网、可穿戴计算设备、智能家电、智能仪器与仪表、无人机与智能机器人等设备的攻击。由于智能物联网接入的设备类型更多，计算机软硬件结构更复杂，因此智能物联网面临着更为严峻的网络安全考验。

目前，所有的网络信息系统都是建立在互联网环境中的。任何一种网络服务都要通过网络在计算机之间交换数据与协议报文。网络协议设计时可能存在瑕疵，协议软件与应用软件中可能有漏洞，主机与网络系统也可能存在配置错误。例如，TCP/IP 最初是专门为 ARPANET 设计的协议，IP 缺乏对通信双方的身份认证，以及传输数据的完整性与机密性保护，使 IP 存在数据被监听、捕获、伪造等问题。传输层的 TCP/UDP 与应用层的各种协议都有很多可能被攻击者利用的漏洞。

2. 典型的网络攻击

从计算机网络的角度来看，一个很自然、友好的网络协议执行过程，也可能成为攻击者利用的工具。例如，Web 应用是通过传输层 TCP 来实现的。为了保证网络中数据传输的可靠性与有序性，在 TCP 连接建立过程中要经过"三次握手"。Web 应用的客户端与服务器在已建立的 TCP 连接上传输数据。

这个"握手"过程也可能被攻击者利用。如果攻击者想给一个 Web 服务器制造麻烦，它只要用假的 IP 地址向 Web 服务器发出一个看似正常的"TCP 连接请求报文"，如果服务器能够提供服务将向客户端返回一个同意建立连接的"应答报文"，但由于 IP 地址是伪造的，因此服务器不可能收到第三次握手的"确认报文"。如果攻击者向 Web 服务器发送大量的假请求报文，并且服务器没有发现这是一次攻击，则服务器将忙于处理应答与无限期等待，最终导致 Web 服务器不能正常服务，甚至是系统崩溃。这就是一种简单、常见的拒绝服务攻击（Denial of Service，DoS）。

这种攻击行为并不是直接闯入被攻击的服务器，而是选择一些容易感染病毒的计算机（俗称"肉机"），预先将能够实施 DoS 攻击的病毒悄悄植入这些"肉机"，然后伺机发出攻击命令，让大量的"肉机"在自己不知情的情况下，同时向被攻击的服务器连续发送大量的"TCP 建立连接请求"，使得服务器疲于应对这些看似正常的请求，导致服务器无法正常服务甚至是崩溃。因此，这种攻击被称为分布式拒绝服务攻击（Distributed Denial of Service，DDoS）或僵尸网络攻击（botnet）。

从以上分析中可以看出，典型的拒绝服务攻击是资源消耗型 DDoS 攻击，这类攻击常见的方法是：

- 制造大量广播包或传输大量文件，占用网络设备与通信链路的带宽资源。
- 制造大量垃圾邮件、错误日志等文件，占用主机系统的磁盘资源。
- 制造大量无用的信息或进程通信，占用主机系统的 CPU 与内存资源。

图 8-7 给出了 DDoS 攻击过程。DDoS 攻击通常采用三层结构：攻击控制台、攻击服务器与攻击执行器。其中，攻击者直接控制攻击控制台，向攻击服务器发出攻击指令；攻击服务器用于转发攻击指令；攻击执行器负责具体执行攻击指令。

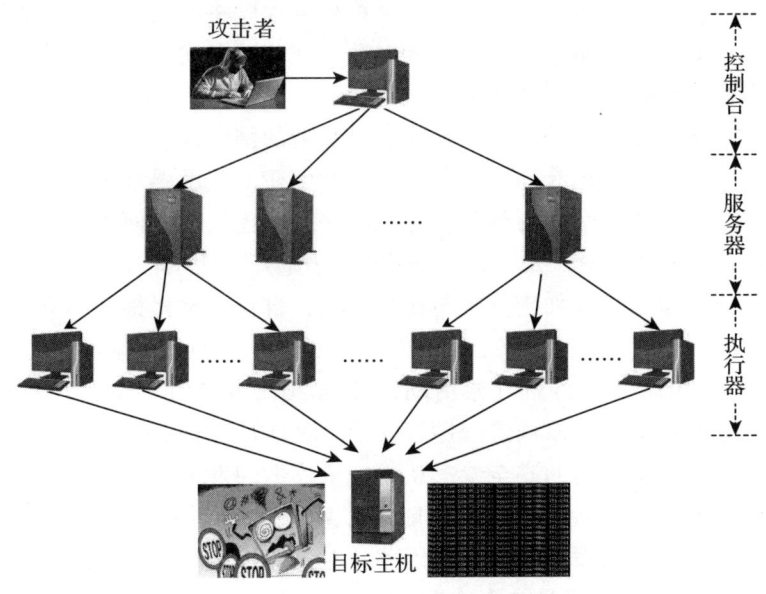

图 8-7 DDoS 攻击过程示意图

DDoS 攻击通常经过以下 3 个步骤。

1）攻击者选择一些防护能力弱的主机，入侵主机并安装后门程序，将这些主机变成攻击服务器。攻击服务器的数量通常在几台至几十台。设置攻击服务器用于隔离联系渠道，防止攻击者被追踪。

2）攻击服务器自行发展攻击执行器。攻击执行器的数量通常很大，可以从几百台至几十万台。攻击执行器安装简单的攻击软件，它只需要连续向攻击目标发送大量的"连接请求"，而不需要做出任何应答。

3）攻击者通过控制台向多个服务器发出指令，由服务器分别向各自控制的执行器发出指令，由这些执行器同时向目标发起攻击。在向服务器发出指令后的很短时间内，攻击者的控制台就会立即撤离网络。

尽管 DDoS 攻击只是一种网络攻击，但是它具有一定的代表性。目前，互联网常见的 DDoS 攻击已出现在物联网环境中，并且可以通过物联网设备攻击互联网。

从以上分析中可以看出：互联网与物联网中的攻击原理基本相同，互联网中的所有攻击类型都会出现在物联网中，而针对物联网的攻击类型也有其特殊性。

8.3.2 智能物联网安全问题的新动向

随着网络应用从互联网、移动互联网发展到物联网，网络安全威胁、网络攻击的动机与形式也随之发生变化。网络攻击动机已从最初的恶作剧、显示能力，逐步向趋利性、有组织犯罪的方向发展，并演变成国家之间政治、军事斗争的工具。

在深入讨论网络安全问题时，需要注意危及物联网安全的几个新动向。

1. 计算机病毒已成为攻击物联网的工具

2012 年 5 月，网络安全实验室卡巴斯基（kaspersky）发现一种攻击多个国家工业系统的恶意程序，并将其命名为火焰（flame）病毒。火焰病毒是一种后门程序与木马程序的结合体，同时还具有网络蠕虫的特点。在计算机系统被感染之后，只要攻击者发出指令，火焰病毒就在网络、移动设备进行自我复制。火焰病毒程序将开始进行一系列破坏行为，例如监测网络流量、获取截屏画面、记录蓝牙对话、截获键盘输入等。被感染的计算机系统中所有的数据都将被传送到指定的服务器。

火焰病毒被认为是迄今发现的规模最大、最复杂的网络攻击软件。根据卡巴斯基实验室统计，感染该病毒的案例已有 500 多起，主要发生在某些敏感地区。火焰病毒的结构极为复杂，能够避开 100 多种防病毒软件。恶意程序通常比较小，便于隐藏。但是，火焰病毒程序很庞大，代码有 20MB，大约 20 个模块，是迄今发现的体积最大的病毒程序。火焰病毒软件结构精巧，包含多种加密算法与压缩算法，自身隐藏得很好。火焰病毒主要感染局域网中的计算机、U 盘、蓝牙设备，可以利用垃圾邮件、钓鱼网站进行传播。

火焰病毒早在 2010 年 3 月就开始活动，直到 2012 年 5 月被卡巴斯基实验室发现之前，没有其他安全软件检测到该病毒程序，安全专家估计这种病毒可能已潜伏在目标系统中长达 5 年。卡巴斯基实验室的安全专家认为，从攻击的发生过程、目标、效果与复杂度来看，该病毒应该有国家角色的参与，可能是"某个国家专门开发的网络战武器"。这类病毒攻击后果有可能导致爆发一场战争。因此，对工业控制系统的攻击被认为是"网络珍珠港事件"，而火焰病毒攻击只是"小试牛刀"。

2. 物联网工业控制系统成为新的攻击重点

进入 20 世纪以来，从"震网""火焰""方程式"到"WannaCry 勒索风暴"，一桩桩曾在人类世界掀起"轩然大波"的网络事故在展示一个事实：在当今的网络安全格局中，"漏洞"与"病毒"已成为网络世界的致命威胁。

2010 年，卡巴斯基实验室发现了震网（Stuxnet）病毒。2010 年 6 月，震网病毒感染了某个国家包括铀浓缩工厂的 14 个工业控制系统，并毁坏了铀浓缩工厂中的 984 台离心机。震网病毒是有人通过 U 盘传播到某台计算机，并伪造了可信数字证书躲过自动检测系统。这种病毒针对采用 Windows 操作系统的计算机，并检查工业控制系统是否由 Siemens Step 7 控制。如果工业控制系统使用 Siemens Step7，则攻击离心机的 PLC 控制器。这种病毒巧妙地利用了 Windows 操作系统的几个零日漏洞，例如 Windows 的文件快捷方式 LNK、局域网共享打印机后台程序、权限提升等。

如果说震网病毒是第一个将目标锁定在工业控制网络的病毒。2011 年 9 月发现的毒区（Duqu）是一种复杂的木马病毒，其主要功能是充当系统后门，盗取机密数据或隐私信息，从事网络间谍活动。更可怕的是：震网与毒区之间存在着深层次的内在关联，它们应该是出自同一个病毒设计者之手。

人们惊呼"工业病毒"时代已经来临。各种物联网应用系统，例如电力控制系统、城市交通系统、工业控制系统、无人驾驶汽车、无人机、智能医疗与可穿戴计算设备，甚至是商用飞机的自动驾驶与导航系统，都会成为攻击者关注的主要目标。如果这类攻击能够得手，其后果将是非常严重的。

3. 网络信息搜索功能将演变成攻击物联网的工具

网络信息搜索工具对物联网的潜在威胁也值得关注。一位美国程序员出于对互联网联网设备数量的好奇，经过十多年的努力，建立了一个在线设备搜索引擎"SHODAN"。在 SHODAN 的主页上写着："暴露的在线设备：网络摄像机、路由器、电力设备、智能手机、风力发电机、冰箱、网络电话"。目前，SHODAN 搜索到的在线设备超过 1000 万个，相关信息包括这些设备的地理位置、运行软件等。

SHODAN 的研究初衷并无恶意，但是这里存在一个很严重的问题：SHODAN 已成为"黑客的搜索引擎"。SHODAN 可搜索到接入互联网的工业控制系统。这些以前被认为相对安全的工业控制系统当前正处在危险中，它们随时可能遭到来自互联网的攻击。对于物联网的智能工业、智能交通、智能电网、智能医疗、智能家居、智能安防等应用，将会接入很多工业控制系统及各种类型的智能控制系统，如果这些系统在设计上有缺陷，它们就有可能被 SHODAN 搜索到。物联网智能控制系统在 SHODAN 中出现，极大地丰富了 SHODAN 的搜索内容，但是却为物联网带来了严重的安全隐患。

4. 僵尸物联网正在成为网络攻击的新方式

2016 年 9 月，互联网 DNS 服务提供商 Dyn 遭到大规模的 Mirai 僵尸病毒 DDoS 攻击，造成美国超过半数的网站瘫痪了 6 个小时，包括 Twitter、Airbnb、Reddit 等著名网站，个别网站甚至瘫痪长达 24 小时。这次攻击中的最大流量超过 1Tbit/s，超过已知网络攻击的最大流量，而攻击流量来自家用路由器、监控摄像头等物联网设备，它是第一次利用物联网设备向互联网执行 DDoS 攻击。这种攻击方式被称为"僵尸物联网"（botnet of things）攻击。利用僵尸物联网病毒实施 DDoS 攻击的原理没有本质性变化，只是攻击的执行者变成了普遍存在漏洞的物联网硬件设备。

2017 年初，网络安全研究人员发出了新的警告，即 BrickerBot 病毒将让物联网设备彻底瘫痪。BrickerBot 是一种升级版的"僵尸物联网"病毒，能够感染基于 Linux 操作系统的路由器与物联网设备。如果找到一个存在漏洞的攻击目标，BrickerBot 就会通过一系列指令清除设备中的文件，破坏存储器，并切断网络链接。著名网络安全公司 Radware 的研究人员利用"蜜罐"监测到"肉鸡"遍布全球的两个僵尸网络，分别命名为"BrickerBot.1"与"BrickerBot.2"。2017 年 4 月，研究人员发现"BrickerBot.1"已不再活跃，而"BrickerBot.2"的杀伤力与日俱增，几乎每隔两个小时就会有新的攻击记录。

5. 移动设备安全漏洞成为新的攻击重点

2024 年 5 月，微软发布报告称"Dirty Stream"安全漏洞正悄然威胁数十亿的安卓应用用户。从微软报告可以看出，"Dirty Stream"漏洞的核心在于恶意应用可以操纵和滥用安卓的内容提供程序系统，这可能导致攻击者获得设备的控制权或窃取设备上的敏感信息。

网络专家指出，针对移动端设备的攻击将主要表现在以下 5 个方面：
- 数据泄露和隐私侵犯
- 恶意软件和病毒
- 应用程序漏洞
- 对设备的物理访问和盗窃
- 网络钓鱼和社会工程学

2024 年卡巴斯基研究人员预测，高级持续性威胁（Advanced Persistent Threat，APT）攻击者将从主要针对企业，逐步转移到利用移动设备、可穿戴设备和智能设备上新的漏洞程序，开展僵尸网络攻击。

同时需要注意的是，随着攻击者利用 AI 技术寻找智能硬件的软硬件漏洞，针对移动端漏洞攻击手段呈现出更加智能化、攻击目标更加多元化、攻击方式更加隐蔽化的趋势，网络安全研究人员需要考虑如何将 AI 技术用到对抗利用 AI 开展攻击的网络安全技术研究上。

8.3.3 智能物联网设备安全

1. 感知层的安全威胁

在物联网应用系统中，感知层由传感器、执行器与用户终端构成。传感器是物联网数据的源头，是整个系统正常运行的基础；执行器的错误动作将导致严重后果，是整个系统运行结果的最终体现。因此，保护物联网设备的安全至关重要。

（1）物理安全

利用物联网设备的分散部署、无人监管的状态，盗窃、劫持设备或挪动设备位置，影响物联网应用系统的正常运行；插入伪装的物联网设备，提供错误的感知数据，造成物联网应用系统的数据混乱；破坏设备供电或耗尽设备电量，影响物联网应用系统的正常运行；在物联网设备中植入病毒软件，迫使设备参与 DDoS 攻击。

（2）通信安全

利用物联网设备在无线信道与通信协议上的漏洞，干扰无线信道或屏蔽无线信号，导致设备之间通信异常甚至难以通信；窃听无线信道或截获无线信号，获得设备之间传输的敏感数据或指令；篡改、重放数据或伪造新的数据，影响物联网应用系统的正常运行。

（3）数据安全

利用物联网设备在用户使用与管理上的漏洞，直接获取设备默认的用户名与密码，或者对用户设置的弱密码执行字典攻击，获得设备相关的用户账号；利用合法的用户名与密码，窃听、篡改、重放或伪造数据；利用物联网设备的位置信息，将获取的用户数据与位置信息建立关联，分析用户行踪与窥探用户隐私。

（4）网关安全

由于物联网设备的计算、存储资源通常有限，自身不具备很强的数据分析、处理能力，因此需要网关作为连接边缘计算设备或云平台的桥梁，以便实现感知数据的汇聚与控制指令的分发。显然，网关将会成为攻击者的关注重点。

针对网关的攻击主要有以下几种形式：
- 实施 DDoS 攻击，使网关无法正常工作。
- 非法获取或修改网关配置，影响感知数据的汇聚与传输。
- 窃听、篡改、重放或伪造感知数据，或者向执行节点发出错误指令。
- 传播僵尸病毒，将网关变成攻击服务器或执行器，参与 DDoS 攻击。

2. 感知层安全技术

针对物联网设备面临的安全威胁，可以采用以下几种安全技术。

（1）轻量级密码算法与认证技术

针对物联网设备的计算、存储与电量资源受限的特点，为了保证设备数据的机密性、完整性与实现身份认证，只能采用轻量级的密码算法与认证技术。轻量级密码本身并没有一个统一的定义。根据 RFID 标准化组织的规定，为了在 RFID 标签中实现密码算法，需要保留 2000 门电路及相应的硬件资源。因此，产业界将轻量级密码算法定为 2000 门电路可实现的密码算法。当然，这只是一个参考值。由于物联网应用需求强烈，因此轻量级密码算法研究活跃。目前，轻量级密码算法正在从研究走向实用。例如，PRESENT 的 CHES 2007 与 Clefia 的 FSE 2007，已成为 ISO/IEC 轻量级密码算法标准。

认证技术根据用途可以分为两类：消息认证、设备与用户身份认证。消息认证用于保证数据内容的完整性；设备与用户身份认证用于保证数据来源的真实性。身份认证通常伴随着会话密钥的创建与交换，常用协议被称为身份认证与密钥协议（Authentication and Key Agreement，AKA）。传统的互联网在认证方面已经有了很多成果。但是，由于互联网认证算法的复杂性使其无法直接应用于物联网，因此有必要针对不同的物联网应用场景来研究相应的轻量级认证技术。

（2）硬件安全组件

在物联网应用系统中使用硬件安全组件，通过硬件实现轻量级密码算法与认证机制，利用硬件为物联网平台创建安全的运行环境，提供可信执行环境、设备认证、安全引导、安全无线传输、安全内存保护、安全密钥存储等服务。防篡改机制可防止针对物联网组件的逆向分析与篡改。

（3）数据安全

物联网设备数据包括感知数据、配置信息、日志文件、应用软件等。这些数据可以分为三类：静态数据是指设备中存储的数据；使用中的数据是指设备运行中使用的数据；动态数据是指离开设备的数据。对于静态数据，将加密数据存储在专用硬件中，或者采用基于对称加密的专用软件存储。对于使用中的数据，采用基于策略的黑白名单，保护内存区域免受未授权的访问，以及进程运行时的完整性验证。对于动态数据，采用适当的编码技术、缓冲区溢出保护，以及输入/输出的安全检查。

（4）隔离技术

物联网设备的硬件、软件漏洞是不可避免的，在硬件、软件与虚拟化环境应用隔离技术，可将网络攻击带来的影响降到最低。常用的隔离方法主要包括：

- 进程隔离：在操作系统中，将业务、功能组件与安全组件隔离。
- 容器隔离：在硬件容器中，将同一物理平台上的计算元件隔离；在软件容器中，通过操作系统强化资源边界的隔离。
- 虚拟隔离：在虚拟机环境中，通过虚拟机管理器对物理平台上运行的各种虚拟实例进行隔离。

（5）漏洞挖掘

物联网漏洞挖掘主要关注两个方面：嵌入式操作系统的漏洞挖掘，网络协议的漏洞挖掘。物联网设备通常采用的是嵌入式操作系统，如果嵌入式操作系统遭到攻击，将会对整个设备带来很大的影响。

8.3.4 智能物联网接入安全

1. 接入网的安全威胁

物联网接入网可以采用的技术种类繁多，相应暴露给攻击者的漏洞也就越多，遭受网络安全的威胁也就越严重。对接入网的安全威胁主要有以下几种形式：

- 利用无线信道的开放性，窃听、截获、篡改或伪造数据。
- 利用通信协议漏洞，采用软件无线电技术攻击物联网。
- 发送干扰信号，破坏无线通信的正常工作。
- 伪装成合法用户，向系统传输错误数据或指令。
- 伪装成基站，发动中间人攻击。

2. 对无线信道的攻击

（1）NFC 安全威胁与防护

近场通信（Near Field Communication，NFC）是近距离、非接触的一种无线通信方式。针对 NFC 的攻击方法主要包括：近距离截获无线信道传输的数据、干扰无线信道、伪造合法用户登录、中间人攻击等。

由于 NFC 通信的有效距离在 10cm 之内，因此可以有效防止数据被其他接收器非法读取，这个应用场景在很大程度上保证了 NFC 通信的安全。在移动终端进行近场支付时，POS 机与手机之间交互的交易信息，都是经过某种加密运算变成密文传输的，这样就保证了用户账户、交易信息等敏感数据的安全性。目前，NFC 硬件及其架构具备较高的安全性，以便提高移动终端上应用的安全性。

（2）ZigBee 安全威胁与防护

基于 ZigBee 构建的 Mesh 网络具有低功耗的特点，已广泛用于智能家居、智慧楼宇、工业控制等领域，它是物联网常用的无线通信技术之一。

KillerBee 提供了对无线网络（例如 ZigBee、IEEE 802.15.4）的嗅探功能，包括实时捕捉与查看 ZigBee 数据、搜索 ZigBee 流量、定位 ZigBee 无线信号发射器等。KillerBee 常用于 ZigBee、IEEE 802.15.4 网络的安全分析。同样，KillerBee 也能够成为攻击 ZigBee、IEEE 802.15.4 网络的工具。

（3）BLE 安全威胁与防护

基于低功耗蓝牙（BLE）构建的 Mesh 网络具有低功耗的特点，已广泛用于智能家居、智能医疗、可穿戴计算等领域，它是物联网常用的无线通信技术之一。

每台蓝牙设备都有一个独特的设备地址，与 Ethernet、Wi-Fi 的设备地址类似，都是由同一注册机构 IEEE Registration Authority 分配的。理论上，设备地址在蓝牙设备的生命周期中是固定的。由于蓝牙设备在工作时使用公开的广播信道向其他设备展示其存在，因此蓝牙设备是可能被追踪的。利用 BLE 数据包嗅探、捕获与分析工具，可以获取蓝牙设备地址，截获传输的数据包，以及分析 BLE 流量。利用 BLE 暴露出的漏洞，很容易发动对 BLE 网络的攻击。

（4）NB-IoT 安全威胁与防护

在 NB-IoT 的应用中，需要使用移动通信中的用户终端卡（SIM 卡）。由于一些物联网设备自身大小与电量受限，并且设备在生命周期内通常不会更换 SIM 卡，因此可以将 SIM 卡与设备合为一体。但是，SIM 卡的制造商通常属于移动通信运营商，物联网设备的制造商难以将这两部分整合到一个硬件中。

研究人员提出了 e-SIM 与 SoftSIM，用软件技术来替代硬件 SIM 卡。其中，e-SIM 由全球移动通信联盟（GSMA）提出，它实现的技术、商业目标与传统的硬件 SIM 卡有很大差别，但在身份认证、数据保护方面的流程基本相同。NB-IoT 支持软件与固件通过空口升级。升级包需要经过数字签名与公钥加密。终端设备接收到升级包之后，同样要进行解密与签名验证过程，以保证升级软件与固件的合法性。

8.3.5 智能物联网核心交换网安全

1. 核心交换网安全的复杂性

物联网核心交换网的结构比较复杂，它们大致可以分为两种类型：一种是基于 TCP/IP 的核心交换网，另一种是基于 5G 的无线核心网。基于 TCP/IP 的核心交换网可以进一步分成几种类型：一种是安全性要求较高的产业类物联网，核心交换网可能采用自建的 IP 专网，或者是在公共传输网中组建的 VPN 网络，也可能有部分物联网的安全性要求较低，或者与外部用户、合作伙伴的数据传输是通过互联网；另一种是消费类物联网，它是借助于互联网的核心交换网实现数据传输的。

5G 在物联网中的应用将会非常广泛。无论是自建的 IP 专网、VPN 网络，或者是利用互联网组建的物联网应用系统都不可避免地与 5G 网络互联。现有的 3G/4G 移动通信网的核心交换网（电信业称为核心网）已经实现了 IP 化，也就是从基站到城市数据交换中心的路由器、城市与城市数据交换中心的路由器基本都采用了 IP 与光纤传输系统。目前，各国的电信运营商都在基于 SDN/NFV 组建 5G 核心网。

除了传统网络面临的安全威胁之外，由于物联网结构的复杂性、设备接入链路的脆弱性与网络协议的不一致，使得物联网将会面对以下几种攻击：

- 基于通信协议的攻击：基于路由的欺骗攻击、基于 DNS 的欺骗攻击、基于 RIP 与 ICMP 的欺骗攻击等。
- 基于数据传输的攻击：在数据传输过程中获取加密信息、对传输数据的完整性攻击、假冒与伪造身份的发送源欺骗攻击等。
- 基于服务可用性的攻击：DoS 与 DDoS 攻击等。

技术的变化必然会带来网络安全威胁的变化，网络安全技术也必然要跟上形势的变化。物联网核心交换网安全技术正处在快速变化中，很多变化目前仍然是难以预料，这也给网络安全研究人员提出了很多研究问题。

2. 基于 TCP/IP 的核心交换网安全

（1）核心交换网的安全威胁

基于 TCP/IP 的核心交换网面临的安全威胁来自两个方面：一方面是来自内部的威胁，另一方面是来自外部的威胁。其中，内部威胁主要来自内部用户，这类用户分为两类：一类是混入网络管理员队伍的恶意人员，另一类是不遵守内网使用规范或误操作的用户。恶意人员将会蓄意制造的攻击行为，而不守规范的用户也会引发网络安全事故。外部威胁主要是指各种网络攻击。

（2）网络攻击的特点

从法律上的角度来看，网络攻击是指入侵行为完全完成，并且入侵者已在目标网络内部。但是，对于网络管理员来说，一切可能使网络系统受到破坏的行为都应视为攻击。

网络攻击可以分为以下几种类型：
- 系统入侵类攻击：攻击者的目标是获得主机系统的控制权，从而破坏主机与网络系统。这类攻击又分为信息收集攻击、口令攻击、漏洞攻击等。
- 缓冲区溢出攻击：通过向程序缓冲区写入超出其长度的内容，造成缓冲区的溢出，从而破坏程序的堆栈，使程序转而执行其他指令。这类攻击的目标是扰乱那些以特权身份运行的程序功能，使攻击者获得程序的控制权。
- 欺骗类攻击：网络欺骗主要包括 IP 欺骗、ARP 欺骗、DNS 欺骗、Web 欺骗、电子邮件欺骗、源路由欺骗、地址欺骗、口令欺骗等。
- 拒绝服务类攻击：这类攻击都属于消耗资源类型的网络攻击，通过发送大量无用信息或启用大量交互过程，消耗服务器的计算、存储与带宽资源，最终导致服务器无法正常提供服务甚至崩溃。

（3）网络安全技术体系

从互联网传承下来的网络安全技术可以归纳为：网络安全体系结构、网络安全防护技术、密码应用技术、网络安全应用技术、系统安全技术等。这些安全技术在长期的互联网应用中不断得到完善，内容比较丰富，技术相对成熟，目前都会用到物联网应用系统中，只是实现方式与保护对象可能有所不同。

3. 5G 网络安全问题

（1）5G 网络的安全风险

5G 网络的高性能将极大地促进物联网的发展。同时，5G 网络也会给物联网带来很多新的安全风险，它们主要表现在以下几个方面：

- 5G 网络越来越多地依赖软件技术，软件技术自身的缺陷将给物联网带来新的安全问题。攻击者可以熟练地利用传统的漏洞攻击手段，通过 5G 网络对物联网应用系统发起各种攻击。
- 5G 采用了很多新技术（例如 SDN 与 NFV），由于 SDN/NFV 技术尚不成熟，这样将进一步增加物联网潜在的安全隐患。
- 5G 网络通过"网络切片"技术将要实现的功能划分为不同的功能切片，网络切片使用的软硬件技术上的缺陷，以及网络功能在不同切片之间的共享，都有可能成为对物联网发动攻击的新入口。

针对 5G 核心网的安全威胁，需要采用以下几种保护措施：认证与授权、数据安全与隐私保护、异常检测与安全审计、安全设计与测试等。

（2）5G 网络安全研究

作为 5G 研究工作的一个重要组成部分，安全需求的研究工作也在同步进行。目前，一些著名的国际电信组织，例如 3GPP、5GPPP、NGMN、ITU-2020 推进组，以及华为、爱立信、诺基亚等网络设备厂商，纷纷发布了各自的 5G 安全需求白皮书，以便表达各自对 5G 安全需求的理解与展望。从目前众多的安全需求来看，尽管不同的安全需求白皮书的侧重点有所差异，但是核心问题仍然集中在 4G 安全需求的演进，以及由新技术、新服务驱动的新的安全需求。

5G 网络至少要提供与 4G 同等的安全性，这些基本的安全需求主要包括：用户与网络的双向认证、用户数据的机密性保护、安全的可视化与可配置、基于 USIM 卡的密钥管理、信令消息的机密性与完整性保护等。

5G 需要在传统的接入安全、传输安全的基础上，考虑新技术驱动与垂直服务下的灵活多变与个性化的服务安全，实现不同群体在不同场景下的多级安全保障。因此，5G 安全是一个复杂的系统工程。目前，一些电信运营商、国际电信组织与网络安全公司已认识到 5G 安全对整个系统演进的重要性，并通过一系列会议、白皮书与标准草案，对一些关键安全问题进行了讨论，旨在探索与寻求相应问题的解决方案。

8.4 智能物联网的隐私保护问题

8.4.1 智能物联网环境中的隐私泄露

个人隐私是指日常生活中不愿让其他人知道的信息，主要包括姓名、年龄、职业、住址、电话号码、家庭成员、经济状况、健康状况、社会关系、网络身份等。个人隐私是属于每个公民的个人权利，其他人无权干涉，也不得随意传播与泄露别人的隐私信息。但是，人们在日常生活中经常接到一些电话、短信，其中有些属于广告、推销性质，有些甚至是诈骗信息，并且大多是针对个人状况而精准定制的，这显然是个人的隐私信息已经被泄露。近年来，隐私保护问题已成为人们关注的焦点。

物联网中有通过各种感知手段获取的大量数据，通过数据挖掘能获取更丰富的隐私信息。例如，智慧城市系统中保存着所有市民的个人信息，在城市管理与服务部门之间传输与分享。智能物流系统中保存着完整的用户信息，包括姓名、收货地址、电话号码、购物清单等。智能医疗系统中保存着每位患者的个人信息、病历、诊断资料等。智能安防系统中的摄像头随时在摄录城市不同角落的图像与视频。攻击者通过入侵这些物联网应用系统，能够轻松获得很多涉及个人隐私的信息，除了姓名、性别、年龄、住址、电话号码等传统信息，还可能涉及经济状况、健康状况、兴趣爱好、消费习惯、位置信息、银行账户、社交圈等。因此，物联网应用系统面临更严重的隐私泄露问题。

理解物联网的隐私保护，需要注意以下几个问题：

1）隐私保护不仅是涉及个人信息安全的技术问题，还可能涉及法律、社会稳定、国家安全等方面。隐私保护问题必须从技术、法律法规、用户教育等多方面着手。2017年6月1日我国开始实施的《网络安全法》，将个人隐私信息列入法律保护范围。相关的法律法规明确规定了非法获取、出售或跟踪轨迹信息、通信内容、征信信息、财产信息等10种行为均属违法。

2）隐私保护技术应该考虑到发布数据的可用性。片面地强调数据的匿名性将导致数据过度失真，失去数据共享的价值，以及大数据分析结果的可用性。隐私保护技术要在数据可用性与隐私性之间获得平衡。因此，隐私保护方案应该有明确的隐私保护目标与信息可用性目标。

3）隐私保护技术包括两个方面：去隐私化与隐私挖掘。去隐私化是指对包含隐私信息的数据进行处理，使其看上去不再包含隐私信息。物联网中隐私信息之间完全不具有关联性是很难做到的。隐私挖掘是从大量的去隐私化数据中找到关联，并从数据中恢复出相应的隐私信息。通过提高攻击者获取隐私信息的代价，可以在某种程度上达到保护隐私的目标。

8.4.2 隐私保护技术的研究

隐私保护技术研究主要分为三类：基于身份匿名的隐私保护、数据关联的隐私保护与基于位置的隐私保护。

1. 基于身份匿名的隐私保护

身份匿名是用户隐私信息保护的一种重要技术。匿名认证是指用户可以根据应用场景的要求，向服务提供者证明其属于某个特定访问权限的用户集合，但是服务提供者无法识别出用户是集合中的哪个用户。身份匿名可以通过密码学技术来实现，例如群签名、环签名、零知识证明等。

群签名（group signature）是群体密码学的一个应用。群签名的特点是：只有群体中的成员能够代表群体签名；接收到签名的人可以用公钥去验证签名，但是不知道由群体中的哪些成员所签；如果发生争议，可由群管理者或可信赖机构识别签名者。环签名（ring signature）是按特定规则由用户组成一个环的签名方式。环中的成员利用它的私钥和其他成员的公钥进行签名，而验证者只知道签名来自这个环，但是不知道谁是真正的签名者。环签名与群签名相比，群签名的生成需要群成员的合作，群管理者可以确定签名人的身份，而环签名没有群管理员，环中所有成员的地位相同。

匿名凭证系统可以应用到电子证件、在线订阅、电子票据系统中。与传统的电子证件系统相比，电子身份证（eID）具有覆盖范围广、应用多样化、信息集中等特点。eID应用使得对应用服务的管理由集中式向分布式发展，增加了用户身份隐私数据泄露的风险。在这种情况下，将匿名凭证技术应用于eID，有助于增强eID的隐私保护能力。在线订阅、电子票据等系统中使用匿名凭证，能够更好地满足应用对隐私保护的需求。

2. 基于数据关联的隐私保护

对于很多可能涉及个人隐私的信息，如果不与个人身份关联是没有意义的。例如，仅知道一个电话号码并没有很大的意义；仅知道一个姓名所泄露的个人隐私有限，因为重名的人可能很多；但是，如果将电话号码与用户姓名关联，就可以唯一地确定某个人的身份，由此可以挖掘出更多涉及个人隐私的信息。物联网感知的数据是否会造成隐私泄露，关键要看数据采集、分析的动机，以及分析结果的用途。

我们可以用一个例子来说明这个问题。一家移动数据研究中心发起了一项"移动数据挖掘"的研究计划。研究内容主要包括：如何通过对移动用户通信数据的分析来获取用户相关信息，如何预测移动通信过程中的用户位置。研究中心组织了一百多支数据挖掘研究团队，耗时半年，尝试用不同算法对采集的海量数据进行分析。研究结果表明：无论是基于位置服务、社交网络活动的分析与预测，还是涉及用户个人隐私信息的分析结果，都能够与采集到的数据吻合得非常好。

近年来，人们逐渐认识到隐私保护的重要性，越来越多人不愿意为数据分析者提供自己的数据。而在大数据时代，数据分析是非常重要的工作。为了处理好隐私保护与数据分析的矛盾，需要对含有隐私信息的数据进行去隐私化处理。去隐私化处理是对数据中可能造成隐私泄露的数据进行适当处理，使数据的公开不容易造成隐私泄露。如何在隐私保护与数据分析利用上达到一个合理的折中，在不泄露个人隐私的前提下挖掘出数据中的有用知识，这是物联网隐私数据挖掘研究亟待解决的问题。

3. 基于位置的隐私保护

从上面的移动数据挖掘的例子中可以看出，根据移动通信数据可以分析出用户是在家庭、学校、工作单位、朋友家，还是公交站点使用手机；根据用户在某个时间、某个地点打电话，或者访问移动网络服务的相关数据，可以推断用户下一个要给谁打电话，或者是将要访问移动网络服务的地点。从这个例子可以看出，位置隐私泄露方式可以分为三种：空间标识泄露、定位跟踪泄露与关联性泄露。相应的位置隐私保护可以分为：基于用户身份标识的位置隐私保护、基于位置信息的位置隐私保护、轨迹隐私保护。

身份标识（ID）是位置隐私的重要组成部分。基于用户身份标识的位置隐私保护方法通过使用随机的用户ID，例如假名、匿名等来隐藏位置与用户之间的联系，以达到保护位置隐私的目的。假名技术是指每个用户用一个假名来达到隐藏真实ID的目的。攻击者或位置服务器虽然可以获得对象的准确位置，但是不能将特定的位置信息与用户的真实ID联系起来。匿名技术是假名技术的扩展，对象使用其他用户的名称或公用名称来标识自己，位置服务器定位到具体实体的难度很大。

基于位置信息的位置隐私保护方法允许服务器知道用户的真实ID信息，但是通过降低位置信息的准确度来达到保护位置隐私的目标。这类隐私保护技术主要分为三类：虚假位置信息、路标位置信息与模糊化位置信息。其中，虚假位置信息方案同时向位置服务器发送多个位置，其中只有一个是该用户的真实位置。路标位置信息方案向位置服务器发送的不是自身的真实位置，而是将位置信息用某个路标或其他标志性对象来代替。模糊化位置信息方案向位置服务器发送的是一个包含用户真实位置的空间。

轨迹数据是某个移动对象的位置信息按时间排序的序列。通过对轨迹信息进行分析与挖掘，可以发现个人的活动规律、行为模式、兴趣爱好、健康状况、社交范围等隐私信息，以及其他关联人的隐私信息。因此，轨迹隐私保护需要解决以下几个关键问题：
- 保护轨迹上的敏感或频繁访问位置的信息不被泄露。
- 保护个人和轨迹之间的关联不被泄露。
- 防止用户的最大速度、停留点等相关参数限制泄露用户轨迹隐私。

轨迹隐私保护技术源自数据库隐私保护，同样是以 k- 匿名理论为基础。轨迹隐私保护的特殊之处在于，轨迹数据同时具有准标识符与隐私数据双重属性。如果将所有的轨迹数据当作准标识符进行处理，那么将会导致数据失真严重，也会极大地影响数据的可用性；而一条轨迹数据中可能包含大量相互关联的点，仅对部分数据进行处理将难以满足 k- 匿名的要求。轨迹隐私保护需要在保护轨迹隐私的同时有较高的数据可用性。

本章小结

1）网络安全已上升到与国家"领土、领海、领空、太空"四大常规空间同等重要的"第五空间"高度。

2）我国网络空间安全政策是建立在"没有网络安全就没有国家安全"的理念之上的。

3）网络空间安全研究包括应用安全、系统安全、网络安全、网络空间安全基础、密码学及其应用。

4）随着物联网与人工智能、云计算、大数据技术的融合发展，智能物联网面临着更加严峻的安全挑战。

5）隐私问题不仅涉及个人信息安全，还可能涉及法律、社会稳定、国家安全等问题。

习题

8-1 单选题

8-1-1 以下关于与网络空间并重的常规四大空间的描述中，错误的是（　　）。
A）领土　　　　B）领海　　　　C）领空　　　　D）领地

8-1-2 以下不属于我国网络空间安全战略总体目标的是（　　）。
A）和平　　　　B）有序　　　　C）可控　　　　D）合作

8-1-3 以下关于制定网络空间安全战略总体目标原则中，错误的是（　　）。
A）尊重维护网络空间主权　　　　B）和平利用网络空间
C）依法治理网络空间　　　　　　D）保护个人隐私与知识产权

8-1-4 以下不属于网络空间安全涵盖基本内容的是（　　）。
A）网络安全　　B）系统安全　　C）设计安全　　D）应用安全

8-1-5 以下几个术语中，不属于 OSI 安全体系结构概念的是（　　）。
A）入侵检测　　B）安全攻击　　C）安全服务　　D）安全机制

8-1-6 以下不属于网络攻击的四种基本类型的是（　　）。
A）泄露隐私　　　　　　　　　　B）篡改或重放数据
C）窃听或监视数据传　　　　　　D）伪造数据

8-1-7 以下不属于 X.800 标准定义安全机制的是（　　）。
A）加密　　　　B）路由选择　　C）认证　　　　D）流量填充

8-1-8　以下几种网络攻击中，属于物联网感知层攻击的是（　　）。
　　A）对汇聚路由器的攻击　　　　　　　　B）对 BLE 链路的攻击
　　C）对 Web 服务器的攻击　　　　　　　　D）对 RFID 标签的攻击

8-1-9　以下不属于资源消耗型 DoS 攻击常见方法的是（　　）。
　　A）制造大量广播包或传输大量文件，占用网络链路与路由器带宽资源
　　B）制造大量电子邮件、错误日志、垃圾邮件，占用主机中的磁盘资源
　　C）非授权用户读取、写入、删除数据
　　D）制造大量无用信息或进程通信交互信息，占用 CPU 与内存资源

8-1-10　以下不属于物联网网络安全新动向的是（　　）。
　　A）防火墙难以控制内部用户对系统资源的非授权访问
　　B）工业控制系统成为新的攻击重点
　　C）网络信息搜索功能将演变成攻击物联网的工具
　　D）计算机病毒已经成为攻击物联网的工具

8-1-11　以下不属于系统入侵类网络攻击的是（　　）。
　　A）DNS 欺骗　　　　B）缓冲区溢出　　　　C）口令攻击　　　　D）拒绝服务

8-1-12　以下关于物联网隐私保护的描述中，错误的是（　　）。
　　A）物联网中存在着大量涉及个人隐私的数据
　　B）位置信息是物联网中常见的隐私数据
　　C）物联网面临着严峻的隐私泄露问题
　　D）隐私保护仅是涉及个人信息安全的技术问题

8-2　思考题

8-2-1　结合物联网与互联网的比较，举例说明物联网安全最主要的特殊性。

8-2-2　为什么面向工业控制系统的网络攻击对物联网的威胁非常大？

8-2-3　列出 2 个威胁 RFID 应用系统安全的实际例子。

8-2-4　分析基于僵尸物联网病毒的"DDoS"攻击的形式与后果。

8-2-5　结合自己的切身体会，找出一个在物联网应用中涉及个人隐私的问题，并提出相应的解决方法。

8-2-6　分析"无人驾驶汽车"可能存在的安全威胁，并提出相应的防范对策。

8-2-7　说明数据的机密性服务与完整性服务的区别。

8-2-8　为什么轻量级密码算法与认证技术更适应物联网需求？

8-2-9　举例说明物联网接入网与核心交换网面临的安全威胁的不同之处。

第 9 章 智能物联网的应用领域

我国《物联网"十二五"发展规划》确定了智能工业、智能农业、智能交通、智能电网、智能医疗、智能环保、智能安防、智能家居、智能物流等九大重点应用领域。《中华人民共和国国民经济和社会发展第十四个五年规划和2035年远景目标纲要》提出了培育车联网、医疗物联网、家居物联网等相关产业。本章将系统地分析智能物联网的应用,帮助读者了解智能物联网产业发展趋势。

本章学习目标
- 掌握我国智能物联网应用的重点领域。
- 了解智能物联网在几大领域的应用现状。
- 了解智能物联网产业的发展趋势。

9.1 智能工业

9.1.1 智能工业的相关概念

有人认为物联网应用的核心是智能工业,因为制造业是立国之本、强国之基。首先,我们回顾一下世界工业革命经历的四个阶段。第一次工业革命(工业 1.0)是以蒸汽机为代表的"蒸汽时代"。工业 1.0 产生在英国,它使英国成为"日不落帝国"。第二次工业革命(工业 2.0)是以大规模生产线为代表的"电气时代";第三次工业革命(工业 3.0)是软硬件结合的"自动化时代"。工业 2.0 与工业 3.0 产生在美国、德国等发达国家,它使美国、德国进入了世界工业大国第一梯队。

从技术的角度来看,前三次工业革命在机械化、规模化、标准化与自动化等方面,大幅度地提升了人类社会的生产力。进入 21 世纪,制造大国的发展动力不再单纯依赖于土地、人力等资源要素,而是更多地依靠互联网、物联网、云计算、大数据、人工智能、3D 打印、新材料、新能源等高新技术,开展创新驱动的生产力提升。至此,人类社会的工业革命开始进入第四个阶段,即智能化时代。

人工智能与先进制造技术深度融合形成的智能制造,已成为新一轮工业革命的核心驱动力。为了在全球产业链与价值链中占

据有利位置，世界各国纷纷将发展智能制造提升为国家战略。近年来，美国、德国等制造业强国陆续提出了各自的发展战略。无论是美国的"工业互联网"还是德国的"工业 4.0"，都是按各自国情为本国工业制定的整体规划。作为世界主要的制造业大国，中国于 2015 年提出了《中国制造 2025》，寻找机会实现"弯道超车、后发先至"。图 9-1 给出了工业革命发展的四个阶段。

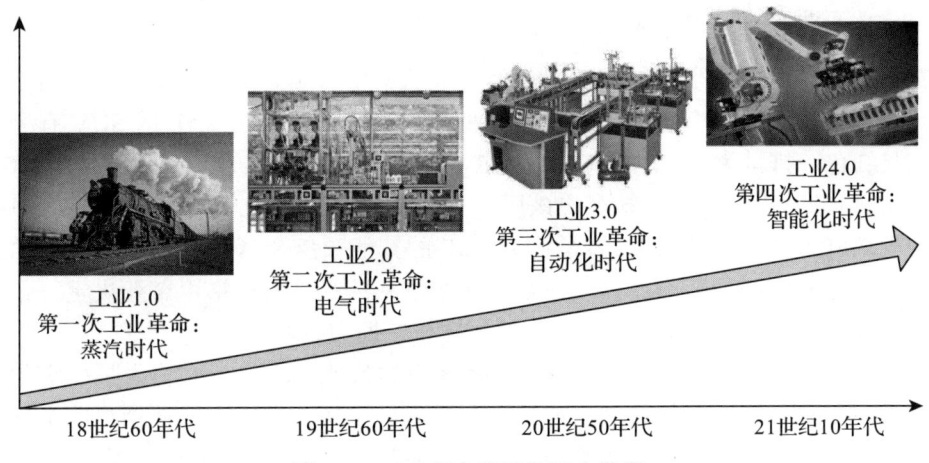

图 9-1　工业革命发展的四个阶段

下面，我们看一下智能工业的基本要素（如图 9-2 所示）：

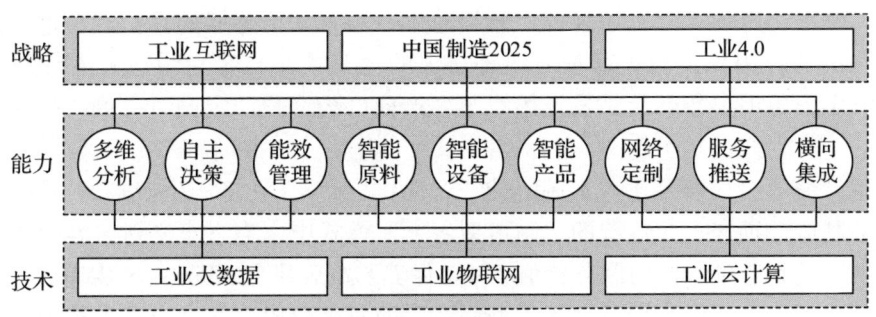

图 9-2　智能工业的基本要素

1）工业互联网：以通用电气（GE）为首的美国企业在 2012 年率先提出了"工业互联网"的概念，核心是通过互联网与机器设备的结合，利用对机器运转产生的大数据分析，提升机器的运转效率，减少停机时间与计划外故障。

2）工业 4.0：以西门子（Siemens）为首的德国企业及学术界在 2013 年推出了"工业 4.0"战略，核心是提升制造业的智能化水平，建立具有适应性、高效率、节约资源的智慧工厂，在商业与价值流程中整合客户及商业伙伴。"工业 4.0"战略的技术基础是网络系统及物联网。

3）《中国制造 2025》：为了占领世界制造业发展战略的制高点，中国政府于 2015 年提出了《中国制造 2025》战略规划，这是全面推进实施制造强国的引领性文件，也是中国建设制造强国的第一个十年行动纲领。《中国制造 2025》的技术基础是互联网与物联网。

实际上，无论是《中国制造 2025》，还是"工业互联网"与"工业 4.0"，核心内容都一致地指向了智能制造（intelligent manufacturing）。智能制造是一种由智能机器与人类专家共同组成的人机一体化智能系统，它能够在制造过程中实现各种智能活动，例如分析、推理、判断、构思、决策等。智能制造通过人与智能机器的协同工作，扩大、延伸与部分代替人类专家在制造过程中的脑力劳动。智能制造更新了自动化制造的概念，将其扩展为智能化、柔性化与高度集成化。

9.1.2 "工业4.0"的主要内容

从工业价值链的角度来看，传统工业生产采用从生产端到消费端，从上游向下游推动的模式。例如，传统的汽车生产商设计了2种车型，其中排量为2.5L的SUV有黑色、白色、银色与红色，排量为4.0L的SUV仅有黑色与银色。如果客户想买一款排量4.0L的红色SUV，4S店的销售人员将告知客户该厂商没有排量4.0L的红色SUV，那么客户的选择只能是购买2.5L的红色SUV，或者是购买4.0L的其他颜色SUV。从这点可以看出：在传统工业时代，企业生产什么产品，用户就买什么产品；产品的价格由企业决定，企业定什么价，客户就付多少钱。产品生产与销售的主导权掌握在企业手中。

工业4.0改变了传统的工业价值链，它从客户的价值需求出发，将大规模定制的批量生产转变为定制化生产，将制造型生产转变为服务型生产。我们可以从用户购车过程的变化，看到从产品竞争向商业模式竞争的转变。当前客户通常是到一家4S店去选车与订车，未来可能只需要到汽车生产商的体验店去订车，这样就省去了一个中间的商业环节，降低了厂商销售的成本与用户购车的价格。客户去汽车生产商的体验店订车的过程，不再是仅选择车型、颜色、内饰、配置等级等，而是通过一辆布满传感器的真实汽车进行试驾，进而"定制"出适合用户体型、驾驶习惯等需求的汽车。在与客户沟通并签订购车合同之后，这辆汽车的各项参数就会被发送给汽车生产商，为客户"定制"一辆"独一无二"的汽车。

汽车生产商不会仅满足于"定制"的"个性化生产"，它将从生产端的"制造型生产"向"服务型制造"延伸。在传统的"制造型生产"模式中，当汽车交付给客户之后，生产商就已经创造了制造价值，而服务价值（日常保养与故障维修）则由4S店完成。在"服务型制造"模式中，生产汽车仅是"服务型制造"的一个阶段。在客户日常驾驶汽车的过程中，这辆车的运行参数通过网络传送到维护中心。云计算系统通过采集到的车辆大数据，对车辆的零件、油耗、安全状况进行分析，及时将车辆状况与维修意见反馈客户，以提高车辆运行安全与节省维护成本。汽车制造业卖给客户的不再是简单的产品，而是更深层的服务。对于客户来说，汽车不再是一个产品，而是车辆带来的舒适、安全的服务。

我们只是列举了汽车行业的例子，实际这是当前制造业普遍面临的问题。传统的制造业"批量生产"模式，从生产组织方式、车间与设备到零件采购、车辆库存与销售的整个产业链，都不适应"定制生产"方式，都面临着从制造模式、服务模式到商业模式的全面改造。工业4.0就是在这样的大背景之下产生的。工厂将从一类或一种产品的生产单元，变成全球生产网络的组成单元；产品不再是一个工厂生产，而是全球生产。创造附加值的不再仅仅是产品制造，而是"制造+服务"。企业之间的竞争已经从产品竞争转向商业模式竞争。因此，工业4.0是一个创新制造、商业与服务模式，重构产业链与价值链的革命性概念，它带动了制造业的全面转型（如图9-3所示）。

工业 4.0 具备的五大特点是：互联、数据、集成、创新与转型。根据工业 4.0 提出的设想，运用信息物理系统（CPS）技术，升级工厂中的生产设备，实现智能化，将工厂变成智能工厂。工业 4.0 依靠三大信息基础设施（工业物联网、云计算、工业大数据）；依靠两大硬件技术（3D 打印、工业机器人）与两大软件技术（工业网络安全、知识工作自动化）；依靠面向未来的两大技术（虚拟现实、智能）。

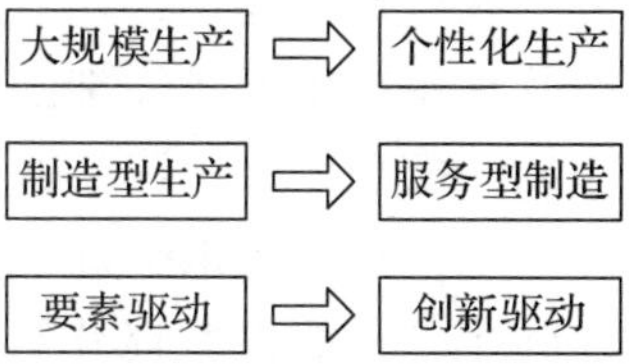

大规模生产	⇒	个性化生产
制造型生产	⇒	服务型制造
要素驱动	⇒	创新驱动

综上所述，工业 4.0 的核心是智能工厂、智能制造与智能物流。

图 9-3　工业 4.0 带动的制造业转型

9.1.3　智能工业应用示例

1. 智能工厂

智能工厂的三大特征是：高度互联，实时系统，柔性化、敏捷化与智能化。比亚迪公司作为我国最大的电动汽车生产商，在一定程度上与"工业 4.0"的理念相匹配。比亚迪汽车的定位并非仅仅是一辆电动汽车，而是一个大型、可移动的智能终端，它具有全新的人机交互方式，能够接入互联网，是一个包括硬件、软件、内容与服务的用户体验工具。比亚迪汽车的成功不仅仅体现在新能源方面，更重要的是它将互联网思维融入汽车制造与服务的全过程。图 9-4 给出了比亚迪超级工厂的例子。

图 9-4　比亚迪超级工厂的例子

比亚迪汽车的生产制造是在郑州市的"超级工厂"完成的。在这个耗费巨资建设的"超级工厂"中，自动化几乎覆盖了从原材料到成品的全部生产过程，其中工业机器人是生产线上的主要力量。目前，这个"超级工厂"中有一百多台机器人，分别配置在车身中心、喷漆中心与组装中心的生产线。这些多任务机器人（multi-tasking robot）是当前最先进的工业机器人，它们大多是一个巨大、灵活的机械臂，能够按需求完成不同的加工任务，例如冲压、焊接、铆接、黏合、喷漆等。

在"超级工厂"中，运输机器人负责将车身与零部件运输到指定位置。在车身中心，加工机器人可以使用钳子进行车身点焊，也可以使用夹子黏合车身板件。在车体组装完成之后，运输机器人将整个车体吊起，并运送到喷漆中心的喷漆区。在这里，具有弯曲机械臂的喷漆机器人根据订单颜色要求，为整个车身喷上特定颜色的漆。在车身喷漆完成之后，运输机器人将整个车体运到组装中心，安装机器人依次安装车门、座椅、天窗等。

运输机器人按照工序流程，根据地面事先用磁性材料铺好的行进路线，游走在各道工序的机器人之间。在流程执行的过程中，运输机器人、加工机器人、喷漆机器人与组装机器人之间协作，车体与部件的位置必须控制到丝毫不差。为了做到这点，必须对机器人进行训练与学习,这个训练大约耗费了1年半的时间。

在生产过程中,物料搬运系统中的自动导引运输车(AGV)作为核心组件之一,与生产管理系统(PMS)、制造执行系统(MES)、仓库管理系统(WMS)和企业资源规划系统(ERP)实现无缝对接,确保高效的任务调度与执行。

从上述的讨论中可以看出:智能工厂是运用CPS、物联网与智能技术,升级生产设备,加强生产信息的智能化管理与服务,减少对生产线的人为干预,提高生产过程的可控性,优化生产计划与流程,构建高效、节能、绿色、环保、人性化的智慧工厂,以便最大限度实现人与机器之间的协调合作。

2. 智能制造

智能制造包括产品智能化、装备智能化、生产方式智能化、管理智能化与服务智能化(如图9-5所示)。

(1)产品智能化

产品智能化是将传感器、处理器、存储器、网络与通信模块、智能控制软件等融入产品,使产品具有感知、计算、通信、控制能力,实现产品的可溯源、可识别与可定位。

(2)装备智能化

装备智能化是通过先进制造、信息处理、人工智能、工业机器人等技术的集成与融合,形成具有感知、分析、推理、决策、执行、自主学习与维护能力,以及自组织、自适应、网络化、协同工作的智能生产系统与装备。

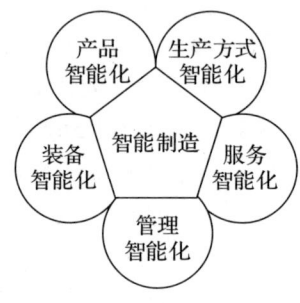

图9-5 智能制造涵盖的主要内容

(3)生产方式智能化

个性化定制、服务型制造、云制造等新业态、新模式,本质是重组客户、供应商、销售商及企业内部组织关系,重构生产体系中的信息流、产品流、资金流的运作模式,重建新的产业价值链、生态系统与竞争格局。

(4)管理智能化

管理智能化可以从三个角度来看:横向集成、纵向集成、端到端集成。其中,横向集成是指从研发、生产、产品、销售、渠道到用户管理的生态链集成,企业之间通过价值链与信息网络实现资源整合,实现各企业之间的无缝合作、实时产品生产与服务的协同;纵向集成是指从智能设备、智能生产线、智能车间、智能工厂到生产环节的集成;端到端集成是指从生产者到消费者的集成,从产品设计、生产制造、物流配送、售后服务的产品全生命周期的管理与服务。

(5)服务智能化

服务智能化是智能制造的核心内容。工业4.0要建立一个智能生态系统,当智能无处不在、连接无处不在、数据无处不在时,设备与设备、人与人、物与物、人与物之间最终形成一个系统的系统。智能制造的生产环节是由研发系统、生产系统、物流系统、销售系统与售后服务系统的集成。

9.1.4 《中国制造2025》的主要内容

我国政府高度重视新一轮世界制造业转型升级的历史机遇,并于2015年5月8日发布了《中国制造 2025》发展规划。

该规划明确指出：经过几十年的快速发展，我国制造业规模跃居世界第一位，建立起门类齐全、独立完整的制造体系，成为支撑我国经济社会发展的重要基石与促进世界经济发展的重要力量。持续的技术创新，大大提高了我国制造业的综合竞争力。但我国仍处于工业化进程中，与先进国家相比还有较大差距。制造业大而不强，自主创新能力弱。建设制造强国，必须紧紧抓住当前难得的战略机遇，积极应对挑战，加强统筹规划，突出创新驱动，制定特殊政策，发挥制度优势，动员全社会力量奋力拼搏，更多依靠中国装备、依托中国品牌，实现中国制造向中国创造的转变，中国速度向中国质量的转变，中国产品向中国品牌的转变，完成中国制造由大变强的战略任务。

我国政府确定了通过"三步走"实现制造强国的战略目标。

第一步：力争用十年时间，迈入制造强国行列。到 2020 年，基本实现工业化，制造业大国地位进一步巩固，制造业信息化水平大幅提升。掌握一批重点领域关键核心技术，优势领域竞争力进一步增强，产品质量有较大提高。制造业数字化、网络化、智能化取得明显进展。重点行业单位工业增加值能耗、物耗及污染物排放明显下降。到 2025 年，制造业整体素质大幅提升，创新能力显著增强，形成一批具有较强国际竞争力的跨国公司和产业集群，在全球产业分工和价值链中的地位明显提升。

第二步：到 2035 年，我国制造业整体达到世界制造强国阵营中等水平。创新能力大幅提升，重点领域发展取得重大突破，整体竞争力明显增强，优势行业形成全球创新引领能力，全面实现工业化。

第三步：新中国成立一百年时，制造业大国地位更加巩固，综合实力进入世界制造强国前列。制造业主要领域具有创新引领能力和明显竞争优势，建成全球领先的技术体系和产业体系。

《中国制造 2025》是全面提高我国制造业发展质量与水平的重大战略决策，也给智能物联网产业发展带来了重大的机遇。

9.2 智能交通

9.2.1 智能交通的相关概念

随着城市化进程的加速与交通需求的增长，道路拥塞、交通事故、环境破坏、能源短缺等问题越来越严重，传统的交通系统面临日益严峻的挑战。为了提高交通效率、减少交通拥堵、降低事故发生率、减少环境污染，实现更安全、环保、可持续的交通方式，智能交通系统（Intelligent Transportation System，ITS）的概念应运而生。传统的 ITS 在交通控制理论与模型研究的基础上，综合应用计算机、通信与控制等技术，建立了一种大范围、全方位、智能化、实时性、高效率的交通管理系统。

进入 21 世纪后，随着互联网的普及与无线通信技术的发展，交通数据的获取手段与处理过程变得更加便捷，人们开始利用实时交通数据来进行交通管理，实现交通导航、拥堵识别、路况预测等功能。在这个阶段中，出现了一些新的智能交通应用，例如智能停车系统、电子收费系统、交通控制中心等。

随着移动互联网与物联网的发展，智能交通系统进入了更高级和综合的阶段。移动互联网为交通信息的获取与共享提供了便利，人们可以通过手机 App 获取实时路况与导航建议。物联网使各种设备（例如车辆、信号灯、监控摄像头等）能够互联并交换数据，这样就形成了一个更加智能化的交通网络。近年来，人工智能与大数据技术的快速发展，为智能交通应用带来了更多创新。通过对海量交通数据的分析与挖掘，人们可以更准确地预测交通拥堵与优化交通信号控制，以提高路网的运行效率。另外，智能交通系统可通过人工智能技术实现自动驾驶、交通安全监控等功能。

通过将智能交通系统与其他领域的新技术相结合，形成了交通与城市、环境、能源等多个方面的综合系统。例如，智能交通系统与智能城市建设结合，实现城市内部与城市之间的交通联动与优化；智能交通系统与环境保护结合，通过优化路线与调整车辆行驶速度，减少尾气排放与交通噪声；智能交通系统与能源管理结合，通过优化车辆行驶路径与电动汽车充电设施建设，提高交通能源利用效率。另外，利用计算机视觉与传感器技术，可以实现交通信号识别、车辆行为分析等，从而提高交通系统的安全性。

交通系统涉及"人"与"物"。其中，"人"包括驾驶员、行人与交警等；"物"包括道路、机动车、非机动车与交管设施等。因此，"人、车、路"构成交通系统的大环境。图 9-6 给出了智能交通的基本要素。智能交通研究思路是面向交通场景，利用交通系统的感知、传输与智能技术，实现人与车、车与路的信息互通，实现"人、车、路与计算机、网络"的深度融合。在"人与车"这对主要矛盾中，抓住"车"相对可控的特点，通过提高车辆的主动安全性，达到保证交通安全与提高通行效率的目标。

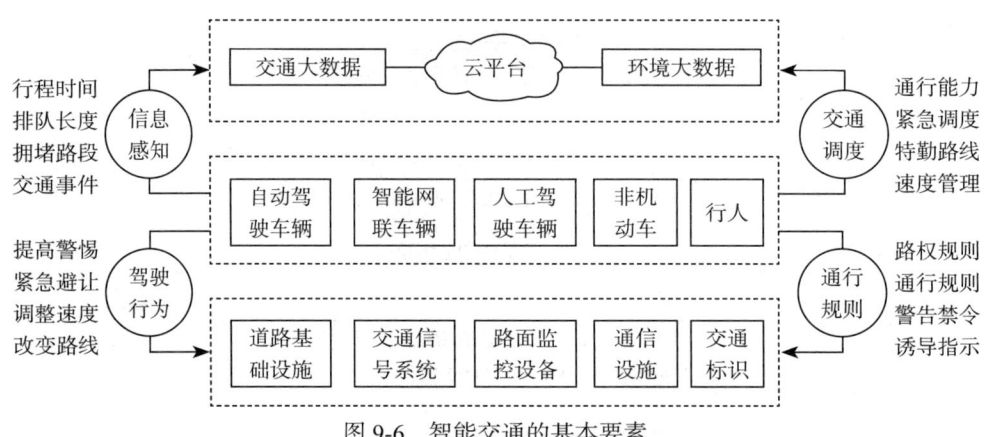

图 9-6 智能交通的基本要素

智能交通研究预期达到以下几个目标：

1）环保的交通：智能交通系统能够大幅度减少温室气体与其他污染物的排放量，降低能源消耗，提高能源利用效率。

2）便捷的交通：智能交通系统能够通过移动通信网与互联网，及时将交通相关信息（天气、路况、最佳路线等）以图像或语音的方式提供给用户。

3）安全的交通：智能交通系统中的每辆汽车，除了传统的紧急制动辅助（EBA）系统、电子稳定程序（ESP）、安全气囊（ASR）之外，还能够通过车联网与智能网联汽车技术，提高车辆、驾驶员与行人的交通安全性。

4）高效的交通：智能交通系统能够依靠交通大数据的采集、分析与预测能力，优化交通调度与管理，最大化道路通行效率。

5）可视的交通：智能交通系统能够将公共交通工具、私人交通工具、共享单车等整合，统一进行数据管理，提供整体的交通网络状态视图。

6）可预测的交通：智能交通系统能够持续进行数据分析与建模，根据各种实时感知的数据来预测交通状态，以规划、建设与改进交通基础设施。

2020年4月，百度发布了《Apollo智能交通白皮书》，提出"自动驾驶、车路协同、高效出行"（ACE）的概念，将人工智能、大数据、自动驾驶、车路协同、高精地图等技术融入ACE框架。ACE交通引擎采用"1+2+N"的系统架构，即"一大数字底座、两大智能引擎、N大应用生态"。城市交通运营商通过数字底座包含的小度车载OS、飞桨、智能云、百度地图支撑的车、路、云、图等能力及应用，解决交通系统的车端与路端智能化。白皮书给出的发展愿景：到2025年，车路智行完成数字化升级；到2035年，车路智行完成网联化转型；到2050年，车路智行完成自动化变革。

9.2.2 车联网技术的发展

随着传感器与无线通信技术的发展，车联网（Internet of Vehicle，IoV）的概念应运而生。2013年，中国移动研究院和工业和信息化部电信研究院联合发布了《车联网产业发展白皮书》，指出车联网是解决道路安全、交通拥堵、环境污染与能源浪费的重要研究领域。2014年，国务院发布了《关于促进智慧城市健康发展的指导意见》，将智能交通上升到国家发展战略层面。车联网将车辆作为感知环境的"神经末梢"，利用传感器与无线通信实现数据采集、汇聚、传输与处理，达到人、车、路、环境之间的智能协同，从而为用户提供安全便捷的服务。

1. 车联网的基本概念

车联网为行驶在道路上的车辆赋予无线通信的能力，这种能力被称为车用无线通信技术（Vehicle to Everything，V2X）。其中，V代表车辆，X代表任何与车之间交互信息的对象，X主要包含车、行人、基础设施与网络。因此，V2X是将车与一切事物连接的通信技术统称（如图9-7所示）。V2X通信主要有以下几种类型。

（1）车与车

车与车（Vehicle to Vehicle，V2V）是指通过车载设备进行车辆之间的通信。车载设备可以实时获取周围车辆的车速、位置、行车情况等信息，车辆之间也可以构成一个互动的平台，实时交换文字、图片与视频等数据。V2V通信主要用于避免或减少交通事故、实现车辆监督管理等。

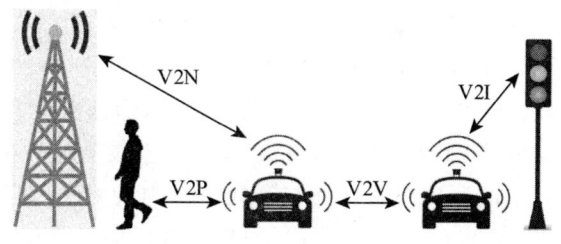

图9-7 V2X通信的几种方式

（2）车与基础设施

车与基础设施（Vehicle to Infrastructure，V2I）是指车载设备与路侧的基础设施（例如交通信号灯、交通摄像头、路侧单元等）进行通信，路侧基础设施也可以获取附近区域车辆的信息并发布各种实时信息。V2I通信主要用于实时信息服务、车辆监控管理、不停车收费等。

（3）车与网络

车与网络（Vehicle to Network，V2N）是指车载设备通过互联网与云平台连接，云平台与车辆之间进行数据交互，并对获取的数据进行存储和处理，提供车辆所需要的各类应用服务。V2N 通信主要用于车辆导航、车辆远程监控、紧急救援、信息娱乐服务等。

（4）车与行人

车与行人（Vehicle to Pedestrian，V2P）是指弱势交通群体（包括行人、骑行者等）通过用户设备（例如手机、平板计算机等）与车载设备进行通信。V2P 通信主要用于避免或减少交通事故、提供信息娱乐服务等。

车联网是由车内网与车际网等两个网络构成，实现 V2X 通信及信息交互的综合性网络。其中，车内网是基于 CAN、LIN、MOST、FlexRay、以太网等技术的整车网络，实现车内各个电器、电子单元之间的控制信号与状态信息的传输，使车辆具有状态感知、故障诊断、智能控制等功能。车内网以高速以太网作为主干部分，将动力总成、底盘控制、车身控制、娱乐、先进驾驶辅助系统（ADAS）这 5 个核心域连接起来，各个域控制器在实现专用的控制功能的同时，还提供强大的网关功能。

车际网又称为车载无线自组网（Vehicular Ad-hoc NETworks，VANET），它是一个构建在交通应用场景下，由车辆、路侧单元及行人构成的无线网络。VANET 采用无线通信技术（例如无线局域网、蜂窝移动通信网等），结合全球定位技术（例如北斗系统），建立多跳的无线通信链路，为高速移动的车辆提供高速数据接入服务，实现各种形式的 V2X 通信及信息的无缝交互。车际网采用的通信技术可分为两类：美国主推的基于 IEEE 802.11p 的专用短距离通信（Dedicated Short Range Communication，DSRC）与我国主推的基于蜂窝移动通信网的蜂窝 V2X（Cellular-V2X，C-V2X）。

2. 车联网的通信技术

DSRC 通信标准是在美国交通部的主导下制定的，它是对基于 IEEE 802.11 的 Wi-Fi 技术的改进，形成了 IEEE 802.11p 标准与 IEEE 1609 标准，主要支持 V2V 与 V2I 这两类通信。DSRC 工作在专用的 5.9GHz 频段上，支持点对点与点对多点的通信方式，可实现对几百米范围内高速行驶车辆的识别与双向通信，提供实时的图像、语音与文本数据传输，保证通信链路的低延时、低干扰与高可靠性。DSRC 被欧洲、日本的汽车制造商采用并完善，主要用于车辆安全应用（例如协同自适应导航、自动紧急制动等）。我国高速公路不停车收费系统（ETC）就采用了 DSRC 技术。

基于 DSRC 的 VANET 包括三个部分：车载单元（On Board Unit，OBU）、路侧单元（Road Side Unit，RSU）与专用通信链路。其中，OBU 安装在车辆的嵌入式通信单元中，通过专用通信链路与 RSU 进行信息交互。RSU 是安装在固定位置（例如车道的旁边、上方等）的通信设备，其与有效范围内的 OBU 进行通信，并通过光纤等有线链路接入互联网，与云端的智能交通平台（ITS）进行信息交互。专用通信链路是 OBU 与 RSU 之间的通信链路，它被分为上行链路与下行链路。上行链路用于从 OBU 向 RSU 传输数据，下行链路用于从 RSU 向 OBU 传输数据。

C-V2X 是基于 3GPP 全球统一标准的通信技术，主要包含 LTE-V2X、5G-V2X 及其后续演进。图 9-8 给出了基于 C-V2X 的 VANET 结构。针对不同类型的车辆应用场景，C-V2X 定义了两种通信方式：集中式（LTE-Cell）与分布式（LTE-Direct）。其中，LTE-Cell 是以基站作为控制中心的通信模式，使用 Uu 接口（蜂窝通信接口），主要用于实现 V2I 通信；LTE-Direct 又称为直连模式（Device-to-Device，D2D），使用 PC5 接口（直连通信接口），主要用于实现 V2V 通信。C-V2X 能够与手机用户共用蜂窝网络的基础设施，具有部署成本低、网络覆盖广等优点。在车辆密集的智能交通环境中，C-V2X 能够支持更远的通信距离、更大的链路带宽与更高的可靠性。

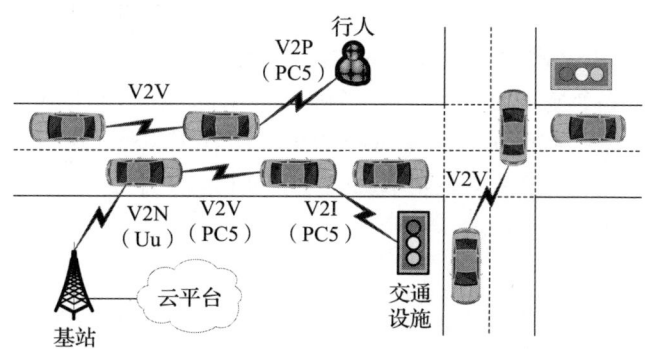

图 9-8　基于 C-V2X 的 VANET 结构

3. 车联网的服务类型

在交通服务的应用场景下，车联网支持三类智能交通应用：一是车辆主动安全类应用，例如车辆的盲区探测、变道辅助、紧急制动、突发事件提示等，防止车辆在行驶过程中发生剐蹭、追尾、撞人等交通事故；二是道路通行效率类应用，例如收集与发布道路拥堵、施工占道、事故点等路况信息，帮助驾驶员寻找一条避开拥塞的合理行驶线路；三是信息查询类应用，例如获取停车场、加油站等驾驶员感兴趣的信息，以及查询车辆所在位置附近的其他服务信息。

9.2.3　智能网联汽车技术的发展

在新一轮科技革命的影响下，全球汽车业正在经历前所未有的大变革，智能化、电动化、网联化成为势不可挡的潮流与趋势，智能网联汽车（Intelligent Connected Vehicle，ICV）已成为汽车产业的重要转型方向。

1. 智能网联汽车的发展背景

从狭义的角度来看，智能网联汽车是搭载先进的传感器、控制器与执行器，融合现代通信与网络技术，实现基于 V2X 的信息交换与共享，具备复杂的环境感知、智能决策、协同控制与执行等功能，可以实现安全、节能、舒适、高效行驶的可代替人类驾驶员来操作的新一代汽车。从广义的角度来看，智能网联汽车是以车辆为主体和主要节点，融合现代通信与计算机网络技术，使车辆与外部节点实现信息共享与协同控制，以达到车辆安全、有序、高效、节能行驶的新一代多车系统。因此，智能网联汽车是智能驾驶汽车与车联网的融合，是智能驾驶汽车发展到高级阶段的必然产物。

智能网联汽车受到世界各国政府与产业界的广泛关注。从全球范围来看，美国、欧洲、日本等国家在相关领域起步较早，各国政府陆续发布了相关政策与计划，以规划并促进智能网联汽车及智能交通发展。

我国政府高度重视智能网联汽车产业发展，陆续发布了一系列产业引导政策，加快了汽车、通信、交通等行业的融合与发展。2017 年 4 月，我国工业和信息化部、科学技术部与发展改革委发布《汽车产业中长期发展规划》，提出以智能网联汽车作为突破口，引领整个产业转型升级。2018年12月,我国工业和信息化部发布《车联网(智能网联汽车)产业发展行动计划》,支持 LTE-V2X、5G-V2X 等关键技术研发及产业化。2020年2月,我国工业和信息化部、科学技术部与发展改革委发布《智能汽车创新发展战略》,提出智慧交通与智能网联汽车发展目标。2021年5月,我国工业和信息化部与住房和城乡建设部发布了《关于确定开展智慧城市基础设施与智能网联汽车协同发展第一批试点城市的通知》,确定北京、上海、广州等6个城市为试点城市。2021年7月,我国工业和信息化部、公安部与交通运输部发布《智能网联汽车道路测试与示范应用管理规范(试行)》,提出智能网联汽车道路测试相关要求,推动道路测试趋于统一、测试场景更丰富。

2. 智能网联汽车的技术特征

(1) 智能化特征

从实现车辆智能化的角度来看,智能网联汽车可分为三个子系统:感知系统、决策系统与执行系统。其中,感知系统的功能与人类驾驶员的感知器官类似,利用车辆搭载的传感器(例如激光雷达、摄像头等)感知周围环境数据,包括道路状况、交通情况、其他车辆或障碍物位置与动态行为等,并通过处理这些数据来获取关键信息。决策系统的功能与驾驶员的大脑类似,利用机器学习、人工智能、规划算法等技术,根据感知系统提供的信息做出高效、合理、安全的决策,例如判断行驶路径、速度、车辆行为等;执行系统的功能与驾驶员的手脚类似,负责将决策系统的指令转化为控制动作,例如控制车速、转向、制动等。图9-9 给出了智能网联汽车的整体结构。

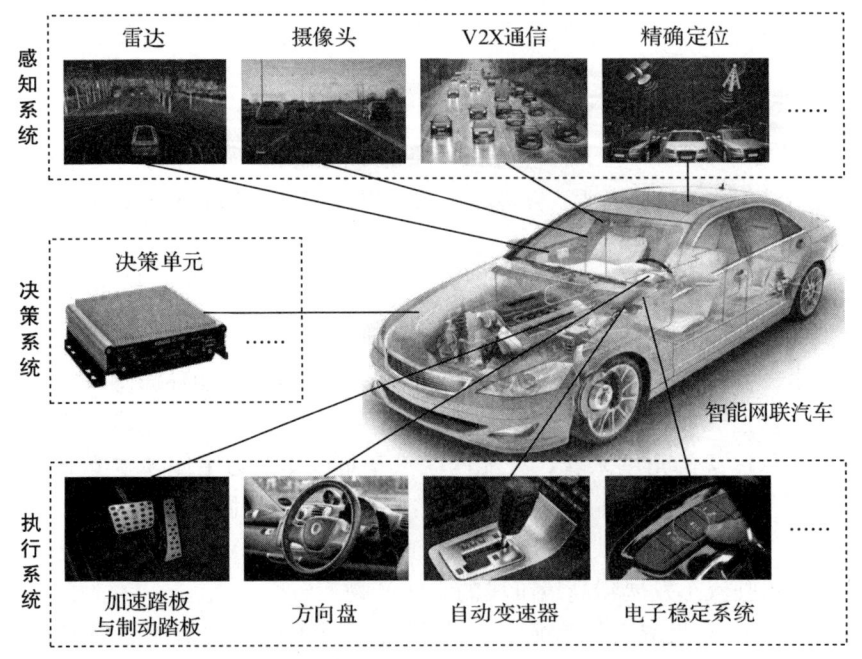

图 9-9 智能网联汽车的整体结构

按照国际自动机工程师学会(SAE)的定义,根据车辆自身具备的智能化、自动化程度,从低至高依次分为 L1~L5。表 9-1 给出了智能化等级划分及相关内容。L1 自动驾驶有时能够辅助驾驶员完成某些驾驶任务,例如车道保持、自动制动等。L2 自动系统能够完成某些驾驶任务，但驾驶员需要监控驾驶环境并准备接管。目前，多数汽车生产商已实现了 L2 自动驾驶，例如自适应巡航、拨动转向灯即自动变道等。在这个阶段，虽然车辆可以独立完成一些组合行驶需求，但驾驶员仍然需要将手脚待命在方向盘及制动踏板上。到了 L3 自动系统，驾驶员将不再需要手脚待命，车辆可以独立完成几乎全部的驾驶操作，但驾驶员仍然需要保持注意力集中，以便处理人工智能难以应对的情况。

L4 与 L5 自动系统都可以称为完全自动驾驶技术，到这个级别，车辆已经可以在完全不需要驾驶员介入的情况下进行所有驾驶操作，而驾驶员可以工作、娱乐或休息。两者的区别在于，L4 自动系统适用于部分场景下，通常是城市道路或高速公路，而 L5 自动系统可以适用于任何场景下。对于 L1～L2 自动系统，需要由人类来监控驾驶环境，新增的智能设备多用于辅助驾驶员；对于 L3～L5 自动系统，则是由机器来监控驾驶环境，新增的智能设备用于控制车辆更安全、高效运行，当前的量产车型基本都属于 L1 和 L2（如表 9-1 所示）。

表 9-1 智能化等级划分及相关内容

等级	名称	定义	驾驶操作	周边监控	接管
L1	辅助驾驶	车辆完成方向盘与加减速中的一项操作，驾驶员负责其他操作	驾驶员与车辆	驾驶员	驾驶员
L2	部分自动驾驶	车辆完成方向盘与加减速中的多项操作，驾驶员负责其他操作	车辆	驾驶员	驾驶员
L3	条件自动驾驶	车辆完成绝大部分驾驶操作，驾驶员需要保持注意力集中	车辆	车辆	驾驶员
L4	高度自动驾驶	车辆完成全部驾驶操作，驾驶员不需要保持注意力集中，但限定道路环境	车辆	车辆	车辆
L5	完全自动驾驶	车辆完成全部驾驶操作，驾驶员不需要保持注意力集中	车辆	车辆	车辆

（2）网联化特征

自动驾驶技术主要依赖车辆搭载传感器的感知数据。图 9-10 给出了多种智能网联汽车的照片。目前，自动驾驶技术主要分为两个路线：一是以特斯拉为代表、基于摄像头的纯视觉解决方案，依赖于视觉系统优化及算法来支持自动驾驶；二是以蔚来、小鹏等造车新势力为主的中国品牌，在视觉系统的基础上，增加了激光雷达、毫米波雷达等辅助设备，在特殊路况下（例如阳光直射、阴雨天气等），这种多传感器融合方案的可靠性更高。但是，实际的道路情况是非常复杂的，无论视觉方案中的算法多优秀，视觉加雷达的解决方案多全面，都无法完全预防特殊事故（例如"鬼探头"、"碰瓷"等）。

图 9-10 多种智能网联汽车的照片

V2X 实际上是大家常说的车路协同技术。V2X 通过车与车、车与交通设施、车与行人之间的信息交换，可能可以最大限度地避免以上情况的发生。在视线不够清晰的十字路口等场景下，通过路侧部署的交通信号灯、摄像头及车载的行车记录仪等智能设备，能够实时感知路面上的交通参与者并加以判断。在突发情况下，及时通知现场附近的其他交通参与者，甚至向车辆发出紧急制动指令。从各个国家对单车智能的限制与疑问来看，仅靠单车智能实现更高级别的自动驾驶，就目前来说还是非常困难的。表 9-2 给出了网联化等级划分及相关内容。因此，基于 V2X 的车路协同是智能驾驶的发展方向。

表 9-2 网联化等级划分及相关内容

等级	名称	定义	控制	典型信息	传输需求
L1	网联辅助信息交互	基于车–路、车–云通信，实现导航等辅助信息的获取、车辆行驶与驾驶员操作数据的上传	驾驶员与车辆	地图、交通流量、标识、油耗等信息	实时性与可靠性要求低
L2	网联协同感知	基于车–车、车–路、车–人、车–云通信，实时获取车辆周边交通环境信息，与车载传感器的感知信息融合，作为车辆自身决策与控制系统的输入	车辆	周边车辆/行人/非机动车、信号灯相位、道路预警等信息	实时性与可靠性要求较高
L3	网联协同决策与控制	基于车–车、车–路、车–人、车–云通信，实时并可靠获取车辆周边交通环境信息与车辆决策信息，通过交互形成各个交通参与者的协同决策与控制	车辆	车–车、车–路、车–人之间的协同控制等信息	实时性与可靠性要求最高

9.3 智能农业

9.3.1 智能农业的相关概念

我国农业正处于从传统农业向现代农业转型的阶段。目前，我国面临着农业用地减少、农田水土流失、土壤生产力下降、大量使用化肥导致土壤板结、水体富营养化、生态环境污染、极端化天气的发生与发展等问题。为了解决这些问题，我国科研人员积极开展了生态农业、绿色农业、精细农业等方面的研究，并结合物联网发展的契机提出了智能农业、农业物联网等概念（如图 9-11 所示）。我国政府与产业界已经深刻地认识到物联网在农业领域的应用是农业发展的重要方向，是推进社会信息化与农业现代化融合的切入点，也为培育农业新技术与促进产业发展提供了巨大商机。

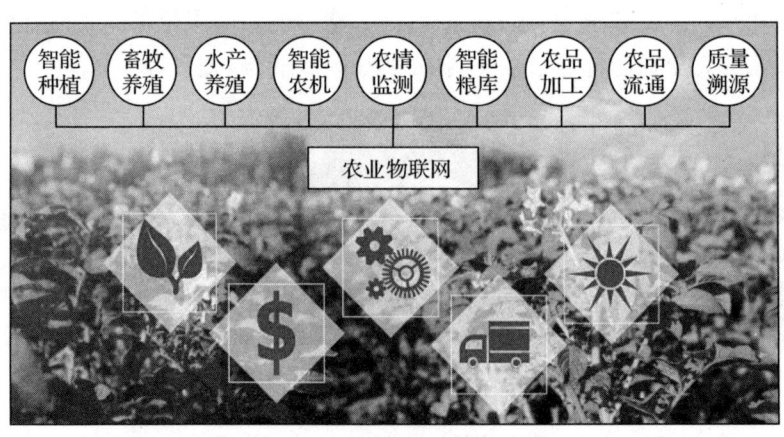

图 9-11 智能农业的基本要素

早期的精细农业理念着眼于利用 GPS、GIS、卫星遥感技术,以及传感器、无线通信与网络、计算机辅助决策技术,对农业生产过程中的气候、土壤进行从宏观到微观的实时监测,定期获取农作物的生长、病虫害、水肥、环境等信息,根据获取的信息进行智能分析、诊断与决策,制定合理的田间作业实施计划,通过精细管理实现科学、合理的投入,以便获得更好的经济效益与环保效果。

随着物联网技术的快速发展,传统的精细农业理念被赋予了更深刻的内涵。为了改造传统农业与发展现代农业,迫切需要将物联网应用于农业生产领域,包括大田种植、设施园艺、畜禽水产养殖、农产品物流、食品质量、安全监控与溯源等,实现对农业生产要素(例如土壤、水资源、投入品)的实时监测,对动植物生长过程的精细化管理,对农副产品生产的全过程监控,对食品安全的可追溯管理,对大型农业机械作业的优化调度,满足农业生产"高产、优质、高效、生态、安全"的发展要求。

利用物联网提供的大数据技术对获取的感知数据进行分析,对农业生产的产品种类、生产过程、病虫害防治、农产品加工、储藏、运输、食品安全等,根据国家政策与消费者需求进行决策、管理与控制;利用农业生产、农产品流通等过程中的大数据,提升农业生产能力,实现对生产过程、质量控制、技能培训、生产效率、资源利用率的有效管理;利用区块链对农产品加工、物流、仓储、销售、产品溯源等环节进行管理,从而实现农业生产在真正意义上的数字化、精准化与智能化。

9.3.2 智能农业应用示例

物联网可应用于农业生产的前、中与后的各个环节,实现基于信息与知识的精细化过程管理。在开始农业生产之前,利用物联网对耕地、气候、水利、农资等进行评估,为农业资源的科学利用与监管提供依据。在农业生产过程中,利用物联网对生产过程、农用物资使用、动植物生长状况、环境条件等进行现场监测,对农业生产的工艺、措施实现精细化调控。在农业生产完成之后,利用物联网对农产品物流、仓储、加工等环节进行监控,为农产品提供质量保证与安全溯源服务。

1. 农产品生产环节

在农作物生产管理过程中,通过物联网可以实时监测农业生产的各类相关信息,例如利用传感器监测田间的地面信息(空气温度、湿度、风向、风速、光照强度、CO_2 浓度等)与土壤信息(土壤温度、水分、盐分、有机质含量、氮磷钾含量、pH 值等),利用摄像头监测农作物的病虫害信息(农作物疾病、害虫等)与生长发育信息(农作物长势、开花、结果等),这些信息的获取对指导农业生产是至关重要的。

水资源是农业生产的命脉。目前,农业生产过程中的灌溉用水浪费大,水土流失严重,呈现覆盖面广、用水点多、供水线路长等特点,通过传统的监控手段难以实现水资源的实时监控。另外,农田灌溉中的大水漫灌现象依然存在,用水矛盾时有发生,供水系统的跑、冒、滴、漏现象严重,供水保障率差等问题突出。针对这些问题,研究者提出了基于物联网的全链条监控体系,面向用水特点提出了自动控制策略,在获取海量监测数据的基础上,通过特定算法实现水资源的漏损检测预警。

目前,物联网已广泛应用于大规模温室等农业设施中,主要用于蔬菜与花卉温室的温度、光照、灌溉、施肥、空气等的监控,实现从种子选择、栽培管理到采摘包装的全过程自动化。以西红柿、黄瓜的温室种植为例，无土、常季节栽培西红柿、黄瓜的生长期可达 9 个月，黄瓜平均每株采收 80 条，西红柿平均每株采收 35 穗果，每平方米的平均产量达到 60 千克，而采用传统种植方式的产量通常为每平方米 6 ～ 10 千克。图 9-12 给出了物联网在蔬菜温室种植中的应用。

图 9-12　物联网在蔬菜温室种植中的应用

农产品流通是农业产业化的重要组成部分。农产品从产地收割、采摘或屠宰、捕捞后，需要经过加工、运输、仓储、批发、零售等流通环节。流通环节作为农产品从"农场到餐桌"的主要过程，不仅涉及农产品生产与流通成本，而且与农产品质量问题有着紧密的联系。在农产品生产出来之后，通过物联网将农产品与消费者建立起关联，使消费者可以透明地了解从农田到餐桌的生产与供应过程，有助于解决农产品质量及安全溯源难题，并且促进农产品电子商务产业的快速健康发展。

2. 食品安全及溯源

目前，食品安全已经成为全社会关注的问题。我国是一个畜牧养殖业大国，生猪生产与消费量几乎占世界总量的一半。近年来，食品安全问题特别是猪肉质量与安全问题突出，已经引起政府与消费者的高度重视，建立猪肉从养殖、屠宰、原料加工、收购、储存、运输、到零售的整个生命周期可追溯体系，是防范猪肉制品出现质量问题、保证消费者购买到放心肉制品的有效措施，也是一项重要的惠民工程。在构建猪肉质量追溯系统的过程中，物联网技术可以发挥重要的作用。

物联网在畜牧养殖业的应用主要包括：畜禽的精细化养殖管理与动物疫情预警。在养殖环节中，利用耳钉式 RFID 标签来记录每头生猪的重要信息，例如猪的品种、饲料与配方、有无病史、用药情况、防疫情况、瘦肉精检测、磺胺类药物检测等。通过 RFID 读写器读取每个标签中的信息并存储在养猪场的计算机系统中，为每头猪建立从出生、饲养到出栏全过程、完整的数据记录，帮助管理者及时、准确掌握养猪场的管理状况，有效提高养殖水平（如图 9-13 所示）。

图 9-13　RFID 技术在畜牧养殖中的应用

在屠宰环节中,通过 RFID 读写器获取生猪来源及养殖信息,判断其是否符合屠宰要求,然后进行屠宰加工。在屠宰过程中,RFID 读写器将采集重要工序的相关信息(例如寄生虫检疫信息等),并添加到 RFID 标签存储的信息中。在加工过程中,需要将一头猪的 RFID 标签记录的信息转存到可追溯的条码中,而这个条码将附加在该生猪加工的各类产品上。养殖场与屠宰场将每头猪的所有信息传送到"动物标识及防疫溯源体系"的数据库中,以供销售者、购买者与质量监督部门查询(如图 9-14 所示)。

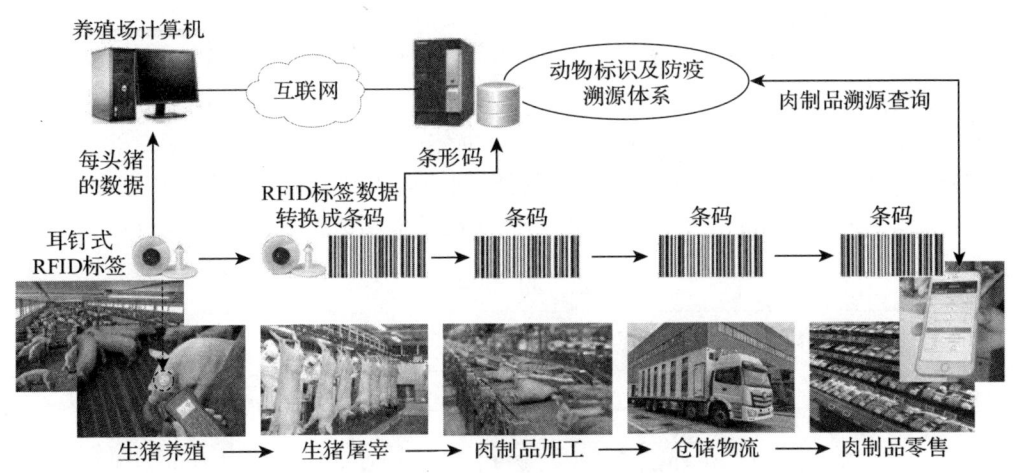

图 9-14 养殖产品溯源系统的工作流程

从上述的讨论中,我们可以得出三个重要结论:
- 物联网技术有助于推动农业科技进步与创新,健全农业产业体系,提高土地生产率、资源利用率,有利于改善生态环境,增强农业抗风险与可持续发展能力,引领现代农业产业结构的升级改造与生产方式的转型。
- 物联网技术能够覆盖农业生产的农作物生产、畜牧业养殖、水产养殖等各个领域,覆盖农作物、牲畜、水产品生长到农副产品加工、销售的全过程,在智能农业应用中有良好的发展前景。
- 物联网的农业应用关乎国家粮食安全与食品安全,关乎民众的日常生活,是我国政府高度重视与优先发展的领域。

9.4 智能电网

9.4.1 智能电网的相关概念

电力行业是一个国家最重要的基础产业,也是支撑国民经济发展的重要基础设施。电力作为现代经济发展不可或缺的能源,已经成为影响国民经济发展的主要因素之一。在我国社会经济快速发展的大背景下,整个社会的用电需求也在逐年增长,电力需求的增长甚至超过了每年的 GDP 增速。如果在国民经济的快速增长阶段,电力行业不能满足整体发展的需求,为各个行业提供持续、稳定的电力供应,就会影响到国民经济的发展速度。因此,电力行业在经济发展中具有不可替代的作用,不仅能够为经济发展提供可再生能源,还能够推动经济可持续发展战略的有效落实。

进入 21 世纪以来，随着生态环境与社会发展之间的冲突加剧，"节能减排"的呼声越来越高，电力行业面临着前所未有的挑战。自然界中的能源主要有电能、水能、风能、太阳能、核能、地热能等。传统的电力系统是将煤、天然气或石油通过发电设备转换成电能，然后经过输电、变电、配电的过程供应给用户。电力系统是由发电、输电、变电、配电、用电等环节构成的电能生产、消费系统。电网将分布在不同位置的发电厂与用户相连，将集中生产的电能送到分散的工厂、办公室、学校与家庭。因此，提高电网的安全性与效率的任务就摆在了电力行业的面前。

智能电网是一个完全自动化的电力传输网，能够监视与控制每个用户和电网节点，保证从电厂到用户的整个输配电过程中所有节点之间信息与电能的双向流动（如图 9-15 所示）。我国国家电网发布《坚强智能电网技术标准体系规划》，提出在"十二五"期间建成具有信息化、自动化、互动化特征的坚强智能电网，形成以华北、华中、华东电网为受端，以西北、东北电网为送端的三大同步电网，全面提升电网的资源配置、运行效率、安全与智能化水平。

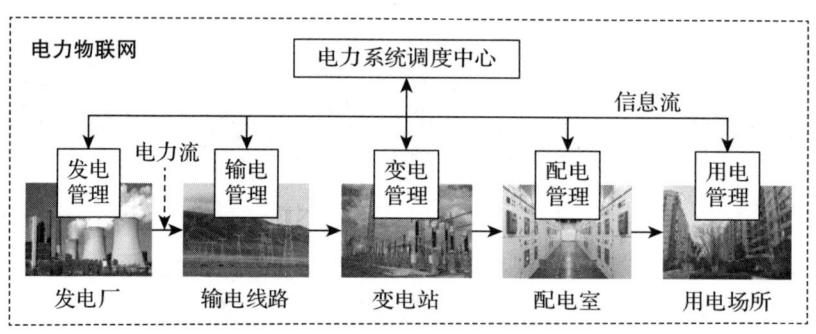

图 9-15　智能电网的基本要素

2020 年，我国南方电网公司提出了"数字电网"的概念，将数字电网定义为以新一代数字技术为核心动力，以数据为关键生产要素，以现代电力网络与新一代信息网络为基础，通过数字技术与能源企业的业务、管理深度融合，不断提高数字化、网络化、智能化水平，而形成的新型能源生态系统。数字电网将充分利用传感器、智能设备、物联网等手段实现物理电网的数字化升级，依托数字孪生的虚实交互能力构建数字平台，通过大数据与云计算技术，透过海量数据发现电网运行规律，在业务层面实现电力系统的智能运行，并在生态层面实现电力系统的可持续发展。

在上述技术研究与发展规划的基础上，陆续出现了"泛在电力物联网""能源互联网""智能全景电网"等相关概念。其中，"泛在电力物联网"侧重于构建基于先进数字技术的信息网络，以实现电力运营中的万物互联与人机交互；"能源互联网"不再局限于电力网络，而是在兼容传统电网的前提下，构建考虑多种类型能源系统的开放互联体系，主要表现为智能电网与泛在电力物联网的深度融合；"智能全景电网"强调的是建立全息状态感知、全态量化评估与全域智能交互的电力系统。

智能电网是物联网技术与传统电网融合的产物，能够极大地提高电网的信息感知、信息互联与智能控制能力。物联网技术广泛应用于智能电网从发电、输电、变电、配电到用电的各个环节，全方位提升电网各个环节的信息感知深度与广度，支持电网的信息流、业务流与电力流的可靠传输，实现整个电力系统的智能化管理。图 9-16 描述了物联网在智能电网中的应用。智能电网将涉及电力系统的多个部分，包括发电系统、输电线路、储能系统、变电站、配电网、用户电表、调度与监控中心等。

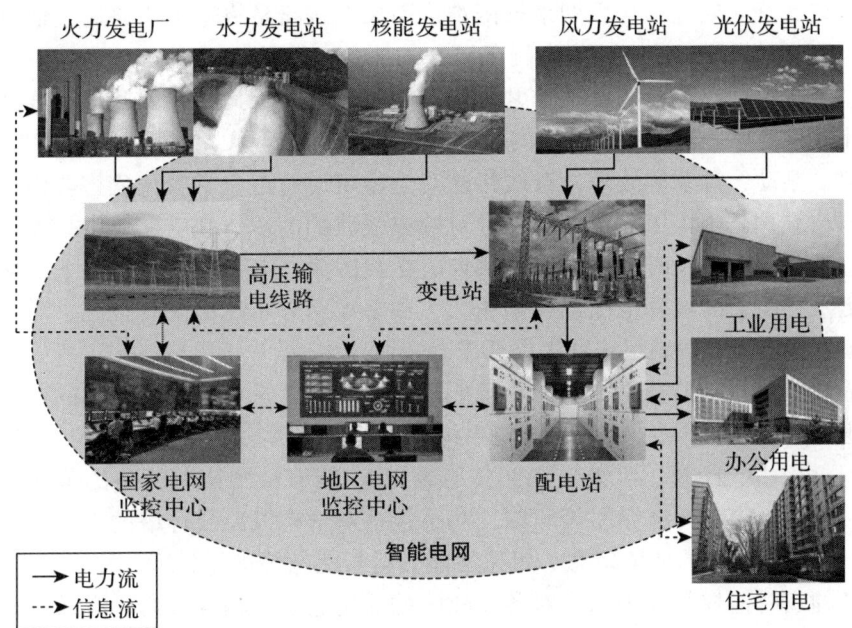

图 9-16 物联网在智能电网中的应用

智能电网的优势主要表现在以下几个方面：
- 具有坚强的电网基础体系与技术支撑体系，能够抵御各类外部干扰与攻击，并适应大规模清洁能源与可再生能源的接入。
- 有机融合信息、传感器、自动控制技术与电网基础设施，能够获取电网全景信息，及时发现、预见可能发生的故障，快速隔离故障与实现自我恢复，从而避免大面积停电的发生。
- 广泛应用柔性输电、智能调度、自动配电、电力储能等技术，使电网运行与控制更灵活，并适应大量分布式电源、微电网、电动汽车充电设施的接入。
- 综合运用通信、信息与现代管理技术，提高电力设备使用效率，降低电能损耗，使电网运行更经济、更高效。
- 高度集成、共享、利用实时与非实时信息，为电网管理展示全面、精细的运营状态图，并提供相应的辅助决策、控制实施与应对预案。
- 建立双向互动的服务模式。用户获得供电能力、电价波动等信息，合理安排用电；电力企业获取用户的详细信息，提供更多的增值服务。

9.4.2 智能电网应用示例

1. 高压输电线路监控

发电厂生产的电力并不是仅提供给附近的用户，而是要通过输电线路传送到很远的用电区域，这些远距离的传输线路都采用高压输电方式。这里，220 千伏以下的传输电压称为高压输电，330～765 千伏的传输电压称为超高压输电，1000 千伏以上的传输电压称为特高压输电。根据线路铺设方式的不同，输电线路可以分为两类：电缆线路与架空线路。其中，电缆线路是将输电线路铺设在地下，这种方式多用于城市区域中，优点是不占空间、不易损坏，缺点是前期施工与后期维护困难；而架空线路是将输电线路通过输电杆塔悬挂在空中，这种方式多用于城市外的广阔区域。

由于高压输电线路的分布区域非常广泛，并且长期露天运行，因此输电线路易遭遇自然灾害、外力等破坏。根据我国多年的高压输电线路运行经验，线路容易出现雷击、污闪、覆冰、风偏、振动、舞动等故障，对线路的安全稳定运行造成了极大危害。传统的高压输电线路检测与维护是由人工完成的。在针对输电线路的高压、高空作业中，人工方式存在困难、繁重、危险、不及时、不可靠等缺点。在我国输电网大发展的形势下，输电线路布设越来越复杂，覆盖的地理范围也越来越大，很多线路分布在山区、荒漠、河流等复杂地形中，人工方式已经难以满足线路巡检要求。

高压输电线路自动监控是物联网在智能电网中的一个重要应用。我国的两大电网公司研发了输电线路巡检机器人与绝缘子检测机器人，使用了多种传感器（例如温度、湿度、振动、倾斜、应力、距离、红外、视频传感器等），能够检测输电线路的覆冰、振动、弧垂、风偏、导线温度、杆塔倾斜等问题，甚至包括对输电线路或杆塔的人为破坏。监控中心通过对不同位置感知的环境信息、机械性能、运行状态等进行分析，实现了对输电线路、杆塔与设备的实时监控与预警以及对各类故障的快速定位与精准维修，有效提升了高压输电网络的自动检测、维护与安全水平（如图 9-17 所示）。

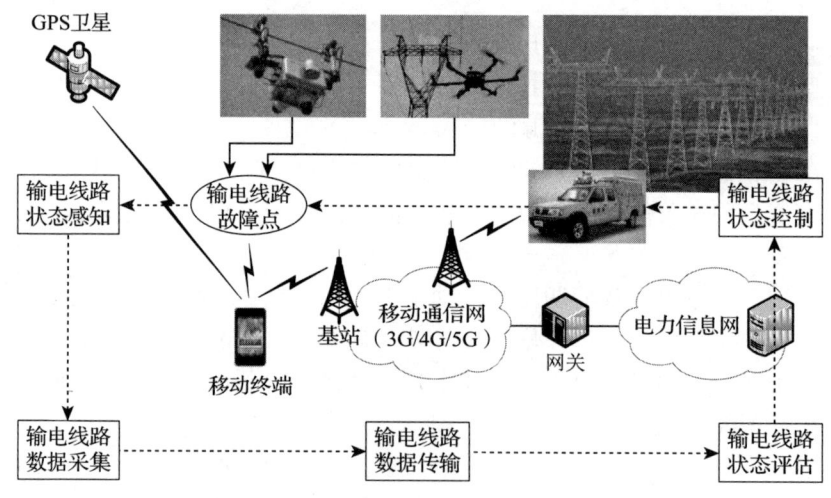

图 9-17 高压输电线路的自动监控系统

2. 变电站监控

为了将发电厂生产的电能传输到较远的地方，需要将电压升高变为高压电，经过高压输电线路进行远距离传输并到用户附近后，再根据需要将电压降低，这种升降电压的工作依靠变电站来完成。在工厂、学校、办公楼、住宅等区域的周边有各种规模的变电站。根据变电站的规模大小不同，它们分别被称为变电站、配电室等。变电站中的主要设备是开关与变压器，工作人员定期对变电站的线路与设备进行检测与维护。传统的检测与维护方法的工作量大、巡检周期长,维护工作严重依赖于工作人员的经验,难以实时、全面地掌握变电站中各个设备与部件的运行状态。

在智能电网的建设过程中,需要对传统的变电站进行升级与改造。智能变电站应该具备自动、互联与智能的特征,能够实现配电站的无人值守。智能变电站的多种设备中配置了传感器,用于感知与测量现场的各种物理参数,包括负荷电流、红外热成像、局部放电、旋转设备振动、风速、温度与湿度、溶解气体分析、液体泄漏、低油位,以及架空电缆结冰、摇摆与倾斜等。通过基于各种传感器的感知与测量设备,工作人员能够采集、分析变电站环境、安全、设备、线路状态等数据,实时掌握变电站运行状态,预测可能存在的安全隐患,以便及时采取预防与处置措施。

3. 用电管理

电表(electric meter)是电网的配电与用电环节的核心设备,承担着电力用户的用电量计量、用电控制、过载保护等功能。传统的电表是由抄表员每月定期到用户处读取电表上实时显示的用电量度数,并按照电价计算用户应缴纳的费用。后来,这种传统电表逐步被数字电表所取代。在使用数字电表之后,用户预先在电力公司或银行完成缴费,工作人员将用户购买的电量写入其携带的IC卡中。用户将IC卡插入家中的数字电表后,用户购买的电量将自动存入电表,并且在电量耗尽之前提示用户。这种数字电表比传统电表已经有很大进步,但是仍然无法适应智能电网的需求。

智能电表(smart electric meter)是采用计算机与网络通信技术的智能化电表,具有自动计量、数据处理、双向通信、功能扩展等能力,能够实现双向计量、远程通信、实时数据交互、多种电价计费、远程断供电、电能质量监测、用户互动等功能。智能电表作为智能配电网中的主要数据采集设备,承担用户端的用电数据采集、计量与传输任务,支持智能电网对负荷管理、分布式电源接入、能源效率、电网调度、减少排放等方面的要求。图9-18给出了智能电表的例子。

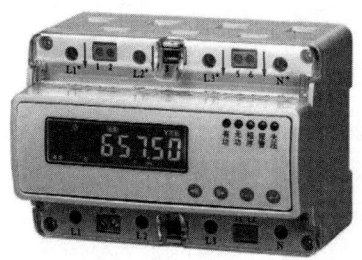
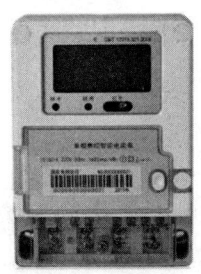

图9-18 智能电表的例子

图9-19给出了智能电表的工作流程。对于智能电网的家庭用户,电网的220V交流电通过智能电表接入用户家中。智能电表能够记录不同时间的用电数据,该数据可以通过移动终端实现手工的远程抄表,或者通过移动通信网、电话交换网接入互联网,将数据传输并存储在电力信息网的服务器中。电力公司查询不同时间的家庭用电数据,根据分时用电资费计算用户应缴纳的费用,用户通过网上银行或手机即可支付电费。电力公司关于停电或其他服务的信息,也可以通过智能电表传送给用户。这样,智能电网实现了从供电、用电、计量、计费到收费的全过程自动服务与管理。

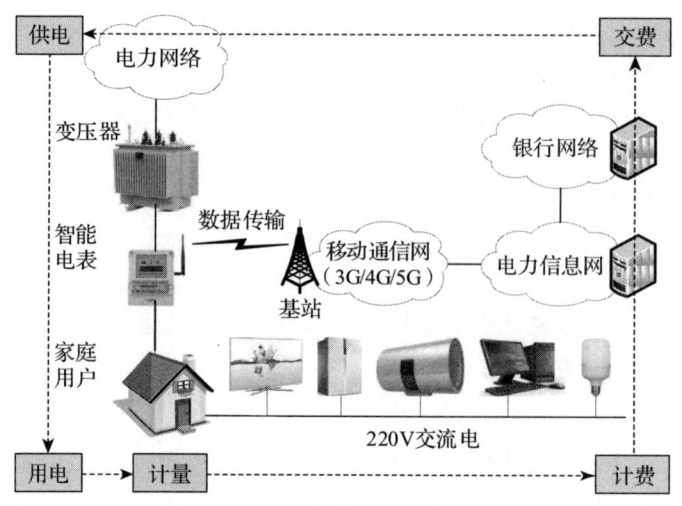

图 9-19 智能电表的工作流程

9.5 智能医疗

9.5.1 智能医疗的相关概念

智能医疗是一个医学、理学与工学交叉的新兴学科，通过人工智能、大数据、智能器械、功能材料等技术与医学的深度融合，能够提供更方便、快捷、智能化的医疗服务。实际上，智能医疗体系主要包含 5 个部分：智能诊断、智能防控、智能治疗、智能健康与智能医院。因此，智能医疗涵盖了传统医疗的完整流程，包括院前的疾病早期筛查与健康管理、院中的疾病诊断与治疗、院后的疾病康复与护理等环节。目前，智能医疗技术已经广泛应用于众多领域，包括医院管理、医疗影像、辅助诊疗、健康管理、疾病风险、虚拟助理、辅助医学、药物挖掘等（如图 9-20 所示）。

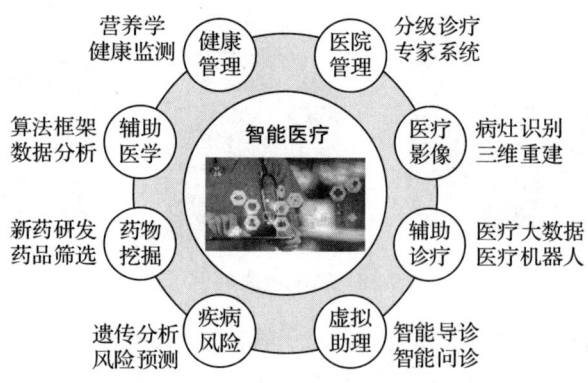

图 9-20 智能医疗的基本要素

对于智能医疗体系中"智能"，它既包含了"人工智能"，又包含了"人的智能"。目前，人工智能还无法完全替代医生的作用。但是，人工智能在医学领域将首先替代低层次的分析与处理工作。"人工智能"与"人的智能"在智能医疗中是互相补充、促进的关系。随着智能医疗技术发展与广泛应用，现代医学中的一系列难点、热点问题有望解决，这将极大地促进现代医学的进步，克服我国长期以来看病难、看病贵、医疗资源分布不均等问题，成为保障国民健康与推动社会进步的重要动力。5G通信、大数据、智能医学材料、AR/MR等技术将带领人类全面进入智能医疗时代。

近十年来，欧美发达国家一直致力于推行数字健康计划。根据世界卫生组织的定义，数字健康是先进的信息技术在健康及相关领域（例如医院管理、诊断治疗、健康监控、医学教育及培训等）中的有效应用。数字健康并不是特指一种医疗技术的发展与应用，它是医疗、公共卫生与商业运行模式结合的产物。实际上，"数字健康"体系不仅涵盖了"智能医疗"的所有内容，而且还涉及了智能医疗相关的上下游产业。作为构建数字健康体系的核心技术之一，物联网能够将医院管理、诊断治疗、健康监控、医学教育及培训等领域深度融合。

世界各国面临人口老龄化、重大疾病与慢性病管理等难题，针对智能医疗的发展采取了不同的战略布局。目前，欧美国家侧重于智能医疗的基础性研究，美国国立卫生研究院（NIH）发布了"癌症登月计划""人类微生物组计划"等科研方案，欧盟委员会实施了"基于人类细胞图谱的LifeTime项目"，强调人工智能与基础生物医学的深度融合。面向智能医疗的应用与智慧医院的建设，我国工业和信息化部发布了《"十四五"医疗装备产业发展规划》，强调了加快智能医疗装备的发展，实施了5G+远程诊疗、5G+智能疾控、5G+中医诊疗等试点项目。近年来，我国正在加快构建基于云平台的医疗大数据，致力于提升智能医疗建设的整体水平，以实现医学分级诊疗与远程医疗服务。

9.5.2 智能医疗应用示例

1. 基于AI的医学影像分析

随着人工智能技术的快速发展与广泛应用，其已经开始在医学影像诊断中发挥重要作用。近年来，越来越多的研究成果表明，利用AI技术辅助医学影像诊断，有助于提高医生诊断的准确性与效率，为患者提供更好的医疗服务。

X光、CT与MRI是临床医学常用的影像检查方式，但是其图像分析通常需要耗费大量时间与精力。AI可以对医学影像进行自动化处理与分析，从而帮助医生识别与分析影像中的细节与特征。例如，心脏影像是心血管疾病诊断的关键，AI可以自动计算心脏大小与运动范围，并生成患者心脏的三维图像，帮助医生准确地诊断心血管疾病；从疑似肺结节的影像中，AI可以自动识别与分类不同类型的结节，为医生提供详细的分析结果与建议；在乳腺癌筛查的X光影像中，AI可以自动分辨肿瘤与正常组织的差异，帮助医生发现早期甚至是潜在的乳腺癌病变。

在医学影像中经常存在一些影响分析的问题，例如图像模糊、对比度低、噪声等，它们可能导致医生在影像分析与诊断中遇到困难。AI可以帮助医生解决这些问题，有效地提高医学影像的整体质量。其中，图像分割是一种非常有用的技术，它可以将医学影像中的图像分成不同的区域，并将每个区域分配给不同的器官或组织。

AI在医疗影像分析可实现以下几个功能：

- 疾病预测：AI可以分析医学影像与病理数据，帮助医生预测患病风险与疾病发展趋势。例如，在视网膜病变的诊断中，AI可以分析眼底图像与患者的临床数据，预测病变发展趋势与治疗效果，并为医生提供个性化治疗建议。

- 病灶检测：在医学影像诊断中，病灶检测是一项关键任务，它可以帮助医生检测病灶位置与大小，进而制定更准确的治疗方案。AI 可以通过深度学习算法对医学影像进行病灶检测，从而帮助医生更准确地判断病情。
- 疾病分类：在医学影像诊断中，疾病分类也是一项重要任务。AI 可以通过对医学影像进行分类，帮助医生快速、准确地判断疾病类型。这种分类技术可以帮助医生更好地制定治疗方案，有效地提高病人的治疗效果。
- 智能化诊断：在医学影像诊断中，医生需要对大量医学影像进行分析与判断。由于医学影像非常复杂，因此医生容易出现疏漏与误判。AI 可以帮助医生进行智能诊断辅助，从而提高医生的诊断准确性。
- 智能化治疗：AI 可以结合医学影像与患者的临床数据，为医生提供智能化的治疗方案与建议。例如，在肺癌治疗中，AI 可以分析肿瘤的类型、位置、大小等特征，结合患者的临床数据，为医生提供个性化的治疗方案，从而实现个性化、精准化的治疗。

2. 医疗机器人的临床应用

医疗机器人是一种人工智能与机器人技术融合的医疗设备，它可以协助医护人员进行手术、治疗、康复等医学操作。医疗机器人通过高精度的操作与准确地控制，能够减少手术过程中的误差与风险，提高手术的成功率与患者的康复速度。另外，医疗机器人还能够根据患者的个体差异，设计个性化的手术与治疗方案，以提升医疗服务的质量与效果。1988 年，机器人技术首次被应用于手术室中，由 PUMA 200 机械臂在 CT 图像的引导下进行脑部穿刺活检，这是人类在外科手术领域迈出的一大步。此后，世界各国纷纷将医疗机器人作为智能医疗的重要研究方向。

2000 年，最具代表性的医疗机器人 Da Vinci 诞生了，它是世界上第一台用于腹腔手术的外科机器人（如图 9-21 所示）。Da Vinci 机器人主要包括三部分：一台多功能手术床，一套医生控制平台，多个机械臂、多种手术器械及图像设备。第一代 Da Vinci 机器人拥有 3 个机械臂，中间的机械臂引导内窥镜摄像头，两侧的机械臂安装相关手术器械。第二代 Da Vinci 机器人拥有 4 个机械臂，包括 1 个内窥镜引导臂与 3 个手术器械臂。实施手术的医生需要坐在控制平台端，观察手术现场的三维图像，手动操作显示器下方的手柄。Da Vinci 机械臂利用非常灵活的手腕机构带动手术器械，能够完美地执行医生的手术操作，例如内窥镜观察、组织切割、创口缝合与固定等。

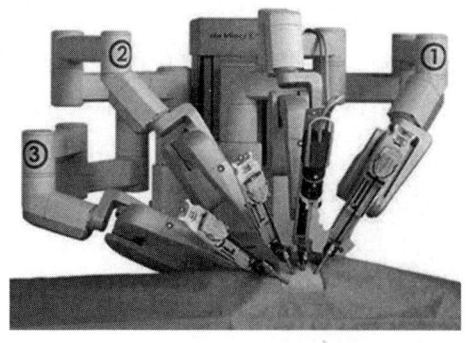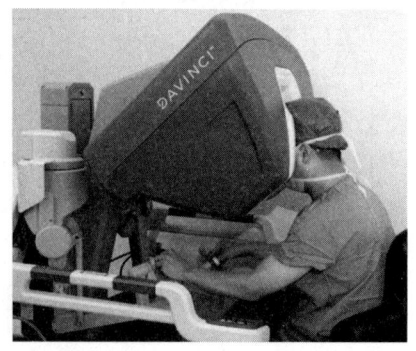

图 9-21　世界上第一台用于腹腔手术的外科机器人 Da Vinci

近年来,欧美国家逐年加大相关领域研发力度,医疗机器人的应用获得了全面的发展,在医学诊断、微创治疗、智能医护等领域,理论研究与市场应用呈现同步发展的态势。斯特拉斯堡大学设计了一款依附在病人体表,可以随病人一起进入CT机内部执行手术操作的医疗机器人。从2000年开始,世界各国已开发出多款用于临床的商用手术机器人,例如CMR Surgical、Medtronic、Verb Surgical、Auris Health等。目前,医疗机器人的种类已覆盖了手术机器人、康复机器人、医学辅助机器人、护理机器人等。虽然我国在医疗机器人领域开展研究相对较晚,但是已经取得了一定的自主研发成果,例如天津大学研发了我国第一台微创手术机器人"妙手"。

3. RFID在医疗管理中的应用

智能医疗致力于加强患者与医护人员、医疗机构之间的互动,并逐步实现医疗过程数字化、网络化与智能化的目标。RFID技术具有快速读取数据、自动身份识别、数据量大、安全性高等优点,能够记录医疗用户、仪器设备、药品耗材的身份,并跟踪医疗物资在生产、仓储、临床使用等各个环节的信息,实现医疗全过程的可追溯,避免出现公共医疗安全问题,在智能医疗的建设中发挥着重要的作用。

很多大型医院每天接诊的患者数量非常多,传统人工挂号方式通常速度慢、错误率高,这种患者识别方式不适合急诊部门的需求,特别是需要对患者进行紧急抢救的情况下。为了能够对所有患者进行快速身份识别,尽快完成入院登记并开展急救工作,需要一个实时提供患者身份与病情信息的管理系统。RFID技术就能够在医疗场景下实现对患者或医护人员的有效管理(如图9-22所示)。为每位患者佩戴一个腕带式RFID标签,当患者在医护人员处接受诊治时,通过RFID读写器自动读取的标签数据,医护人员能够快速确定下一步的诊疗操作,例如是否需要输液、药剂名称与规格、是否出现不良反应等。RFID标签还能够存储整个治疗过程以及用药记录等的相关数据。

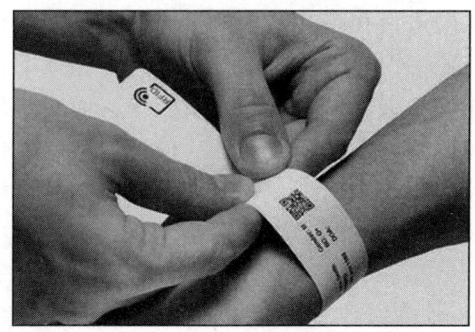 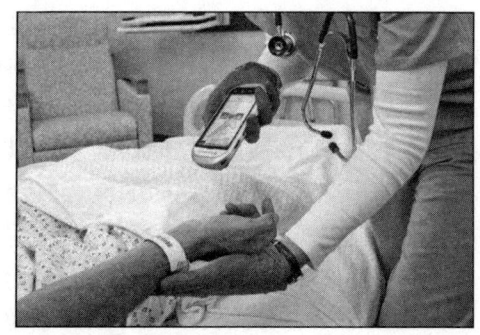

图9-22 基于RFID的患者身份识别与管理

随着医院使用的新仪器设备越来越多,对医疗设备管理提出了更高的要求。通过为每台仪器设备安装一个RFID标签,能够实现设备的管理、巡检、维护与记录,有助于提高管理效率与避免工作疏漏,并且为医疗事故的界定提供依据。图9-23给出了基于RFID的智能手术室的示意图。例如,手术柜上的RFID标签采集并存储相关信息,例如器械分类、编号数量、消毒人员、包装日期等,通过手持式RFID读写器完成识别,便于手术包的回收清洗、分类包装与消毒发放,避免交叉感染事件的出现,以及防止贵重、锋利或放射性器械的丢失。通过在纱布、棉球等耗材中嵌入RFID标签,术后通过RFID读写器扫描患者身体，减轻医护人员的清点工作，减少患者体内遗留医疗异物事件。

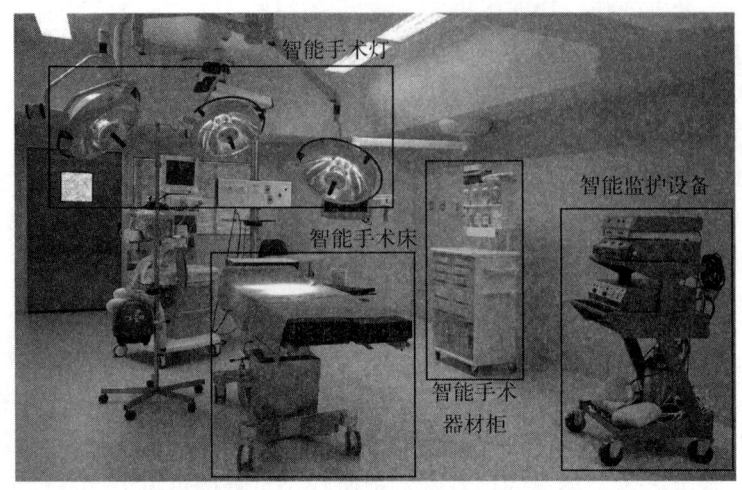

图 9-23 基于 RFID 的智能手术室

药品作为患者治疗或术后康复过程中的特殊商品，与患者的病症缓解、身体恢复有密切的关系，错误用药甚至可能危及患者的生命安全，因此医疗机构在用药方面绝对不允许出错。RFID 技术在医院的用药管理方面有良好的应用前景。通过在开药、配药、取药环节中增加防误机制，针对处方开立、调制药剂、护理给药、病人用药、药效跟踪等环节，以及药品库存管理、供货商进货、有效期、储存环境等细节，实现对药品制剂的信息化管理与自动识别能力，确认患者所用药品的种类、数量、批号等信息，避免出现用药疏忽方面的问题，严格保证患者的用药安全。

4. 面向预防的家庭医疗监控

随着生活条件改善与医疗技术进步，世界各国人口在持续增多的同时，人口老龄化现象已成为普遍存在的社会问题。现代社会的高强度工作与不健康的生活方式，导致了亚健康与患有慢性病的人越来越多。目前，医院仅能够勉强应对急性与突发疾病，而对于那些慢性病与需要长期治疗或监控的疾病，难以获得良好的医疗条件与医生的及时救治。在这样的社会需求背景下，面向预防的健康医疗监控应用需求出现，使人们可以居家监护家人的健康状况，这样既有助于节约有限的公共医疗资源，又能够方便医生掌握患者的各项指标，并且及时向患者提供适当的诊疗方案或建议。

根据我国医疗主管机构的统计数据，超过 83% 的医疗支出用于治疗心脏病、糖尿病、高血压等可预防的疾病；不到 2% 的癌症患者与 20% 的慢性病人占用了 78% 的医疗费用，如果实施有效的家庭健康医疗监控计划，预计能够节省大约 80% 的医疗费用。家庭健康监控主要以疾病预防为主，将消费者的实际需求作为导向。目前，大约有 50 种面向家庭的医疗测量设备，例如体温计、体重计、血压计、血糖仪、助听器、心率监测仪、胰岛素泵、肺活量计等。这些仪器既可以用于普通的保健监测，也可以用于常见慢性病的实时监测，例如高血压、心脏病、糖尿病、肥胖症、哮喘等。

通过与物联网、大数据、人工智能等技术的紧密结合，各类医疗测量设备可以采集多种生理、生化信息，在不同设备之间能够进行信息交互，将智能识别、定位追踪、监控管理等功能集为一体。例如，借助柔性可穿戴设备（智能手环、智能内衣等）、便携式医疗监测设备（血压计、心率监测仪等）、新型植入式医疗设备（心脏起搏器、血管支架等），医生能够实时监测患者体征信息，分析体征变化规律，预测患者的病情发展，及时对患者病情进行干预，实现医院、设备与患者之间的有效整合。另外，智能医疗设备还能够根据生理、生化信息进行疾病早期筛查，缓解慢性疾病的产生与延缓病情进一步发展，并成为慢性病患者理想的健康卫士与安全助手。

9.6 智能环保

9.6.1 智能环保的相关概念

人类在享受到高质量物质文明的同时，也面临着全球环境恶化的严峻挑战。"数字环保"概念就是在这样的背景下应运而生的，它是在数字地球、GIS、GPS、环境管理与决策系统的基础上衍生的大型系统工程。数字环保可以理解为以环保为核心，由基础应用、扩展应用、高级应用与战略应用的多层环保监控平台构成，将信息、网络、通信、自动控制等技术应用到全球、国家、省级、地市级等各层次的环保领域，提供数据汇集、信息处理、决策支持、信息共享等服务，以实现环保的数字化。

物联网在各个行业的广泛应用使人们认识到：物联网也是应对环保问题的重要技术手段。"智能环保"概念就是在这样的背景下应运而生的，它是在原有"数字环保"概念的基础上，借助物联网技术将各类传感器与智能设备嵌入各种环境监控对象，通过超级计算机与云平台整合环保领域的各种物联网，实现人类社会与环境业务系统的深度融合，以更精细、动态的方式实现环境管理与决策的智能化（如图9-24所示）。因此，智能环保是"数字环保"概念的延伸与扩展，也是信息技术的进步在环保领域的体现。

环保检测是指利用传感器技术监测影响环境的数据，例如监测对象中的各类有害物质的含量、排放量等指标。监测对象包括反映环境质量的各种自然资源，例如空气、水、土壤、森林等。因此，环保监测范围包括空气污染、水污染、固废污染、化学品污染、噪声污染、核辐射污染等。随着传感器、5G、人工智能等技术的应用，环保

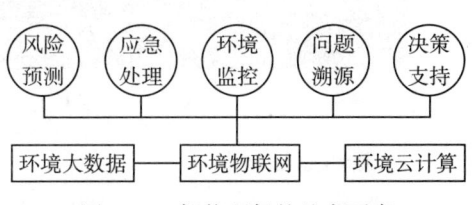

图 9-24 智能环保的基本要素

监测的内涵也在持续变化，由初期对工业污染源的监测为主，发展到对整体环境的综合评估，再到对生态变化的分析预测。通过环境数据的实时采集、传输、分析与利用，有助于全面、客观、准确地解析环境数据内涵，对环境质量及其变化做出正确评估。

在支持环保行政部门提升业务能力上，智能环保能够在环境质量监测、污染源监控、环境应急管理、污染投诉处理平台、环保信息门户网站等方面，提供全面、准确的监测数据作为行政处罚依据，提高环保行政部门的管理效率，进而有效地提升环境保护的效果。企业可利用物联网技术提高自身管理水平，准确掌握产生过程形成的废水、废气、废渣数量，在去污设备无法完成净化时暂停生产，避免因超标排放而面临环保部门的处罚。智能环保可以满足公众对于环境状况的知情权，公众可通过环境信息网站了解环境监测指标，也可通过环境污染投诉与处理平台举报污染问题。

9.6.2 智能环保应用示例

1. "绿野千传"森林生态项目

森林资源在可持续发展战略中占据重要地位，在我国生态建设中处于首要地位。2009年9月，在美国纽约举办的G20气候变化峰会，我国政府提出用"森林碳汇"减缓气候变化。由此可见，发展林业是应对全球气候变化的战略选择。林业应用是在森林这个复杂系统中开展的。森林系统具有物种繁多、类型多样、分布地域广、生长周期长等特点。因此，如何精确地描述森林系统生态结构与计算森林固碳，这个问题已经成为影响林业研究的瓶颈。作为物联网的常用感知技术之一，无线传感器网能够支持大规模、持续、实时监测森林环境的数据，是解决林业应用瓶颈的可行方案。

"绿野千传"是由清华大学、香港科技大学、西安交通大学、浙江农林大学等机构合作研究的森林生态物联网项目（如图9-25所示）。该项目的研究工作始于2008年，主要任务是通过无线传感器网对森林系统的多种生态环境数据（例如温度、湿度、光照、二氧化碳浓度等）进行全天候监测，为森林生态环境监测、火灾风险评估、野外救援应用提供支持。2009年8月，项目组在浙江省天目山部署了一个超过200个无线传感器节点的实用系统。该项目利用无线传感器网采集的大量数据，采用数据挖掘的方法，帮助林业人员开展了环境变化对植物生长精确影响的研究。

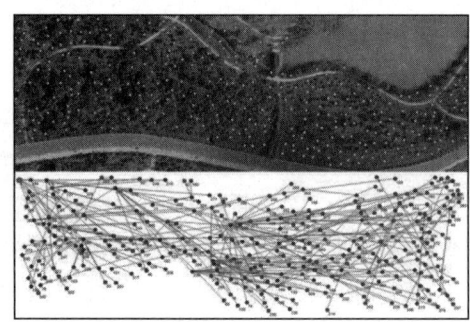

图 9-25 "绿野千传"系统示意图

2. 太湖环境监控系统

水资源在可持续发展战略中占据重要地位，水资源保护在我国生态建设中有重要作用。例如，太湖流域涉及苏浙沪皖三省一市，流域面积为3.7万平方公里，约占全国土地总面积的3%，而其人口比例占全国人口的4.5%，对全国GDP的贡献率更是达到11.6%，是我国东部重要的经济核心区与人口密集区。为防止太湖流域的水环境质量下降、污染事故特别是跨界污染，我国政府主导开展了太湖环境监控项目。

"太湖流域水环境监测"物联网应用示范工程（如图9-26所示）由无锡国家传感信息中心与中科院电子研究所共同负责。在太湖环境监控系统中，传感器节点与浮标被布置在环太湖区域，构成了在线、定时、自动监测水环境的无线传感器网，提供了湖水质量监测、蓝藻暴发预警、入湖河道水质监测、污染源监测等功能。该系统通过传感器获取太湖的水文、水质等环境数据，并通过互联网将感知数据提交给相关部门。自该系统运行以来，太湖出现了50余次蓝藻集聚情况，由于系统的及时预报，环保部门采取措施及时，因此未发生蓝藻大规模暴发的现象。

图 9-26　太湖环境与水质监测传感器浮标

3. 高海拔山区环境监测项目 PermaSense

随着全球气候变化日益引起各国政府及研究者的关注，无线传感器网开始应用于环境与气候变化的关系研究，其中有代表性的是高海拔山区环境监测项目 PermaSense。阿尔卑斯山脉部分区域位于高海拔地区，永冻土与岩石受气候变化与强风侵蚀，导致山体在不断改变，潜在的地质灾害危及当地居民与登山者的安全。对于高海拔、永冻土与险峻山体这类环境，难以采用传统方法进行长期、实时、大范围的监测。作为物联网的常用感知技术之一，无线传感器网可适应这种复杂、危险地区的环境监测。

2006 年，来自瑞士巴塞尔大学、苏黎世大学与苏黎世联邦理工大学的计算机、网络工程、地理与信息科学等领域的研究人员，在阿尔卑斯山脉的岩床上部署了一个有几十个节点的无线传感器网（如图 9-27 所示）。该系统通过分散布置的无线传感器节点，完成长期、实时、大范围的环境数据采集任务，用于监测气候、地质结构与地表环境的变化。研究者根据收集的大量环境数据，结合高海拔地区地质结构模型，分析温度对山体地质结构的影响，进而实现对山体滑坡、雪崩等地质灾害的预测。

图 9-27　PermaSense 项目的相关图片

9.7　智能安防

9.7.1　智能安防的相关概念

"安防"可以理解为"安全防范"的缩略词。其中，"安全"是指没有危险、不受侵害、不出事故；"防范"是指为应对危险、免受侵害而采取的措施。从这个角度来看，"安防"可以被定义为"做好准备与保护措施，以应对攻击或避免受害，使被保护对象处于没有危险、不受侵害、不出事故的安全状态"。因此，安全是目的，防范是手段，通过防范的手段达到或实现安全的目的，这就是"安防"概念的基本内涵。实际上，安全问题包括个人安全与公共安全。个人安全与社会的公共安全密切相关。公共安全关系到社会稳定与国家安全，它是保证广大人民能够安居乐业的前提条件。

随着各类公共安全事件在国内外频繁发生，安防问题开始受到各国政府与产业界重视。我国政府也高度重视安防基础设施的建设，陆续开展了科技强警示范城市建设、全国城市报警与监控系统建设、"3111工程"、农村警务工作信息化与技防建设、"天网"工程、"雪亮工程"、市域社会治理现代化试点建设等项目。在国家政策的大力推动下，我国从城市到农村逐步实现高清摄像头的全面覆盖。目前，中国已成为世界上公认的最安全的国家之一。

智能安防是指利用先进的技术手段，对各类对象（人员、车辆、物品等）进行监控，通过数据分析、预警、处置等措施，实现对安全风险的全面监控与智能防范（如图9-28所示）。智能安防的核心技术包括物联网、云计算、人工智能、大数据等。其中，物联网技术可以实现设备之间的互联互通，云计算技术可以实现大规模数据的存储与计算，人工智能技术可以实现智能化的决策与控制，大数据技术可以实现各种数据的分析与挖掘。智能安防通过人工智能技术与安防软硬件的结合，实现"事前预防、事中预警、事后追查"的安防管控，解决了传统安防"仅能事后取证、取证困难"的问题。

图9-28 智能安防的基本要素

智能安防的应用场景主要包括以下几个领域。

1. 公共安全领域

在城市安防方面，智能安防可以通过监控摄像头、警车巡逻等手段，实现对城市安全的全面监控；在交通安全方面，智能安防可以通过智能交通信号灯、违法抓拍系统等手段，实现对交通违法行为的及时监控与处罚；在消防安全方面，智能安防可以通过火灾监测系统、火灾自动报警系统等手段，实现对火灾风险的预防和处置。

2. 企业安全领域

在工厂安全方面，智能安防可以通过智能化的监控设备、防盗报警系统等手段，实现对工厂安全的全面监控与防范；在商场安全方面，智能安防可以通过视频监控、人脸识别等手段，实现对商场内安全风险的识别与预防；在金融安全方面，智能安防可以通过智能化的监控设备、报警系统等手段，实现对银行、证券等金融机构的安全保障。

3. 家庭安全领域

在智能家居方面，智能安防可以通过智能化的门锁、监控设备等手段，实现对家庭安全的全面监控与防范；在视频监控方面，智能安防可以通过视频监控设备、报警器等手段，实现对家庭安全风险的及时识别与处置；在安防报警方面，智能安防可以通过智能化的报警设备、手机App等手段，实现对家庭安全的实时监控与报警。

9.7.2 智能安防应用示例

1. 面向安防的视频监控技术

无论在公共安全、企业安全领域还是在家庭安全等领域，视频监控系统都是实现智能安防的基础部分。视频监控系统主要包括网络摄像头、视频采集卡、网络存储设备、视频分析软件四个部分。视频监控系统的核心设备是网络摄像头，例如高清摄像头、360°摄像头、红外夜视摄像头等（如图9-29所示）。通过在目标区域（例如公共场所、企业、居民区、家庭等）安装摄像头，实时采集视频信号并传输到服务器进行存储，进而实现对目标区域的实时监控及管理。当目标区域出现异常情况时，通过视频回放、智能分析等手段快速反应与处理，有效地提高了安全防范的效率与准确性。

图9-29 智能视频监控系统的例子

人脸识别是实现视频监控智能化的关键技术。人脸识别是一种基于人的脸部特征信息进行身份识别的技术。视频监控系统通过摄像头采集含有人脸的图像或视频流，自动从图像中发现人脸并完成脸部特征的提取与匹配。人脸识别的过程通常经过4个步骤：人脸检测是从图像中检测出人脸所在的位置并加以标注；人脸对齐是将不同角度的人脸图像通过几何变换对齐成同一个标准的形状；人脸编码是将人脸图像的像素值转换成紧凑、可判别的特征向量（又称为模板）；人脸匹配是将两个人脸模板进行比较并获得一个相似度分数，该分数能够给出两者属于同一个主体的可能性。目前，人脸识别技术已广泛应用于证件查验、公安巡检、网上追逃、户籍调查等场景中。

行为识别是实现视频监控智能化的重要技术。行为识别是一种基于对象（包括人、车辆、机器等）的行为特征进行危险事件识别的技术。行为识别技术通常是基于某种机器学习算法，通过训练模型来识别与分类不同的行为或动作，并在实时监控过程中比较行为或动作数据，进而提前发现发生意外、异常或危险事件的可能性。在公共安全方面，可以检测出嫌疑人的可疑行为或动作，帮助安全人员捕获罪犯；在交通安全方面，可以识别交通违规行为（例如超速、逆行、疲劳驾驶等），提高道路的安全性；在商业安全方面，可以监控并分析顾客的行为，提高商场安全性与管理效率；在基础设施安全方面，可以监控并阻拦重点区域的入侵者，保障重要基础设施的安全性。

2. 智能门禁系统

"门禁"在字面上包含了"门"与"禁"。其中，"门"是指所有出入口的门或通道，包括家门、小区人行通道、车辆道闸、办公楼大门等；"禁"是指对人员、车辆或物品进出权限的管控。从这个角度来看,"门禁"是在出入口进行身份识别以限制进出的管理方式。早期的门禁系统采用电子锁或磁卡锁,通过钥匙或卡片来开门。虽然安全性比机械锁有所提升,但整体安全性较低,容易遭遇破解、盗窃等风险。随着 RFID 技术的快速发展,卡式门禁系统开始投入使用,通过读卡器读取人员携带的 RFID 卡,完成身份验证与开门控制。这类门禁系统提高了安全性,但存在卡片容易被盗用的风险。

随着生物识别技术的发展,例如指纹识别、人脸识别等,基于生物识别的门禁系统出现了。这类系统通过生物特征验证身份,使安全性获得了显著提升。早期生物识别技术的准确性与稳定性较差,限制了其在门禁系统的应用。随着物联网、云计算、人工智能等新技术的应用,智能门禁系统获得了快速发展。这类系统融入移动设备、远程控制、数据分析等功能,有效提升了门禁系统的智能化水平。随着生物识别技术的不断完善,门禁系统的安全性与便捷性得到全面提升。图 9-30 给出了各类门禁系统的例子。

图 9-30 各类门禁系统的例子

随着物联网技术的成熟及其融入门禁系统,有助于实现门禁与其他安防系统(例如视频监控、报警系统等)、智能家居系统之间的联动,为用户提供更智能化、更便捷的生活体验。因此,物联网技术将成为推动智能门禁发展的重要驱动。人工智能技术的发展也为智能门禁带来了更多的创新可能。例如,通过深度学习算法对监控数据进行分析,门禁系统可以实现对异常行为的自动识别与报警,提高门禁及相关系统的整体安防能力。人工智能技术还可以用于优化门禁系统能耗、延长设备寿命等方面。因此,人工智能技术将进一步推进智能门禁系统的全方位发展。

智能报警系统可以应用于各类场所,例如工厂、商场、医院、住宅小区、家庭等。智能报警系统可以通过各类传感器(例如图像、声音、光线、温度、烟雾等),对目标区域的环境状况进行实时监控,并在发现异常情况时自动触发报警。智能报警系统通常与其他安防系统(例如视频监控、门禁系统)及智能家居系统之间联动,对感知的安全问题实现快速反应与处理。智能巡检系统主要应用于一些大型场所,例如工厂、商场、医院等。智能巡检系统可以通过机器人、无人机等设备,对室内外环境进行巡检与监测,及时发现并处理安全隐患。另外,它还可以通过数据分析、机器学习等手段,对巡检数据进行分析与预测,以提高安全防范的准确性与效率。

3. 公共安全应急处理中心

公共安全应急处理中心是在传统的城市应急指挥系统之上,整合与利用原有的各类城市公共安全保障资源(包括公安、交管、消防、城管、疾控、安监、环保等),建立起集通信、指挥与调度于一体,高度智能化的城市公共安全应急处理系统。该中心具有保障公共安全与处置突发事件的能力,能最大限度地预防与减少突发事件及其损害,保障广大人民的生命财产安全,有效维护社会稳定与国家安全。公共安全应急处理中心是一个"平战结合、预防为主"的应急指挥平台,实现公共安全从"被动应对型"向"主动保障型"的转变,以便全面提升我国各级城市的应急管理水平。

公共安全应急处理中心通常包括三级结构(如图9-31所示)。第一级是业务接警中心,接警座席对应110、119、122等电话业务,分别对应公安、消防、交管等方面的信息。如果属于正常的公安、消防或交管业务,相关部门接警人员按照制度来处置。如果涉及城市公共安全突发事件,则需要向接警大厅的指挥长报告,确定是否启动第二级应急会商中心。应急会商中心的座席由政府各部门的高层领导组成,按照公共突发事件应急预案流程,利用事件现场视频与现场人员报告,以及数字城市基础数据库的信息,提出解决方案,为第三级决策指挥中心的最高领导决策提供依据。

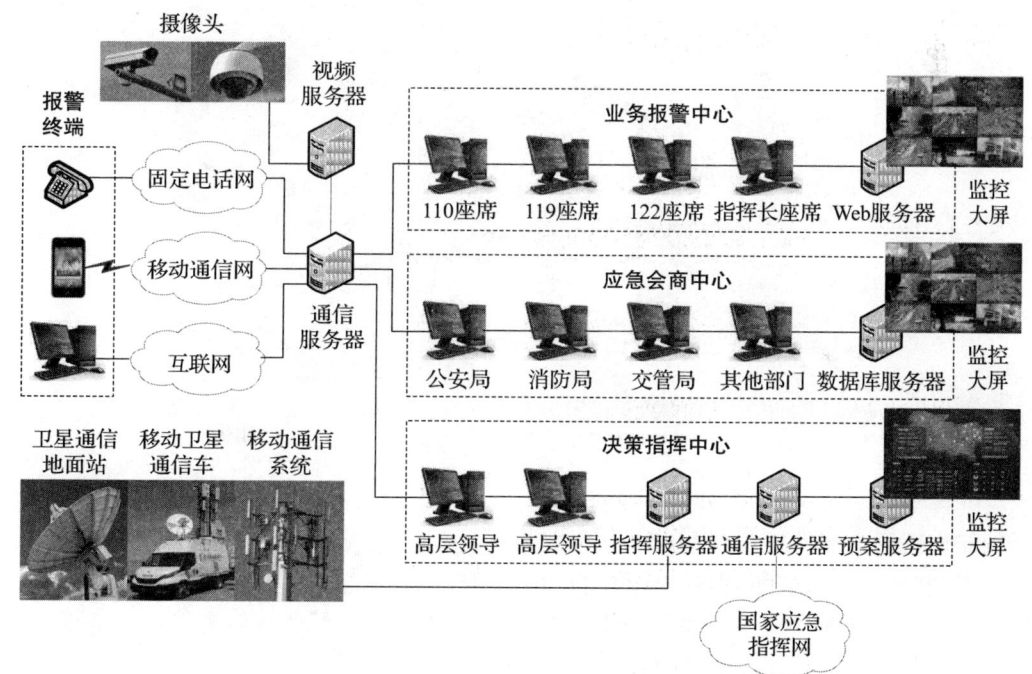

图 9-31 城市公共安全应急处理中心的结构

9.8 智能家居

9.8.1 智能家居的相关概念

智能家居(smart home)又被称为智能家庭(intelligent home)。智能家居是以住宅为平台,利用综合布线、网络通信、安全防范、自动控制、音视频等技术将家居生活相关设施加以集成,构建高效的住宅设施与家庭日常事务的管理系统,提升家居生活的安全性、便捷性与舒适性,并实现环保节能的居住环境。20世纪90年代初,家庭自动化(home automation)的概念出现,它被认为是智能家居概念的起源。在智能家居技术的发展过程中,曾经出现的类似定义还包括:电子家庭(electronic home)、数字家园(digital family)、家庭网络（home network）、智能建筑（intelligent building）等。

智能家居的最终目的是让家庭更舒适、方便、安全，以及更符合当前社会对环保的要求。随着人类消费需求与住宅智能化的发展，智能家居系统将会拥有更丰富的内容，整个系统的构成与配置也越来越复杂（如图9-32所示）。智能家居系统将家居服务与管理集成起来，将家庭供电与照明系统、音视频设备、智能家电、窗帘控制、空调控制、安防系统，以及电表、水表、燃气表自动抄送设备互联，通过触摸屏、无线遥控、电话、语音识别等方式实现远程操作或自动控制，提供家电控制、照明控制、窗帘控制、防盗报警、冷暖调节、环境监测等功能，实现与小区物业、社区管理等系统的联动。智能家居可以成为智能小区的一部分，也可以作为独立的部分来运行。

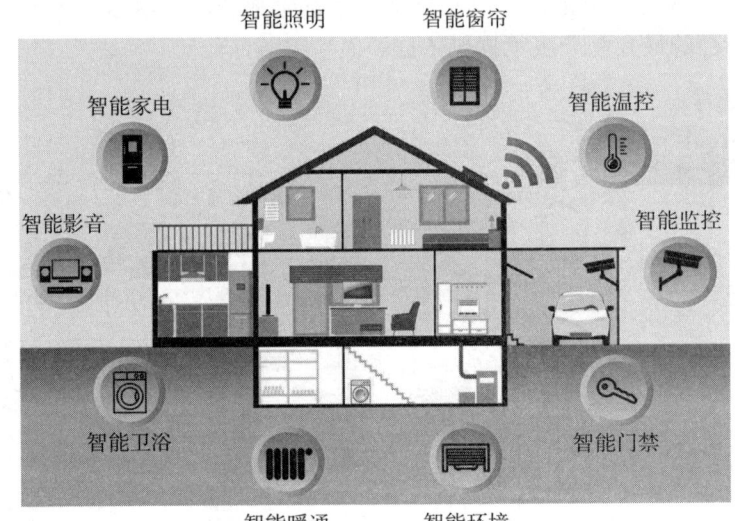

图9-32 智能家居的基本要素

智能家居的主要特征表现在以下几个方面：

1）便利性：通过智能设备与系统的互联，用户可以通过手机、平板计算机等终端，随时随地控制家中的各种设备。无论是调节灯光、温度、窗帘，还是打开电视、音乐，都只需要手指一点，即可实现远程控制，让生活更便捷。

2）智能化：通过人工智能技术的应用，智能家居系统可以学习并理解用户习惯与需求，自动调节设备的使用与运行。例如，智能家电可以根据用户的习惯，自动调整温度、湿度等参数，以提供更舒适的环境；智能安防系统可以通过人脸识别技术，自动区分家庭成员与陌生人，以确保家庭的安全。

3）安全性：通过智能安防系统、智能门锁等，智能家居可以提供更全面与智能的安全保障。例如，智能安防系统可以实时监控家中情况，发现异常行为并及时报警；智能门锁可以通过密码、指纹等方式，实现安全的门禁控制。

4）节能环保：通过智能控制与优化设备使用，智能家居可以降低能源的消耗。例如，智能照明系统可以根据光线情况与人员活动，自动调节灯光亮度与开关状态；智能家电可以通过智能控制，优化能源的使用效率。

根据国外某家咨询机构的统计数据显示，智能家居作为物联网的重要发展方向之一，预计到 2025 年的经济规模将超过 2000 亿美元。近年来，智能家居市场受到传统的家电生产商与新兴互联网公司的高度重视，各大厂商陆续研发与推出了自己的智能家居系统及相关标准，并向消费者提供配套的智能设备、云平台及移动 App。目前，国外厂商推出的智能家居产品主要包括：Apple 的 HomeKit、Samsung 的 SmartThings、Amazon 的 AWS、Google 的 Weave/Brillo、Microsoft 的 Azure 等。国内厂商推出的智能家居系统主要包括：华为的 HiLink、小米的 MiJia、阿里云的 IoT 等。

9.8.2 智能家居应用示例

从系统组成的角度来看，智能家居系统主要包括 8 个子系统：智能家居中央控制、家庭安防监控、家庭照明控制、智能家电控制、家庭影院与多媒体、家庭环境监控、自动远程抄表、家庭网络系统。其中，智能家居中央控制、家庭安防监控与家庭网络系统是必备部分，其他子系统则属于可选部分。图 9-33 给出了基于物联网的智能家居系统结构。在智能家居环境中，各种家用电器、照明灯具、摄像头、安防报警设施等通过家庭网络互联。在家中，用户可通过智能遥控器操控各种家居设备；在办公室，用户可通过联网计算机实现远程监控；在其他地方，用户可通过智能手机实现远程监控。

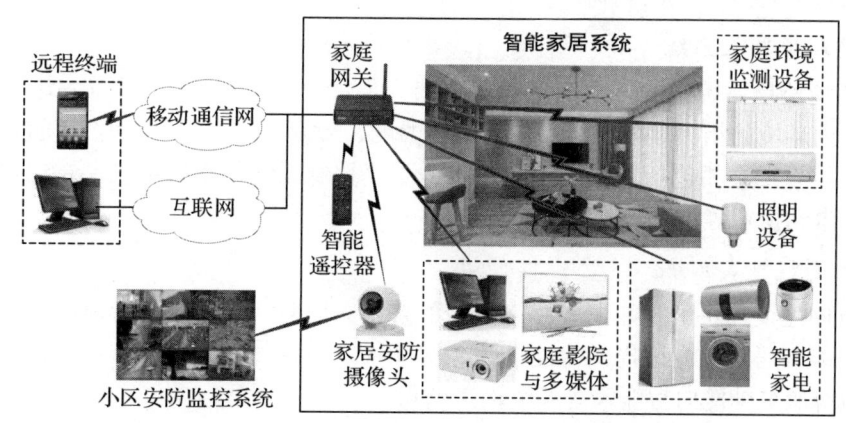

图 9-33 基于智能物联网的智能家居系统结构

1. 智能家居中央控制系统

智能家居中央控制系统是整个系统的核心部分，主要包括家庭网关、智能遥控器与远程控制代理等。其中，家庭网关通常内置用作人机交互界面的 Web 页，在家庭网关正常接入互联网的前提下，用户可通过任何的联网设备访问家庭网关，实现查看家庭监控视频、监视家居设备状态、远程控制家居设备等功能。

2. 家庭安防监控系统

家庭安防监控系统承担防火、防盗、防燃气泄漏、紧急呼救，以及保障儿童、老人等特殊群体安全的功能。在家庭环境中出现安全险情时，该系统将自动向接警中心发出报警信息，同时启动相关设备进入应急联动状态，从而实现对安全问题的主动防范。家庭安防系统可以接入的安防设备包括：可视对讲门禁、智能门锁、摄像头、烟雾报警器、燃气泄漏报警器、玻璃破碎报警器、红外探测报警器、紧急求助按钮等。

3. 家庭照明控制系统

家庭照明控制系统承担家庭环境中的照明控制功能。照明控制方式包括灯光的单一控制、情景控制、遥控控制与远程控制。其中，单一控制是指对每个照明设备的单独控制；情景控制是指一键将多个照明设备调整到预设状态，例如所有照明设备全关、全开，或者将其调整为特定的亮度、颜色等。

4. 智能家电控制系统

智能家电又称为智能化的功能家电，例如智能冰箱、智能洗衣机、智能热水器、智能厨房电器等。智能家电支持本地控制与远程控制方式，用户既可以使用遥控器在本地控制家电设备，又可以使用联网设备访问家庭网关来远程控制智能家电。例如，用户在回家途中使用智能手机来开启洗手间的智能热水器。

5. 家庭影院与多媒体系统

家庭影院与多媒体系统是智能家居的重要组成部分，它为人们在家休息时提供丰富的娱乐功能。该系统整合了各种具有电视、娱乐功能的设备，包括数字电视、投影仪、音响设备、游戏机、计算机、平板计算机、智能手机等，形成了能够提供网络视频、音频播放能力的互动式家庭影院与多媒体系统。

6. 家庭环境监控系统

家庭环境监控系统中的"家庭环境"是指人们的"生活环境"，重点关注影响人们家庭生活中室内环境的相关参数，主要包括室内温度、湿度、光线强度、空气质量等。因此，家庭环境监控系统主要包括：空调控制系统、暖气控制系统、新风系统、空气加湿器、空气净化器、电动窗帘等。

7. 自动远程抄表系统

智能电网建设加快了智能电表在家庭中的普及，同时智能水表、智能燃气表也相继进入家庭。智能家居系统应该提供智能电表、智能水表与智能燃气表的接口，以便远程自动抄表、收费等服务功能向智能家居系统推送消息。

8. 家庭网络系统

家庭网络负责实现各个智能家居子系统之间的互联，以及智能家电、照明设备、安防设备、环境监测设备、影音多媒体设备的接入。家庭网关负责实现家庭网络与互联网、固定电话网、移动通信网、有线电视网的互联，为家庭网络提供互联网接入服务，实现家庭网络与外部的各类网络服务系统之间的互联。

9.9 智能物流

9.9.1 智能物流的相关概念

随着人类社会的科技进步与生产力发展，商品的生产、流通、销售等环节都在逐步趋于专业化，连接商品生产者与消费者的流通环节（包括运输、装卸、储存等）也逐步发展成为物流业。在第二次世界大战期间，美军围绕军事后勤保障提出了物流的概念。1998年，美国物流管理协会给出了物流的定义：物流是供应链管理的一部分，为了满足客户对商品、服务及相关信息从原产地到消费地的高效率、高效益的双向流动与储存的计划、实施与控制过程。供应链管理模式将物流的核心问题归纳为：在保证满足生产需要与客户需要的前提下，如何使材料、半成品与成品的库存达到最小。我国相关机构对物流的定义是：物品从供应地到接收地的实体流动过程，根据实际需要，将运输、储存、装卸、搬运、包装、流通加工、配送、信息处理等功能组合实施。

在商品生产、流通、销售全球化趋势的背景下，数据快速采集与物品自动识别成为提升效率的瓶颈。在这种社会需求的强力推动下，各国政府、企业与研究机构纷纷开展智能物流研究。2009 年，美国 IBM 公司提出了具有先进、互联与智能特征的"智慧供应链"概念，通过传感器、RFID 标签、GPS、控制器及其他设备改造供应链，将物联网、传感网与现有的互联网进行整合，通过精细、动态、科学的管理，实现物流的自动化、可视化、可控化、智能化与网络化，从而提高生产力水平与资源利用率。同年，美国政府提出了"智慧地球"发展战略，其中将"智慧的物流"作为重要组成部分。

物联网技术发展与物流业改造、升级有着密切的关系。物联网通过信息流的通畅来提升物流效率，进而加快资金流的周转，使企业从中获取更大经济利益。智能物流是在传统物流的基础上，以信息技术为基础，通过数字化、信息化、智能化等技术手段，形成一种快速、便捷、节能、环保的物流模式，使物品在生产、流通与消费过程中高效流动（如图 9-34 所示）。智能物流主要利用 RFID 标签、传感器技术与 EPC 编码标准，实现对物品从制造、库存、运输、销售、售后等环节的全过程信息采集与处理；利用信息流来精确控制物流的过程，进而将制造、库存、运输的成本降到最低。

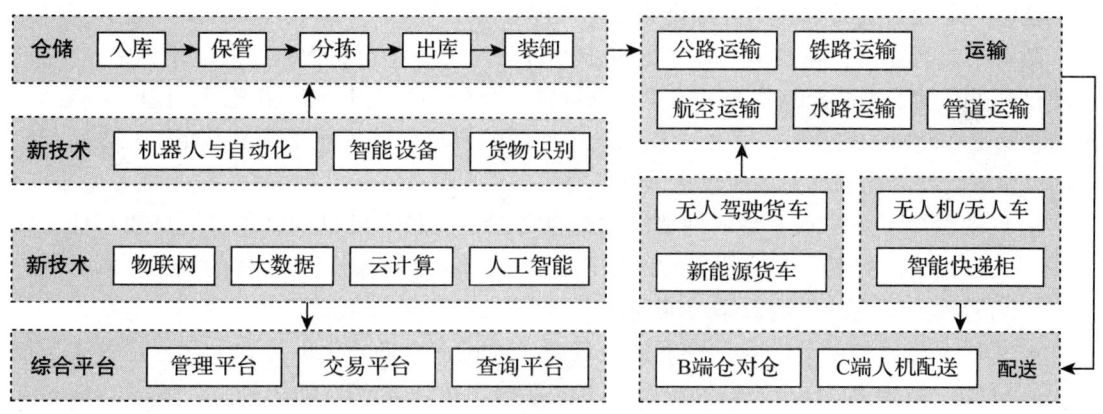

图 9-34　智能物流的基本要素

为了达到智能物流的最终目标，需要在智能物流的运行平台之上，实现供应物流、生产物流与销售物流各个环节的协调工作；通过云平台使用数据挖掘与大数据算法，对社会需求、销售、库存、制造等方面的海量数据进行分析，利用获得的"知识"去指挥物流的快速流动。近年来，人工智能技术开始为物流业带来革命性的变革，以智能机器人、智能拣选车、无人机、自动驾驶汽车为代表的智能硬件，极大地改变了现有的仓储、运输、配送等处理模式，并且在不久的将来会带来更多的改变；以机器视觉、自然语音处理、大数据挖掘、深度学习为基础的智能软件，为物流业所涉及的信息识别、存储、管理、利用开辟了更高效的途径，使"数据驱动物流"成为现实。

9.9.2 智能物流应用示例

不同的物流行业场景具有不同的特点,关注方向与所需技术也不同,应该根据实际需求来确定技术的应用。

1. 智能仓储管理

仓储管理是物流系统的重要组成部分之一。仓储管理经历了人工仓储、机械化仓储、自动化仓储等发展阶段,当前正在向智能化仓储的方向发展。智能仓储是指采用信息技术对仓储设备与管理过程进行智能化改进,通过构建一个流程标准化的现代信息管理系统,提升信息加工链(包括采集、处理、流通、管理、分析等)与业务环节链(包括入库、出库、移库、盘点、拣选、分发等)的调度水平。智能仓储涉及的关键技术有物联网、自动控制、大数据、人工智能等。智能仓储作为物流与供应链的核心环节,其作业效率、服务质量与运营成本是企业关注的重点。智能仓储系统可以帮助企业加速物资流动,降低成本,保障生产顺利进行,并实现对资源的有效控制与管理。

仓储系统逐渐由人工堆放平面库到自动化刚性立体库,再到高柔性自动立体库的方向发展。叉车技术使仓储系统发展成机械化立体库,库房空间利用率获得极大提升,同时保留了高柔性的特点。无人、高效与空间利用率高等优点,使自动化立体库逐步成为制造业与商业推崇的仓储解决方案。随着城市化进程的不断深入,土地稀缺性问题日益严重,作为工业、商业与社会不可缺少的仓储用地日趋紧缺,高密度仓储物流技术成为发展趋势。因此,仓储系统的货架越建越高,有些货架甚至达到 40m,以充分利用仓库有限的占地面积。这样的仓储系统通常利用堆垛机完成出入库作业。

随着物流行业的快速发展与技术的进步,自动化设备在仓储物流中的应用越来越广泛。自动化设备有助于提高仓储物流的效率与准确性,减少人力成本与出错概率,同时也有助于提高仓储工作环境的安全性。智能仓储系统中使用的自动化设备种类繁多(如图 9-35 所示)。目前,典型的智能仓储设备主要包括以下几类:

- 自动引导车(AGV)是一种智能化的自动搬运设备,可以根据预设的路线与任务在仓库内自主行驶,并完成货物的拣选、运输、储存等操作。AGV 的应用可以有效提高仓库内货物的运输效率与准确性。
- 穿梭车是一种常见的自动往返搬运设备,通过在仓储货架的导轨上往返运行来运输货物。结合 RFID、条码等识别技术,穿梭车可以实现自动识别、门禁等功能。穿梭车还可以配合堆垛机实现密集存储。
- 堆垛机是一种随着立体仓库而发展起来的专用起重设备。安装这种设备的仓库高度通常在 10~25m。堆垛机在立体仓库的巷道之间来回穿梭,将巷道入口处的货物存放到货位中,或者取出货位中的货物并运到巷道口。
- 传输线与分拣机是一种常见的智能仓储设备,可以实现货物的自动化传输与分拣。其中,传输线将货物从一个地方自动传输到另一个地方,而分拣机根据预定的规则将货物自动分拣到相应的位置。

物流贯穿企业的业务全流程,而作为物流核心环节的仓储系统,其数字化是企业数字化建设的重点。数字化是指通过信息采集设备、仓储物联网,以及数字孪生、大数据等软件技术,构建仓储系统的数字化管理平台。通过仓储系统的数字化与网络化建设,可以实现仓储物流的可视化管理，接下来是全流程透明化与业务的精准预测。通过透明化可以实现流程的优化，提高物流速度、效率与质量，降低物流成本。物流技术发展的最终目标是智能化，为物流系统赋予感知、分析、学习与决策能力，可以通过深度学习，使系统能够思考、推理判断，并自行解决复杂物流问题。

图 9-35　智能仓储系统中的各种自动化设备

2. 智能运输管理

运输作为物流行业的重要中间环节，负责货物在生产商、销售商及仓储系统之间的运输。物流运输方式主要包括公路运输、铁路运输、航空运输与海路运输。其中，公路运输具有灵活性高、货运量大的特点，它是国内物流行业的主要运输方式。智能运输是指利用物联网、大数据、人工智能等技术实现运输的信息化与智能化。智能运输系统通过 GPS、传感器等技术，实现对车辆的实时监控与管理；通过交通预测、天气预测等技术，可以实现运输路线规划的最优化；通过分析历史数据、运输数据等信息，可以提高运输效率与准确性。智能运输有助于实现物流的自动化、可视化、可控化与智能化，提高资源利用率与生产力水平，进而实现物流行业的"降本增效"。

智能运输系统的主要功能包括：订单管理、配载作业、调度分配、行车管理、车辆管理、人员管理等。智能运输系统的核心是行车管理的智能化，基于物联网、大数据、云计算等技术，结合智能感知、视频监控、多重定位来构建车辆物联网，对运输过程中的物流车辆进行实时追踪与监控，以及对车辆装载货物进行定点管理。针对物流行业的特殊需求，智能运输系统提供以下几种智能化功能：

- 车辆状态监控：通过专用的车载智能终端，实时采集车辆状态数据（例如发动机、油箱、制动器等），发现异常时自动报警，并通知驾驶员及监控中心。
- 驾驶行为监控：车载智能终端集成了精密陀螺仪等传感器，实时监测驾驶人驾驶违规行为（例如违规停车、超速、疲劳驾驶等），及时告警并通知监控中心。
- 车辆安全监控：在出现紧急制动等情况时，联网终端实时触发摄像头进行抓拍、录像，并上传至监控中心；对抓拍的驾驶人照片进行分析，并结合驾驶时间评估驾驶人疲劳度，提升车辆驾驶及运营安全性。
- 车辆安全监管：通过人脸识别等技术方式，实时判断驾驶人身份合法性，当发现异常、非法驾驶或乘车时，及时告警并通知监控中心，并启动自动锁定程序，实现车辆的安全监管，保障财产安全。

运输环节实现货物的运输，主要包括运输设备和运输过程的信息管理。国内日趋成熟的自动驾驶技术将彻底颠覆现有的公路运输体系，更加高效、安全的行驶，更少的人力依赖，将极大地提升公路运输的效率。运输信息的管理内容繁杂，包括发车前的任务下达和路线规划，行驶中的信息跟踪和应急调度，以及到达目的地后的盘点、卸货和车辆状况检查等。人工智能技术对于信息的处理比人类更加高效，通过大数据分析能够为车辆的调度机制提供更加实时、可靠的方案，设备寿命管理能够系统性的监测车辆的状态，及时警报提醒，降低车辆故障发生率。大数据分析能够更好地监测冷链运输过程中的货物状态和驾驶人行为，为保质保量的冷链运输提供更智能的监管。

3. 智能配送服务

配送作为物流行业的"最后一公里"，负责将货物配送到最终用户手中。物流行业的配送环节通常被称为"快递"，其服务质量直接决定用户的体验。网上购物在我国的普及就得益于物流的顺畅。但是，配送环节面对的实际场景非常复杂，例如，城市与农村区域的配送场景不同，不同规模城市的配送场景不同，住宅区、商业区与学校的配送场景也不同。通过引入新型的配送设备与优化配送方案，有助于提高快递"最后一公里"的服务效率。例如，智能快递驿站面对人群密集的场景能够发挥显著效果，基于图像识别、大数据技术的智能机器人能够辅助用户自助完成大部分快递业务。

目前，传统的快递模式面临着众多挑战，例如交通拥堵、人力成本高等问题。为了解决这些实际问题，各大快递企业开始研发智能配送方案，这样就推动了无人配送技术的发展。无人配送技术主要包括无人车、无人机等，并成为改变快递行业的重要技术手段（如图9-36所示）。无人车具备自动驾驶功能，可以自主完成货物配送任务。无人车不受时间与路况限制，可以根据实际情况优化路线，提高运输效率。与传统的快递员配送相比，无人车可以精确地配送货物，减少人为因素引起的错误与延误。另外，无人车都是采用电力驱动，减少了对燃油交通方式的依赖，有助于缓解环境污染。

图 9-36 无人配送技术的例子

无人机通过空中飞行抵达目的地，能够快速、准确地进行货物配送，这样就极大地提高了物流配送的效率。无人机的自主导航系统与飞行控制技术，使其能够有效避开障碍物与应对各种突发情况，确保将货物安全地配送到目的地。与传统的人工配送方式相比，无人机配送无须担心交通拥堵问题，无论是城市还是偏远地区，都能够快速、准确地配送货物。另外，无人机还能够灵活适应各类突发状况，例如紧急医疗物资的准时配送。因此，无人配送技术将大幅提升快递行业的自动化程度，代替人工完成繁重的配送任务，减少人力成本与错误率，有效提高配送效率与服务质量。

4. 智能供应商管理

供应商是加工型企业或电商企业的供货者，科学的采购、高效的收货与质检、智能的财务管理等，都能够提高供应环节的效率，并降低企业运行成本。人工智能技术在供应商管理方面的应用主要集中在：
- 智能采购系统利用图像识别、大数据分析与深度学习技术，分析历史的采购信息并挖掘其中的深层逻辑，形成科学的采购决策，做到适量采购与适时采购，减少过多库存对资金的占用，避免过少库存面临的机会损失。
- 智能质检系统利用图像识别技术，可以快速清点货物种类与数量，再配合使用无人机，进一步加快清点速度；利用专家系统，可以高效判断货物质量。利用人工智能全面检查货物质量，能够避免传统的抽查模式潜在的问题。
- 智能财务系统利用图像识别与深度学习技术，可以提升报表处理效率与减少错误率；利用大数据分析技术，可以进行风险评估，避免潜在的财务风险。

5. 智能客户管理

客户信息管理与维护、通过客户信息描绘出客户画像，并在此基础上为客户提供个性化服务，这些都直接影响客户的使用体验与企业的服务质量。因此，人工智能技术在客户管理方面的应用主要集中在以下几点。

- 智能订单系统基于图像识别、大数据等技术，可以高效地处理客户订单从下单至完成的全部流程，获取的信息更实时与更准确。
- 智能导购系统基于大数据、知识积累与深度学习等技术，可以为客户提供更精确的信息，进而有效地提升客户的购物体验。
- 智能客服系统基于语音识别、逻辑推理、语音生成等技术，为客户提供售前咨询、售中管理、售后维护等服务，24小时不间断为客户提供个性化咨询，减少企业的客服人员数量，并提高客服的服务质量。

本章小结

1）物联网应用的核心是智能工业，《中国制造2025》的核心是智能制造技术。

2）智能交通实现的目标是：环保的交通、便捷的交通、安全的交通、高效的交通、可视的交通、可预测的交通。

3）智能农业实现对农业生产要素的实时监测、精细管理，对农副产品生产与食品安全的全程跟踪与可追溯管理，实现"高产、优质、高效、生态、安全"的农业。

4）智能电网全面提升从发电、输电、变电、配电到用电各个环节的信息感知能力，支持电网的信息流、业务流与电力流的传输，实现整个电力系统的智能化管理。

5）智能医疗通过智能物联网技术与医学的深度融合，提供更方便、快捷、智能化的医疗服务。

6）智能环实现人类社会与环境业务系统的深度融合，以更精细、动态的方式实现环境管理与决策的智能化。

7）智能安防是指利用各种先进的技术手段，实现对安全风险的全面监控与智能防范。

8）智能家居提升家居生活的安全性、便捷性与舒适性，并实现环保节能的居住环境。

9）智能物流形成一种快速、便捷、节能、环保的物流模式，使物品在生产、流通与消费过程中实现高效流动。

习题

9-1 思考题

9-1-1 请参考 9.1 节给出的定制汽车例子,设想一次定制运动鞋的服务流程,并与传统生产模式比较,说明定制模式为鞋类生产商带来的变化。

9-1-2 设计一个蔬菜大棚滴灌系统,支持土壤监测与远程滴灌控制,并说明系统架构与控制流程。

9-1-3 设计一个机场候机旅客管理系统,支持 RFID 标签、旅客提示与定位,并说明采用的定位技术与位置服务的原理。

9-1-4 设计一个面向家庭的智能用电管理系统,支持用电管理的全流程,并说明核心设备与控制流程。

9-1-5 设计一个基于公交车的环境监测系统,支持移动、实时监测,采集温度、湿度、二氧化碳浓度、噪声、PM2.5 污染物等数据。

9-1-6 设计一个面向老人的智能拐杖设备,支持老人出现意外时向家人告警,并说明采用的传感器类型、用途及通信方式。

9-1-7 设计一个家庭安全视频监控系统,支持智能手机远程监控,并说明自动识别与报警功能的实现方法。

9-1-8 设计一个家用智能冰箱,支持食品保鲜提示,并说明采用的传感器类型、用途及通信方式。

9-1-9 设计一个面向化工原料运输的智能物流系统,支持车辆定位、监控与告警,并说明采用的传感器类型、用途及通信方式。

9-1-10 根据对智能物联网概念与关键技术的理解,参考本章对智能物联网典型应用案例的分析,请结合自己的认识与体验,选取一个你感兴趣的课题,按以下要求完成智能物联网应用课题的概要设计。

(1)课题名称。

(2)系统功能。

(3)研究意义与应用前景。

(4)系统设计的特点与创新点。

(5)如果以后想继续研发这个课题,需要进一步学习和掌握哪些知识与技能。

习题参考答案

第 1 章

1-1 单选题

1-1-1 （C）　　1-1-2 （D）　　1-1-3 （B）　　1-1-4 （C）　　1-1-5 （B）
1-1-6 （B）　　1-1-7 （C）　　1-1-8 （A）　　1-1-9 （D）　　1-1-10 （A）
1-1-11 （B）　　1-1-12 （D）

1-2 思考题

答案略

第 2 章

2-1 单选题

2-1-1 （A）　　2-1-2 （D）　　2-1-3 （C）　　2-1-4 （D）　　2-1-5 （B）
2-1-6 （D）　　2-1-7 （C）　　2-1-8 （A）　　2-1-9 （C）　　2-1-10 （D）

2-2 思考题

答案略

第 3 章

3-1 单选题

3-1-1 （B）　　3-1-2 （D）　　3-1-3 （C）　　3-1-4 （C）　　3-1-5 （B）
3-1-6 （D）　　3-1-7 （A）　　3-1-8 （D）　　3-1-9 （C）　　3-1-10 （C）
3-1-11 （A）　　3-1-12 （C）

3-2 思考题

答案略

第 4 章

4-1 单选题

4-1-1 （C）　　4-1-2 （B）　　4-1-3 （D）　　4-1-4 （C）　　4-1-5 （A）

4-1-6 （D）　　4-1-7 （A）　　4-1-8 （C）　　4-1-9 （D）　　4-1-10 （B）
4-1-11 （B）　　4-1-12 （C）

4-2　思考题

答案略

第 5 章

5-1　单选题

5-1-1 （B）　　5-1-2 （C）　　5-1-3 （D）　　5-1-4 （A）　　5-1-5 （B）
5-1-6 （A）　　5-1-7 （D）　　5-1-8 （B）　　5-1-9 （A）　　5-1-10 （C）
5-1-11 （D）　　5-1-12 （B）

5-2　思考题

答案略

第 6 章

6-1　单选题

6-1-1 （C）　　6-1-2 （D）　　6-1-3 （C）　　6-1-4 （C）　　6-1-5 （D）
6-1-6 （A）　　6-1-7 （B）　　6-1-8 （C）　　6-1-9 （B）　　6-1-10 （A）

6-2　思考题

答案略

第 7 章

7-1　单选题

7-1-1 （C）　　7-1-2 （D）　　7-1-3 （B）　　7-1-4 （D）　　7-1-5 （A）
7-1-6 （B）　　7-1-7 （C）　　7-1-8 （A）　　7-1-9 （C）　　7-1-10 （D）
7-1-11 （C）　　7-1-12 （A）

7-2　思考题

答案略

第 8 章

8-1　单选题

8-1-1 （D）　　8-1-2 （C）　　8-1-3 （D）　　8-1-4 （C）　　8-1-5 （A）
8-1-6 （A）　　8-1-7 （B）　　8-1-8 （D）　　8-1-9 （C）　　8-1-10 （A）
8-1-11 （C）　　8-1-12 （D）

8-2　思考题

答案略

第 9 章

9-1　思考题

答案略

参考文献

［1］ 解运洲. 物联网系统架构［M］. 北京：科学出版社，2019.
［2］ KAMAL R. 物联网导论［M］. 李涛，卢冶，董前琨，译. 北京：机械工业出版社，2019.
［3］ 刘云浩. 物联网导论［M］. 3版. 北京：科学出版社，2017.
［4］ NTT DATA集团. 图解物联网［M］. 丁灵，译. 北京：人民邮电出版社，2017.
［5］ 杨峰义，谢伟良，张建敏，等. 5G无线接入网架构及关键技术［M］. 北京：人民邮电出版社，2018.
［6］ 施巍松，刘芳，孙辉，等. 边缘计算［M］. 北京：科学出版社，2018.
［7］ 王见，赵帅，曾鸣，等. 物联网之云：云平台搭建与大数据处理［M］. 北京：机械工业出版社，2018.
［8］ 曾凡太，刘美丽，陶翠霞. 物联网之智：智能硬件开发与智慧城市建设［M］. 北京：机械工业出版社，2020.
［9］ 杨建军，郭楠，韦莎. 物联网与智能制造［M］. 北京：电子工业出版社，2020.
［10］ 陈宇航，侯俊萍，叶昶. 人工智能＋机器人入门与实战［M］. 北京：人民邮电出版社，2020.
［11］ 廖建尚，张振亚，孟洪兵. 面向物联网的传感器应用开发技术［M］. 北京：电子工业出版社，2019.
［12］ 魏彦，孙宏伟. 智能可穿戴设备的设计与实现［M］. 北京：中国铁道出版社，2019.
［13］ 陈根. 数字孪生：5G时代的重要应用场景［M］. 北京：电子工业出版社，2020.
［14］ 武传坤. 物联网安全技术［M］. 北京：科学出版社，2020.
［15］ BHATTACHARJEE S. 工业物联网安全［M］. 马金鑫，崔宝江，李伟，译. 北京：机械工业出版社，2019.
［16］ 吴功宜，吴英. 智能物联网导论［M］. 北京：机械工业出版社，2022.
［17］ 吴功宜，吴英. 物联网接入技术与应用［M］. 北京：机械工业出版社，2023.
［18］ 吴英. 边缘计算技术与应用［M］. 北京：机械工业出版社，2022.
［19］ 吴功宜，吴英. 深入理解互联网［M］. 北京：机械工业出版社，2020.
［20］ 吴功宜，吴英. 深入理解移动互联网［M］. 北京：机械工业出版社，2023.
［21］ 吴功宜，吴英. 深入理解物联网［M］. 北京：机械工业出版社，2024.
［22］ 吴功宜，吴英. 物联网技术与应用［M］. 2版. 北京：机械工业出版社，2018.
［23］ 吴功宜，吴英. 计算机网络［M］. 5版. 北京：清华大学出版社，2021.
［24］ 吴功宜，吴英. 互联网＋：概念、技术与应用［M］. 北京：清华大学出版社，2019.

深入理解网络三部曲

从系统观的视角审视计算机网络技术的发展过程，梳理计算机发展与计算模式的演变，凝练计算机网络中的"变"与"不变"，深刻诠释互联网"开放""互联""共享"、移动互联网"移动""社交""群智"、物联网"泛在""融合""智慧"之特征。

深入理解互联网

作者：吴功宜 吴英 ISBN：978-7-111-65832-0

深入理解移动互联网

作者：吴功宜 吴英 ISBN：978-7-111-73226-6

深入理解物联网

作者：吴功宜 吴英 ISBN：978-7-111-73786-5

推荐阅读

6G无线通信新征程：跨越人联、物联，迈向万物智联

作者：[加]童文（Wen Tong）[加]朱佩英（Peiying Zhu） 译者：华为翻译中心

书号：978-7-111-68884-6

　　本书是关于6G无线网络的系统性著作，展现了万物智能时代的6G总体愿景，阐述了6G的驱动因素、关键能力、应用场景、关键性能指标，以及相关的技术创新。6G创新包含以人为中心的沉浸式通信、感知、定位、成像、分布式机器学习、互联AI、基于智慧联接的后工业4.0、智慧城市与智慧生活，以及用于3D全球无线覆盖的超级星座卫星等技术。本书还介绍了新的空口和组网技术、通信感知一体化技术，以及地面与非地面一体化网络技术，并探讨了用以实现互联AI、以用户为中心的网络、原生可信等功能的新型网络架构。本书可作为学术界和业内人士在B5G移动通信（Beyond 5G）方面的基础书目。